高等学校土木工程学科专业指导委员会规划教材

高等学校土木工程本科指导性专业规范配套系列教材

总主编 何若全

结 构 力 学 （第2版）

JIEGOU LIXUE

主　编　文国治

副主编　陈名弟

参　编　王达诠　刘　纲

主　审　萧允徽

重庆大学出版社

内 容 提 要

本教材是依据全国土木工程专业教学指导委员会最新颁布的《高等学校土木工程本科指导性专业规范》、工程教育本科专业认证的国际互认协议即"华盛顿协议"的认证要求以及教育部 2008 年审定的《结构力学课程教学基本要求(A 类)》进行编写的。全书共 11 章,内容包括:绪论、平面体系的几何组成分析、静定结构的内力分析、静定结构的位移计算、力法、位移法、力矩分配法与近似法、影响线、矩阵位移法、结构的动力计算、结构的稳定计算等。

本书可作为高等学校土木工程专业本科教材,也可供有关工程技术人员学习参考。

图书在版编目(CIP)数据

结构力学/文国治主编.—2 版.—重庆:重庆
大学出版社,2017.8(2022.1 重印)
高等学校土木工程本科指导性专业规范配套系列教材
ISBN 978-7-5624-6079-4

Ⅰ.①结… Ⅱ.①文… Ⅲ.①结构力学—高等学校—
教材 Ⅳ.①O342

中国版本图书馆 CIP 数据核字(2017)第 143001 号

高等学校土木工程本科指导性专业规范配套系列教材

结构力学
(第 2 版)

主 编 文国治
副主编 陈名弟
主 审 萧允徽

责任编辑:刘颖果 版式设计:莫 西
责任校对:关德强 责任印制:赵 晟

*

重庆大学出版社出版发行
出版人:饶帮华
社址:重庆市沙坪坝区大学城西路 21 号
邮编:401331
电话:(023)88617190 88617185(中小学)
传真:(023)88617186 88617166
网址:http://www.cqup.com.cn
邮箱:fxk@cqup.com.cn(营销中心)
全国新华书店经销
重庆华林天美印务有限公司印刷

*

开本:787mm×1092mm 1/16 印张:25.5 字数:636 千
2017 年 8 月第 2 版 2022 年 1 月第 10 次印刷
印数:25 001—30 000
ISBN 978-7-5624-6079-4 定价:59.00 元

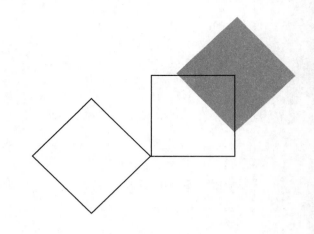

编委会名单

总 主 编： 何若全
副总主编： 杜彦良　　邹超英　　桂国庆　　刘汉龙

编　　委（以姓氏笔画为序）：

总　序

　　进入 21 世纪的第二个十年,土木工程专业教育的背景发生了很大的变化。"国家中长期教育改革和发展规划纲要"正式启动,中国工程院和国家教育部倡导的"卓越工程师教育培养计划"开始实施,这些都为高等工程教育的改革指明了方向。截至 2010 年底,我国已有 300 多所大学开设土木工程专业,在校生达 30 多万人,这无疑是世界上该专业在校大学生最多的国家。如何培养面向产业、面向世界、面向未来的合格工程师,是土木工程界一直在思考的问题。

　　由住房和城乡建设部土建学科教学指导委员会下达的重点课题"高等学校土木工程本科指导性专业规范"的研制,是落实国家工程教育改革战略的一次尝试。"专业规范"为土木工程本科教育提供了一个重要的指导性文件。

　　由"高等学校土木工程本科指导性专业规范"研制项目负责人何若全教授担任总主编,重庆大学出版社出版的《高等学校土木工程本科指导性专业规范配套系列教材》力求体现"专业规范"的原则和主要精神,按照土木工程专业本科期间有关知识、能力、素质的要求设计了各教材的内容,同时对大学生增强工程意识、提高实践能力和培养创新精神做了许多有意义的尝试。这套教材的主要特色体现在以下方面:

　　(1)系列教材的内容覆盖了"专业规范"要求的所有核心知识点,并且教材之间尽量避免了知识的重复;

　　(2)系列教材更加贴近工程实际,满足培养应用型人才对知识和动手能力的要求,符合工程教育改革的方向;

　　(3)教材主编们大多具有较为丰富的工程实践能力,他们力图通过教材这个重要手段实现"基于问题、基于项目、基于案例"的研究型学习方式。

　　据悉,本系列教材编委会的部分成员参加了"专业规范"的研究工作,而大部分成员曾为"专业规范"的研制提供了丰富的背景资料。我相信,这套教材的出版将为"专业规范"的推广实施,为土木工程教育事业的健康发展起到积极的作用!

中国工程院院士　哈尔滨工业大学教授

沈世钊

前　言
（第 2 版）

我国于 2016 年成为工程教育本科专业认证的国际互认协议即"华盛顿协议"的正式成员，土木工程专业是该协议开展认证的专业之一。为了满足"华盛顿协议"对土木工程专业的认证要求，并结合本教材第一版的使用情况，我们编写了第 2 版。

本教材第 2 版在编写过程中始终注意把握以下原则：

第一，课程体系注重系统性和完整性的编写要求，以便让土木工程专业本科学生系统完整地掌握结构力学的基本理论和基本知识。

第二，具体内容把握"应用为主，实用为度"的编写原则，在讲解每一知识点时，突出其应用性和实用性。

第三，教学深度注意"留有余地，方便选用"的编写尺度，在满足《高等学校土木工程本科指导性专业规范》中提出的最低要求的前提下，为各类学校的教学需要留有选择余地。

第四，教学方式有利教师使用、学生自学的编写宗旨。除了注重教材的可读性，做到通俗易懂、循序渐进外，每章内容前有"本章导读"，后有"本章小结"，并配有较多的思考题和习题。本书提供了与教材配套的许多教学资源，包括教材中全部习题的详细解答、多媒体课件和用 C 语言编写的平面杆件结构静力分析程序及其使用说明等，可在重庆大学出版社教育资源网或加入土木工程教学群（群号：187541302）下载。

本教材第 2 版由文国治担任主编，陈名弟担任副主编。编写分工如下：文国治（第 1、4、8、10 章），王达诠（第 2、5、9 章及光盘中教学程序），刘纲（第 3 章），陈名弟（第 6、7、11 章）。全书由文国治修改定稿。

本教材改版时承蒙重庆大学萧允徽教授精心审阅，对书稿提出了许多宝贵的意见，对提高本书的质量起到了重要作用。

本教材的改版工作得到了重庆大学各级领导的大力支持以及建筑力学研究所同仁的热情帮助。借本教材第 2 版出版之际，编者在此一并致以衷心的感谢。

由于编者水平有限，书中难免存在不足之处，欢迎读者批评指正。

编　者
2017 年 5 月

前　言

　　本教材是依据全国土木工程专业教学指导委员会最新颁布的《高等学校土木工程本科指导性专业规范》(以下简称"专业规范")以及教育部 2008 年审定的《结构力学课程教学基本要求(A 类)》进行编写的,适用于开设土木工程专业的本科院校的教学需要。

　　本教材在编写过程中始终注意把握以下编写原则:

　　第一,课程体系注重系统性和完整性的编写要求,以便让土木工程专业本科学生系统完整地掌握结构力学的基本理论和基本知识。

　　第二,具体内容把握"应用为主,实用为度"的编写原则,在讲解每一知识点时,突出其应用性和实用性。

　　第三,教学深度注意"留有余地,方便选用"的编写尺度,在满足"专业规范"中提出的最低要求的前提下,为各类学校的教学需要留有选择余地。

　　第四,教学方式有利教师使用、学生自学的编写宗旨。除了注重教材的可读性,做到通俗易懂、循序渐进外,每章内容前有"本章导读",后有"本章小结",并配有较多的思考题和习题。随书所赠光盘中提供了与教材配套的许多教学资源,包括教材中全部习题的详细解答、多媒体课件和用 C 语言编写的平面杆件结构静力分析程序及其使用说明等。

　　根据"专业规范"的要求,完成本课程的教学至少需要 78 学时。考虑到各校的实际需要,在具体编写时增加 25%的内容,即按 98 学时进行编写。超出"专业规范"中最低教学要求以外的内容,在目录前冠以"＊"号表示。

　　本教材由文国治担任主编,陈名弟担任副主编。参加编写工作的有:文国治(第 1、4、8、10 章),王达诠(第 2、5、9 章及光盘中教学程序),刘纲(第 3 章),陈名弟(第 6、7、11 章)。全书由文国治修改定稿。

　　本教材承蒙重庆大学萧允徽教授精心审阅,对编写大纲及书稿提出了许多宝贵意见,对提高本书质量起到了重要作用。

　　本教材的编写得到了重庆大学各级领导的大力支持以及建筑力学教研室同仁的热情帮助。重庆大学出版社对本书的编写提供了资助,并精心组织力量进行编辑出版等工作。

　　本教材的编写还得到了以下基金资助:①重庆市重点教改项目——大土建类工程力学系列课程创新与精品化建设(项目编号:09-2-002);②重庆大学大类系列课程建设项目——结构力学系列课程建设(项目编号:2009051A)。

　　借本教材出版之际,编者在此一并致以衷心的感谢。

　　由于编者水平有限,书中难免存在不足之处,欢迎读者批评指正。

编　者

2011 年 8 月

目　　录

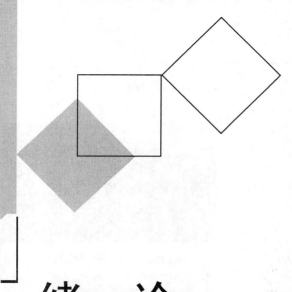

1 绪 论

本章导读：
- **基本要求** 了解结构力学的研究对象和任务；了解选取结构计算简图的原则、要求及其主要内容；了解平面杆件结构的分类。
- **重点** 结构力学研究的对象和任务；杆件结构的计算简图。
- **难点** 结构计算简图的选取。

1.1 结构力学的研究对象和任务

1.1.1 结构及其分类

建筑物或构筑物中用以承担荷载而起骨架作用的部分，或其中的某些承重构件，都可称为工程结构，简称结构。图 1.1 是一些工程结构实例，严格地说，我们看到的只是结构的外形，只有图 1.1(b)、(e)中的钢结构，其受力骨架是展现在外的。图 1.14 所示单层厂房由屋面板、屋架、梁、柱和基础等组成的受力体系是结构，单独看其中的屋面板、屋架等承重构件也是结构。

结构按其几何特征通常分为以下 3 类：

1)杆件结构

杆件结构是由杆件相互连接组成的。杆件的几何特征是外形细长，其长度 l 比截面宽度 b 和厚度 h 大得多，如图 1.2 所示。杆件结构也称杆系结构，是土木工程中普遍应用的一种结构形式。图 1.14(c)、(d)所示屋架及排架均是杆件结构。

（a）上海金茂大厦(右)和国际金融中心(左)

（b）北京奥运会主体育馆(鸟巢)

（c）长江三峡大坝

（d）国家大剧院

（e）南京长江大桥

（f）上海世博会中国国家馆

图1.1　工程结构实例

2）板壳结构

板壳结构又称为薄壁结构，是由薄壁构件组成的。薄壁构件的厚度要比长、宽两个尺度小得多，当为平面形状时称为平板，当为曲面时称为壳体，如图1.3所示。图1.1（d）所示国家大剧院的屋面即为壳体结构。

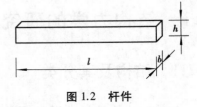

图1.2　杆件

3）实体结构

实体结构是由长、宽、厚3个尺度大致相当的块体组成的。图1.4所示挡土墙、图1.1（c）所示长江三峡大坝均是实体结构的例子。

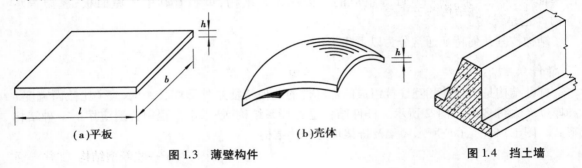

（a）平板

（b）壳体

图1.3　薄壁构件

图1.4　挡土墙

1.1.2 结构力学的研究对象和任务

结构力学的研究对象是杆件结构,板壳结构和实体结构的受力分析将在弹性力学中进行研究。实际工程中的杆件结构其实都是空间结构,但它们中的大多数均可简化为平面结构来进行分析。所以,本门课程主要研究平面杆件结构,即组成结构的所有杆件及结构所承受的外荷载都在同一平面内的结构。

结构力学着重研究杆件结构的强度、刚度、稳定性计算和动力反应,其具体任务包括以下几个方面:

①杆件结构的组成规律和合理的组成方式。

②杆件结构内力和位移的计算方法,以便进行结构强度计算和刚度验算。

③杆件结构的稳定性以及在动力荷载作用下的反应。

结构力学是土木工程专业的一门重要的专业基础课,在各门课程的学习中起着承上启下的作用。

结构力学是理论力学和材料力学的后续课程。理论力学主要研究刚体机械运动的基本规律和力学的一般原理,材料力学主要研究单根杆件的强度、刚度和稳定性。因此,理论力学和材料力学是学习结构力学前先修的重要基础课程,它们为结构力学提供力学分析的基本原理和基础。

同时,结构力学又为后续的弹性力学以及混凝土结构、砌体结构和钢结构等专业课程提供了进一步的力学基础知识。因此,结构力学课程在土木工程专业中占有重要的地位。

1.2 杆件结构的计算简图

1.2.1 计算简图及其选择原则

建筑物的实际结构是很复杂的,要完全按照结构的实际情况进行力学分析几乎是不可能的,而从工程观点来看也是不必要的。因此在进行结构分析之前,一般都要对实际结构进行简化,抓住其主要受力特征,略去次要因素,用一个简化的力学模型来代替实际结构。这种经科学抽象加以简化的力学计算模型称为实际结构的计算简图。

计算简图的选择应遵循下列两条原则:

①能反映实际结构的主要受力及变形性能。

②保留主要因素,略去次要因素,使计算简图便于计算。

需要指出:在上述原则指导下,计算简图的选择要根据当时当地的具体要求和条件来进行,并不是一成不变的。譬如,对不重要的结构可以采用较简单的计算简图,对重要的结构应采用较精确的计算简图;在初步设计阶段可选择较粗糙的计算简图,在施工图设计阶段可选择较精确的计算简图;用手算时可选取较简单的计算简图,用电算时可选取较复杂的计算简图。

对于常用的结构形式,可借助前人的经验直接选取计算简图;对于一些新型结构,往往要通过多次的试验和实践,才能获得比较合理的计算简图。总的来说,结构计算简图的合理选择是一个比较复杂的问题,需经过本书以后各章的学习、后续专业课程的学习以及今后工作的实践,才能逐渐理解和准确把握。

1.2.2　计算简图的简化要点

将实际杆件结构简化为计算简图,通常应从以下几个方面进行简化:

1)结构体系的简化

实际工程结构都是空间结构,但计算空间结构的工作量很大。在多数情况下,常可以忽略一些次要的空间约束而将空间结构分解为平面结构,使计算得到简化,并能满足一定的工程精度要求。

2)杆件的简化

在杆件结构中,当杆件的长度大于其截面宽度和高度的 5 倍以上时,通常可认为杆件变形时其横截面仍保持平面,截面上某点的应力可根据截面的内力(弯矩、剪力、轴力)来确定。由于内力只沿杆长方向变化,因此,在计算简图中,不论是直杆或曲杆均可用其轴线(截面形心的连线)表示。

3)结点的简化

杆件与杆件的连接处用杆件轴线的交点表示,称为结点(或节点)。实际工程结构中,杆件连接处的构造形式多种多样,但在计算简图中通常可以简化为以下两种基本结点和一种组合结点。

(1)刚结点

刚结点的特点是汇交于结点的各杆端之间不能发生相对转动,各杆间可相互传递力和力矩。图 1.5(a)所示为一现浇钢筋混凝土刚架的结点,梁和柱的钢筋在该处用混凝土浇成整体。由于横梁的受力钢筋伸入柱内并满足锚固长度的要求,因而就保证了横梁与柱能相互牢固地连接在一起,构成了刚结点,其计算简图如图 1.5(b)所示。当结构发生变形时,汇交于刚结点各杆端的切线之间的夹角将保持不变,各杆端转动同一角度 φ,如图 1.5(c)所示。

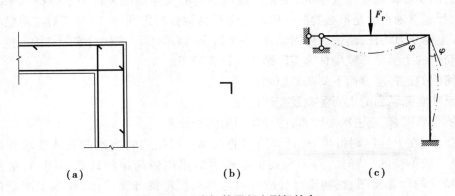

(a)　　　　　　　　　　(b)　　　　　　　　　　(c)

图 1.5　现浇钢筋混凝土刚架结点

(2)铰结点

铰结点的特点是汇交于结点的各杆端可以绕结点自由转动,各杆间可相互传递力,但不能传递力矩。图 1.6(a)所示一木屋架的结点就比较接近于铰结点,如图 1.6(b)所示。图1.6(c)所示为一钢桁架的结点,是通过结点板把各杆件焊接在一起的,由于在结点荷载作用下各杆主要承受轴力,因此计算时也将这种结点简化为图 1.6(b)所示的铰结点。

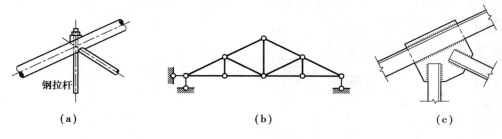

(a)   (b)   (c)

图 1.6 铰结点

(3)组合结点

在同一结点上,某些杆件相互刚结,而另一些杆件相互铰结,则称为组合结点。图 1.7 所示结点 A,其中杆件 A1 与 A2 在结点 A 刚结,杆件 A3 与杆件 A1、A2 在结点 A 铰结。

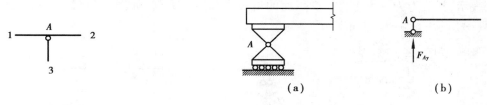

图 1.7 组合结点   图 1.8 活动铰支座

4)支座的简化

(1)活动铰支座

桥梁中用的辊轴支座即属于活动铰支座,如图 1.8(a)所示。它允许结构绕铰 A 转动和沿支承平面方向移动,但 A 点不能沿垂直于支承面的方向移动。因此,当不考虑支承平面上的摩擦力时,这种支座的反力将通过铰 A 的中心并与支承平面相垂直,即反力的作用点和方向都是确定的,只有它的大小是一个未知量。根据上述特征,这种支座可以用一根垂直于支承面的链杆表示,如图 1.8(b)所示。

(2)固定铰支座

这种支座的构造如图 1.9(a)所示,常简称为铰支座。它允许结构绕铰 A 转动,但 A 点不能沿水平或竖向移动。支座反力将通过铰 A 中心,但其大小和方向都是未知的,通常可用水平反力 F_{Ax} 和竖向反力 F_{Ay} 表示。这种支座的计算简图可用交于 A 点的两根支承链杆来表示,如图1.9(b)或(c)所示。

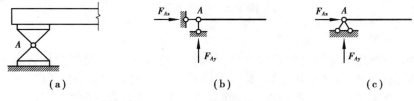

(a)   (b)   (c)

图 1.9 固定铰支座

（3）固定支座

这种支座不允许结构在支承处发生任何方向的移动和转动。如图1.10（a）所示悬臂梁,当梁端插入墙身有相当深度,且四周与墙体紧密接触时,梁端被完全固定,可以视为固定支座,计算简图如图1.10（b）所示。它的反力大小、方向和作用点位置都是未知的,通常用水平反力 F_{Ax}、竖向反力 F_{Ay} 和反力偶 M_A 来表示。

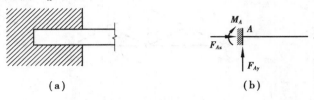

图 1.10　固定支座

（4）定向支座

定向支座又称滑动支座。图1.11（a）所示为定向支座的示意图。结构在支承处不能转动,不能沿垂直于支承面的方向移动,但可沿支承面方向滑动。计算简图用垂直于支承面的两根平行链杆表示,其反力为一个垂直于支承面的集中力和一个力偶,如图1.11（b）所示。此外还有图1.11（c）所示的另一种定向支座。

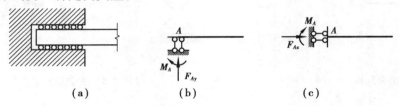

图 1.11　定向支座

上述4种支座都假定其本身不发生变形,计算简图中的支杆被认为是刚性链杆,这类支座称为刚性支座。

（5）弹性支座

如果在结构计算中,需要考虑支座本身的变形时,则称这种支座为弹性支座。弹性支座又分为抗移动弹性支座和抗转动弹性支座,如图1.12所示。图中 k 表示弹性支座发生单位移动（或单位转动）时所产生的反力（或反力偶）,称为弹性刚度系数。

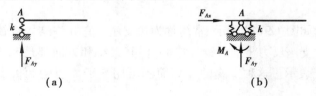

图 1.12　弹性支座

5）材料性质的简化

土木工程结构所用的建筑材料通常有钢、混凝土、砖、石等。在结构分析时必须建立材料受力与变形间的关系模型,为了简化计算,通常假设材料为连续的、均匀的、各向同性的、完全弹性或弹塑性的。对金属材料,以上假设在一定受力范围内是符合实际情况的,但对混凝土、砖、石等材料则带有一定程度的近似性。

6）荷载的简化

荷载是指主动作用在结构上的外力。例如结构的自重，作用在结构上的人群或货物的重量、土压力、水压力、风力、车轮的压力等。在杆件结构的计算简图中，杆件是用其轴线来代表的，所以上述荷载均简化为作用在杆件轴线上的力。关于荷载的分类详见 1.4 节。

1.2.3 结构计算简图举例

【例 1.1】 图 1.13（a）所示为一根两端搁在墙上的梁，其上放一重物，现确定梁的计算简图。

【解】 （1）结构体系的简化

梁在重物作用下，可在梁轴所在的竖向平面内产生弯曲变形，两端的墙体对梁起到竖向约束作用，但不能约束梁端的转角变形，故可将梁简化为一根轴线方向的简支梁，如图 1.13（b）所示。

（2）支座的简化

墙体对梁的反力沿墙厚方向的分布规律是难以确定的。现假定反力沿墙厚均匀分布，并以作用于墙厚中点的合力来代替分布的反力。又考虑到支承面有摩擦，梁不能左右移动，但受热膨涨时仍可伸长。综合以上分析，可将梁两端的支座简化为墙厚中点位置上的一个固定铰支座和一个活动铰支座。设梁的长度为 l_0，墙厚为 b，则梁的计算跨度 l 为

$$l = l_0 - b$$

（3）荷载的简化

由于重物的分布尺寸较小，可将其简化为一集中荷载，用 F_P 表示。梁的自重可看成一个沿梁轴线的均布荷载，用 g 表示。设梁的重量为 W，则荷载集度 g 为

$$g = \frac{W}{l_0}$$

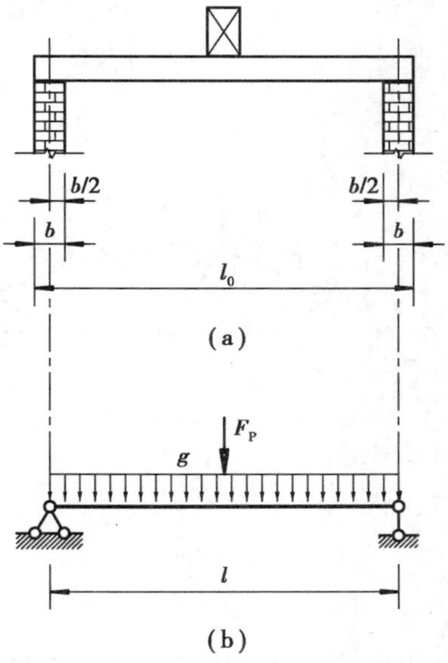

图 1.13 例 1.1 图

【例 1.2】 图 1.14（a）所示为一工业厂房结构示意图，现讨论其计算简图。

【解】 （1）结构体系的简化

从整体上看该厂房是一个空间结构，但从其荷载传递情况来看，屋面荷载和吊车轮压等都主要通过屋面板和吊车梁等构件传递到一个个的横向排架上，故在选择计算简图时，可以略去排架之间纵向联系的作用，而把这样的空间结构简化为一系列的平面排架来分析，如图 1.14（b）所示。

（2）屋架的计算简图

屋架承受屋面板传来的竖向荷载的作用，荷载大小按柱间距中线之间的阴影线部分面积计算，如图 1.14（a）所示。屋架的计算简图如图 1.14（c）所示。这里，采用了以下的简化：

①屋架杆件用其轴线表示。

②屋架杆件之间的连接简化为铰结点。

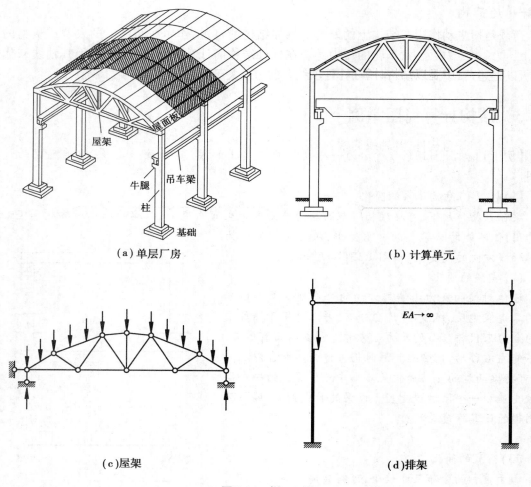

（a）单层厂房

（b）计算单元

（c）屋架

（d）排架

图 1.14　例 1.2 图

③屋架的两端通过预埋件与柱顶焊接,可简化为一个固定铰支座和一个活动铰支座。

④屋面荷载通过屋面板的 4 个角点以集中力的形式作用在屋架的上弦上。

（3）排架柱的计算简图

竖向荷载作用下,排架柱的计算简图如图 1.14（d）所示。这里,采用了以下简化:

①柱用其轴线表示。由于上下两段柱的截面大小不同,因此应分别用一条通过各自截面形心的连线来表示。

②屋架以一链杆代替。由于屋架的刚度很大,相应变形很小,因此认为两柱顶之间的距离在受荷载前后没有变化,即可用抗拉压刚度 $EA \to \infty$ 的一根链杆代替该屋架。

③柱插入基础后,用细石混凝土填实,柱基础视为固定支座。

④排架柱除承受屋架传来的压力外,还承受牛腿上吊车梁传来的吊车荷载的作用。

应当注意:并不是所有的空间结构都可以分解为平面结构来计算。例如大跨度建筑中的空间网架屋顶、输电线路中的铁塔、起重机塔架等。它们要么根本不是由平面结构组成,要么虽由平面结构组成,但其工作状况主要是空间性质的。故对这样一些结构,必须按空间结构进行计算。

1.3　平面杆件结构的分类

在结构分析中是以结构计算简图代替实际结构的,因此,结构的分类实际上是计算简图的分类。按照不同的构造特征和受力特点,常用的平面杆件结构可分为以下 5 种类型:

1) 梁

梁是一种受弯构件,其轴线通常为直线,它可以是单跨的[图 1.15(a)、(c)],也可以是多跨的[图 1.15(b)、(d)]。水平梁在竖向荷载作用下不产生水平反力,截面内力有弯矩和剪力,以弯矩为主。

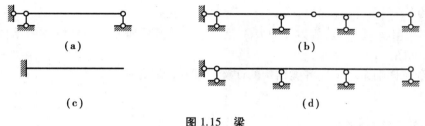

图 1.15　梁

2) 拱

拱的轴线一般为曲线,在竖向荷载作用下会产生水平反力,这使得拱内弯矩远小于跨度、荷载及支承情况与之相同的梁的弯矩,其内力以受压为主。工程中常用的有三铰拱、两铰拱和无铰拱,如图 1.16 所示。

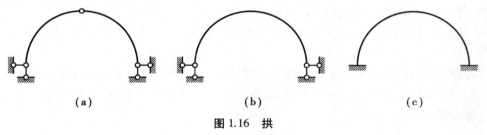

图 1.16　拱

3) 刚架

刚架是由梁和柱组成的结构,结点多为刚结点,如图 1.17 所示。刚架杆件内力一般有弯矩、剪力和轴力,以弯矩为主。

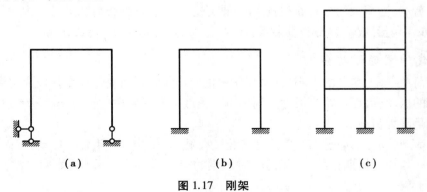

图 1.17　刚架

4）桁架

桁架由直杆组成,所有结点均为铰结点,如图 1.18 所示。当只受到作用于结点的集中荷载作用时,各杆只产生轴力(拉力和压力)。

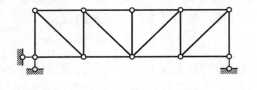

图 1.18　桁架

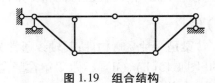

图 1.19　组合结构

5）组合结构

组合结构是由承受弯矩、剪力及轴力的梁式杆和只承受轴力的链杆组成的结构,其结点中有组合结点,如图 1.19 所示。

后面各章将详细讨论上述各类结构的计算原理和计算方法。

1.4　荷载的分类

结构上承受的各种荷载,根据其作用时间的长短、分布尺寸的大小和作用的性质,可作如下分类:

1）按照荷载作用时间的长短分

①恒载:永久作用在结构上的不变荷载,如结构自重、固定设备、土压力等。

②活载:暂时作用在结构上的可变荷载,如临时设备、人群、风力、水压力、移动的汽车和吊车等。

对结构进行计算时,恒载和大部分活载在结构上的位置可以认为是固定的,这种荷载称为固定荷载。有些活载,如桥梁上的汽车荷载、吊车梁上的吊车荷载等,它们在结构上的位置是移动的,这种荷载称为移动荷载。

2）按照荷载的分布情况分

①集中荷载:当荷载的分布面积远小于结构的尺寸时,则可认为此荷载是作用在结构的一个点上,称为集中荷载。集中荷载有集中力和集中力偶两种。

②分布荷载:当荷载的分布面积较大时,即是分布荷载。分布荷载又可分为均匀分布荷载、线性分布(如三角形或梯形分布)荷载等。

3）按照荷载作用的性质分

①静力荷载:静力荷载的大小、方向和作用位置不随时间而变化或变化极为缓慢,不会使结构产生显著的振动,因而可略去惯性力的影响。恒载以及只考虑位置改变而不考虑动力效应的移动荷载都是静力荷载。

②动力荷载:动力荷载是随时间迅速变化的荷载,它使结构产生显著振动,因而惯性力的影响不能忽略。如往复周期荷载(机械运转时产生的荷载)、冲击荷载(爆炸冲击波)和瞬时荷载(地震、风振)等。

除以上所讨论的荷载外，还有其他一些因素也可以使结构产生内力和位移，例如温度变化、支座沉陷、制造误差、材料胀缩等。从广义上来说，可将这些因素视为广义荷载。

本章小结

（1）结构是指建筑物或构筑物中承担荷载而起骨架作用的部分。结构力学的研究对象是平面杆件结构，研究任务是平面杆件体系的几何组成规律及平面杆件结构的内力、位移、稳定性计算和动力反应。

（2）用一理想化的简化模型来代替实际结构，该模型称为实际结构的计算简图。选择计算简图的两条原则可归纳为"反映实际，简化计算"。要通过分析结构的构造特征、受力特征，并结合经验和实验综合考虑，才能确定出计算简图。

选择计算简图时，要从结构体系、杆件、结点、支座、材料、荷载等几个方面入手进行简化。

（3）平面杆件结构可划分为梁和刚架、桁架、拱以及组合结构等几种类型。

思考题

1.1　什么是结构？它有哪几种类型？

1.2　结构力学的研究对象和研究任务是什么？

1.3　什么是结构的计算简图？它与实际结构有什么联系与区别？为什么要将实际结构简化为计算简图？

1.4　平面杆件结构的结点有哪几种类型？请分析它们的构造特征、限制结构位移的特征和传递力的特征各有何异同？

1.5　平面杆件结构的支座有哪几种类型？请分析它们的构造特征、限制结构位移的特征和支座反力各有何异同？

1.6　平面杆件结构承受的荷载是如何分类的？

1.7　常用的平面杆件结构有哪几种类型？

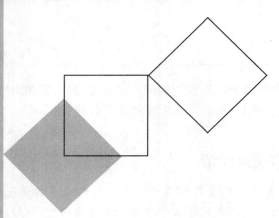

2 平面体系的几何组成分析

> **本章导读：**
> ● **基本要求**　理解几何不变体系、几何可变体系、刚片、自由度、约束、必要约束与多余约束、实铰与虚铰的概念；了解平面体系的计算自由度及其计算方法；掌握平面几何不变体系的基本组成规则及其运用；了解体系的几何组成与静力特性之间的关系。
> ● **重点**　平面几何不变体系的基本组成规则及其运用；静定结构与超静定结构的概念。
> ● **难点**　灵活运用 3 个基本组成规则分析平面杆件体系的几何组成性质。

2.1　几何组成分析中的一些基本概念

　　结构力学的研究对象是杆件结构，但并非按任意几何方式组合而成的杆件体系都可以作为结构，只有遵循一定几何组成方式构建的杆件体系才能作为结构。本章将介绍判断杆件体系是否是结构的一些基本组成规则，为此，需首先了解几何不变体系、几何可变体系、刚片、自由度和约束等概念。

2.1.1　几何不变体系和几何可变体系

　　杆件体系根据其几何稳定性，可划分为几何不变体系和几何可变体系。二者的定义是：如果忽略材料变形所引起的位移，在承受给定的任意外因（如荷载、支座移动、温度变化等）作用后，有唯一确定的几何形状和位置的体系，称为几何不变体系；反之，其几何形状和位置无法唯一确定的体系，称为几何可变体系。

　　例如，图 2.1(a) 所示的简支梁，在任意荷载作用下，如果忽略材料变形引起的位移（将该梁视作刚体），则其受荷后的几何形状和位置与受荷前完全一致，因此，几何形状和位置是唯一的,所以该梁是几何不变体系。而图 2.1(b)所示的体系,即便视作刚体体系,在受荷后仍会发生图示的刚体运动,其几何形状和位置不定,因此是几何可变体系。

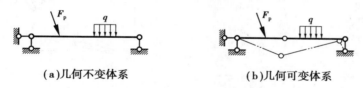

(a)几何不变体系　　　　　　　　(b)几何可变体系

图 2.1　几何不变体系和几何可变体系示例

　　造成体系几何可变的原因可能是内部构造不健全或者是外部约束布置不恰当。例如,图 2.2(a)所示桁架是几何不变体系,但若去除内部杆件 AD,则变为图 2.2(b)所示的几何可变体系。又如,图 2.3(a)所示简支梁是几何不变体系,但若将左侧水平支杆改为图 2.3(b)所示的跨中竖向支杆,则变为几何可变体系。

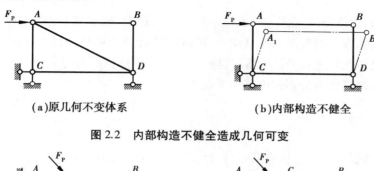

(a)原几何不变体系　　　　　　　　(b)内部构造不健全

图 2.2　内部构造不健全造成几何可变

(a)原几何不变体系　　　　　　　　(b)外部约束布置不当

图 2.3　外部约束布置不当造成几何可变

　　结构必须是几何不变体系才能承担荷载。几何组成分析的目的就是要检查并保证结构是几何不变体系;同时,明确结构的几何组成方式,对其受力分析有指导意义。

2.1.2　刚片

　　几何组成分析时,杆件体系中的所有构件因忽略材料变形,而被视作刚体。平面杆件体系中,可以被视作刚体的任一杆件(或几何不变部分),都可称之为刚片。

2.1.3　自由度

　　体系运动时可以独立改变的几何坐标的数目,称为该体系的自由度或实际自由度,可用 S 表示。平面上一个点的自由度为 2(或称为有 2 个自由度),如图 2.4(a)所示。平面上一个刚片的自由度为 3,如图 2.4(b)所示。

　　很明显,体系的自由度必然大于或等于 0。如果体系的自由度为 0,则体系是几何不变体系;若大于零,则体系是几何可变体系。

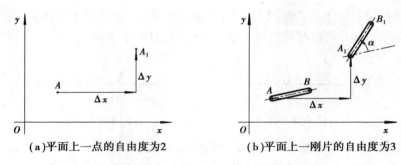

（a）平面上一点的自由度为2　　　　（b）平面上一刚片的自由度为3

图2.4　平面上一点与一刚片的自由度

2.1.4　约束

体系中减少自由度的装置称为约束（或联系）。习惯上，称减少1个自由度的装置为1个约束，以此类推。按约束是否直接与地基相连，可将其分为外约束和内约束。例如各类支杆和支座就是外约束，而体系内连接杆件的各种链杆和结点等可被视作内约束。

下面分内、外两类约束分别讨论其约束效果。

1）内约束

（1）链杆

链杆是指仅通过2个铰与体系其余部分相连的杆件（或刚片）。

如图2.5（a）所示，刚片Ⅰ和Ⅱ各自独立时共有6个自由度。用链杆 AB 连接后，AB 相对于Ⅰ只能绕 A 点转动，有1个自由度；而Ⅱ相对于 AB 又只能绕 B 点转动，再有1个自由度。加上Ⅰ自身原有的3个自由度，此时的体系共有5个自由度，比原来6个自由度减少了1个。因此，1根链杆相当于1个约束。

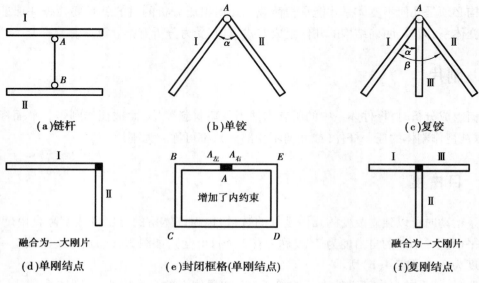

（a）链杆　　　　　　　（b）单铰　　　　　　　（c）复铰

融合为一大刚片　　　　增加了内约束　　　　融合为一大刚片

（d）单刚结点　　　（e）封闭框格（单刚结点）　　　（f）复刚结点

图2.5　内约束的约束效果

上面的分析以刚片 I 为参照刚片,在连接前后其原有的 3 个自由度不会变化。因此,在作约束效果分析时,将参照刚片(这里是 I)视作不动,不计它的 3 个自由度,也可得正确结果。

（2）铰

①单铰。仅连接 2 个刚片的一个铰称为单铰。如图 2.5(b)所示,选取刚片 I 为参照刚片,连接前,体系仅有刚片 II 相对于刚片 I 的 3 个自由度;连接后,刚片 II 只能相对于刚片 I 绕铰 A 转动,仅剩 1 个自由度。因此,一个单铰相当于 2 个约束。

②复铰。连接 2 个以上刚片的一个铰称为复铰。如图 2.5(c)所示,选取刚片 I 为参照刚片,连接前,体系有刚片 II 和 III 相对于刚片 I 的 6 个自由度;连接后,刚片 II 和 III 分别只能绕 A 相对于刚片 I 转动,只剩下 2 个自由度。因此,这一连接 3 个刚片的复铰相当于 4 个约束或者 2 个单铰。容易推得,连接 n 个刚片的复铰就相当于 $(n-1)$ 个单铰或者 $2(n-1)$ 个约束。

（3）刚结点

①单刚结点:仅连接 2 个刚片的一个刚结点称为单刚结点。如图 2.5(d)所示,选取刚片 I 为参照刚片,连接前,体系仅有刚片 II 相对于刚片 I 的 3 个自由度;连接后,刚片 I 和 II 融合为一个更大的刚片,减少了 3 个自由度。因此,一个单刚结点相当于 3 个约束。

如图 2.5(e)所示的封闭框格是单刚结点的特例,由于单刚结点 A 连接的是同一刚片 $A_左BCDEA_右$ 的两端,因此它提供的是该框格的 3 个内约束,而不会影响连接前后刚片原有的 3 个自由度。但由于这 3 个内约束的存在,会使得封闭框格在受力分析上不同于原来的开口体系,需特别注意。

②复刚结点:连接 2 个以上刚片的一个刚结点称为复刚结点。如图 2.5(f)所示,连接后,刚片 I、II 和 III 融合为一个更大的刚片,共减少 6 个自由度。因此,这一连接 3 个刚片的复刚结点相当于 6 个约束或者 2 个单刚结点。同理,连接 n 个刚片的复刚结点就相当于 $(n-1)$ 个单刚结点或者 $3(n-1)$ 个约束。

2）外约束

与地基相连的常见外约束有如图 2.6 所示的几种形式,其约束效果分别讨论如下。

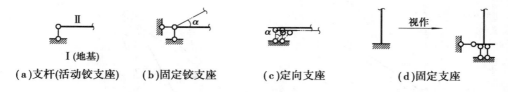

图 2.6　外约束的约束效果

（1）支杆(活动铰支座)

将支杆所连接的地基和刚片分别视作前述分析链杆约束效果时的刚片 I 和 II,则容易类比得到 1 根支杆相当于 1 个约束。

（2）固定铰支座

固定铰支座由 2 根不共线支杆相交构成,因此相当于 2 个约束。

（3）定向支座

定向支座由 2 根不共线的平行支杆构成,因此相当于 2 个约束。

（4）固定支座

固定支座可以视作定向支座再加上与该定向支座支承方向不同的 1 根支杆构成,因此相当于 3 个约束。

需要注意的是:上述外约束的约束效果未考虑多个刚片同时连接地基的情况。如出现这样的情况,应将这些刚片先视作采用内约束连接后,再连接到地基的方法来处理。例如,图 2.7(a)所示体系,可视作先用图 2.7(b)中的复铰连接,再按图 2.7(c)所示添加一根支杆与地基相连后而得到。

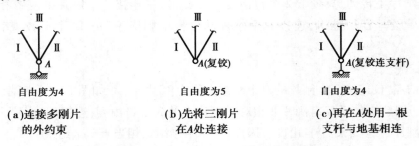

自由度为4　　　　自由度为5　　　　自由度为4

（a）连接多刚片　　（b）先将三刚片　　（c）再在A处用一根
的外约束　　　　在A处连接　　　支杆与地基相连

图 2.7　连接多刚片的外约束的处理方法示例

2.1.5　实铰和虚铰

1) 实铰和虚铰的定义

无论被铰连接的刚片如何运动,该铰与参照刚片的相对位置始终保持不动,则称此铰为实铰。例如,图 2.8(a)所示的铰 A 就是实铰。

如果随着被铰连接的刚片的运动,该铰与参照刚片的相对位置会发生移动,则称此铰为虚铰。虚铰常由连接 2 个刚片但不铰接于一点的 2 根链杆构成。例如,图 2.8(b)所示的铰 O 就是虚铰,初始时刻刚片 I 可以绕铰 O 发生瞬时转动,之后虚铰 O 位置发生移动,因此虚铰也常称为瞬铰。

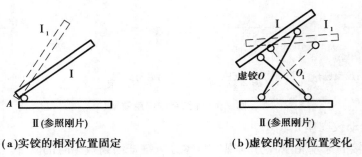

（a）实铰的相对位置固定　　　（b）虚铰的相对位置变化

图 2.8　实铰和虚铰示例

2) 实铰和虚铰的常见情形

图 2.9 所示的铰 A 是实铰的常见情形。

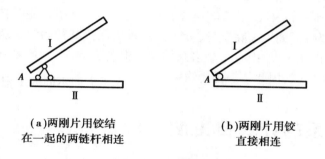

（a）两刚片用铰结
在一起的两链杆相连

（b）两刚片用铰
直接相连

图 2.9　实铰的常见情形

图 2.10 所示的铰[Ⅰ，Ⅱ]是虚铰的常见情形，其中图 2.10(c)所示的无穷远虚铰可理解成虚铰铰心是两平行直线的端点，即在无穷远点处相交。

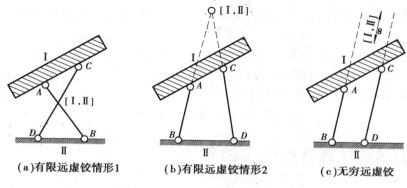

（a）有限远虚铰情形1　　（b）有限远虚铰情形2　　（c）无穷远虚铰

图 2.10　虚铰的常见情形

2.1.6　必要约束和多余约束

如果在体系中增加或者去掉某个约束，会导致体系的自由度数目发生改变，则此约束为必要约束。如果在体系中增加或者去掉某个约束，并未改变体系的自由度数目，则此约束为多余约束。

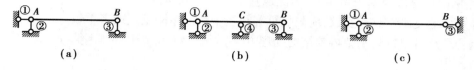

（a）　　　　　　　　（b）　　　　　　　　（c）

图 2.11　必要约束和多余约束

如图 2.11(a)所示，简支梁 AB 被支杆①、②、③约束，自由度为零。若去掉其中任一支杆，AB 均可发生刚体位移，因此这 3 根支杆都是该体系的必要约束。

又如图 2.11(b)所示，该体系比图 2.11(a)所示体系多出支杆④，自由度仍为零。若去掉②、③、④中的任一根支杆，体系的自由度仍然是零，未发生变化，因此②、③、④中有 1 个多余约束，而支杆①为必要约束。该体系只有 1 个多余约束，因为不可能同时去除②、③、④中的任两根或者全部，而仍保证体系的自由度数不变。

再如图 2.11(c)所示,支杆①、②、③所在直线交于 A 点,体系只能在初始时刻绕 A 点发生极微小转动,自由度为 1。如果去除支杆①或③,体系仍保持其初始时刻绕 A 点发生转动的能力,自由度依旧为 1,因此①、③中有 1 个多余约束。但若去除②,则体系在初始时刻可能发生平面运动,自由度数增至 2,因此②是必要约束。

2.2 平面体系的计算自由度

2.2.1 平面体系的实际自由度 S 和计算自由度 W

设平面体系中刚片或铰结点等部件在连接为体系前的总自由度数为 a,连接后体系中的总约束数为 d,其中必要约束数为 c,多余约束数目为 n。则体系的实际自由度为

$$S = a - c \tag{2.1}$$

若将式(2.1)中的 c 改为 d,则可定义体系的计算自由度

$$W = a - d = a - (c + n) = S - n \tag{2.2}$$

对几何不变体系,因其 $S = 0$,易推得

$$W = -n \quad 或 \quad n = -W \tag{2.3}$$

2.2.2 平面体系计算自由度 W 的算法

由于体系的必要约束较难判断,而全部约束相对容易确定,因此,可以用求计算自由度 W 的方法,辅助性地对体系进行几何组成分析(参见 2.2.3)。对于任一平面刚片体系,可按式(2.4)求其计算自由度

$$W = 3m - (3g + 2h + r) \tag{2.4}$$

式中,m 代表体系中不含多余内约束的刚片的总数;g 代表体系中单刚结点的总数;h 代表体系中单铰的总数;r 代表体系中支杆的总数。

应用式(2.4)时,需要注意以下几点:

①因 W 的计算以地基为参照系,因此地基刚片不计入 m 中。

②体系中的复刚结点或复铰,应先折算为相当个数的单刚结点或者单铰。

③组合结点可以按先刚结再铰结的处理方法,等效为对应个数的单刚结点和单铰后,分别计入 g 与 h 中。

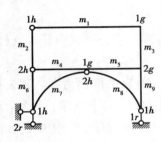

图 2.12 例 2.1 图

④体系中的固定铰支座、定向支座和固定支座,按上节所述方法等效为相应个数的支杆后,计入 r 中。

【例 2.1】 试求图 2.12 所示体系的计算自由度。

【解】 在图 2.12 中,用 $m_1 \sim m_9$ 代表组成该体系的各刚片,因此刚片总数 $m = 9$。在各结点处,标明其等效的单刚结点(用 g 表示)或单铰(用 h 表示)的个数,用 g 或 h 前的数字表示,因此 $g = 4$,$h = 7$。在各支座处,标明其等效的支杆个数,用 r 前的数字表示,因此 $r = 3$。最终该体系的计算自由度由式(2.4)计算为

$$W = 3 \times 9 - (3 \times 4 + 2 \times 7 + 3) = -2$$

对于常见平面体系,均可利用式(2.4)求其计算自由度 W。但是,平面体系中有一类仅由全铰结点、链杆和铰支座组成的体系,称为铰结链杆体系。这类特定体系的计算自由度也可采用以下更为简捷的公式计算

$$W = 2j - (b + r) \tag{2.5}$$

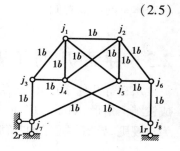

式中,j 代表铰结链杆体系中全铰结点的个数;b 代表链杆的根数;r 代表支杆的根数。

【例2.2】 试求图 2.13 所示铰结链杆体系的计算自由度。

【解】 在图 2.13 中,用 $j_1 \sim j_8$ 表示体系中的各个全铰,因此 $j=8$。在链杆和支杆旁,分别用数字与 b 或 r 的组合来表示链杆和支杆的个数,因此 $b=13$、$r=3$。最终该体系的计算自由度为

$$W = 2 \times 8 - (13 + 3) = 0$$

本题也可用式(2.4)计算,请读者自行验证。

图 2.13　例 2.2 图

2.2.3　计算自由度 W 与几何组成性质之间的关系

图 2.14 至图 2.16 列举了体系的 W 与其几何组成性质之间的关系,可归纳为以下 3 种情况:

①$W>0$ 时,体系缺少必要的约束,具有运动自由度,为几何可变体系。

②$W=0$ 时,体系具有成为几何不变体系所需的最少约束数目,但体系不一定是几何不变的。

③$W<0$ 时,体系有多余约束,但体系也不一定是几何不变的。

(a)$W>0$　　　　　　　　　　　(b)$W>0$

图 2.14　$W>0$ 的体系的几何组成性质

(a)$W=0$ 且几何不变　　　　　　　(b)$W=0$ 且几何可变

图 2.15　$W=0$ 的体系的几何组成性质

(a)$W<0$ 且几何不变　　　　　　　(b)$W<0$ 且几何可变

图 2.16　$W<0$ 的体系的几何组成性质

由此可知：

①若 $W>0$，体系一定是几何可变的。

②若 $W\leq0$，只表明体系具有几何不变的必要条件，但不是充分条件。因为体系是否几何不变还取决于约束的布置是否合理。为了判定一个体系是否几何不变，还有必要进一步研究几何不变体系的组成规则。

2.3　平面几何不变体系的基本组成规则

从初等几何学可知，三角形的形状是稳定的。如果用 3 个单铰将 3 根链杆两两相连，可构成铰结三角形，如图 2.17（a）所示。铰结三角形是无多余约束的几何不变体系，本节将以此作为总规则，导出判定平面几何不变体系的 3 个基本组成规则。

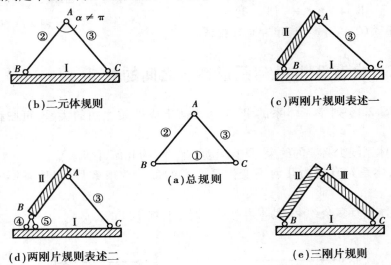

图 2.17　几何不变体系的总规则和基本组成规则

2.3.1　二元体规则——平面上一个点与一个刚片的连接规则

将总规则中的链杆①等效代换为刚片 I ，则可得到如图 2.17（b）所示的二元体规则。

二元体规则：平面上的一个点通过不共线的两根链杆连接到一个刚片上，则组成内部几何不变且无多余约束的体系。

所谓二元体，就是在保证两根链杆不共线的前提下，将它们用一个单铰连接而成的装置。如图 2.17（b）中的 BAC，就是一个二元体。

从二元体的性质可知：在一个体系上依次增加（或去除）若干个二元体，不影响原体系的几何组成性质。这是几何组成分析时经常使用到的二元体重要特性。

【例 2.3】　试分析图 2.18（a）所示铰结链杆体系的几何组成性质。

【解】　（1）简化原体系

分析发现：图 2.18（b）中的①是二元体，将它去除，并不影响原体系的几何组成性质。去除①后，发现剩余体系中②成为二元体，亦可去除。以此类推，可依次去除从①~⑧的各二元体。

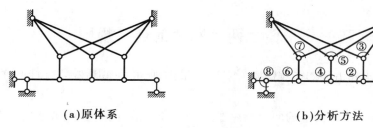

（a）原体系　　　　　　　　　（b）分析方法

图 2.18　例 2.3 图

（2）分析经简化后的体系

经上步简化后，剩余体系只有连于地基的铰，是无多余约束的几何不变体系。

（3）结论

因剩余体系和原体系几何组成性质相同，所以原体系是无多余约束的几何不变体系。

【例 2.4】　试分析例 2.2 中铰结链杆体系的几何组成性质。

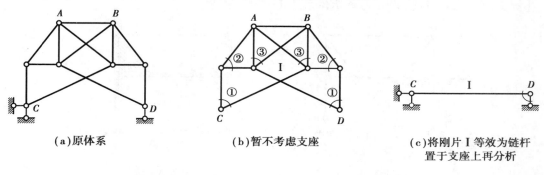

（a）原体系　　　　　（b）暂不考虑支座　　　　（c）将刚片 I 等效为链杆
置于支座上再分析

图 2.19　例 2.4 图

【解】　（1）简化原体系

从整体看，原体系没有二元体，但链杆体系通过与简支梁类似的固定铰支座 C 和活动铰支座 D 连接于地基上，可以暂不考虑支座，而首先分析链杆体系的内部组成，如图 2.19（b）所示。

可按照从①～③的顺序依次去除图 2.19（b）中所示的各个二元体，最后只剩链杆 AB。因此，图 2.19（b）所示的链杆体系是无多余约束的几何不变体系，记作刚片 I。

刚片 I 仅通过铰 C 和支杆 D 连接到地面上，因此可将之等效代换为图 2.19（c）所示的链杆 CD。

（2）分析经简化后的体系

很明显，图 2.19（c）所示体系为无多余约束的几何不变体系。

（3）结论

综上，原体系是无多余约束的几何不变体系。

通过以上两题的分析，可以看出：

①二元体有其相对性，以上两题分析中都出现了去除某一个二元体后，剩余体系中又出现新的二元体的情况，如例 2.4 中，在去除二元体①后，又出现了二元体②。后续出现的二元体是相对剩余体系而言的，或者说是相对原体系某局部而言的。

②将刚片等效代换为链杆的原则是，刚片同体系其他部分之间只有两个铰相连。

③在例 2.3 中，如果按去除二元体相反的步骤，逐步从地基开始增加二元体，就可得到构建原体系的方法。

2.3.2 两刚片规则——平面上两个刚片的连接规则

将总规则中的链杆①和②等效代换为刚片Ⅰ和Ⅱ,则可得如图 2.17(c)所示的两刚片规则表述一。

两刚片规则表述一:平面上的两个刚片通过一铰和一链杆相连,如果链杆所在直线不通过铰心,则组成内部几何不变且无多余约束的体系。

由于一个铰的约束效果等效于两根链杆的约束效果,故又可将图 2.17(c)中的 B 铰换作与其等效的④和⑤两根链杆,于是可得如图 2.17(d)所示的两刚片规则表述二。

两刚片规则表述二:平面上的两个刚片通过 3 根链杆相连,如果这些链杆不全平行且所在直线不全交于一点,则组成内部几何不变且无多余约束的体系。

【例 2.5】 试分析图 2.20(a)所示体系的几何组成性质。

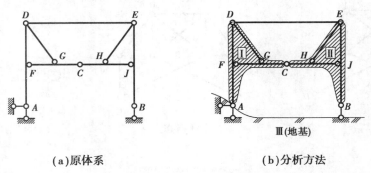

(a)原体系　　　　　　　　　(b)分析方法

图 2.20　例 2.5 图

【解】 (1)从原体系中选择刚片

将杆 AFD 和 FGC 分别视作两刚片,这两刚片通过铰 F 和链杆 DG 相连,满足两刚片表述一的约束条件,因此它们形成图 2.20(b)所示的刚片Ⅰ。同理,右侧 BJEHC 部分也可视作另一刚片Ⅱ。

(2)运用组成规则进行分析

刚片Ⅰ和Ⅱ通过铰 C 和链杆 DE 相连,亦满足两刚片规则表述一的约束条件。因此,A、B 以上部分成为一个完整大刚片。将地基在 A 处添加由固定铰支座的二支杆构成的二元体后,扩展为图 2.20(b)所示的刚片Ⅲ。则大刚片同刚片Ⅲ之间通过铰 A 和 B 处支杆相连,仍满足两刚片规则表述一的约束条件。也可不扩展地基,则大刚片同地基直接通过 3 根支杆相连,满足两刚片规则表述二的约束条件。

(3)结论

整个体系是无多余约束的几何不变体系。

【例 2.6】 试分析图 2.21(a)所示体系的几何组成性质。

【解】 (1)从原体系中选择刚片

刚片 CEF 和 ABD 通过 3 根链杆 AC、AF 和 FD 相连,满足两刚片规则表述二的约束条件,构成图 2.21(b)所示的刚片Ⅰ。同理,得刚片Ⅱ。

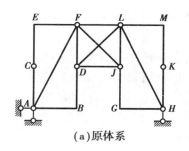

(a)原体系

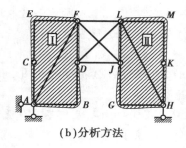

(b)分析方法

图 2.21　例 2.6 图

（2）运用组成规则进行分析

刚片 Ⅰ 和 Ⅱ 通过 FL、FJ、DL 和 DJ 4 根链杆相连,而只需其中 3 根已满足两刚片规则表述二的约束条件,因此,形成有一个内部多余约束的大刚片。该大刚片再以简支支承的形式与地基相连,符合两刚片规则表述一。

（3）结论

原体系是有一个多余约束的几何不变体系。

通过以上各例题的分析可以看出:

①如果体系仅通过一个固定铰支座和一个活动铰支座与地基相连,且活动铰支座所在直线不通过固定铰支座铰心,则称该体系的支承形式为简支支承。因去除简支支承后,体系剩余部分的几何组成性质不受影响,所以,可先分析去除简支支承后的剩余体系。

②几何组成分析时,应合理选择刚片。是否满足几何组成规则,是判断某一局部能否作为刚片的依据。

2.3.3　三刚片规则——平面上 3 个刚片的连接规则

将总规则中的链杆①、②和③等效代换为刚片 Ⅰ、Ⅱ 和 Ⅲ,则可得如图 2.17(e)所示的三刚片规则。

三刚片规则:平面上的 3 个刚片通过 3 个铰两两相连,如果这 3 个铰不共线,则组成内部几何不变且无多余约束的体系。

【例 2.7】　试分析图 2.22(a)所示体系的几何组成性质。

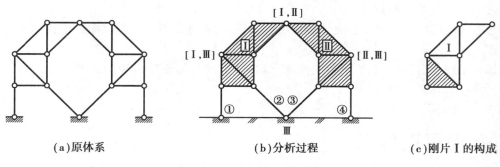

(a)原体系　　　　　　(b)分析过程　　　　　　(c)刚片 Ⅰ 的构成

图 2.22　例 2.7 图

【解】　（1）从原体系中选择刚片

刚片 Ⅰ 是在一个铰结三角形的基础上不断增加二元体而形成的,如图 2.22(c)所示。同理,可得刚片Ⅱ,如图2.22(b)所示。另取地基为刚片Ⅲ。

（2）运用组成规则进行分析

刚片Ⅰ和Ⅱ通过实铰[Ⅰ,Ⅱ]相连,Ⅰ和Ⅲ通过①、②两根链杆组成的虚铰[Ⅰ,Ⅲ]相连,Ⅱ和Ⅲ通过③、④两根链杆组成的虚铰[Ⅱ,Ⅲ]相连,这三铰不共线,满足三刚片规则。

（3）结论

原体系是无多余约束的几何不变体系。

【例2.8】 试分析图2.23(a)所示体系的几何组成性质。

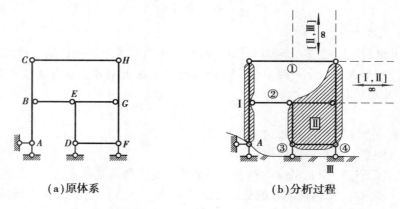

(a)原体系　　　　　　(b)分析过程

图2.23　例2.8图

【解】　（1）从原体系中选择刚片

分别选取刚片Ⅰ、Ⅱ和Ⅲ,如图2.23(b)所示。其中,刚片Ⅱ的组成方式请读者自行分析。

（2）运用组成规则进行分析

刚片Ⅰ和Ⅲ通过实铰A相连,Ⅰ和Ⅱ通过①、②两根链杆组成的水平方向无穷远虚铰[Ⅰ,Ⅱ]相连,Ⅱ和Ⅲ通过③、④两根支杆组成的竖直方向无穷远虚铰[Ⅱ,Ⅲ]相连。根据几何学可知:平面上不同方向直线的端点(即无穷远点)的集是一条直线,称为无穷远直线,任何有限远点都不在此直线上。本题中,虚铰[Ⅰ,Ⅱ]和[Ⅱ,Ⅲ]因方向不同,是无穷远直线上的两个点,而实铰A则是有限远点,不在无穷远直线上,从而可以判定三铰不共线,满足三刚片规则。

（3）结论

原体系是无多余约束的几何不变体系。

通过上述例题的分析可知:

①三刚片规则中的铰既可以是实铰也可以是虚铰,而虚铰既可以是有限远虚铰也可以是无穷远虚铰。

②如果出现无穷远虚铰,则需要关注其方向,并借助几何学知识辅助判断三刚片规则中的三铰是否共线。

2.4　几何可变体系

若平面体系不能满足3个基本组成规则的要求,则为几何可变体系。几何可变体系又可进一步分为几何常变体系和几何瞬变体系。

2.4.1 几何常变体系和几何瞬变体系

几何常变体系是指可以持续发生大的刚体运动的体系,其自由度必然大于零。

几何瞬变体系是指只能在初始瞬时,在初始位置附近产生极微小的刚体运动的体系。如图 2.24(a)所示,杆件 AB 与 AC 的刚体位移轨迹在 A 点有一段公切线,在 F_P 作用下,体系一开始可沿此公切线产生极微小的线位移 AA_1 及相应的微小转角 θ,而一旦偏离初始位置,三铰将不再共线,体系无法继续其刚体运动。因此,这是一个几何瞬变体系。

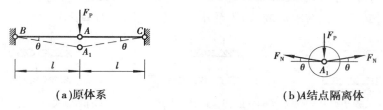

(a)原体系   (b)A结点隔离体

图 2.24 几何瞬变体系示例

现分析瞬变体系的受力特点。取 A 结点为隔离体,如图 2.24(b)所示。由 $\sum F_y = 0$,得

$$F_P = 2F_N \sin \theta$$

$$F_N = \frac{F_P}{2 \sin \theta}$$

由于微小转角 $\theta \to 0$,所以 $F_N \to \infty$。这表明:几何瞬变体系在有限外力的作用下,将产生无穷大的内力,这会导致体系迅速破坏。因此,几何瞬变体系不能作为结构,而只能归为可变体系。

2.4.2 几何可变体系同几何组成规则之间的关系

在上节 3 个几何不变体系的基本组成规则中,都对约束的几何位置有一定要求,例如,两刚片规则表述一要求链杆所在直线不能过铰心。如果不能满足这些要求,将导致体系几何可变。

1)不满足二元体规则的约束条件

若计划用于组成二元体的两链杆共线(或称这两链杆夹角为 π),则这两链杆组成的装置不能再称作二元体,同时也就不能在体系中增删这样的装置。

2)不满足二刚片规则的约束条件

对表述一,若链杆所在直线过铰心,将导致体系几何瞬变,如图 2.25 所示。

对表述二,可分为图 2.26 所示的两类 4 种情况来讨论:

①3 根链杆常交一点,则体系几何常变,如图 2.26(a)、(b)所示,其中图 2.26(b)中 3 根链杆全部平行且等长。

②3 根链杆瞬交一点,则体系几何瞬变,如图 2.26(c)、(d)所示,其中图 2.26(d)中 3 根链杆全部平行但不全等长。

**图 2.25 不满足二刚片规则
表述一的几何瞬变体系**

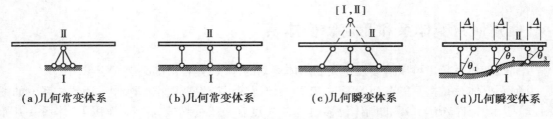

(a)几何常变体系　　(b)几何常变体系　　(c)几何瞬变体系　　(d)几何瞬变体系

图 2.26　不满足二刚片规则表述二的几何可变体系

3)不满足三刚片规则的约束条件

如果三铰共线,且全是有限远铰,则体系几何瞬变,如图 2.27 所示。

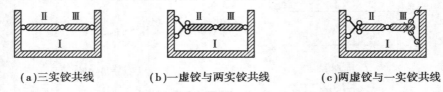

(a)三实铰共线　　　(b)一虚铰与两实铰共线　　　(c)两虚铰与一实铰共线

图 2.27　3 个有限远铰共线形成的几何瞬变体系

如果三铰共线,且部分或全部是无穷远虚铰,则体系可能几何瞬变或几何常变,应利用几何学知识再具体分析。图 2.28中列出了一些常见的含无穷远铰的几何可变体系,其中图 2.28(a)是仅含一个无穷远虚铰的情况,另两个有限远铰的连线方向与此虚铰方向一致;图 2.28(b)是含两个无穷远虚铰的情况,构成这两个无穷远虚铰的 4 根链杆全部平行但不全等长;图 2.28(c)和图 2.28(d)是三铰全部为无穷远虚铰的情况,但图 2.28(c)中组成虚铰的每两根链杆不全等长,而图 2.28(d)中组成虚铰的每两根链杆等长。

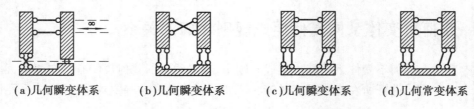

(a)几何瞬变体系　　(b)几何瞬变体系　　(c)几何瞬变体系　　(d)几何常变体系

图 2.28　一些常见的含无穷远虚铰的几何可变体系

【例 2.9】　试分析图 2.29(a)所示体系的几何组成性质。

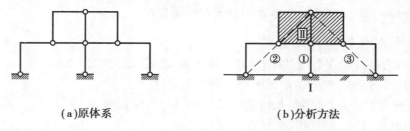

(a)原体系　　　　　　　　　(b)分析方法

图 2.29　例 2.9 图

【解】　(1)从原体系中选择刚片

原体系上部两个方形框为内部无多余约束的几何不变体系,视为刚片 Ⅱ,如图 2.29(b)所示。另取地基为刚片 Ⅰ。

（2）运用组成规则进行分析

刚片Ⅰ和Ⅱ由链杆①、②和③连接，其中链杆②和③是由相应两折杆等效而得。这 3 根链杆延长线瞬交于一点（中间顶铰处），不满足两刚片规则表述二的约束条件。

（3）结论

原体系是几何瞬变体系。

【例 2.10】 试分析图 2.30（a）所示体系的几何组成性质。

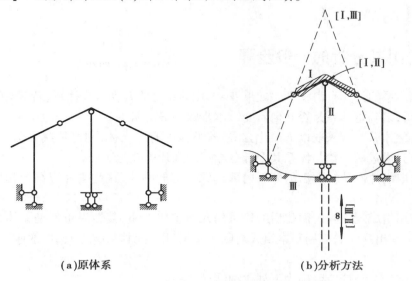

(a)原体系　　　　　　　　　(b)分析方法

图 2.30　例 2.10 图

【解】 （1）从原体系中选择刚片

选取图 2.30（b）所示的三刚片，并将体系左右两侧的 T 形刚片等效为两根链杆。

（2）运用组成规则进行分析

连接 3 个刚片的 3 个铰位置如图 2.30（b）所示，其中［Ⅰ，Ⅱ］是有限远实铰，［Ⅰ，Ⅲ］是有限远虚铰，而［Ⅱ，Ⅲ］是竖直方向上的无穷远虚铰。三铰位置符合图 2.28（a）所示情形，此三铰共线。

（3）结论

原体系是几何瞬变体系。

【例 2.11】 试分析图 2.31（a）所示铰结链杆体系的几何组成性质。

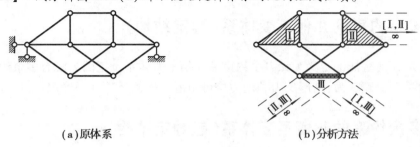

(a)原体系　　　　　　　　　(b)分析方法

图 2.31　例 2.11 图

【解】 （1）从原体系中选择刚片

由于体系中有简支支承，可先不考虑支座，取图 2.31（b）所示的体系进行分析，所选的 3 个刚片Ⅰ、Ⅱ和Ⅲ如图所示。

(2)运用组成规则进行分析

连接3个刚片的3个铰位置如图2.31(b)所示,其中[Ⅰ,Ⅱ]、[Ⅰ,Ⅲ]和[Ⅱ,Ⅲ]都是无穷远虚铰,而形成虚铰的每两根链杆都等长,因此体系可发生连续的瞬变,即为图2.28(d)所示的常变体系。

(3)结论

整个体系是几何常变体系。

2.4.3 几何组成分析的一般步骤

第1步:求体系的计算自由度 W。如果 $W>0$,则体系必为几何常变体系;若 $W \leqslant 0$,还需按以下步骤进行分析,以确定体系是否几何不变。本步骤一般可略去。

第2步:简化体系。常采取以下简化方法:若整体中有二元体,则可依次去除;检查体系是否简支支承;将只通过两个铰与体系其余部分相连的刚片等效为链杆。

第3步:选取刚片。从简化后的体系内部选取合理的刚片,这些刚片应符合几何组成规则的要求。

第4步:应用组成规则判定简化后的体系的几何组成性质,其结果也就是原体系的几何组成性质。若本步骤出现无法应用基本组成规则的情况,则说明第3步中选取的刚片不合理,应重做第3和第4步。

第5步:下结论。结论应明确为下列4种结果之一:

几何不变体系 $\begin{cases} \text{无多余约束的几何不变体系} \\ \text{有}\,n\,\text{个多余约束的几何不变体系} \end{cases}$

几何可变体系 $\begin{cases} \text{几何常变体系} \\ \text{几何瞬变体系} \end{cases}$

其中,n 为体系中多余约束的具体个数。

2.5 体系的几何组成与静力特性的关系

2.5.1 无多余约束的几何不变体系(静定结构)

静定结构从几何特征上定义为无多余约束的几何不变体系。正因为没有多余约束,导致静定结构在静力特性上表现为:全部反力和内力均可由静力平衡条件唯一确定。

2.5.2 有多余约束的几何不变体系(超静定结构)

超静定结构从几何特征上定义为有多余约束的几何不变体系。由于存在多余约束,导致超静定结构在静力特性上表现为:全部反力和内力无法仅由静力平衡条件唯一确定,必须补充变形协调条件才能唯一确定。

2.5.3　几何瞬变体系及其静力特性

如2.4节所述,几何瞬变体系属于几何可变体系,一般是由约束布置不当所致。其静力特性为:在有限大小的任意荷载作用下,体系会出现无穷大的内力,因此不能用作结构。

本章小结

(1)平面杆件体系分为几何不变体系和几何可变体系。进行几何组成分析的目的主要是:在一个体系被视作刚体体系的前提下,研究如何保证这个体系成为几何不变体系,从而确保它能被作为结构使用;同时,根据结构的几何组成,可以判定结构是静定结构或超静定结构,以便合理选择恰当的静力分析方法对结构进行计算,这一点,以后各章经常会用到。

(2)几何不变且无多余约束体系的组成,一般遵循一条总规则——"三角形规则"("铰结三角形是内部无多余约束的几何不变体系"),由此可导出3个基本组成规则——二元体规则、两刚片规则(含两种表述)和三刚片规则。进行几何组成分析时,常采用"简化体系→扩展局部→应用规则→作出结论"的步骤。"三角形规则"对于分析常规体系非常适用,但它们只是构成几何不变体系的充分条件,而不是必要条件,因为有些复杂体系并不符合这些几何组成规则,但也是几何不变体系。对于复杂体系,可以采用其他的分析方法(如零载法、矩阵分析方法等)来判断确定。

(3)结构的几何组成和静力特征之间的关系:

①几何不变且无多余约束——静定结构;

②几何不变但有多余约束——超静定结构;

③几何可变(包括几何常变体系和几何瞬变体系)——不能用作结构。

(4)能灵活运用三个基本组成规则分析平面杆件体系的几何组成性质,是本章的重点,也是本章的难点所在。"三角形规则"看似浅显,但运用却灵活多变,初学者往往难以下手,为此,由浅入深地多做一些练习,逐步提高分析能力是十分必要的。

(5)对于某些不能用本章所述组成规则进行分析的复杂体系,需使用一些特殊方法(如零载法等)进行几何组成分析,读者可参阅相关教材。

思考题

2.1　思考题2.1(a)图所示体系不发生形状的改变,所以是几何不变体系;思考题2.1(b)图所示体系会发生双点画线所示的变形,所以是几何可变体系。上述结论是否正确? 为什么?

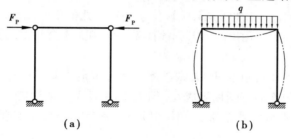

(a)　　　　　　　　(b)

思考题2.1图

2.2 多余约束是否影响体系的自由度？是否影响体系的计算自由度？是否影响体系的受力和变形状态？

2.3 试证明：简支支承形式对除支承以外的体系内部的几何组成性质无影响。

2.4 几何组成分析中,杆件或者约束是否可以重复使用？思考题2.4图所示体系中作为约束的铰 A 可以利用几次？链杆 CD 可以利用几次？

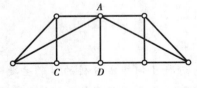

思考题 2.4 图

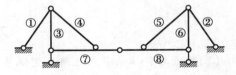

思考题 2.5 图

2.5 试求思考题2.5图所示体系的计算自由度 W。

①若视①~⑧杆为刚片,则公式 $W=3m-(3g+2h+r)$ 中,$h=$? $r=$?

②若视③~⑧杆为刚片,则 $h=$? $r=$?

2.6 如思考题2.6图所示,此体系为三刚片,由不共线三铰 A、B、C 相连,组成的体系几何不变,且无多余约束。此结论是否正确？为什么？

2.7 如思考题2.7图所示,三刚片由不共线三铰 A、B、C 相连,组成的体系几何不变,且无多余约束。此结论是否正确？为什么？

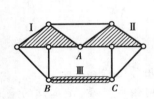

思考题 2.6 图

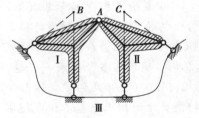

思考题 2.7 图

2.8 几何常变体系和几何瞬变体系的特点是什么？（试从约束数目、运动方式、受力及变形情况等方面讨论）

2.9 静定结构的几何组成特征是什么？力学特性是什么？

2.10 超静定结构的几何组成特征是什么？力学特性是什么？

习　题

2.1 判断题

(1)若平面体系的实际自由度为零,则该体系一定为几何不变体系。　　　　　　（　）

(2)若平面体系的计算自由度 $W=0$,则该体系一定为无多余约束的几何不变体系。

（　）

(3)若平面体系的计算自由度 $W<0$,则该体系为有多余约束的几何不变体系。　（　）

(4)由3个铰两两相连的三刚片组成几何不变体系且无多余约束。　　　　　　（　）

(5)习题2.1(5)图所示体系去掉二元体 CEF 后,剩余部分为简支刚架,所以原体系为无多余约束的几何不变体系。　　　　　　　　　　　　　　　　　　　　　　（　）

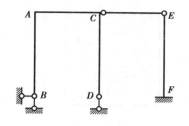

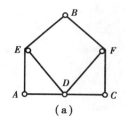

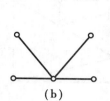

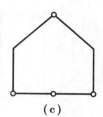

习题 2.1(5)图

(a)　　(b)　　(c)

习题 2.1(6)图

（6）习题 2.1（6）图（a）所示体系去掉二元体 A、B、C 后，成为习题 2.1（6）图（b），故原体系是几何可变体系。　　　　　　　　　　　　　　　　　　　（　　）

（7）习题 2.1（6）图（a）所示体系去掉二元体 EDF 后，成为习题 2.1（6）图（c），故原体系是几何可变体系。　　　　　　　　　　　　　　　　　　　　　　　　（　　）

2.2　填空题

（1）习题 2.2（1）图所示体系为_____体系。

（2）习题 2.2（2）图所示体系为_____体系。

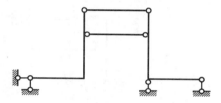

习题 2.2(1)图

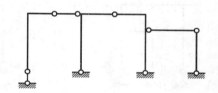

习题 2.2(2)图

（3）习题 2.2（3）图所示 4 个体系的多余约束数目分别为 _____、_____、
_____、_____。

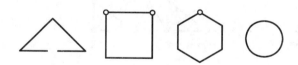

习题 2.2(3)图

（4）习题 2.2（4）图所示体系的多余约束个数为_____。

（5）习题 2.2（5）图所示体系的多余约束个数为_____。

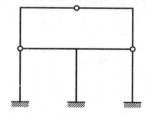

习题 2.2(4)图

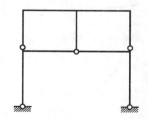

习题 2.2(5)图

（6）习题 2.2（6）图所示体系为_____体系，有_____个多余约束。

（7）习题 2.2（7）图所示体系为_____体系，有_____个多余约束。

2.3　求习题 2.3 图所示各体系的计算自由度。

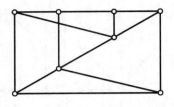

习题 2.2(6)图

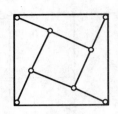

习题 2.2(7)图

2.4 对习题 2.3 图所示各体系进行几何组成分析。

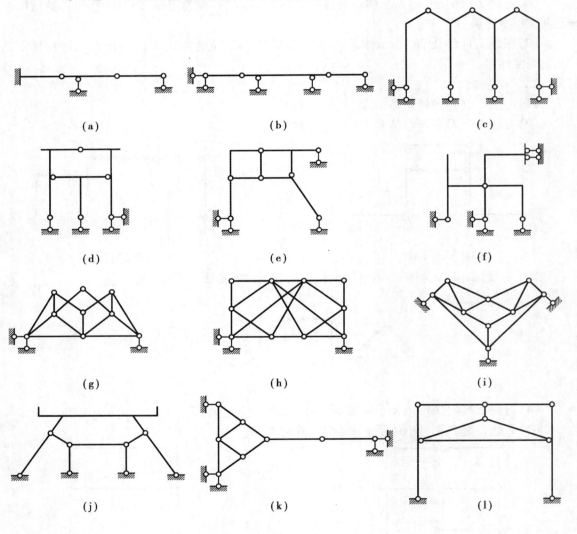

习题 2.3 图

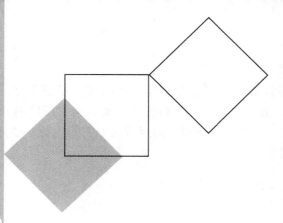

3 静定结构的内力分析

本章导读：

● **基本要求**　灵活运用截面法、内力图与荷载间的关系以及区段叠加法绘制杆件的内力图；熟练掌握静定梁和静定刚架内力图的绘制方法；熟练掌握静定平面桁架结构轴力的计算方法，能利用特殊结点的静力平衡条件判断零杆和等力杆；掌握静定组合结构的受力特点及内力计算方法；掌握三铰拱支座反力及指定截面内力的计算方法；了解三铰拱在几种常见荷载作用下的合理拱轴线。

● **重点**　内力图特征；绘制单跨和多跨静定梁、静定平面刚架的内力图，这是本课程最重要的基本功之一。

● **难点**　内力与荷载间微分关系同内力图特征间的联系；区段叠加法绘制弯矩图；选取适当的隔离体和静力平衡方程求静定平面桁架的轴力。

3.1　单跨静定梁的内力分析

梁是以受弯为主的结构，以承受竖向荷载为主。静定梁可分为单跨静定梁和多跨静定梁。单跨静定梁为单杆结构，其全部支座反力和内力都可用静力平衡方程求出。

常见的单跨静定梁形式包括简支梁、斜梁、悬臂梁和伸臂梁等，如图 3.1 所示。在建筑结构

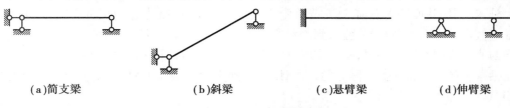

(a)简支梁　　　　　(b)斜梁　　　　　(c)悬臂梁　　　　　(d)伸臂梁

图 3.1　单跨静定梁的结构形式

中,窗台上的过梁属于简支梁,楼梯梁属于斜梁,雨篷属于悬臂梁,阳台上的挑梁属于伸臂梁。

单跨静定梁内力分析和内力图绘制方法是其他静定结构内力分析和内力图绘制的基础。因此,本节在材料力学等课程的基础上,进一步深入讨论单跨静定梁内力图的绘制方法,包括截面法、内力图与荷载间的关系和区段叠加法。

3.1.1 用截面法求指定截面的内力

杆件内力主要是指截开杆件所暴露出的截面上的力。对于平面杆件,一般包括轴力 F_N、剪力 F_Q 和弯矩 M 3 种,如图 3.2(b)所示。

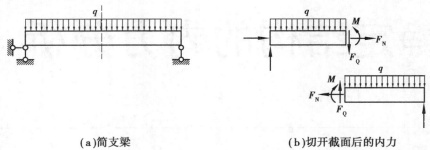

（a）简支梁　　　　　　　　　（b）切开截面后的内力

图 3.2　截面内力

关于内力符号,约定如下:

截面上应力沿杆轴切线方向的合力称为轴力。轴力以拉力为正,压力为负。

截面上应力沿杆轴法线方向的合力称为剪力。剪力使隔离体顺时针旋转为正,也可理解为该截面轴力正向顺时针旋转 90°时为剪力的正向。

截面上应力对截面形心的力矩称为弯矩。弯矩不规定正负,但作图时,弯矩图必须画在截面受拉纤维一侧。对于梁结构,工程界通常约定截面下侧纤维受拉时弯矩为正。

分析杆件内力最基本的方法是截面法,其原理是利用静力平衡条件求截面的内力,主要步骤包括:

①截取截面,即用假想平面或曲面沿指定截面将原结构切开。

②选取隔离体,即沿切开的截面选取结构的任一侧作为隔离体。

③绘隔离体受力图,即将隔离体受到的外力、支反力及截开截面暴露出的内力共 3 种力绘制在隔离体中。

④列平衡方程,即通过列隔离体的静力平衡方程求解未知内力。

在列平衡方程求解内力时,需事先确定截面内力的方向,而此时截面内力为未知力,因此,一般假定截面内力沿其正向作用,则计算得到的正负号就是该截面内力的正负号。

另外,在利用截面法求解前,通常先确定支座反力,因支座反力并无正负规定,在求支反力前可任意假设正方向。若结果为正,则表示支反力的实际方向与假设方向相同;反之,则表示实际方向与假设方向相反。同时,求出支座反力后,为避免以后计算过程中误判支反力方向,一般习惯用括号中的箭头标明其实际方向,譬如计算得到实际支座反力向上,则在求得的支座反力后采用"（↑）"标注。

下面以一伸臂梁为例,具体说明截面法的应用。

【例3.1】 试求图3.3(a)所示伸臂梁截面 D 的弯矩 M_D、截面 A 右侧的剪力 $F_{QA右}$。

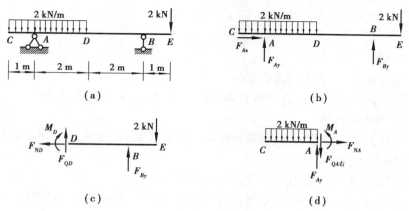

图3.3　例3.1图

【解】 （1）求支座反力

将该梁所有支座约束去除，代以相应支反力，并假设支反力的方向，绘出受力图，如图3.3(b)所示。对 A 点处取力矩平衡方程 $\sum M_A = 0$，可得

$$2 \times 5 + \frac{1}{2} \times 2 \times 2^2 = \frac{1}{2} \times 2 \times 1^2 + F_{By} \times 4$$

解得

$$F_{By} = 3.25 \text{ kN}(\uparrow)$$

F_{By} 为正，表明实际支反力方向与假设方向相同。再由整体的竖向投影平衡方程 $\sum F_y = 0$，可得

$$F_{Ay} + F_{By} = 2 \text{ kN/m} \times 3 \text{ m} + 2 \text{ kN}$$

代入已求解的 F_{By}，得

$$F_{Ay} = 4.75 \text{ kN}(\uparrow)$$

最后由 $\sum F_x = 0$，得

$$F_{Ax} = 0$$

（2）用截面法求指定截面的内力

①求截面 D 的弯矩

根据截面法的步骤，首先，沿截面 D 将原结构截断，再选取隔离体，因 DBE 梁段的受力相对于 CAD 梁段简单，故取其为隔离体。然后，将支座反力、外荷载和截开截面 D 所暴露出的3个内力绘在隔离体上，得到该隔离体的受力图，如图3.3(c)所示。

因仅需求 M_D，所以对 D 点列力矩平衡方程，这样可避免 F_{ND} 和 F_{QD} 这两个未知力出现在平衡方程中。即由 $\sum M_D = 0$，得

$$M_D + 2 \text{ kN} \times 3 \text{ m} = F_{By} \times 2 \text{ m}$$

解得 $M_D = 0.5$ kN·m。弯矩为正，表明与假设的下侧受拉相同。

②求截面 A 右侧的剪力

因截面 A 作用了集中力（支座反力 F_{Ay}），故 $F_{QA左}$ 和 $F_{QA右}$ 并不相等。对于求解 $F_{QA右}$，沿截面

A 右侧切开,取 CA 段为隔离体,其受力图如图 3.3(d)所示。注意,此时 F_{Ay} 作用在该隔离体上。

由 CA 隔离体的竖向投影平衡方程 $\sum F_y = 0$, 得

$$F_{Ay} = 2 \times 1 \text{ kN} + F_{QA右}$$

解得 $F_{QA右} = 2.75$ kN。

从以上例题可以看出,在应用截面法时,应注意以下问题:

①优先选取受力较为简单的部分作为隔离体,以简化计算。例如,上例中求 M_D 时,应选取截面 D 以右部分作为隔离体。

②隔离体的受力必须完整,即应将隔离体所受到的外荷载、支座反力和截开截面的内力这 3 种力全部绘制在受力图中。

③应熟练掌握平衡方程的列法,尽量避免求解联立方程。

④约束力要符合约束的性质,截断链杆时,仅添加轴力,而截断受弯杆件时,在截面上应添加轴力、剪力和弯矩。

3.1.2 内力图与荷载间的关系

工程中通常采用内力图表示结构在外荷载作用下的受力状态。表示杆件上各截面内力沿杆轴线变化规律的图形称为内力图。一般以杆件轴线为内力图基线,以垂直于基线的竖标表示对应位置处的内力值。如例 3.1 中所示结构各截面弯矩和剪力的竖标表示方法分别如图 3.4(a)、(b)所示。

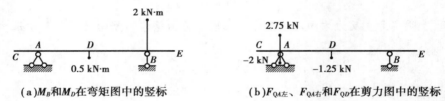

(a)M_B 和 M_D 在弯矩图中的竖标 (b)$F_{QA左}$、$F_{QA右}$ 和 F_{QD} 在剪力图中的竖标

图 3.4 内力竖标表示方法

将杆件上所有截面的内力求出,并用竖标绘在相应的基线上,再将所有的竖标顶点相连,即可得到相应的内力图。内力图中的轴力图和剪力图可绘制在杆件的任意侧,并标注正负号以表明力的正负;弯矩图无需标注正负号,但必须绘制在杆件截面上纤维受拉侧。

内力图的形状特征与外荷载性质及其作用的位置相关,并呈现一定的规律性。从图 3.5(a)所示的简支梁中截取一个微段,其受力图如图 3.5(b)所示,微段上作用了均布荷载 q。利用该微段的平衡条件,可得到受弯直杆弯矩、剪力和荷载之间存在以下微分关系:

$$\left.\begin{aligned} \frac{\mathrm{d}F_Q}{\mathrm{d}x} &= -q \\[2mm] \frac{\mathrm{d}M}{\mathrm{d}x} &= F_Q \\[2mm] \frac{\mathrm{d}^2 M}{\mathrm{d}x^2} &= -q \end{aligned}\right\} \tag{3.1}$$

式(3.1)给出了弯矩 M、剪力 F_Q 随外荷载及杆轴坐标参数 x 变化的规律。对式(3.1)中剪

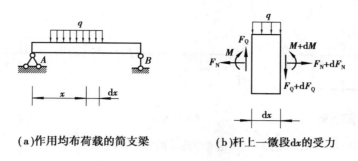

(a)作用均布荷载的简支梁　　　　　　(b)杆上一微段dx的受力

图 3.5　梁杆上任意微段 dx 的受力

力的微分关系进行积分,可得到剪力随截面位置的变化规律,即剪力图的数学表达式:

$$F_Q(x) = -qx + C \qquad\qquad (3.2)$$

式中,C 为待定常数,利用边界条件即可确定其具体数值。剪力图上某点切线的斜率等于相应截面处的分布荷载集度。因此,在无荷载区段,剪力图的斜率为 0,是平行于杆轴的直线;在均布荷载区段,q 为常数,剪力图的斜率处处相等,为一条斜直线。

　　同理,从式(3.1)也可得出弯矩图的规律,即弯矩图上某点切线的斜率等于相应截面的剪力值,而弯矩图的曲率则等于相应截面处分布荷载的集度,由分布荷载的方向还可确定弯矩图的凹凸方向。具体地讲,在无荷载区段,弯矩图为斜直线;在均布荷载区段,q 为常数,弯矩图为抛物线。各种常见荷载作用下内力图特征如表 3.1 所示。

表 3.1　梁杆内力图特征

受力情况	无外力区段	均布荷载作用区段	集中力作用处	集中力偶作用处
剪力图	水平线	斜直线	突变	无变化
弯矩图	斜直线（纯弯段时为水平线）	抛物线（凸出方向与荷载同向）	转折（转折方向与荷载同向）	突变

　　利用内力图特征可简化杆件内力图的绘制。即先采用截面法求出杆件上某些特殊截面的内力,譬如,均布荷载作用的始末截面、集中力或集中力偶作用截面、中间支座截面等,常常称为控制截面。再根据两个控制截面之间杆上作用的荷载情况,利用内力图特征直接绘制内力图。

　　从式(3.1)中 $F_Q = \dfrac{\mathrm{d}M}{\mathrm{d}x}$ 的微分关系可知,弯矩图切线的斜率等于相应截面的剪力,可实现根据弯矩图绘制剪力图的功能。以下分两种情况进行讨论:

1)当弯矩图为直线段时

　　以图 3.6(a)所示跨中作用集中荷载的简支梁(水平杆)为例,其 M 图和 F_Q 图分别如图 3.6(b)、(c)所示。其 x-M 直角坐标系的选取按惯例进行,如图 3.6(b)所示。

　　因弯矩图切线的斜率等于相应截面的剪力,则对于图 3.6(b)所示 A 点的剪力 $F_{QA} = \tan\theta_A$,其中 θ_A 为弯矩图在截面 A 处的切线与 x 轴正向的夹角。因 AC 段弯矩图为直线,则在该直线段内,各点的斜率均与截面 A 的斜率相同,因此,该直线段内剪力 $F_Q = F_{QA} = \tan\theta_A$。同时,通过图

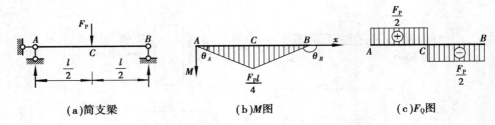

(a)简支梁　　　　　　**(b)M图**　　　　　　**(c)F_Q图**

图 3.6　根据弯矩图绘剪力图(水平杆)

3.6(b)中 *AC* 段弯矩图的几何关系可知:

$$F_Q = \tan \theta_A = \frac{\Delta M}{l} \tag{3.3}$$

式中,*l* 为该直线段的长度;ΔM 为 *M* 图中该直线段两端点弯矩值之差的绝对值。

对于剪力 F_Q 的正负,在图 3.6(b)所示 *x-M* 直角坐标系下,θ_A 为锐角,则 $F_Q = \tan \theta_A > 0$,剪力为正;而 θ_B 为钝角,则 $F_Q = \tan \theta_B < 0$,剪力为负。

通过以上分析,当弯矩图为直线变化时,剪力 F_Q 的大小和正负的规律如下:剪力数值大小为 *M* 图形的斜率,即 $F_Q = \dfrac{\Delta M}{l}$;当弯矩图线与 *x* 轴正向的夹角为锐角时,剪力为正;当弯矩图线与 *x* 轴正向的夹角为钝角时,剪力为负。

若杆件为非水平杆时,可假想将其放置水平,再采用以上规律确定剪力的大小和正负。例如,对于图 3.7(b)所示竖直杆件,可将该杆绕下端 *A* 点沿逆时针方向或顺时针方向转动放平,分别如图 3.7(a)、(c)所示,则不管是 $\theta_{逆}$ 还是 $\theta_{顺}$,与 *x* 轴正向的夹角均为钝角,故剪力为负,大小为

$$F_Q = \frac{\Delta M}{l} = \frac{\dfrac{F_P l}{8} + \dfrac{F_P l}{4}}{l} = \frac{3F_P}{8}$$

AB 杆的剪力图如图 3.7(d)所示。

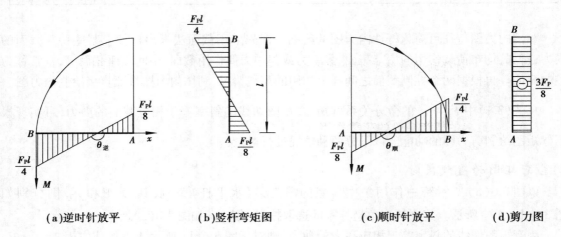

(a)逆时针放平　　　**(b)竖杆弯矩图**　　　**(c)顺时针放平**　　　**(d)剪力图**

图 3.7　根据弯矩图绘剪力图(非水平杆)

2) 当弯矩图为二次抛物线时

根据式(3.1)中 M 与 F_Q 的微分关系可判定,此时 F_Q 图为斜直线(一次函数)。因此,只需按照"先求两端剪力,再引直线相连"的步骤,即可绘出该区段的 F_Q 图。

【例3.2】　试根据图3.8(a)所示弯矩图,绘出相应的剪力轮廓图,其中区段9—11的弯矩为二次抛物线。

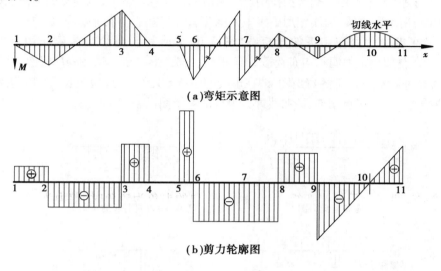

(a)弯矩示意图

(b)剪力轮廓图

图3.8　例3.2图

【解】　(1)关于 F_Q 图的正负

对于区段1—2、3—4、5—6、8—9 和 10—11 而言,其弯矩图与 x 轴正向的夹角均为锐角,故剪力图为正;其他各区段弯矩图与 x 轴正向的夹角均为钝角,故剪力图为负。

(2)关于 F_Q 图的大小

M 图坡度越陡(如区段5—6),其斜率越大,则剪力越大;坡度越缓(如区段1—2),斜率越小,则剪力越小;区段6—7和区段7—8的 M 图线坡度相同(相互平行),剪力大小相等。因区段9—11的弯矩图为二次抛物线,则该区段的剪力轮廓为斜直线,且弯矩图在10点处的切线水平,故剪力为零。

根据以上分析得到的最终剪力轮廓图,如图3.8(b)所示。

荷载与内力之间的积分关系可通过式(3.1)求得,例如,从直杆中取出的任意一段的荷载作用如图3.9所示,则积分关系可表示为

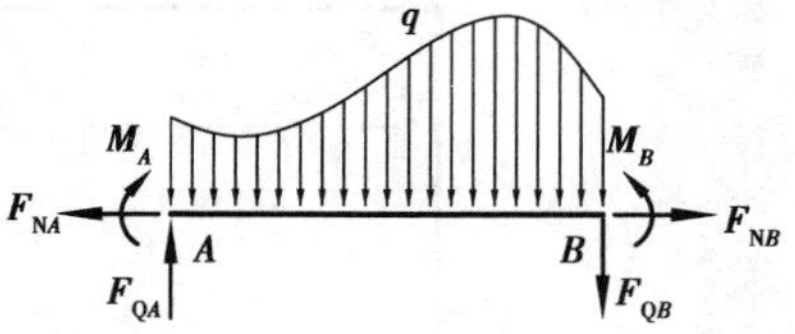

图3.9　荷载与内力的积分关系

$$\left.\begin{aligned} F_{QB} &= F_{QA} - \int_{x_A}^{x_B} q\,\mathrm{d}x \\ M_B &= M_A + \int_{x_A}^{x_B} F_Q\,\mathrm{d}x \end{aligned}\right\} \tag{3.4}$$

积分关系的几何意义为:

① B 端的剪力等于 A 端的剪力减去该段荷载 q 图的面积。

② B 端的弯矩等于 A 端的弯矩加上该段剪力图的面积。

3.1.3 用区段叠加法快速绘制任一杆段的弯矩图

如某杆件内任一杆段两端弯矩为已知时,可利用弯矩图的叠加法快速绘制该杆段的弯矩图,称为区段叠加法。区段叠加法的原理在于:对于小变形线弹性结构而言,所有荷载产生的总效应(内力和变形等)等于各种荷载单独作用产生效应的代数和。下面,以简支梁为例加以说明。

对图 3.10(a)所示简支梁,两端作用了集中力偶并满跨布置了均布荷载,该梁的弯矩图可视为两部分之和:仅在集中力偶作用下的弯矩图[图 3.10(b)]和仅在均布荷载作用下的弯矩图[图 3.10(c)]。在叠加集中力偶和均布荷载的弯矩时,首先用虚线将 M_i 和 M_j 相连,以此虚线为新的基线,叠加均布荷载作用下的弯矩图,即在虚线的中点 b 处将 ab 线段延长 $ql^2/8$,得到 c 点,而后用光滑的曲线将 d、c、e 三点相连,该曲线即为最终的弯矩图[图3.10(d)]。

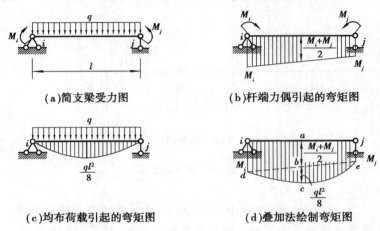

（a）简支梁受力图　　　　　　　（b）杆端力偶引起的弯矩图

（c）均布荷载引起的弯矩图　　　（d）叠加法绘制弯矩图

图 3.10　简支梁弯矩叠加法

对于图 3.11(a)所示结构,当采用截面法求得 i、j 截面的弯矩 M_i 和 M_j 后,取 ij 段为隔离体,该隔离体的受力如图 3.11(b)所示。该杆段隔离体受力图与图 3.11(c)中的简支梁完全等

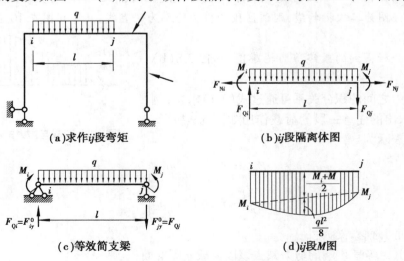

（a）求作 ij 段弯矩　　　　　　　（b）ij 段隔离体图

（c）等效简支梁　　　　　　　　　（d）ij 段 M 图

图 3.11　任意杆段弯矩叠加法

效。因此,可利用区段叠加法进行 ij 区段弯矩图的绘制,如图 3.11(d)所示。

为便于使用区段叠加法,需熟悉简支梁在常见单一荷载作用下的内力图,如图 3.12 所示。

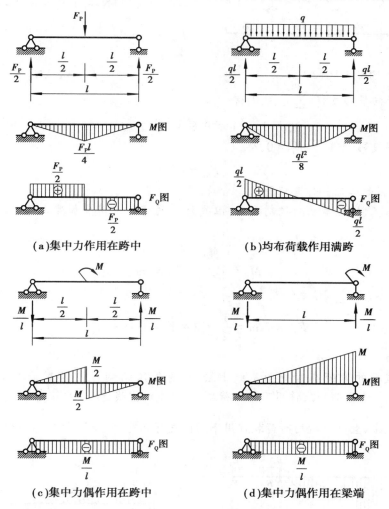

图 3.12　简支梁在单一荷载作用下的内力图

3.1.4　作内力图的步骤及举例

绘制内力图的步骤总结如下:

①求支反力。

②将梁杆按控制截面分段,运用截面法求得各个控制截面的内力。

③根据各控制截面的弯矩值,利用内力图特征和区段叠加法,逐段绘制弯矩图。

④根据各控制截面剪力值,利用内力图特征,逐段绘制剪力图。

⑤若需要,根据各控制截面轴力值,逐段绘制轴力图。

【例 3.3】　试绘图 3.13 所示梁的弯矩图和剪力图。

【解】　(1)求支座反力

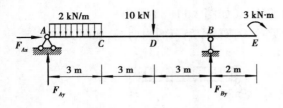

图 3.13 例 3.3 图

列梁整体力矩平衡方程 $\sum M_A = 0$,可得

$$\frac{1}{2} \times 2 \times 3^2 \text{ kN·m} + 10 \times 6 \text{ kN·m} + 3 \text{ kN·m} = F_{By} \times 9 \text{ m}$$

解得

$$F_{By} = 8 \text{ kN}(\uparrow)$$

由整体的竖向投影方程 $\sum F_y = 0$,得

$$F_{Ay} = 8 \text{ kN}(\uparrow)$$

由整体水平投影方程 $\sum F_x = 0$,得

$$F_{Ax} = 0$$

(2)求控制截面弯矩并作弯矩图

该梁的 A、B、C、D、E 截面为控制截面,但截面 D 的弯矩可用叠加法求得,其余各控制截面的弯矩为

$$M_A = 0$$

$$M_B = M_E = -3 \text{ kN·m}$$

取 AC 杆为隔离体,由 $\sum M_C = 0$,得

$$F_{Ay} \times 3 \text{ m} = \frac{1}{2} \times 2 \times 3^2 \text{ kN·m} + M_C$$

则 $M_C = 15 \text{ kN·m}$。

将各控制截面的弯矩在弯矩图基线上绘出,再依次绘制各控制截面之间的弯矩图,如图 3.14(a)所示。对于 AC 段,作用了均布荷载,所以先以虚线连接 AC_1 作为新基线,然后在 AC 段跨中的新基线上,叠加满跨均布荷载作用下的简支弯矩 $\frac{ql^2}{8} = \frac{1}{8} \times 2 \times 3^2 \text{ kN·m} = 2.25 \text{ kN·m}$。

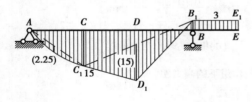

(a)弯矩图(单位:kN·m)

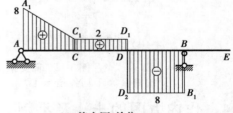

(b)剪力图(单位:kN)

图 3.14 例 3.3 内力图

对于 CB 段,该段跨中作用了集中荷载,先以虚线连接 C_1B_1 作为新基线,然后在 CB 段跨中的新基线上,叠加集中力作用下的简支弯矩 $\frac{F_P l}{4} = \frac{1}{4} \times 10 \times 6 \text{ kN·m} = 15 \text{ kN·m}$。

对于 BE 段,未作用外荷载,弯矩图为直线,直接采用直线连接 B_1E_1 即可。

应注意的是:根据内力图特征,C 截面左右的弯矩图应相切,不能出现尖角,如图 3.14(a)所示。

（3）求控制截面剪力作剪力图

对于截面 A 的剪力，容易验证，其大小等于该处支反力的大小，剪力的正负可直接根据支反力的方向判断，当支反力使该梁段有顺时针方向旋转的趋势时，剪力为正，反之则为负。因此，$F_{QA} = F_{Ay} = 8$ kN。利用杆端支反力与杆端剪力的这一关系可以加快杆端剪力的计算。

对于截面 C 的剪力，取 AC 段为隔离体，利用平衡方程 $\sum F_y = 0$，可得 $F_{QC} = 2$ kN。

对于截面 E 的剪力，根据截面 E 平衡条件，得 $F_{QE} = 0$。

对于截面 B 以右的剪力，因从内力图与荷载间的关系可知，当某杆段内未作用荷载时，F_Q 为常数，即该杆段任一个截面的剪力均相同，因此，有 $F_{QB右} = F_{QE} = 0$。

对于截面 B 以左的剪力，取 BE 为隔离体，得 $F_{QB左} = -8$ kN。

对于截面 D 的剪力，因 CD 梁段未作用荷载，故 $F_{QD左} = F_{QC} = 2$ kN；因 DB 梁段未作用荷载，故 $F_{QD右} = F_{QB左} = -8$ kN。

作剪力图时，先将各控制截面的剪力在剪力图基线上绘出。因本例题中的荷载均为集中荷载和均布荷载，所以剪力图的形状为直线，因此，将相邻控制截面的剪力竖标直接相连即可得到剪力图。如图 3.14（b）所示，直接连接 A_1C_1、C_1D_1、D_2B_1 即可。

【例 3.4】 试绘图 3.15（a）中所示简支梁的内力图并求最大弯矩。

【解】 （1）求支座反力

列梁整体力矩平衡方程 $\sum M_A = 0$，得 $F_{By} = 13$ kN（↑）；

由整体的竖向投影方程 $\sum F_y = 0$，得 $F_{Ay} = 3$ kN（↑）；

由整体水平投影方程 $\sum F_x = 0$，得 $F_{Ax} = 0$。

（2）作弯矩图

截面 E、I 的弯矩可通过叠加法获得，故仅选 A、$C_左$、$C_右$、D、H、B 为控制截面，求得各控制截面的弯矩为

$$M_A = 0$$

$$M_{C左} = F_{Ay} \times 1 \text{ m} = 3 \text{ kN·m}$$

$$M_{C右} = F_{Ay} \times 1 \text{ m} + 16 \text{ kN·m} = 19 \text{ kN·m}$$

$$M_D = F_{Ay} \times 2 \text{ m} + 16 \text{ kN·m} = 22 \text{ kN·m}$$

$$M_H = F_{By} \times 2 \text{ m} - 8 \times 1 \text{ kN·m} = 18 \text{ kN·m}$$

$$M_B = 0$$

对于 AC、CD 段，因无外荷载作用，以直线相连即可得到弯矩图；对于 DH 段，作用了均布荷载，则先以虚线相连作为基线，再叠加以 DH 为跨度的简支梁在均布荷载作用下的弯矩图，即在 DH 段中点叠加 $\frac{1}{8} \times 2 \times 4^2$ kN·m $= 4$ kN·m，再以抛物线相连。

DH 段中点截面 E 的最终弯矩为 $\left(\dfrac{22+18}{2}+4\right)$ kN·m $=$ 24 kN·m。对于 HB 段，作用了集中荷载，则先以

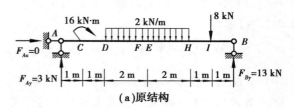

（a）原结构

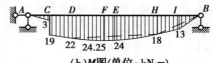

（b）M 图（单位：kN·m）

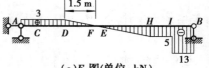

（c）F_Q 图（单位：kN）

图 3.15 例 3.4 图

虚线相连作为基线,再叠加以 HB 为跨度的简支梁在集中荷载作用下的弯矩图,即在 DH 段中点叠加 $\frac{1}{4} \times 8 \times 2$ kN·m=4 kN·m,最后以实直线相连得到最终弯矩图,如图 3.15(b)所示。

（3）作剪力图

在 AC、CD、HI、IB 段无外荷载作用,剪力为常数,F_Q 图为水平线。DH 段作用了均布荷载,F_Q 图为斜直线。可以采用两种方法求解剪力:一是根据原结构的静力平衡条件直接求解,二是利用已求得的弯矩图求解。本例通过已知的弯矩图求解剪力。

对于弯矩图为直线段的 AC、CD、HI、IB 段:

AC 段:弯矩图与 x 轴夹角为锐角,剪力为正,数值大小为 $\frac{\Delta M}{l} = \frac{3-0}{1}$ kN=3 kN。

CD 段:弯矩图与 x 轴夹角为锐角,剪力为正,数值大小为 $\frac{\Delta M}{l} = \frac{22-19}{1}$ kN=3 kN。

HI 段:弯矩图与 x 轴夹角为钝角,剪力为负,数值大小为 $\frac{\Delta M}{l} = \frac{18-13}{1}$ kN=5 kN。

IB 段:弯矩图与 x 轴夹角为钝角,剪力为负,数值大小为 $\frac{\Delta M}{l} = \frac{13-0}{1}$ kN=13 kN。

DH 段作用了均布荷载,F_Q 图为斜直线,应按照"先求两端剪力,再引直线相连"的原则作剪力图。因 D、H 截面处未作用集中荷载,F_Q 图无突变,因此,DH 段 D、H 截面处的剪力分别等于 CD 段 D 截面的剪力和 HI 段 H 截面的剪力,即 $F_{QD}=3$ kN,$F_{QH}=-5$ kN。最终的剪力图如图 3.15(c)所示。

（4）求最大弯矩

在求最大弯矩 M_{max} 时,首先须确定最大弯矩所在的截面位置。由微分关系式 $\frac{dM}{dx}=F_Q$ 可知,当剪力为 0 时,弯矩取得极值点。根据图 3.15(c)中的几何比例关系,得到剪力为 0 点的截面 F 距截面 D 的距离为 1.5 m,则最大弯矩可利用截面法,将截面 F 切开后取隔离体求出。也可根据式(3.4)求得

$$M_{max} = M_F = M_D + \int_D^F F_Q dx = 22 \text{ kN·m} + \frac{1}{2} \times 3 \times 1.5 \text{ kN·m} = 24.25 \text{ kN·m}$$

从以上计算可知:在该类荷载作用下的简支梁,最大弯矩并不出现在跨中,而是出现在距跨中截面 E 偏左 0.5 m 处。但最大弯矩与跨中弯矩相对差值的百分比为 $(24.25-24)/24 \times 100\% = 1.04\%$,很小。因此,在实际结构设计中,仍可近似将跨中处的弯矩作为设计控制弯矩。

【例 3.5】 试绘图 3.16(a)所示斜梁的内力图。

【解】 （1）求支座反力

对斜梁而言,利用整体平衡条件 $\sum F_x = 0$,得 $F_{Ax} = 0$;

由整体平衡条件 $\sum M_B = 0$,有 $F_{Ay} l = ql \times \frac{l}{2}$,解得 $F_{Ay} = \frac{1}{2} ql (\uparrow)$;

由 $\sum F_y = 0$,得 $F_{By} = \frac{1}{2} ql (\uparrow)$。

将跨度与斜梁在水平方向投影长度相同且荷载布置相同的水平简支梁称为斜梁的相当简支梁,如图 3.16(b)所示。上述计算表明,当斜梁受到沿水平方向分布的均布荷载时,其支座反

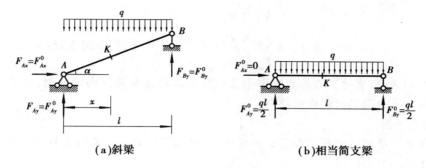

（a）斜梁　　　　　　　　**（b）相当简支梁**

图 3.16　例 3.5 图

力与相当简支梁相同,即

$$
\left.\begin{array}{l}
F_{Ax} = F^0_{Ax} \\
F_{Ay} = F^0_{Ay} \\
F_{By} = F^0_{By}
\end{array}\right\}
\tag{3.5}
$$

式中,上标 0 表示该力为相当简支梁的支反力。

（2）内力

取斜梁上任意截面 K 以左为隔离体。同样,取相当简支梁对应截面 K 以左为隔离体,如图 3.17(a)、(b)所示。

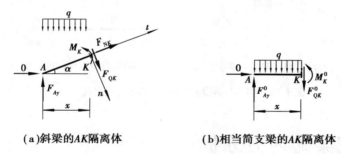

（a）斜梁的 AK 隔离体　　　　　**（b）相当简支梁的 AK 隔离体**

图 3.17　斜梁隔离体图

对斜梁隔离体 AK 而言,由平衡条件,可得

$$
\left.\begin{array}{l}
M_K = \dfrac{1}{2}qlx - \dfrac{1}{2}qx^2 \\[2mm]
F_{QK} = \left(\dfrac{1}{2}ql - qx\right)\cos\alpha \\[2mm]
F_{NK} = -\left(\dfrac{1}{2}ql - qx\right)\sin\alpha
\end{array}\right\}
$$

对相当简支梁隔离体 AK 而言,由平衡条件,可得

$$
\left.\begin{array}{l}
M^0_K = \dfrac{1}{2}qlx - \dfrac{1}{2}qx^2 \\[2mm]
F^0_{QK} = \left(\dfrac{1}{2}ql - qx\right)
\end{array}\right\}
$$

对比斜梁截面 K 的内力与相当简支梁截面 K 的内力,可知

$$
\left.\begin{aligned}
M_K &= M_K^0 \\
F_{QK} &= F_{QK}^0 \cos \alpha \\
F_{NK} &= -F_{QK}^0 \sin \alpha
\end{aligned}\right\} \tag{3.6}
$$

即两者的弯矩相同,斜梁的剪力为相当水平梁的剪力沿斜梁截面方向的投影,斜梁轴力的大小为相当水平梁的剪力沿斜梁轴线的投影。

(3)绘制内力图

可先将相当水平梁的弯矩图和剪力图绘出,再根据前述对应关系绘制斜梁内力图。斜梁的内力图如图 3.18(a)所示。

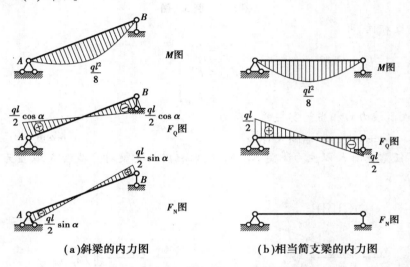

(a)斜梁的内力图 (b)相当简支梁的内力图

图 3.18   例 3.5 斜梁及相当简支梁的内力图

3.2   多跨静定梁的内力分析

3.2.1   多跨静定梁的组成特点及传力层次图

多跨静定梁是将若干根单跨梁用铰相连而形成的静定结构,在桥梁、屋架檩条、幕墙支撑等结构中得到了广泛应用。计算多跨静定梁的关键问题是分清其几何构造特点和传力次序,并由此确定计算步骤。

从几何组成来看,多跨静定梁的基本形式有以下 3 种:

①在一根基本单跨静定梁上,不断附加二元体构成多跨静定梁。如图 3.19 所示多跨梁,其在伸臂梁 ABC 的基础上,依次附加 CE 梁段和支杆 D 组成的二元体、EG 梁段和支杆 F 组成的二元体以及 GH 梁段和支杆 H 组成的二元体,最终形成四跨静定梁。

②在多根基本单跨静定梁的基础上,附加新的单跨静定梁构成多跨静定梁。如图 3.20 所示多跨梁,其在基本单跨梁 AB(悬臂梁)、CDEF 和 GHI(均可视作伸臂梁)的基础上,附加简支梁 BC 和 FG,最终形成四跨静定梁。

③按以上两种方式混合形成,如图 3.21 所示。

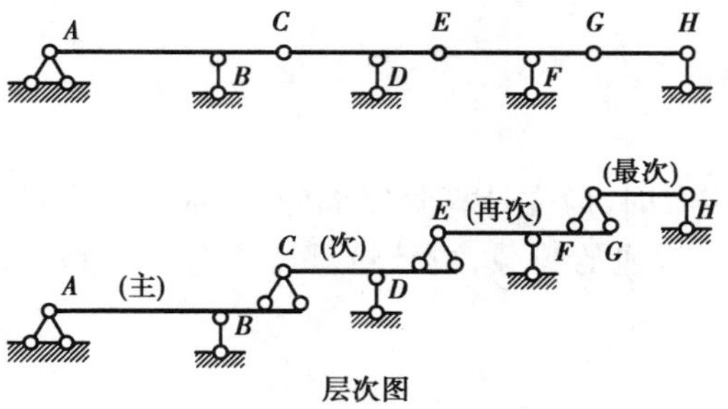

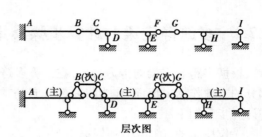

层次图

图 3.19 多跨静定梁基本形式之一

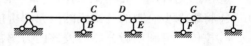

层次图

图 3.20 多跨静定梁基本形式之二

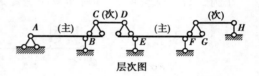

层次图

图 3.21 多跨静定梁基本形式之三

因此,就几何组成分析而言,多跨静定梁可分为基本部分和附属部分。基本部分指多跨静定梁中为静定或可视作静定结构的部分(在竖向荷载作用下能维持平衡),例如图 3.19 中的 *ABC* 梁段,图 3.21 中的 *DEFG* 梁段;附属部分指必须依靠基本部分才能维持其几何不变的梁段,这些梁段因缺少约束而无法独立承担荷载,如图 3.19 中的 *CDE*、*GH* 和图 3.20 中的 *FG* 梁段。

将多跨静定梁的基本部分和附属部分按照依附关系用图形表示出来,即为层次图,如图 3.19 至图 3.21 所示。从层次图可知:作用于附属部分的力将传递给基本部分,而作用在基本部分的荷载不会传递给附属部分,因此,将附属部分的支座反力反向,就是其作用于基本部分的荷载(作用力),从而得到多跨静定梁中力的传递途径,如图 3.22(c)所示。这样,便可把多跨梁拆成为单跨梁进行内力分析,以避免解算联立方程。

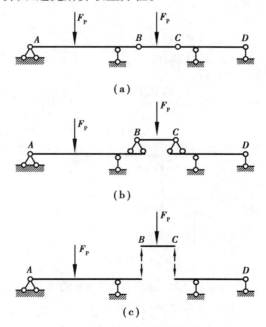

图 3.22 多跨静定梁力的传递关系

3.2.2 多跨静定梁的计算步骤及举例

根据多跨静定梁的传力特点,在计算多跨静定梁时,应先计算附属部分,将基本部分对附属部分的支撑作用力反向,作为附属部分向基本部分传递的荷载,再计算基本部分。多跨静定梁的计算步骤如下:

①作层次图,确定力的传递途径。

②计算附属部分的支座反力,得到向基本部分传递的作用力。

③按照先"附属"部分后"基本"部分的顺序逐梁段绘制内力图。

④将第③步绘制的各梁段的内力图拼接,作出全结构的内力图。

⑤校核。可利用微分关系校核内力图,利用支座结点平衡条件校核支反力。

【例 3.6】 试绘图 3.23 所示多跨静定梁的内力图。

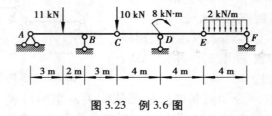

图 3.23 例 3.6 图

【解】 (1)作层次图

从该梁的几何组成分析可知,最次部分为 EF 段,其次是 CDE 段,基本部分是 ABC 段。按先"附属"后"基本"的计算原则,应先分析 EF 段,再分析 CDE 段,最后分析 ABC 段。绘制拆散后的层次图如图 3.24(a)所示。

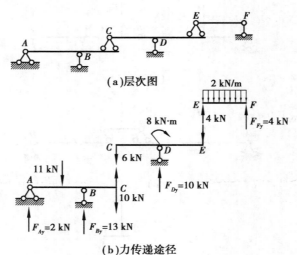

(a)层次图

(b)力传递途径

图 3.24 多跨静定梁层次图

(2)计算支反力和附属部分及基本部分的作用力

首先计算 EF 梁段。取 EF 梁段为隔离体,利用平衡条件 $\sum M_E = 0$,得 $F_{Fy} = 4\ \text{kN}(\uparrow)$;再

利用 $\sum F_y = 0$，得 $F_{Ey} = 4$ kN($\uparrow$)。

其次，计算 CDE 梁段。作用在该梁段截面 E 的力为 EF 梁段在截面 E 的反作用力，竖直向下，如图 3.24(b) 所示。取该梁段为隔离体，利用平衡条件 $\sum M_D = 0$，得 $F_{Cy} = 6$ kN($\downarrow$)；再利用 $\sum F_y = 0$，得 $F_{Dy} = 10$ kN($\uparrow$)。

最后，计算基本部分 ABC 段的受力。取 ABC 梁段为隔离体，利用平衡条件 $\sum M_B = 0$，得 $F_{Ay} = 2$ kN($\uparrow$)；再利用 $\sum F_y = 0$，得 $F_{By} = 13$ kN($\uparrow$)。

分层次受力图如图 3.24(b) 所示。

（3）逐段绘制弯矩图

按照单跨静定梁弯矩图的绘制方法，依次将各梁段的弯矩图绘出，然后拼装在一起，如图 3.25 所示。

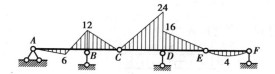

图 3.25　多跨静定梁 M 图（单位：kN·m）

图 3.26　多跨静定梁 F_Q 图（单位：kN）

（4）作剪力图

多跨静定梁的剪力可直接根据图 3.24(b) 所示铰结点处求出的作用力和反作用力求解，也可根据已求得的弯矩图计算求解。按单跨梁剪力图的作图规律，分别绘制各梁段的剪力图，然后将其拼接在一起，形成多跨梁的剪力图，如图 3.26 所示。

3.3　静定平面刚架的内力分析

由若干梁和柱等直杆并主要由刚结点相连的结构，称为刚架。刚架是常见的结构形式。当刚架的所有杆轴和荷载都在同一平面且为无多余约束的几何不变体系时，称为静定平面刚架。

3.3.1　刚架的特点

从几何组成来看，刚架结构具有杆件少、内部空间大和便于使用等优点。例如，对于图 3.27(a) 所示几何可变体系，可通过增加链杆的形式使其成为静定桁架结构，如图 3.27(b) 所示；也可通过将铰结点改变为刚结点使其成为静定刚架结构，如图 3.27(c) 所示。

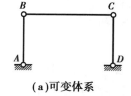

（a）可变体系

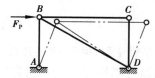

（b）静定桁架结构

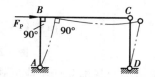

（c）静定刚架结构

图 3.27　刚架形成大空间

从受力角度来看,实际工程中的刚架一般为超静定结构,其具有受力更加均匀和更有利于材料性能发挥的优点。以图3.28(a)、(b)所示跨度相同的简支梁和刚架,在均布荷载作用下的弯矩为例予以说明。简支梁跨中弯矩为 $\frac{ql^2}{8}$,而刚架跨中弯矩为 $\frac{5ql^2}{72}$,这是因为:由于 BC 杆的刚结点处有负弯矩,相对于简支梁而言,刚架结构梁中的弯矩峰值将大大减小,弯矩的分布更为合理。

从变形角度看,刚架结构相对于简支梁结构而言,在相同情况下的挠度较小。这是因为刚结点所连接的杆件在刚结点处不能发生相对转动和移动,如图 3.28(b)所示 B、C 结点,在变形前后均保持90°而不发生改变。对于梁的竖向变形,AB、CD 柱将提供抵抗能力,从而使刚架的刚度增大,竖向变形减小。简支梁在均布荷载作用下跨中竖向位移为 $\frac{5ql^4}{384EI}$(EI 为梁和柱的抗弯刚度),而刚架跨中竖向位移仅为 $\frac{7ql^4}{1\,152EI}$,前者为后者的2.14倍。

基于以上3个优点,刚架结构在建筑工程中得到了广泛应用。

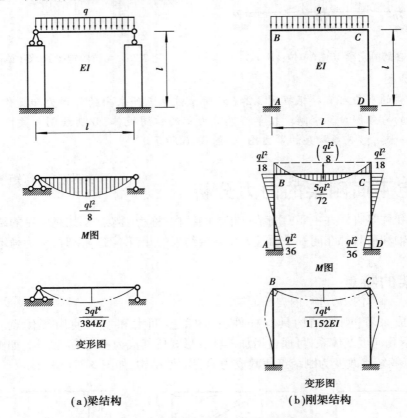

(a)梁结构　　　**(b)刚架结构**

图 3.28　刚架与梁结构弯矩和变形的对比

刚架结构的基本几何组成形式有悬臂刚架、简支刚架和三铰刚架3种,分别如图3.29(a)、(b)、(c)所示。将基本几何组成形式进行组合,可以得到多层多跨静定平面刚架,如图3.29(d)、(e)所示。

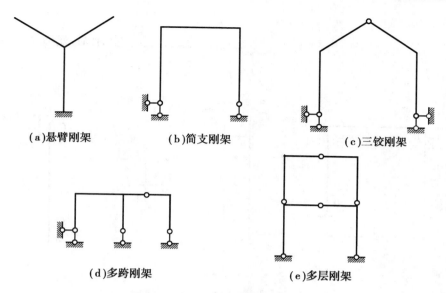

图 3.29　常见刚架的几何组成形式

3.3.2　刚架内力图的绘制及校核

　　刚架中杆件的受力分析,本质上与单跨静定梁的受力分析相同。可在各杆杆端处将刚架拆分为单杆,先由刚架的整体或局部平衡条件,求出支座反力或杆端结点处的约束力,再用截面法逐杆求解各杆控制截面的内力,然后利用内力图特征和区段叠加法绘制单杆的内力图,最后将所有单杆内力图拼接而成整个刚架的内力图,这种方法称为杆梁法。

　　在绘制内力图时,剪力图和轴力图可绘在杆件的任一侧,但需注明正负;弯矩图绘在杆件截面纤维受拉侧,勿需标注正负。

　　刚架的内力计算采用杆梁法,内力图绘制采用分段绘制的方法。绘制刚架内力图的一般步骤为:

　　①求支座反力。

　　②在结点处将各杆截开,将刚架离散为若干根单杆。

　　③逐杆依次计算内力,进行内力图的绘制。

　　④将各杆内力图拼接在一起形成原刚架的内力图。

　　⑤校核。

　　以图 3.30(a)所示刚架为例,可将其离散为 AB、BC 和 CD 3 根杆件[图 3.30(b)],再分别求每根杆结点处的支座反力或约束力。图中,为区分相交于同一点的各杆杆端的内力,引入双下标表示方法,第一下标表示内力所在截面,第二下标表示隔离体另一端的截面号,例如,M_{BA} 为 BA 杆 B 端的弯矩,F_{QCD} 为 CD 杆 C 端的剪力。各杆的弯矩图如图 3.30(c)所示,将其合并在一起,则得到整个刚架的弯矩图,如图 3.30(d)所示。

　　从图 3.30(b)可知:

　　①隔离体结点 B 的 6 个内力 M_{BA}、F_{QBA} 和 F_{NBA} 及 M_{BC}、F_{QBC} 和 F_{NBC},分别为与结点 B 连接的 BA 杆、BC 杆隔离体上相应 6 个内力的反作用力,绘制时应注意反向。由结点 B 的平衡条件可

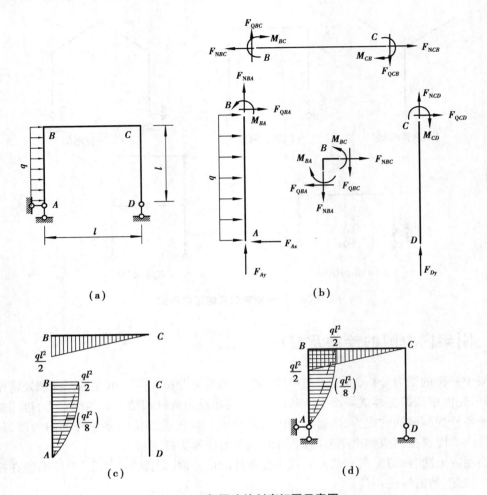

图 3.30　杆梁法绘制弯矩图示意图

知,连接结点的某杆,其杆端内力可以视作与此结点相连的其他杆端内力通过刚结点传递而来,所以刚结点可以承受和传递全部内力——弯矩、剪力和轴力。

②结点 B 仅连接了两个杆件,且未受集中力偶作用,将该类刚结点称为简单刚结点(两杆形成的交角可不为 90°)。由结点 B 隔离体的静力平衡条件 $\sum M_B = 0$,可得 $M_{BC} = M_{BA}$,且这两个弯矩方向相反[图 3.30(b)],故这两个弯矩会使得刚结点 B 要么外侧受拉,要么内侧受拉。因此,简单刚结点所连接两杆的杆端弯矩数值相等,受拉侧相同,简记为"弯矩相等,同侧受拉"。当求解出该结点所连任一根杆件的杆端弯矩后,另一根杆件的杆端弯矩可利用简单刚结点的特点直接求得。

③根据图 3.30(b)中结点 B 隔离体的投影平衡条件,有:$F_{NBA} = -F_{QBC}$,$F_{NBC} = F_{QBA}$,故对于两杆成直角相交形成的刚结点,一杆的轴力和另一杆的剪力在数值上大小相等。因此,求解刚架中杆件轴力时,常使用刚结点隔离体的投影方程。

【例 3.7】　求作图 3.31 所示刚架的弯矩图。

【解】　(1)求支反力

对刚架整体而言,利用平衡条件 $\sum M_A = 0$,有

$$4 \times 2 + \frac{1}{2} \times 2 \times 4^2 = F_{Cy} \times 4$$

可得 $F_{Cy} = 6$ kN（↑）；

　　由 $\sum F_x = 0$，可得 $F_{Ax} = -8$ kN（←）；

　　由 $\sum F_y = 0$，可得 $F_{Ay} = -2$ kN（↓）。

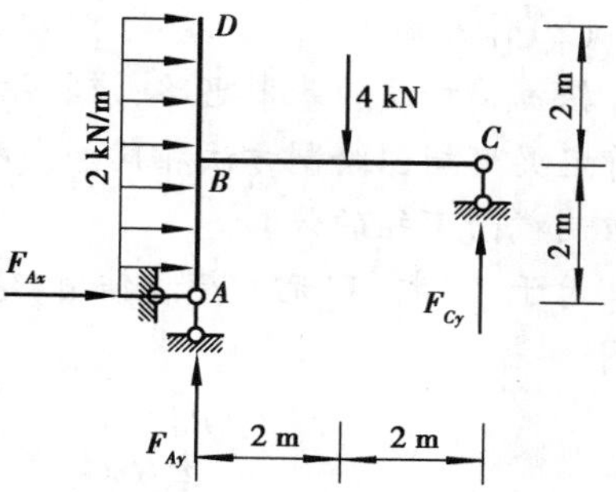

（2）采用杆梁法绘制内力图

将结构离散为 BD、BA 和 BC 3 根单杆。

对 BD 杆，控制截面为 B、D 截面，弯矩为

$$M_{BD} = \frac{1}{2}ql^2 = \frac{1}{2} \times 2 \times 2^2 \text{ kN·m} = 4 \text{ kN·m（左侧受拉）}$$

$$M_{DB} = 0$$

对 BA 杆，控制截面为 B、A 截面，弯矩为

$$M_{BA} = F_{Ax}l - \frac{1}{2}ql^2 = 8 \times 2 \text{ kN·m} - \frac{1}{2} \times 2 \times 2^2 \text{ kN·m} = 12 \text{ kN·m（右侧受拉）}$$

$$M_{AB} = 0$$

对 BC 杆，其跨中的弯矩可通过叠加得到，控制截面为 B、C 截面，两控制截面的弯矩为

$$M_{BC} = 6 \times 4 \text{ kN·m} - 4 \times 2 \text{ kN·m} = 16 \text{ kN·m（下侧受拉）}$$

$$M_{CB} = 0$$

将各杆弯矩图分别绘出后，拼接形成整个结构的弯矩图，如图 3.32 所示。

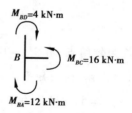

图 3.31　例 3.7 图

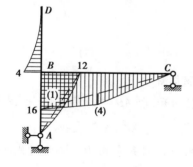

图 3.32　例 3.7M 图（单位：kN·m）

图 3.33　结点 B 弯矩的校核

（3）校核

可取结点 B 对弯矩图进行校核，如图 3.33 所示。

由 $\sum M_B = 0$，得 $M_{BC} - M_{BD} - M_{BA} = 0$，故计算正确。

【例 3.8】　试绘图 3.34 所示刚架的内力图。

【解】　（1）求支反力

对刚架整体而言，利用平衡条件 $\sum M_A = 0$，可得 $F_{Dy} = -ql$（↓）；

由 $\sum F_x = 0$，可得 $F_{Ax} = ql$（→）；

由 $\sum F_y = 0$，可得 $F_{Ay} = 2ql$（↑）。

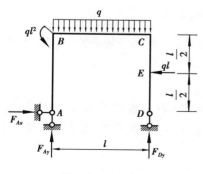

图 3.34　例 3.8 图

（2）作弯矩图

根据梁杆法的基本思路，应将结构离散为单杆，逐杆绘制弯矩图，各杆弯矩图绘制方法与单跨静定梁弯矩图绘制方法相同。当刚架中存在简单刚结点时，可利用其结点弯矩传递的规律减少控制截面弯矩的计算。

对于 AB 杆，因无外荷载作用，弯矩图为斜直线。由 AB 杆控制截面 A、B 的弯矩即可绘制弯矩图。

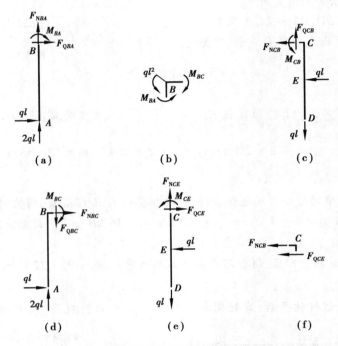

图 3.35 例 3.8 隔离体图

因结点 A 为铰结点，有 $M_{AB}=0$。沿截面 B 将刚架切开，取 AB 杆为隔离体，如图 3.35（a）所示。对 AB 杆隔离体，列力矩平衡方程 $\sum M_B = 0$，可得 $M_{BA} = ql^2$，左侧受拉。

对于 BC 杆，其上作用了均布荷载，弯矩图为抛物线。需先求出 BC 杆控制截面 B、C 的弯矩，再采用区段叠加法进行弯矩图的绘制。

因结点 B 作用有集中力矩，并非简单刚结点，故 $M_{BC} \neq M_{BA}$。取结点 B 为隔离体，如图 3.35（b）所示。利用平衡条件 $\sum M_B = 0$，有 $M_{BC} = 2ql^2$，上侧受拉。

将 BC 杆沿截面 C 切开，取 CD 部分为隔离体，如图 3.35（c）所示。利用平衡条件 $\sum M_C = 0$，得 $M_{CB} = \dfrac{1}{2}ql^2$，上侧受拉。

对于 CD 杆，其中部作用有集中力，弯矩图为折线。需先求出 CD 杆控制截面 C、D 的弯矩，再采用区段叠加法进行弯矩图的绘制。结点 D 为铰结点，$M_{DC}=0$；结点 C 为简单刚结点，有 $M_{CD} = M_{CB} = \dfrac{1}{2}ql^2$，右侧受拉。

各控制截面的弯矩求出后，根据各杆弯矩图特征，绘制刚架弯矩图，如图 3.36（a）所示。

（3）作剪力图

剪力图应逐杆绘制，即根据外荷载和支座反力求出各杆端剪力，然后按照与单跨静定梁相同的方法绘制剪力图。当某杆段内无外荷载作用时，该杆段剪力为常数，剪力图为平行于杆轴的直线，故在该杆段内只需任求一截面的剪力即可绘制该杆的剪力图，通常以求解杆端剪力较简便。

对于 AB 杆，无外荷载作用，仅需求解杆端剪力。因结点 A 与支座相连，根据例 3.3 中所述规律，易得 $F_{QAB} = -ql$。

对于 BC 杆，作用了均布荷载，剪力图为斜直线，需求两个控制截面 B、C 的剪力：沿截面 B 将 BC 杆切开，取 AB 杆为隔离体，如图 3.35（d）所示，利用平衡条件 $\sum F_y = 0$，得 $F_{QBC} = 2ql$；沿截面 C 将 BC 杆切开，取 CD 杆为隔离体，如图 3.35（c）所示，利用平衡条件 $\sum F_y = 0$，得 $F_{QCB} = ql$。

对于 CD 杆，中部截面 E 作用有集中力，在该截面剪力发生突变，而 CE、ED 段均未作用外荷载，其剪力图均为平行于杆轴的直线，故可通过控制截面 C、D 的剪力画出 CD 杆的剪力图。

由结点 D 的受力可知，$F_{QDE} = 0$。将 CD 杆沿截面 C 切开，取 CD 杆为隔离体，如图 3.35（e）所示。由平衡条件 $\sum F_x = 0$，可得 $F_{QCE} = ql$。

最终剪力图如图 3.36（b）所示。

对于 AB、CE 和 ED 杆段，弯矩图为直线，故也可通过已作出的弯矩图直接求解这三段杆件的剪力：

对于 AB 杆段，该杆放平后，弯矩图与 x 轴正向的夹角为钝角，故剪力为负，大小为 $F_Q = ql^2/l = ql$，与根据截面法求得的结果相同。

对于 CE 杆段，该杆放平后，弯矩图与 x 轴正向的夹角为锐角，故剪力为正，大小为 $F_Q = \dfrac{ql^2/2}{l/2} = ql$。

对于 ED 杆段，杆端弯矩的差值为 0，因此，剪力 $F_Q = 0$。

（4）作轴力图

本例刚架中各杆段内均无沿杆轴方向作用的外荷载，故各杆的轴力为常数，即轴力图为平行于杆轴的直线，所以各杆仅需求任一截面的轴力就能绘制轴力图，通常以求解杆端轴力较简便。

对于 AB 杆，取结点 A 为隔离体，可知 $F_{NAB} = -2ql$；

对于 CD 杆，取结点 D 为隔离体，可知 $F_{NDC} = ql$；

对于 BC 杆，取结点 C 为隔离体，如图 3.35（f）所示，利用平衡条件 $\sum F_x = 0$，可得 $F_{NCB} = -F_{QCE} = -ql$。

最终轴力图如图 3.36（c）所示。

（5）校核（此处从略）

可以任取刚架的一部分作为隔离体，检查其平衡条件，若满足，则计算无误。

【例 3.9】 试绘图 3.37 所示三铰刚架的内力图。

【解】 （1）求支反力

因三铰刚架的支座由 4 根支杆组成，即有 4 个未知支反力，依靠 3 个整体平衡方程是无法

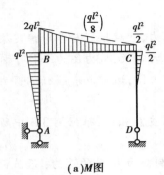

(a)M图

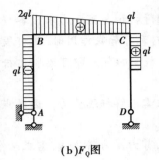

(b)F_Q图

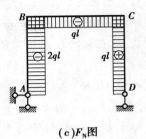

(c)F_N图

图 3.36　例 3.8 内力图

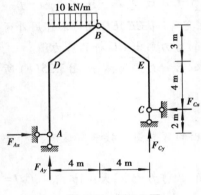

图 3.37　例 3.9 图

完全求出这 4 个支反力的,但注意到结点 B 为铰结点,其弯矩$M_B=0$,故沿铰结点 B 将三铰刚架切开,取铰结点 B 以左或以右为隔离体,利用补充平衡方程 $\sum M_B=0$,可将所有支反力全部求出。

对整个刚架而言,由 $\sum M_A=0$,得

$$\frac{1}{2}\times 10\times 4^2 = F_{Cy}\times 8 + F_{Cx}\times 2 \qquad (a)$$

沿铰 B 将原结构切开,取铰结点 B 以右为隔离体,由 $\sum M_B=0$,得

$$F_{Cx}\times 7 = F_{Cy}\times 4 \qquad (b)$$

联立求解以上(a)、(b)两式可得

$$F_{Cx}=5\text{ kN}(\leftarrow),F_{Cy}=8.75\text{ kN}(\uparrow)$$

再由结构整体列平衡方程 $\sum F_x=0$,得 $F_{Ax}=5\text{ kN}(\rightarrow)$;

由结构整体列平衡方程 $\sum F_y=0$,得 $F_{Ay}=31.25\text{ kN}(\uparrow)$。

(2)作弯矩图

对 AD 杆,取 AD 杆为隔离体,可得

$$M_{AD}=0,M_{DA}=30\text{ kN}\cdot\text{m}(左侧受拉)$$

对 DB 杆,结点 D 为简单刚结点,故

$$M_{DB}=M_{DA}=30\text{ kN}\cdot\text{m}(上侧受拉),M_{BD}=0$$

类似地可求得

对 CE 杆,有

$$M_{CE}=0,M_{EC}=20\text{ kN}\cdot\text{m}(右侧受拉)$$

对 BE 杆,有

$$M_{BE}=0,M_{EB}=20\text{ kN}\cdot\text{m}(上侧受拉)$$

最终弯矩图如图 3.38(a)所示。

(3)作剪力图

本例中,仅杆 BD 作用有外荷载,故其余杆件仅需求其任一杆端截面的剪力即可绘制剪力图。

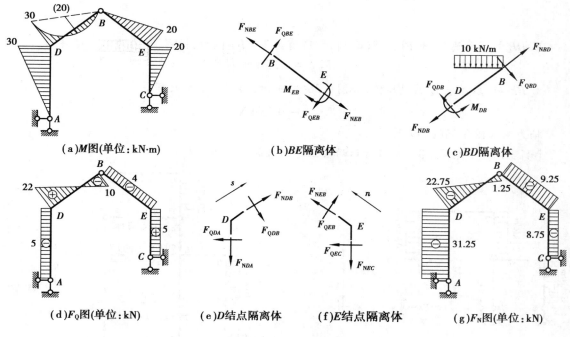

（a）M图（单位：kN·m）　　（b）BE隔离体　　（c）BD隔离体

（d）F_Q图（单位：kN）　（e）D结点隔离体　（f）E结点隔离体　（g）F_N图（单位：kN）

图 3.38　例 3.9 内力图

对 AD 杆，根据结点 A 的受力特征，易求得

$$F_{QAD} = -5 \text{ kN}$$

对 CE 杆，根据结点 C 的受力特征，易求得

$$F_{QCE} = 5 \text{ kN}$$

对 BE 杆，取 BE 杆为隔离体，如图 3.38（b）所示，利用 $\sum M_B = 0$，得

$$F_{QEB} = -4 \text{ kN}$$

对 DB 杆，取 DB 杆为隔离体，如图 3.38（c）所示，利用 $\sum M_B = 0$，得

$$F_{QDB} = 22 \text{ kN}$$

利用 $\sum M_D = 0$，得

$$F_{QBD} = -10 \text{ kN}$$

剪力图如图 3.38（d）所示。

（4）作轴力图

对 AD 杆，取结点 A 为隔离体，可知

$$F_{NAD} = -31.25 \text{ kN}$$

对 CE 杆，取结点 C 为隔离体，可知

$$F_{NCE} = -8.75 \text{ kN}$$

对 DB 杆，取结点 D 为隔离体，如图 3.38（e）所示，由 $\sum F_s = 0$ 可得

$$F_{NDB} = -5 \times \frac{4}{5} \text{ kN} - 31.25 \times \frac{3}{5} \text{ kN}$$

即
$$F_{NDB} = -22.75 \text{ kN}$$

取 DB 杆为隔离体,如图 3.38(c)所示,所有力沿 DB 杆轴向投影,合力为零。可得
$$F_{NBD} = 1.25 \text{ kN}$$

对 BE 杆,取结点 E 为隔离体,如图 3.38(f)所示,由 $\sum F_n = 0$,可得
$$F_{NEB} = -9.25 \text{ kN}$$

轴力图如图 3.38(g)所示。

【例3.10】 试绘图 3.39(a)所示两层三跨刚架的内力图。

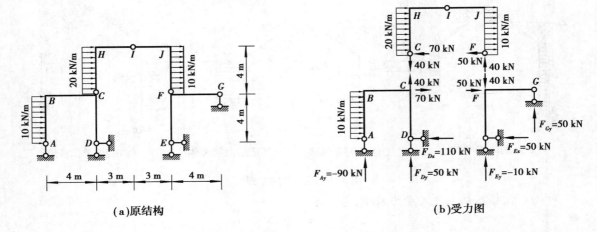

(a)原结构   (b)受力图

图 3.39 例 3.10 图

【解】 (1)求支反力

对于由刚架基本几何形式组成的复杂刚架,首先应分析清楚其几何组成,再按照先"附属"后"基本"的顺序求解。在本例中,三铰刚架 $CHIJF$ 为附属部分,而简支刚架 $ABCD$、EFG 为基本部分。因此,应先求解三铰刚架 $CHIJF$ 的约束反力,然后将其反向作用在简支刚架 $ABCD$、EFG 上,再分别求解基本部分的支座反力。

取 $CHIJF$ 为隔离体,由 $\sum M_C = 0$,可得
$$F_{Fy} \times 6 = \frac{1}{2} \times 20 \times 4^2 + \frac{1}{2} \times 10 \times 4^2$$

故 $F_{Fy} = 40 \text{ kN}(\uparrow)$。

取 IJF 为隔离体,由 $\sum M_I = 0$,可得
$$F_{Fx} \times 4 = F_{Fy} \times 3 + \frac{1}{2} \times 10 \times 4^2$$

故 $F_{Fx} = 50 \text{ kN}(\leftarrow)$。

对 $CHIJF$ 隔离体,由 $\sum F_x = 0$,可得 $F_{Cx} = 70 \text{ kN}(\leftarrow)$;由 $\sum F_y = 0$,可得 $F_{Cy} = 40 \text{ kN}(\downarrow)$。

将以上各约束力反向,作用在简支刚架 $ABCD$、EFG 上,即可求得各支座反力,如图 3.39(b)所示。

在求出所有约束力和支座反力后,即可按单个三铰刚架和简支刚架绘制各刚架的内力图,

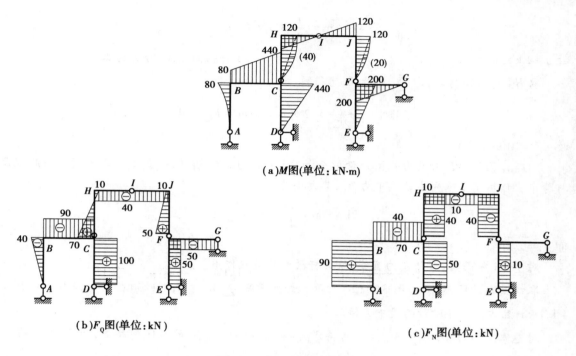

（a）M图（单位：kN·m）

（b）F_Q图（单位：kN）　　　　　　　　（c）F_N图（单位：kN）

图3.40　例3.10的内力图

再将其叠合即得到最终的内力图，如图3.40所示。

【例3.11】　试根据图3.41（a）所示结构的弯矩图，确定结构所承受的（最少）相应荷载，其中仅 BC 杆的弯矩图为二次抛物线。

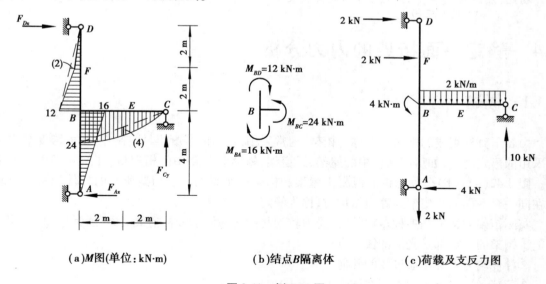

（a）M图（单位：kN·m）　　　　（b）结点B隔离体　　　　（c）荷载及支反力图

图3.41　例3.11图

【解】　这类题的求解思路主要从内力图的特征和结构的静力平衡条件入手。

由题目已知，BC 杆的弯矩图为凸向下方的二次抛物线且跨中叠加的弯矩为 4 kN·m，因此，BC 杆上应作用有指向下方的均布荷载 q，荷载大小为

$$4\mathrm{kN\cdot m}=\frac{1}{8}\times q\times(4\ \mathrm{m})^{2}$$

故 $q=2\ \mathrm{kN/m}$。

取 BC 杆为隔离体，由 $\sum M_{B}=0$，可得

$$24\mathrm{kN\cdot m}+\frac{1}{2}\times 2\times 4^{2}\mathrm{kN\cdot m}=F_{Cy}\times 4\ \mathrm{m}$$

故 $F_{Cy}=10\ \mathrm{kN}(\uparrow)$。

由题目已知，BD 杆的弯矩图为跨中叠加 2 kN·m，且指向右侧的直线段弯矩图。因此，BD 杆跨中应作用了水平向右的集中力 F_{P}，其大小为

$$2\mathrm{kN\cdot m}=\frac{1}{4}\times F_{\mathrm{P}}\times 4\ \mathrm{m}$$

即 $F_{\mathrm{P}}=2\ \mathrm{kN}$。

对于 BA 杆而言，弯矩图为直线，故其杆段无外荷载作用。

取结点 B 为隔离体，如图 3.41(b)所示。如要满足 $\sum M_{B}=0$，则必须在 B 点作用一大小为 4 kN·m，且方向为逆时针的集中力偶。

对整体结构而言，由 $\sum M_{D}=0$，可得 $F_{Ax}=4\ \mathrm{kN}(\leftarrow)$；由 $\sum F_{x}=0$，可得 $F_{Dx}=2\ \mathrm{kN}(\rightarrow)$。

应注意，整体结构此时并不满足 $\sum F_{y}=0$ 的条件，这是因为已求得的 BC 杆的竖直向下的均布荷载的合力为 8 kN，C 点竖直向上的支反力 $F_{Cy}=10\ \mathrm{kN}$，所以必有一大小为 2 kN、竖直向下的力作用在 ABD 杆上，其具体作用位置不定，设作用在 A 点。

由此，原结构所承受的(最少)相应荷载及支座反力，如图 3.41(c)所示。

3.4　静定平面桁架的内力分析

3.4.1　概述

由若干直杆组成的格构体系称为桁架，通常采用钢、木或混凝土材料制作，是大跨度结构广泛采用的形式之一，如房屋结构中的屋架、天窗架，铁路和公路中的桁架桥，建筑施工用的支架等。图 3.42(a)、(b)分别为钢筋混凝土屋架和桁架桥示意图。当桁架所有的杆件和所受荷载均在同一个平面内且桁架为静定结构时，称为静定平面桁架。

实际桁架的构造是多种多样的，其受力较为复杂。为便于分析桁架受力，通常做如下假设：
①桁架的结点都是光滑的铰结点。
②杆件均为直杆并通过铰的几何中心。
③荷载和支座反力均作用在结点上。

满足以上 3 条假设的桁架称为理想桁架。实际桁架与理想桁架有一定区别，例如木结构中采用螺栓连接或榫接，与铰结并不完全相同；又如由于制造和装配误差，各杆并不一定完全通过铰的几何中心或并不相交于一点；再如杆件的自重并不是结点荷载等。因此，按照 3 条假设计算的桁架内力称为主内力，由实际情况与 3 条假设不同而产生的附加内力称为次内力。次内力

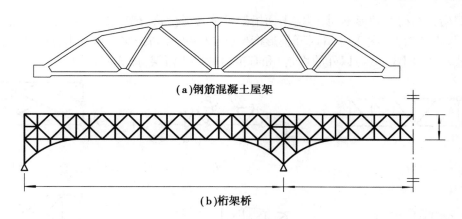

(a)钢筋混凝土屋架

(b)桁架桥

图 3.42　平面桁架结构

主要为弯矩,计算分析表明其较小,通常可忽略不计。本节只讨论主内力的计算。

　　对于图 3.42(a)中钢筋混凝土屋架,根据 3 条假设得到计算简图,如图 3.43(a)所示。从图 3.43(a)中任意取一根杆件的隔离体,例如杆 BC 的隔离体,如图 3.43(b)所示。因杆 BC 仅在两端的铰结点处受力,则该隔离体两端的力必定平衡,所以其大小相等、方向相反,且具有同一作用线,即 BC 杆的轴线。因此,理想的静定平面桁架中,杆件只有轴力(拉力或压力),习惯上称二力杆。杆件截面上的应力分布较均匀,可以充分发挥材料的强度,所以桁架结构广泛地应用于大跨度结构中。

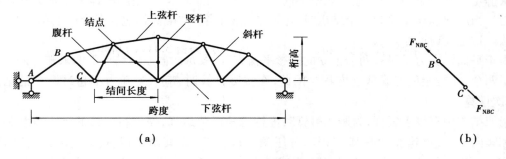

(a)

(b)

图 3.43　桁架结构的名称

　　桁架的杆件,按其所在位置的不同,分为弦杆和腹杆两大类。弦杆是桁架中上下边缘的杆件,上侧杆件通称为上弦杆,下侧杆件通称为下弦杆;上、下弦杆之间的联系杆件称为腹杆,其中斜向杆件称为斜杆,竖向杆件称为竖杆;各杆端的结合点称为结点;弦杆上两相邻结点之间的距离称为结间长度;两支座间的水平距离称为跨度;上、下弦杆上结点之间的最大竖向距离称为桁高。

　　按照桁架结构几何组成方式的不同,静定平面桁架可分为 3 种:简单桁架、联合桁架和复杂桁架。

　　简单桁架是指从一个铰结三角形或地基上依次增加二元体所形成的桁架,如图 3.44(a)所示。

　　联合桁架是由几个简单桁架按照两刚片或三刚片组成规则构成的无多余约束的几何不变体系,如图 3.44(b)所示。

　　复杂桁架是指不属于以上两种桁架的其他桁架,如图 3.44(c)所示。

按照桁架结构的外形不同,静定平面桁架可分为平行弦桁架[图 3.44(a)]、三角形桁架[图 3.44(b)]、折弦桁架[图 3.44(d)]和梯形桁架[图 3.44(e)];按照支座反力的性质,可分为无推力的梁式桁架[图 3.44(f)以外的均是]和有推力的拱式桁架[图 3.44(f)]。

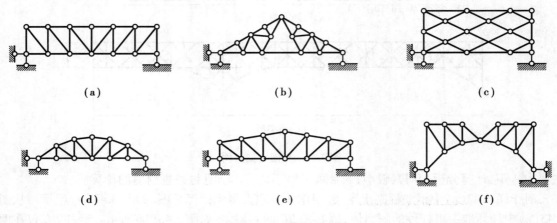

图 3.44　桁架结构的分类

3.4.2　结点法

求静定平面桁架内力时,通常取桁架的某部分作为隔离体,利用隔离体的平衡方程求出各杆轴力。当所取隔离体仅为一个结点时,称为结点法;当所取隔离体包含两个以上结点时,称为截面法。这里先讨论结点法。

由于平面汇交力系只有两个独立的投影平衡方程,故每次截取的结点上的未知力的个数不应多于两个,才能避免解算联立方程。因此,在实际计算时,应从未知力不超过两个的结点开始,依次推算。

桁架结构中有较多斜杆,为避免解算时进行三角函数运算,需先将斜杆的轴力分解为水平分力和竖向分力,再建立力平衡方程。对任意一根斜杆,设其两端以 A、B 表示,该杆的轴力 F_{NAB} 及其水平分力 F_{xAB} 和竖向分力 F_{yAB} 组成一个直角三角形;该杆的长度 l 及其水平投影长度 l_x 和竖向投影长度 l_y 也组成一个直角三角形,如图 3.45 所示。

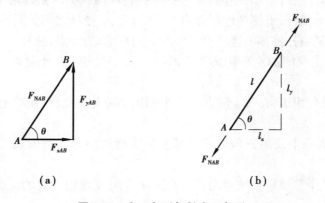

图 3.45　力三角形与长度三角形

由力和长度组成的这两个三角形各边互相平行,故两三角形相似。因而,易得比例关系为

$$\frac{F_{NAB}}{l} = \frac{F_{xAB}}{l_x} = \frac{F_{yAB}}{l_y} \tag{3.7}$$

求桁架内力时,通常先利用式(3.7)将斜杆内力 F_N 分解为 F_x 和 F_y,然后逐结点运用静力平衡条件 $\sum F_x = 0$ 和 $\sum F_y = 0$,先计算各杆轴力的分力,再推算各杆轴力,以简化计算。

在分析桁架结构受力时,可利用一些特殊结点的静力平衡规律,直接判定出一些杆件的轴力,从而简化计算。

桁架结构中,在已知荷载作用下轴力为零的杆,称为零杆。可利用结点平衡的某些特殊情况,直接判定杆件轴力是否为零,零杆判断准则有:

①两杆交于一点,且不共线,结点无外力(简称为 L 形结点),则这两杆均为零杆,如图 3.46(a)所示。

②三杆结点上无外力作用,且其中两杆在一直线上,则另一杆必为零杆(简称为 T 形结点),而在同一直线上的两杆的轴力必相等,且拉压性质相同,如图 3.46(b)所示。

③两杆结点上有外力,且外力沿其中一根杆件的轴线方向作用,则另一杆必为零杆(简称为推广的 T 形结点),如图 3.46(c)所示。

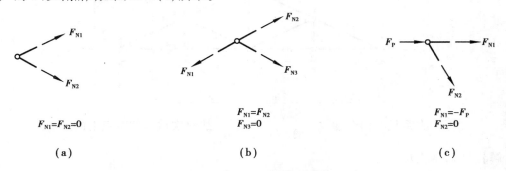

图 3.46   判断零杆的特殊结点

应用零杆判断法则,可以判断出图 3.47 中桁架虚线所示的各杆均为零杆。

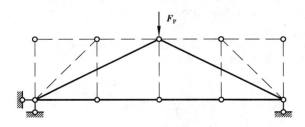

图 3.47   零杆的判断

另一类特殊的结点可直接判别杆件轴力的绝对值是否相等,称为等力杆判别准则:

①四杆结点无外荷载作用,且杆件两两共线时(简称为 X 形结点),则共线杆件的轴力两两相等且性质相同,如图 3.48(a)所示。

②四杆结点无外荷载作用,其中两根杆件共线,另两根杆件在此共线杆件的同侧且交角相等(简称为 K 形结点),则两斜杆轴力大小相等、性质相反,如图 3.48(b)所示。

③三杆结点,其中两根杆件分别在第三根杆件的两侧且交角相等(简称为 Y 形结点),则两

斜杆轴力大小相等、性质相同,如图 3.48(c)所示。

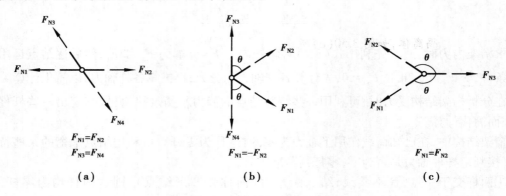

$F_{N1}=F_{N2}$
$F_{N3}=F_{N4}$

(a)

$F_{N1}=-F_{N2}$

(b)

$F_{N1}=F_{N2}$

(c)

图 3.48　判断等力杆的特殊结点

【**例** 3.12】　试用结点法计算图 3.49 所示的静定平面桁架各杆的轴力。

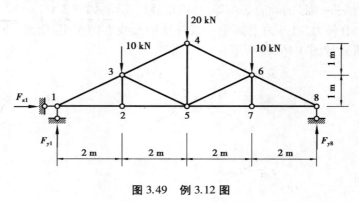

图 3.49　例 3.12 图

【**解**】　(1)求支反力

利用桁架的整体平衡条件,可求得 $F_{x1}=0$、$F_{y1}=20$ kN($\uparrow$)和 $F_{y8}=20$ kN($\uparrow$)。

(2)计算各杆轴力

为避免解算联立方程,应从只含有两个未知力的结点 1、8 开始进行计算,本例先从结点 1 开始,然后依次分析其相邻结点。

取结点 1 为隔离体,如图 3.50(a)所示。由 $\sum F_y = 0$,可得

$$F_{y13} + F_{y1} = 0$$

$$F_{y13} = -20 \text{ kN}$$

利用比例关系有

$$F_{x13} = 2 \times F_{y13} = -40 \text{ kN}$$

$$F_{N13} = \sqrt{5} \times F_{y13} = -44.72 \text{ kN}$$

根据平衡方程 $\sum F_x = 0$,可得

$$F_{N12} = 40 \text{ kN}$$

取结点 2 为隔离体,如图 3.50(b)所示。由 $\sum F_y = 0$,可得

$$F_{N23} = 0$$

由 $\sum F_x = 0$，可得

$$F_{N25} = F_{N12} = 40 \text{ kN}$$

取结点 3 为隔离体，如图 3.50(c)所示。由 $\sum F_y = 0$，可得

$$F_{y34} + 20 = F_{y35} + 10$$

由 $\sum F_x = 0$，可得

$$F_{x34} + F_{x35} + 40 = 0$$

联立求解以上两个方程，并利用比例关系即可得轴力 F_{N34} 和 F_{N35}。

若要避免解联立方程，可列力矩平衡方程求轴力 F_{N34} 和 F_{N35}。对结点 5 建立力矩平衡方程，需将 F_{N34} 移动到结点 4 进行分解；F_{N35} 可不分解或移动至结点 5 进行分解，如图 3.50(d)所示。

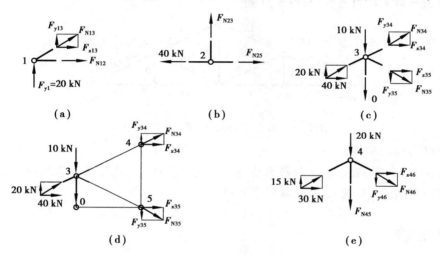

图 3.50 例 3.12 的隔离体

由 $\sum M_5 = 0$，可列方程

$$20 \times 2 + 40 \times 1 + F_{x34} \times 2 = 10 \times 2$$

解得

$$F_{x34} = -30 \text{ kN}$$

由 34 杆的比例关系，可得

$$F_{y34} = \frac{1}{2} \times F_{x34} = -15 \text{ kN}$$

$$F_{N34} = \frac{\sqrt{5}}{2} \times F_{x34} = -33.54 \text{ kN}$$

再由 $\sum F_y = 0$，可得

$$F_{y35} = -5 \text{ kN}$$

由 35 杆的比例关系，可得

$$F_{x35} = 2 \times F_{y35} = -10 \text{ kN}$$

$$F_{N35} = \sqrt{5} \times F_{y35} = -11.18 \text{ kN}$$

取结点 4 为隔离体，如图 3.50(e)所示。由 $\sum F_x = 0$，可得

$$F_{x46} = -30 \text{ kN}$$

由 46 杆的比例关系,可得

$$F_{y46} = \frac{1}{2} \times F_{x46} = -15 \text{ kN}$$

$$F_{N46} = \sqrt{5} \times F_{y46} = -33.54 \text{ kN}$$

再由 $\sum F_y = 0$,可得

$$F_{N45} = 10 \text{ kN}$$

因结构和荷载均对称,故各杆的内力也对称,由此可得其余各杆轴力。

(3)绘桁架的内力图

图 3.49 所示桁架的内力图,如图 3.51 所示。

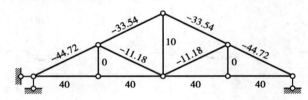

图 3.51　例 3.12 桁架内力图(单位:kN)

(4)校核(具体过程略)

依次取各结点解算桁架时,一般将最后一个结点用于校核。也可任取桁架的一部分作为隔离体,检查其平衡条件,若满足,则计算结果正确。

3.4.3　截面法

在桁架的轴力分析中,有时仅需求出某些指定杆件的轴力,这时采用截面法较为方便。该方法利用适当截面,截取桁架的某一部分(至少包括两个结点)为隔离体,再根据该隔离体的平衡方程求解杆件的轴力。因隔离体包含两个以上的结点,在通常情况下,其受力为平面一般力系。因此,只要隔离体上未知力的数目不多于 3 个,则可以利用平面一般力系的 3 个平衡方程,直接把这一截面上的全部未知力求出。

为简化内力计算,应用截面法计算静定平面桁架时,应注意两点:

①选择恰当的截面,尽量避免求解联立方程。

②利用刚体力学中力可沿其作用线移动的特点,可将杆件的未知轴力移至恰当的位置(通常可选在某结点处)进行分解,以简化计算。

【例 3.13】　某屋架的计算简图如图 3.52 所示,试用截面法计算 a、b、c 三杆的内力。

【解】　该屋架可采用结点法求解,但必须从端部开始,共需求解 6 个结点后才能求出 a、b、c 三杆的内力。在这种情况下,直接采用截面法将大大提高计算效率。

(1)计算支座反力

利用桁架的整体平衡条件,可求得 $F_{x1} = 0$、$F_{y1} = 50 \text{ kN}(\uparrow)$ 和 $F_{y9} = 20 \text{ kN}(\uparrow)$。

(2)计算指定杆件内力

沿截面 Ⅰ—Ⅰ 将 a、b、c 三杆截断,取截面右边部分为隔离体,如图 3.53 所示。

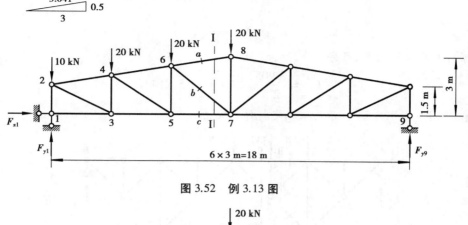

图 3.52　例 3.13 图

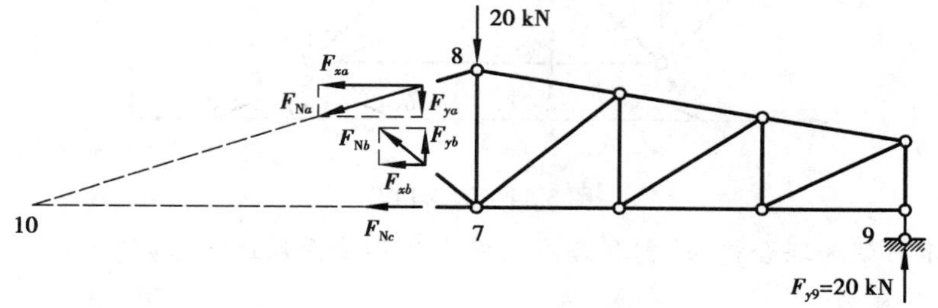

图 3.53　例 3.13 隔离体图

因杆 a 和杆 b 在结点 6 相交，即 F_{Na} 和 F_{Nb} 在结点 6 相交。则由 $\sum M_6 = 0$，可得

$$20 \times 3 + F_{Nc} \times 2.5 = 20 \times 12$$

故

$$F_{Nc} = 72 \text{ kN}$$

同理，杆 b 和杆 c 在结点 7 相交，当对结点 7 取矩时，方程中仅有 F_{Na} 为未知量。为避免解算 F_{Na} 对矩心 7 的力臂，将 F_{Na} 在结点 8 处分解为水平方向和竖直方向的分力 F_{xa} 和 F_{ya}，其中 F_{ya} 对结点 7 的矩为 0。

由 $\sum M_7 = 0$，可得

$$F_{xa} \times 3 + 20 \times 9 = 0$$

故

$$F_{xa} = - 60 \text{ kN}$$

利用比例关系，有

$$F_{Na} = \frac{3.041}{3} \times F_{xa} = - 60.82 \text{ kN}$$

未知轴力 F_{Nb} 可利用力的投影平衡方程求解，也可利用力矩平衡方程求解。下面以力矩平衡方程为例进行演算。

设杆 a 和杆 c 的延长线交于结点 10，则对 10 点建立的力矩平衡方程中只有一个未知量 F_{Nb}。根据比例关系，结点 7 至结点 10 的距离为 18 m。为避免计算 F_{Nb} 对矩心 10 的力臂，将 F_{Nb} 在结点 7 处分解为水平分力 F_{xb} 和竖向分力 F_{yb}。

由 $\sum M_{10} = 0$，可得

$$20 \times 18 = 20 \times 27 + F_{yb} \times 18$$

故

$$F_{yb} = -10 \text{ kN}$$

根据杆 b 的比例关系,可得

$$F_{Nb} = \frac{3.905}{2.5} \times F_{yb} = -15.62 \text{ kN}$$

【例 3.14】 求图 3.54 所示桁架指定杆件的轴力。

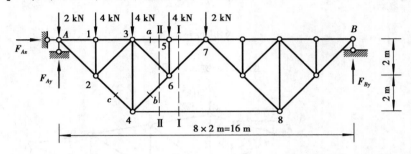

图 3.54 例 3.14 图

【解】 图示桁架为联合桁架,需联合应用结点法和截面法进行求解。

(1)计算支座反力

利用桁架的整体平衡条件,可求得 $F_{Ax} = 0$、$F_{Ay} = 12 \text{ kN}(\uparrow)$ 和 $F_{By} = 4 \text{ kN}(\uparrow)$。

(2)计算指定杆件内力

沿图 3.54 所示 I—I 截面将结构切开,取 I—I 截面以右为隔离体,由 $\sum M_7 = 0$,得 $F_{N48} = 8$ kN;由 $\sum M_4 = 0$,得 $F_{N57} = -10 \text{ kN}$。

因结点 5 可视为 X 形结点,故

$$F_{Na} = F_{N57} = -10 \text{ kN}$$

取截面 II—II 以右为隔离体,如图 3.55(a)所示。为便于求解,将 36 杆延长与 48 杆相交点记为点 9。将杆 b 的轴力移至结点 4,再分解为 x 方向和 y 方向的分力。则由 $\sum M_9 = 0$,可得

$$F_{by} = 0$$

故

$$F_{Nb} = 0$$

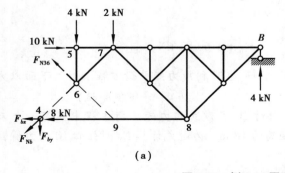

(a)   (b)

图 3.55 例 3.14 隔离体图

最后,取结点 4 为隔离体,如图 3.55(b)所示。由 $\sum F_x = 0$,可得

$$F_{Ncx} = 8 \text{ kN}$$

因此

$$F_{Nc} = 11.31 \text{ kN}$$

【例 3.15】　求图 3.56 所示桁架指定杆件 a 的轴力。

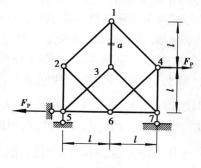

图 3.56　例 3.15 图

【解】　图示桁架为复杂桁架,很难根据结点法和截面法进行求解。在具体求解之前,先引入对称桁架的概念和其基本特性。

对称桁架是指桁架的几何形状、支承形式和杆件刚度(截面尺寸及材料)都关于某一轴线对称的桁架结构。

对称荷载是指位于对称轴两侧大小相等,当将结构沿对称轴对折后,其作用线重合且方向相同的荷载;反对称荷载是指位于对称轴两边大小相等,当将结构沿对称轴对折后,其作用线重合但方向相反的荷载。

对称桁架的基本特性为:

①在对称荷载作用下,对称杆件的内力是对称的,即大小相等,且拉压一致。

②在反对称荷载作用下,对称杆件的内力是反对称的,即大小相等,但拉压相反。

③在任意荷载作用下,可将荷载分解为对称荷载与反对称荷载两组,分别计算出内力后再叠加。

根据对称桁架的基本特性,可将图 3.56 所示求轴力 F_{Na} 的桁架,在求出结点 5 处的水平反力 F_P 后,分解为图 3.57(a)、(b)所示对称荷载和反对称荷载分别作用下的叠加。

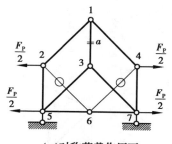

(a)对称荷载作用下

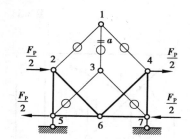

(b)反对称荷载作用下

图 3.57　例 3.15 荷载分解

对于图 3.57(a)所示对称荷载情况,结点 6 为 K 形结点,则有 $F_{N26} = -F_{N46}$,但对称桁架在对称荷载作用下,对称杆件的内力是对称的,即有 $F_{N26} = F_{N46}$。因此,杆 26 和杆 46 必为零杆才能同时满足以上两个条件。然后,先后取结点 2、结点 1 为隔离体,可得 $F_{Na1} = -F_P$。

对于图 3.57(b)所示反对称荷载情况,结点 3 为 Y 形结点,则有 $F_{N35} = F_{N37}$,但对称桁架在反对称荷载作用下,对称杆件的内力是反对称的,即有 $F_{N35} = -F_{N37}$。因此,杆 35 和杆 37 必为零杆,则杆 13、杆 12 和杆 14 也为零杆,故 $F_{Na2} = 0$。

将对称荷载作用下与反对称荷载作用下杆件 a 的轴力叠加,有

$$F_{Na} = F_{Na1} + F_{Na2} = (-F_P) + 0 = -F_P$$

读者也可尝试用其他方法求解 F_{Na}。

值得注意的是:在用截面法求解桁架内力时,若所截各杆件中的未知力数目超过 3 个,则一般不能利用隔离体的 3 个平衡方程将其全部解出。但对于某些特殊情况,仍可利用特定截面取隔离体,再利用平衡条件解出其中某一杆件的未知内力。

①除待求杆件外,其余未知轴力的杆件全部相交于一点。对于图 3.58(a) 所示桁架,取截面 I—I 左边部分为隔离体,如图 3.58(b) 所示。这时,虽然截面上包含有 6 个未知轴力,但 F_{N67} 可通过结点 7 判断等力杆方便地求出,为 $F_{N67} = F_P$,则除 F_{N35} 以外,其余 4 个未知轴力均交于点 8。因此,由 $\sum M_8 = 0$,便可求出 F_{N35}。又如图 3.59(a) 所示的桁架,作封闭截面 I—I,这时虽然截断了 EC、ED、GB、FA 4 根杆件,但除 FA 外,其余 3 根杆件的内力作用线交于 E 点,故可利用 $\sum M_E = 0$ 求得 F_{NFA},如图 3.59(b) 所示。

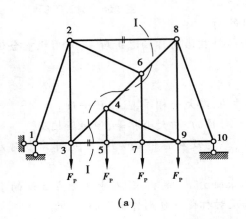
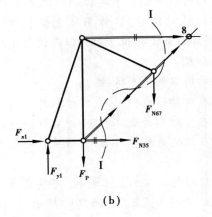

(a)

(b)

图 3.58 特定截面(形式 1)

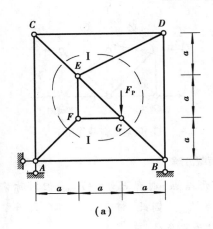
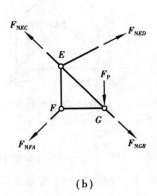

(a)

(b)

图 3.59 特定截面(形式 2)

②除待求杆件外,其余杆件全部平行。对于图 3.60(a) 所示桁架,取截面 I—I 左边部分为隔离体,如图 3.60(b) 所示。这时,除杆件 a 的轴力 F_{Na} 外,其余 3 根杆件的轴力都与 x 轴平行。

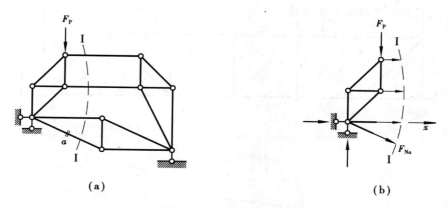

图 3.60　特定截面(形式 3)

因此,由静力平衡条件 $\sum F_y = 0$,便可求出 F_{Na}。

3.4.4　3 种简支桁架的比较

因平行弦桁架、三角形桁架和抛物线桁架在房屋建筑结构中得到了广泛应用,现对这 3 种简支梁式桁架的受力性能进行比较。在相同跨度及荷载作用下,简支梁和 3 种桁架的内力图如图 3.61 所示。

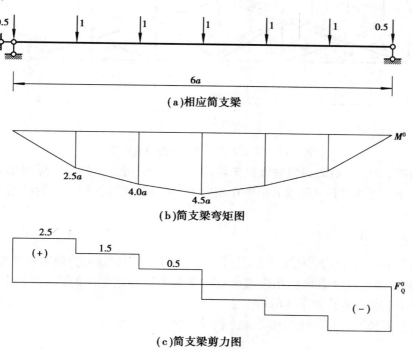

71

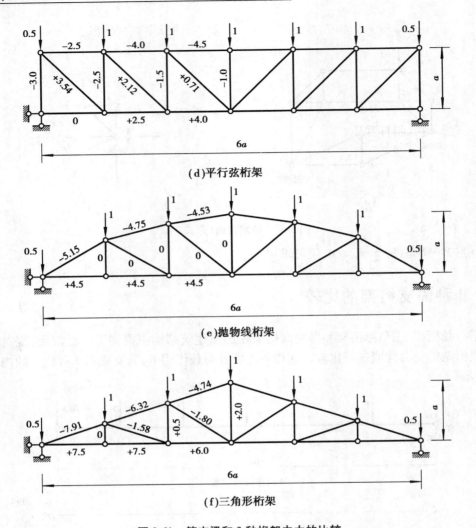

(d)平行弦桁架

(e)抛物线桁架

(f)三角形桁架

图 3.61　简支梁和 3 种桁架内力的比较

平行弦桁架、三角形桁架和抛物线桁架均属梁式桁架,可以看作是由梁演化而来,图 3.61 分别示出了同样跨度的梁和 3 种梁式桁架在相同均布荷载(化为量纲为 1 的结点荷载)作用下的内力情况。

1)平行弦桁架

平行弦桁架可视为高度较大的简支梁,其上下弦杆的轴力形成的力偶矩承受相应截面处梁中弯矩,腹杆轴力的竖向分力承受相应截面处梁中剪力。与之相应的简支梁如图 3.61(a)所示,其弯矩、剪力的分布规律如图 3.61(b)、(c)所示。

弦杆内力计算公式可用截面法由力矩方程导出为

$$F_N = \pm \frac{M^0}{r}$$

式中,M^0 为相应简支梁中对应力矩点的弯矩;r 为力臂(平行弦桁架为其桁高 a)。由于 r 为常数,简支梁的弯矩 M^0 又是按抛物线规律变化,故弦杆的内力数值与 M^0 成正比,因此,端部弦杆内力小,而中间弦杆内力大,且上弦杆受压、下弦杆受拉。

腹杆(包括斜杆、竖杆)的内力计算公式可由截面法的投影方程导出为

$$F_y = \pm F_Q^0$$

式中,F_Q^0 为相应简支梁各对应节间截面的剪力;F_y 则为竖杆的内力或斜杆内力的竖向分量。上式表明平行弦桁架的竖杆内力或斜杆内力的竖向分量等于简支梁相应位置上的剪力,故由两端向跨中递减。图 3.61(d)所示的竖杆受压、斜杆受拉,若斜杆设置的方向均与图 3.61(d)所示的相反,则竖杆受拉、斜杆受压。

因平行弦桁架端部弦杆轴力小,而中间弦杆轴力大,腹杆轴力由两端向跨中递减,如采用相同截面将造成材料的浪费,采用不同截面将增加拼接难度。但这种桁架的腹杆、弦杆长度相等,利于标准化制作,在实际结构中仍得到广泛应用,如厂房中的吊车梁、桁架桥等。

2)抛物线桁架

抛物线桁架有一个显著的特点:上弦杆各结点位于一条抛物线上,如图 3.61(e)所示。竖杆的长度与相应简支梁的 M^0 图都是按抛物线规律变化的。按式 $F_N = \pm \dfrac{M^0}{r}$ 计算下弦杆内力和上弦杆内力的水平分力,r 是竖杆长度。因而各下弦杆内力以及上弦杆内力的水平分力的大小均相等;又因上弦杆倾斜坡度变化不大,故上弦杆的内力也近乎相等。抛物线桁架的上弦符合合理拱轴线,此时作用于上弦结点的竖向力完全由上弦杆的轴力平衡,故腹杆的内力为零。抛物线桁架最能发挥材料的性能,经济性较好,但其上弦结点按抛物线变化,不利于放样制作和现场拼接,因此,常用于大跨结构中或不需现场拼装的现浇屋架中。

3)三角形桁架

三角形桁架[图 3.61(f)]弦杆的内力仍可由 $F_N = \pm \dfrac{M^0}{r}$ 表示,式中 r 为弦杆至其力矩点的力臂,自中间向两端按直线递减。由于力臂 r 的减小要比弯矩 M^0 减小得快,因而弦杆的内力由中间向两端递增,即端部弦杆内力大而中间弦杆内力小,恰与平行弦桁架相反。三角形桁架的腹杆内力则由中间向两端递减,这也恰与平行弦桁架相反。所以三角形桁架也不利于材料性能的充分发挥。同时,由于端部杆件的夹角为锐角,使该处结点构造复杂,制造较为困难,但因三角形桁架上弦的外形符合屋面对排水的要求,所以多用于跨度较小、坡度较大的屋盖结构中。

可见,不同的桁架类型具有不同的外形,导致其受力性能也具有显著区别。因此,在设计桁架时,应根据不同类型桁架特点,综合考虑材料、制作工艺以及结构方面的差异,选用合理的桁架形式。

3.5 静定组合结构的内力分析

3.5.1 组合结构的受力特点

组合结构是由若干链杆和梁式杆件联合组成的结构体系,其中链杆只承受轴力,属二力杆;梁式杆件则一般承受弯矩、剪力和轴力的共同作用。组合结构常用于屋架、吊车梁和桥梁等承重结构中,如图 3.62(a)所示下撑式五角形屋架、图 3.62(b)所示的简易斜拉桥结构。根据组合

结构中两类杆件受力特点的差异,工程中常采用不同的材料制作以达到经济的目的,如较为常见的下撑式五角形屋架结构,其上弦杆由钢筋混凝土制成梁式杆,主要承受弯矩和剪力;下弦杆和腹杆则采用型钢构件制成链杆,主要承受轴力。

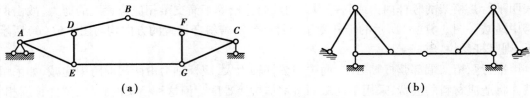

图 3.62 组合结构示意

3.5.2 计算方法及举例

计算组合结构内力的方法仍是截面法和结点法,但需注意以下 3 点:

①如组合结构有主次层次之分,应按照计算主次结构的规律,先计算次要结构,再计算主要结构。

②因梁式杆件的截面有 3 个内力而链杆仅受轴力,为避免所取隔离体的未知力过多,宜先截断链杆取隔离体。因此,组合结构的计算步骤一般是先计算链杆的轴力,再根据所求轴力和外荷载求梁式杆的内力。

③在选取隔离体后,应注意被截断的杆件是链杆还是梁式杆,以便准确标示其内力。

【例 3.16】 求作图 3.63 所示组合结构的弯矩图和轴力图。

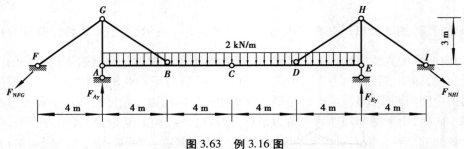

图 3.63 例 3.16 图

【解】 对于本例的简易斜拉桥结构,可将 ABC、GB 和 AG 视为一刚片,将 CDE、DH 和 HE 视为另一刚片,该两刚片和地基共 3 个刚片由不共线的两虚铰 G、H 和实铰 C 组成静定结构。因此,应先计算出形成虚铰的各个连接杆件的轴力,再进行结构的受力分析。

(1)计算连接杆件的轴力

对整体结构而言,列力矩平衡方程 $\sum M_G = 0$,同时,为方便力臂的求解,将轴力 F_{NHI} 移至结点 H 后,分解为 F_{NHIx} 和 F_{NHIy} 两个分力,因 F_{NHIx} 通过结点 G,故有

$$F_{NHIy} \times 16 + \frac{1}{2} \times 2 \times 16^2 = F_{Ey} \times 16$$

沿结点 C 将原结构截开,取结点 C 以右为隔离体,如图 3.64 所示。此时,将 F_{NHI} 移至结点 I,列力矩平衡方程 $\sum M_C = 0$,有

$$F_{NHIy} \times 12 + \frac{1}{2} \times 2 \times 8^2 = F_{Ey} \times 8$$

联立以上两个方程,可得

$$F_{NHIy} = 16 \text{ kN}$$

$$F_{Ey} = 32 \text{ kN}(\uparrow)$$

根据式(3.7)可得

$$F_{NHI} = \frac{80}{3} = 26.7 \text{ kN}$$

利用原结构的静力平衡方程 $\sum F_x = 0$

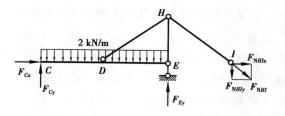

图 3.64　例 3.16 隔离体图

和 $\sum F_y = 0$,或根据结构和作用荷载的对称性,可得

$$F_{NFG} = 26.7 \text{ kN}$$

$$F_{Ay} = 32 \text{ kN}(\uparrow)$$

(2)作轴力图

取结点 G 和结点 H 为隔离体,由 $\sum F_x = 0$,可得

$$F_{NGB} = F_{NHD} = 26.7 \text{ kN}$$

由 $\sum F_y = 0$,可得

$$F_{NGA} = F_{NHE} = -32 \text{ kN}$$

绘制的轴力图如图 3.65(a)所示。

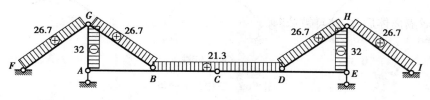

(a)轴力图(单位:kN)

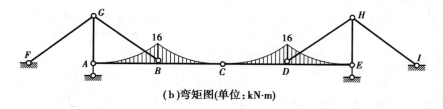

(b)弯矩图(单位:kN·m)

图 3.65　例 3.16 内力图

(3)作弯矩图

因结构和荷载均对称,可仅求对称轴一侧 CDE 杆的弯矩即可。对图 3.64 所示隔离体,列静力平衡方程 $\sum F_y = 0$,可得

$$F_{NHIy} + 2 \times 8 = F_{Ey} + F_{Cy}$$

即

$$F_{Cy} = 0$$

$F_{Cy} = 0$ 并不是本例的个案,所有对称结构在对称荷载作用下,对称轴处的剪力均为零。这一结论在第 5 章(对称结构的简化计算)中将得到进一步推广。

取 CD 段为隔离体，由 $\sum M_D = 0$，可得 $M_{DC} = 16$ kN·m，上侧受拉。

因结点 C 和 E 均为铰结点，有 $M_{CD} = 0$，$M_{ED} = 0$。

因 $F_{Cy} = 0$，即 $F_{QCD} = 0$，同时也可求得 $F_{QED} = 0$，故 CD 杆段和 DE 杆段的弯矩图为标准抛物线，即弯矩图在 C 点和 E 点处的切线水平。

绘制的弯矩图如图 3.65(b)所示。

3.6 三铰拱的内力分析

3.6.1 拱结构及其受力特点

拱是在竖向荷载作用下将产生水平反力的曲线形结构。拱能够采用石材、混凝土等价格较为低廉的建筑材料形成大跨度的结构，是房屋建筑、地下建筑、桥梁及水工建筑中常用的结构形式，例如剧院看台中的圆弧梁、拱桥和涵洞等。

按照拱中包含铰的个数，拱结构可分为三铰拱、二铰拱和无铰拱，如图 3.66 所示。从内力分析上讲，前者属于静定结构，后二者属于超静定结构。本节仅讨论静定三铰拱。

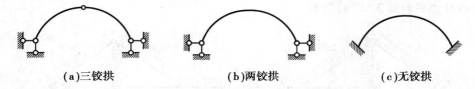

(a)三铰拱　　　　　　(b)两铰拱　　　　　　(c)无铰拱

图 3.66　三铰拱的分类

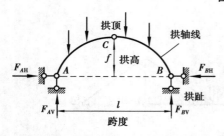

图 3.67　三铰拱计算简图及各部分名称

如图 3.67 所示，三铰拱的两端支座处称为拱趾，两拱趾间的水平距离称为跨度，拱轴上距起拱线最远处称为拱顶，拱顶距起拱线之间的竖直距离称为拱高，拱高 f 与跨度 l 之比称为高跨比，是控制拱受力的重要数据。

拱结构与梁结构的明显区别在于竖向荷载作用下是否产生水平推力。如图 3.68(a)所示，结构在竖向荷载作用下的水平支反力为零，属于曲梁；而图 3.68(b)所示结构有水平支反力，故属于拱。正是由于拱中水平推力（支反力）的存在，导致

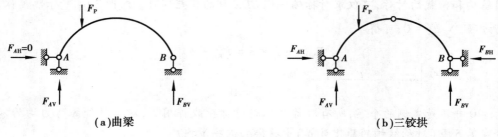

(a)曲梁　　　　　　　　　　　　　　(b)三铰拱

图 3.68　曲梁和三铰拱的对比

拱中各截面的弯矩比曲梁和相应简支梁对应截面的弯矩小得多,因此,拱结构以承受压力为主,这是拱结构多采用抗压强度较高而抗拉强度较低的砖、石、混凝土等传统建筑材料来建造的根本原因。

由于水平支反力的存在,相对于梁结构而言,拱需要更为坚固的基础或支承结构(如墙、柱、墩与台等)。为避免对基础的这一不利要求,可以采用如图 3.69(a)所示带拉杆的拱,其计算简图如图 3.69(b)所示,可以看出,拉杆的作用相当于提供了水平推力(支反力)。如设置的拉杆影响了建筑空间的利用,可将拉杆提高或做成其他形式,如图 3.69(c)、(d)所示。

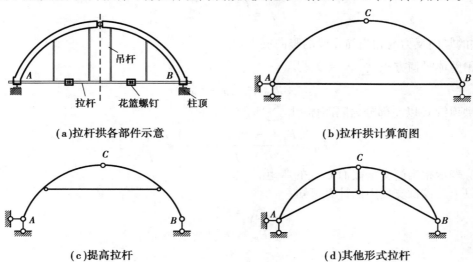

(a)拉杆拱各部件示意   (b)拉杆拱计算简图

(c)提高拉杆   (d)其他形式拉杆

图 3.69　拉杆拱及其计算简图

3.6.2　三铰拱的支座反力及内力

以图 3.70(a)所示平拱(两个拱脚铰在同一水平线上)为例,说明三铰拱的支座反力和内力计算方法。作与该三铰拱跨度相同的水平简支梁,在简支梁对应截面处作用与三铰拱相同的荷载,即简支梁上的荷载作用处与支座的距离等于三铰拱上荷载作用处与拱趾的距离,且荷载大小相等、方向相同,如图 3.70(b)所示,称该水平梁为相当简支梁。

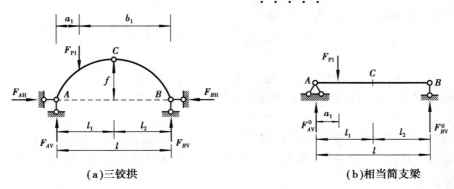

(a)三铰拱   (b)相当简支梁

图 3.70　三铰拱支座反力计算

对图 3.70(a)所示三铰拱而言,由整体平衡方程 $\sum M_B = 0$,可得

$$F_{AV}l = F_{P1}b_1$$

则

$$F_{AV} = \frac{F_{P1}b_1}{l} = F_{AV}^0$$

式中,上标 0 表示相当水平梁,下同。由 $\sum M_A = 0$,可得

$$F_{BV} = \frac{F_{P1}a_1}{l} = F_{BV}^0$$

可见,拱的竖向反力与相当简支梁的竖向反力相同。

利用整体平衡方程 $\sum F_x = 0$,得

$$F_{AH} = F_{BH} = F_H$$

取拱顶铰 C 以左部分为隔离体,由 $\sum M_C = 0$,有

$$F_H = \frac{F_{AV}l_1 - F_{P1}(l_1 - a_1)}{f} = \frac{M_C^0}{f}$$

式中,M_C^0 表示相当简支梁截面 C 处的弯矩。

从以上三铰拱支反力的计算可知:

$$\left.\begin{array}{l} F_{AV} = F_{AV}^0 \\ F_{BV} = F_{BV}^0 \\ F_H = \dfrac{M_C^0}{f} \end{array}\right\} \tag{3.8}$$

可见,三铰拱的竖向支反力 F_{AV}、F_{BV} 与相当简支梁的竖向支反力相同,而水平推力等于相当简支梁截面 C 的弯矩 M_C^0 除以拱高 f。在荷载一定时,水平推力与拱高 f 成反比,当 $f \to 0$ 时,$F_H \to \infty$,此时为瞬变体系。

三铰拱任意截面 K 的内力仍采用截面法求取。设截面 K 形心坐标为 (x_K, y_K),拱轴线在该处的倾角为 φ_K,所取隔离体如图 3.71(a)所示。应注意的是:三铰拱为曲线形结构,截面的倾角随截面位置变化,不是常数。

1)弯矩的计算

对隔离体 AK 而言,由 $\sum M_K = 0$,得

$$F_{AV}x_K = F_{P1}(x_K - a_1) + F_H y_K + M_K$$

整理得

$$M_K = [F_{AV}x_K - F_{P1}(x_K - a_1)] - F_H y_K$$

因相当水平简支梁对应 K 截面的弯矩为 $M_K^0 = [F_{AV}x_K - F_{P1}(x_K - a_1)]$,故有

$$M_K = M_K^0 - F_H y_K$$

上式表明:拱内任一截面的弯矩 M_K,等于相当水平简支梁对应截面的弯矩 M_K^0 减去水平推力 F_H 所引起的弯矩。因此,三铰拱中的弯矩比相当简支梁对应截面的弯矩小,而且较为均匀。

2)剪力的计算

对于图 3.71(a)所示隔离体,所有力沿截面 K 法向方向 n 投影求和,即 $\sum F_n = 0$,有

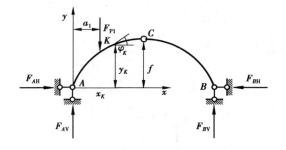

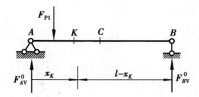

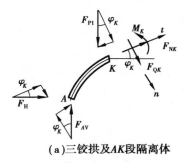

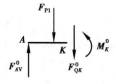

（a）三铰拱及AK段隔离体   （b）相当梁及对应隔离体

图 3.71 三铰拱内力计算

$$F_{QK} = F_{AV}\cos\varphi_K - F_{P1}\cos\varphi_K - F_H\sin\varphi_K = (F_{AV} - F_{P1})\cos\varphi_K - F_H\sin\varphi_K$$

从图 3.71（b）所示隔离体可知，相当简支梁上截面 K 的剪力为 $F_{QK}^0 = F_{AV} - F_{P1}$，故有

$$F_{QK} = F_{QK}^0\cos\varphi_K - F_H\sin\varphi_K$$

3）轴力的计算

对于图 3.71（a）所示隔离体，所有力沿截面 K 切向方向 t 投影求和，即 $\sum F_t = 0$，有

$$F_{NK} = -(F_{AV} - F_{P1})\sin\varphi_K - F_H\cos\varphi_K = -F_{QK}^0\sin\varphi_K - F_H\cos\varphi_K$$

综上所述，在任一截面上，三铰拱与相应简支梁内力的对应关系为

$$\left.\begin{array}{l} M = M^0 - F_H y \\ F_Q = F_Q^0\cos\varphi - F_H\sin\varphi \\ F_N = -F_Q^0\sin\varphi - F_H\cos\varphi \end{array}\right\} \tag{3.9}$$

可见，三铰拱的内力值不仅与荷载及三个铰的位置有关，还与拱轴线的形状有关。与简支梁相比，三铰拱的弯矩和剪力都将减小，而轴力将增大，且为压力。

由于三铰拱的拱轴线为曲线，所以其内力图必须采取逐点描图绘制。即将拱跨分成多等份，如 8 等份或 12 等份，将各等分点处的内力描于图上，并以平滑曲线相连。等分点越多，绘制的内力图越准确。内力图可以拱跨水平线为基线绘制，也可直接绘制在原拱轴曲线上。

【例 3.17】 试作图 3.72 所示三铰拱的内力图，其中拱轴线方程为 $y = \dfrac{4f}{l^2}x(l-x)$。

【解】 （1）求支反力
由式（3.8），得

$$F_{AV} = F_{AV}^0 = \frac{6 + 8\times 3 + 1\times 6\times 3}{12}\text{ kN} = 4\text{ kN}(\uparrow)$$

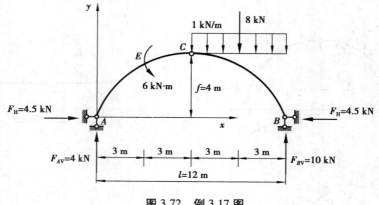

图 3.72　例 3.17 图

$$F_{BV} = F_{BV}^0 = \frac{1 \times 6 \times 9 + 8 \times 9 - 6}{12} \text{ kN} = 10 \text{ kN}(\uparrow)$$

$$F_H = \frac{M_C^0}{f} = \frac{4 \times 6 - 6}{4} \text{ kN} = 4.5 \text{ kN}$$

（2）内力计算

沿 x 轴方向分拱跨为 12 等份，计算各截面的 M、F_Q、F_N 值。以 $x = 3$ m 截面为例，写出内力计算步骤。

$$y_3 = \frac{4f}{l^2} x(l - x) = \frac{4 \times 4}{12^2} \times 3 \times (12 - 3) \text{ m} = 3 \text{ m}$$

$$\tan \varphi = \frac{\mathrm{d}y}{\mathrm{d}x} = \frac{4f}{l^2}(l - 2x) = \frac{4 \times 4}{12^2} \times (12 - 2 \times 3) = 0.667$$

$$\varphi = 33.7°, \sin \varphi = 0.555, \cos \varphi = 0.832$$

$$M_3^{左} = M_3^{0左} - F_H y = 4 \times 3 \text{ kN} \cdot \text{m} - 4.5 \times 3 \text{ kN} \cdot \text{m} = -1.5 \text{ kN} \cdot \text{m}$$

$$M_3^{右} = M_3^{0右} - F_H y = 4 \times 3 \text{ kN} \cdot \text{m} - 6 \text{ kN} \cdot \text{m} - 4.5 \times 3 \text{ kN} \cdot \text{m} = -7.5 \text{ kN} \cdot \text{m}$$

$$F_{Q3} = F_{Q3}^0 \cos \varphi - F_H \sin \varphi = 4 \times 0.832 \text{ kN} - 4.5 \times 0.555 \text{ kN} = 0.83 \text{ kN}$$

$$F_{N3} = -F_{Q3}^0 \sin \varphi - F_H \cos \varphi = -4 \times 0.555 \text{ kN} - 4.5 \times 0.832 \text{ kN} = -5.96 \text{ kN}$$

式中，$M_3^{左}$、$M_3^{右}$ 为 $x = 3$ m 处拱左、右侧截面弯矩，$M_3^{0左}$、$M_3^{0右}$ 为 $x = 3$ m 处相应简支梁左、右侧截面弯矩。其余各截面内力计算与上述步骤相同。列表计算，见表 3.2。根据各截面内力值可绘出三铰拱的 M、F_Q、F_N 图，如图 3.73、图 3.74 所示。

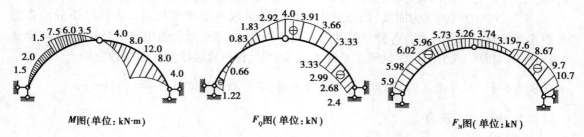

M 图（单位：kN·m）　　　F_Q 图（单位：kN）　　　F_N 图（单位：kN）

图 3.73　以拱曲线为基线绘制的内力图

表3.2　三铰拱内力计算表

x/m	y/m	$\tan\varphi$	$\sin\varphi$	$\cos\varphi$	F_Q^0/kN	$M/(\mathrm{kN\cdot m})$			F_Q/kN			F_N/kN		
						M^0	$-F_H y$	M	$F_Q^0\cos\varphi$	$-F_H\sin\varphi$	F_Q	$-F_Q^0\sin\varphi$	$-F_H\cos\varphi$	F_N
0	0	1.333	0.80	0.60	4.0	0.0	0.0	0.0	2.4	-3.6	-1.2	-3.2	-2.7	-5.9
1	1.222	1.111	0.743	0.669	4.0	4.0	-5.5	-1.5	2.68	-3.34	-0.66	-2.97	-3.01	-5.98
2	2.22	0.889	0.664	0.747	4.0	8.0	-10.0	-2.0	2.99	-2.99	0.0	-2.66	-3.36	-6.02
3	3.00	0.667	0.555	0.832	4.0	12.0 / 6.0	-13.5	-1.5 / -7.5	3.33	-2.50	0.83	-2.22	-3.74	-5.96
4	3.556	0.444	0.406	0.914	4.0	10.0	-16.0	-6.0	3.66	-1.83	1.83	-1.62	-4.11	-5.73
5	3.889	0.222	0.217	0.976	4.0	14.0	-17.5	-3.5	3.90	-0.98	2.92	-0.87	-4.39	-5.26
6	4.00	0.0	0.0	1.00	4.0	18.0	-18.0	0.0	4.0	0.0	4.0	0.0	-4.5	-4.5
7	3.889	-0.222	-0.217	0.976	3.0	21.5	-17.5	4.0	2.93	0.98	3.91	0.65	-4.39	-3.74
8	3.556	-0.444	-0.406	0.914	2.0	24.0	-16.0	8.0	1.83	1.83	3.66	0.81	-4.11	-3.30
9	3.00	-0.667	-0.555	0.832	1.0 / -7.0	25.5	-13.5	12.0	0.832 / -5.82	2.50	3.33 / -3.33	0.555 / -3.89	-3.74	-3.19 / -7.6
10	2.222	-0.889	-0.664	0.747	-8.0	18.0	-10.0	8.0	-5.98	2.99	-2.99	-5.31	-3.36	-8.67
11	1.222	-1.111	-0.743	0.669	-9.0	9.5	-5.5	4.0	-6.02	3.34	-2.68	-6.69	-3.01	-9.7
12	0.0	-1.333	-0.8	0.60	-10.0	0.0	0.0	0.0	-6.0	3.6	-2.4	-8.0	-2.7	-10.7

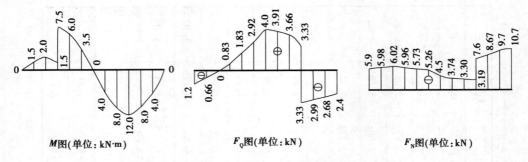

M图(单位:kN·m) F_Q图(单位:kN) F_N图(单位:kN)

图3.74　以拱跨水平线为基线绘制的内力图

3.6.3　三铰拱的合理拱轴

从材料力学可知,弯矩将产生不均匀的截面正应力,而轴力则产生均匀的截面正应力。在一般情况下,三铰拱中的内力包括弯矩、剪力和轴力,截面上的正应力分布不均匀。而当截面上正应力分布均匀时,最有利于充分利用材料的强度性能。因此,应尽量减少三铰拱中的弯矩,使各截面尽可能均匀受压。

在给定荷载和3个铰位置的情况下,若选取一条适当的拱轴线,能使各截面弯矩为零,此时三铰拱只承受轴力,则称这条轴线为合理拱轴线。

当三铰平拱承受竖向荷载作用时,令式(3.9)中弯矩的表达式 $M = M^0 - F_H y = 0$,可得合理拱轴方程 y 为

$$y = \frac{M^0}{F_H} \tag{3.10}$$

式(3.10)表明,在竖向荷载作用下,三铰拱的合理拱轴线的纵坐标 y 与相当水平简支梁的弯矩纵坐标 M^0 成正比。当荷载改变时,相当简支梁的弯矩将发生改变,则合理拱轴也将发生改变。因此,不同的荷载作用对应不同的合理拱轴线。

【例3.18】　设三铰拱承受沿水平方向均匀分布的竖向荷载,如图3.75(a)所示,求其合理轴线。

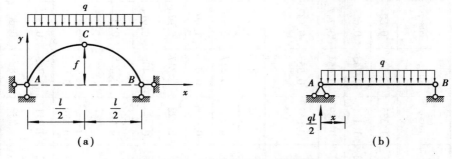

(a)　　　　　　　　　　　　　(b)

图3.75　求均布荷载的合理拱轴线

【解】　拱的推力为

$$F_H = \frac{M_C^0}{f} = \frac{ql^2}{8f}$$

作三铰拱的相当水平简支梁,如图 3.75(b)所示。距 A 端为 x 的截面的弯矩方程为

$$M^0 = \frac{qx}{2}(l - x)$$

将以上两式代入式(3.10),有

$$y = \frac{4f}{l^2}x(l - x)$$

从以上的计算可知:三铰拱在沿水平线均匀分布的竖向荷载作用下,合理拱轴线为二次抛物线。

【例 3.19】 设三铰拱承受均匀水压力作用,如图 3.76(a)所示,求其合理轴线。

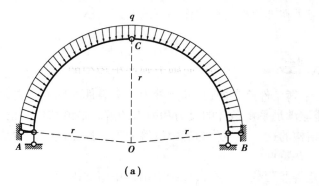
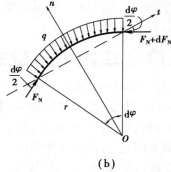

图 3.76 求均匀水压的合理轴线

【解】 从拱中取出微段 $\mathrm{d}s$,如图 3.76(b)所示。拱处于无弯矩状态时,则各截面上只有轴力。由 $\sum F_t = 0$,有

$$F_N \cos \frac{\mathrm{d}\varphi}{2} - (F_N + \mathrm{d}F_N) \cos \frac{\mathrm{d}\varphi}{2} = 0$$

由此可得 $\mathrm{d}F_N = 0$,即拱截面上的轴力 F_N 为常数。

由 $\sum F_n = 0$,有

$$F_N \sin \frac{\mathrm{d}\varphi}{2} + (F_N + \mathrm{d}F_N) \sin \frac{\mathrm{d}\varphi}{2} - q\mathrm{d}s = 0$$

由于 $\mathrm{d}\varphi$ 很小,取 $\sin \frac{\mathrm{d}\varphi}{2} \approx \frac{\mathrm{d}\varphi}{2}$,并约去高阶微量,上式成为

$$F_N \mathrm{d}\varphi - q\mathrm{d}s = 0$$

将 $\mathrm{d}s = r\mathrm{d}\varphi$ 代入上式,可得

$$r = \frac{F_N}{q}$$

由于 F_N 为常数,故 r 也为常数。由此可见,在均匀水压力作用下,三铰拱的合理拱轴线是圆弧线。

三铰拱的拱脚和拱顶有高差,如三铰拱作为桥梁主拱时,为保证桥面通车的平顺性,通常在三铰拱上填土(设其容重为 γ),使拱脚处的高程与拱顶相同,此时,三铰拱上作用的荷载称为填土荷载,如图 3.77 所示。

通过求解图 3.77 所示三铰拱,可得其合理拱轴线方程为

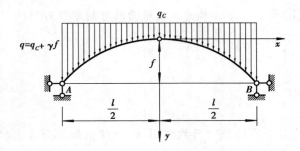

图 3.77　求填土荷载的合理轴线

$$y = \frac{q_c}{\gamma}\left(\mathrm{ch}\sqrt{\frac{\gamma}{F_{\mathrm{H}}}}x - 1\right)$$

上式表明:在填土荷载作用下,三铰拱的合理拱轴线是一悬链线。

　　通过以上例子可知:三铰拱在不同荷载作用下合理拱轴线是不同的。在工程实际中,拱往往要受到各种不同荷载的作用,很难保证拱在各种荷载作用下都处于无弯矩状态。在设计中,通常是以主要荷载作用下的合理轴线为拱的轴线,从而保证拱在其他次要荷载作用下的弯矩较小。

3.7　静定结构的一般特性

　　静定结构的反力和内力是由静力平衡条件确定的,且满足静力平衡条件的反力和内力的解具有唯一性。因此,在静定结构中,能够满足平衡条件的反力和内力的解就是该结构的正确解,除此以外再无其他任何解存在,静定结构的这一特性称为静力解答的唯一性。这一特性是静定结构的基本特性,并由此派生出以下一些特性。

　　①支座移动、温度变化及制造误差等非荷载因素不会在静定结构中引起内力。

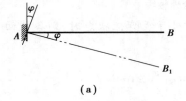

（a）

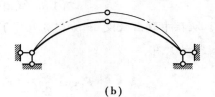

（b）

图 3.78　静定结构无自内力

　　如图 3.78(a)所示的悬臂梁,当 A 端支座发生转角 φ 时,悬臂梁仅发生如双点画线所示的倾斜,由于静定结构没有多余约束,虽然梁发生了位移,但梁内不会产生反力和内力。这也可由静力解答的唯一性这一基本特性来解释,对图 3.78(a)所示的悬臂梁列静力平衡方程,可知该悬臂梁的支座反力和内力均为 0。同理,在温度变化及制造误差等非荷载因素作用下,静定结构将产生变形,但因无荷载或附加荷载作用,故静定结构的支座反力和内力仍为零,如图 3.78(b)所示。

　　②当平衡力系作用于静定结构中某一几何不变或可独立承受该平衡力系的部分上时,则其余部分不会产生反力和内力。

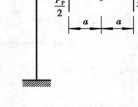

图 3.79　静定结构的局部平衡特性

　　如图 3.79 所示的静定刚架,有一平衡力系作用于几何不变部分 ABC 上,则仅在 ABC 部分上有内力存在,支座反力和其他各杆的内力均为零,这种内力状态是可以满足结构整体及各局部的平衡条件的,即满足静力解答的唯一性,故第二条特性是成立的。

　　③在静定结构的某一几何不变部分上作荷载的静力等效变换时,其余部分的内力不变。

静力等效变换是指将一组荷载按静力等效原则变换为另一组荷载,而两组荷载的合力大小、方向和作用位置均不发生改变。

例如,图 3.80(a)所示桁架结构,当作用在杆 BC 中部的荷载(记为荷载状态I)被代替为图 3.80(b)所示作用在结点 B、C 的等效荷载(记为荷载状态Ⅱ)时,支座反力及其余各杆的轴力均不会发生改变。以杆件 AB 为例,将荷载状态Ⅰ和荷载状态Ⅱ下轴力的差值记为 $F'_{NAB} = F^{I}_{NAB} - F^{II}_{NAB}$。设有平衡力系如图3.80(c)所示,其与荷载状态Ⅱ叠加后,即得荷载状态Ⅰ。因此,杆 AB 在Ⅰ、Ⅱ两个荷载状态中轴力之差($F^{I}_{NAB} - F^{II}_{NAB}$),即为图3.80(c)所示平衡力系状态下杆 AB 的轴力 F'_{NAB}。根据平衡力系作用于静定结构中某一几何不变部分时,其余部分不会产生反力和内力的特点,可知 $F'_{NAB} = 0$,表明杆 AB 在荷载状态Ⅰ和荷载状态Ⅱ作用下的轴力相同。支座反力及杆 BC 以外的其余各杆均有类似规律。

④当静定结构内部的某一局部几何不变部分作构造改变时,仅被替换部分的内力发生变化,其余部分的反力和内力保持不变。

当对局部几何不变部分作构造改变时,不会改变该部分与其余部分之间的约束性质。例如对图 3.81(a)所示结构,当梁 AB 的变形能力不能满足实际需求时,将其改造为静定桁架结构

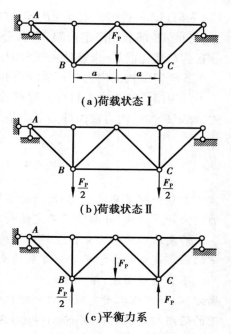

(a)荷载状态 Ⅰ

(b)荷载状态 Ⅱ

(c)平衡力系

图 3.80　静定结构的荷载等效特性

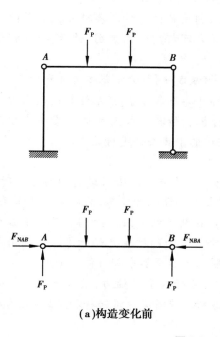

(a)构造变化前

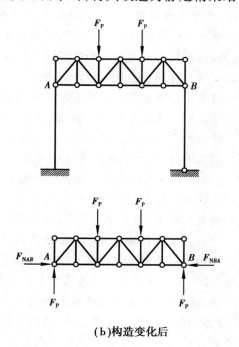

(b)构造变化后

图 3.81　静定结构构造变化特性

[图 3.81(b)]，此时只有梁 AB 部分的内力发生了改变，其余部分的内力无变化。为说明这一点，将梁 AB 部分和静定桁架 AB 部分取出分析，则两个隔离体对其余部分作用的力完全相同，故在构造变化前后，未被替换部分的内力不会发生变化。

⑤静定结构的内力与杆件截面的刚度无关。

静定结构的内力与杆件的材料性质（例如弹性模量等）和截面尺寸（例如面积和惯性矩）无关，静定结构的内力仅由静力平衡条件唯一确定。

本章小结

本章介绍了静定梁、静定平面刚架、静定平面桁架、三铰拱等常见静定结构和静定组合结构的内力计算方法，并归纳了静定结构的一般特性。

静定结构的内力分析是静定结构位移计算及超静定结构内力和位移计算的基础，因此，本章的内容是结构力学中十分重要的基础性内容，应非常熟练地掌握。

不管是截面法、结点法还是杆梁法，其本质都属于隔离体平衡方法，即选取隔离体，建立平衡方程，解方程求出支座反力和杆件内力。虽然静定结构内力分析的基本原理较少，但基本原理的运用却是变化无穷的。因此，在掌握基本原理的基础上，更重要的是灵活运用的能力。"纸上得来终觉浅，绝知此事要躬行"，需要多加练习，在练习中方能培养驾驭基本原理解决复杂问题的能力。

下面，将各种结构形式的分析要点简述如下：

（1）梁和刚架的受力分析要点

梁和刚架是以受弯为主的杆件组成，弯矩是主要内力。内力分析的结果通过绘制内力图来体现，一般先绘制弯矩 M 图，再绘制剪力 F_Q 图，最后绘制轴力 F_N 图。

结构力学绘制梁式杆件内力图的基本方法是：首先，利用截面法计算各杆件控制截面的内力；然后，利用内力图特征和区段叠加法绘制两控制截面之间杆段的内力图；最后，将各杆段的内力图拼接得到整个结构的内力图。

对于多跨梁结构和多跨多层刚架结构，应先进行几何组成分析，分清基本部分和附属部分，作出层次图。为避免解联立方程，应先计算附属部分，再计算基本部分，最后逐杆绘制内力图。

作出内力图后要进行校核，可从检查内力图形状特征和验算是否满足平衡条件两方面进行。须注意的是：应取没有使用过的隔离体和没有使用过的平衡条件进行验算。

（2）桁架结构和组合结构受力分析要点

在理想桁架中，杆件仅受轴力，处于无弯矩状态，属于二力杆。对桁架进行内力分析时，应先判明桁架类型，即简单桁架、联合桁架和复杂桁架，这将有助于选择正确、简便的计算途径。

分析桁架杆件轴力的基本方法是结点法和截面法。在利用结点法时，首先，可利用零杆和等力杆的判别法则简化计算；其次，应注意先从只有两个未知力的结点开始计算。在利用截面法时，应适当选取截面并灵活选取平衡方程，从而避免联立方程求解未知杆件的轴力。

静定组合结构是由若干链杆和梁式杆件组成，其中，链杆只承受轴力，梁式杆一般承受弯矩、剪力和轴力的共同作用。因此，静定组合结构受力分析时应首先分清链杆和梁式杆，然后先计算链杆的内力，再计算梁式杆的内力。

（3）三铰拱的受力分析要点

三铰拱在竖向荷载作用下将产生水平推力,从而使拱的各个截面上的弯矩与相应简支梁和曲梁相比减小很多。在竖向荷载作用下,应掌握三铰拱反力和各截面内力与相当水平梁反力和对应截面内力之间的关系式。

将三铰拱设计成合理拱轴可以最大限度发挥其受力特征。应注意的是:合理拱轴线是针对某种特定荷载状态而言,不同的荷载状态有不同的合理拱轴线形式。

静定结构具有的一般特性,在静力分析中应予以注意,并可加以利用。

思考题

3.1 区段叠加法的理论基础是什么？ 为什么弯矩图在叠加时是弯矩图竖标的叠加,而不是弯矩图图形的直接叠加？

3.2 结构力学求解内力图的思路和步骤是什么？

3.3 在对静定结构进行受力分析时,本章仅考虑了静力平衡条件,为什么不需要考虑结构的变形条件？

3.4 思考题 4 图斜梁支座 B 的链杆方向 θ 发生改变时(θ 小于、等于或大于 90°),试分析斜梁内力的变化规律。

3.5 多跨静定梁基本部分和附属部分的划分是否与作用的荷载相关？

3.6 思考题 6 图(a)、(b)所示多跨梁结构的弯矩图是否相同？

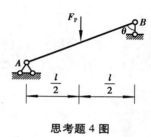

思考题 4 图

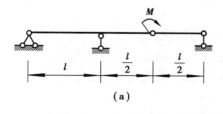

(a)

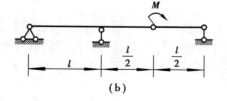

(b)

思考题 6 图

3.7 要使思考题 7 图(a)所示多跨梁 AD 跨跨中弯矩与支座 B 负弯矩数值大小相等,铰 D 距 A 端的距离 x 为多少？ 此时,AD 跨跨中弯矩较思考题图 7(b)AB 跨跨中弯矩小多少？

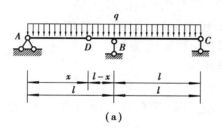

(a)

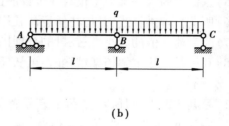

(b)

思考题 7 图

3.8 平面刚架内力图绘制的方法和要点是什么？

3.9　实际桁架和理想桁架的区别是什么？

3.10　结点法和截面法计算桁架的区别是什么？

3.11　桁架计算中的零杆是否可从结构中去掉？为什么？

3.12　组合结构的计算与桁架的计算有什么区别？在计算中应注意哪些特点？

3.13　什么是三铰拱的合理拱轴线？思考题 13 图（a）、(b)所示三铰拱的合理拱轴线是否相同，为什么？

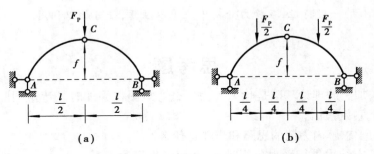

（a）　　　　　　　　　　　（b）

思考题 13 图

3.14　能否利用三铰拱的反力和内力计算公式计算三铰刚架的反力和内力？

3.15　为什么长江中下游地区修建的拱桥往往配置拉杆？

习　题

3.1　判断题

(1)在使用内力图特征绘制某受弯杆段的弯矩图时,必须先求出该杆段两端的端弯矩。

(　　)

(2)区段叠加法仅适用于弯矩图的绘制,不适用于剪力图的绘制。　　　　　　(　　)

(3)多跨静定梁在附属部分受竖向荷载作用时,必会引起基本部分的内力。　　(　　)

(4)习题 3.1(4)图所示多跨静定梁中,CDE 和 EF 部分均为附属部分。　　(　　)

习题 3.1(4)图

(5)三铰拱的水平推力不仅与 3 个铰的位置有关,还与拱轴线的形状有关。　　(　　)

(6)所谓合理拱轴线,是指在任意荷载作用下都能使拱处于无弯矩状态的轴线。　(　　)

(7)改变荷载值的大小,三铰拱的合理拱轴线形状也将发生改变。　　　　　　(　　)

(8)利用结点法求解桁架结构时,可从任意结点开始。　　　　　　　　　　　(　　)

3.2　填空题

(1)习题 3.2(1)图所示受荷的多跨静定梁,其定向联系 C 所传递的弯矩 M_C 的大小为_____ kN·m;截面 B 的弯矩大小为_____ kN·m,_____侧受拉。

(2)习题 3.2(2)图所示风载作用下的悬臂刚架,其梁端弯矩 M_{AB} = _____ kN·m,_____侧受拉;左柱 B 截面弯矩 M_{BA} = _____ kN·m,_____侧受拉。

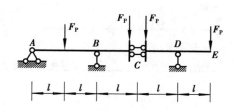

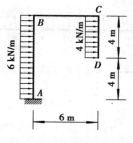

习题 3.2(1) 图　　　　　　　习题 3.2(2) 图

(3) 习题 3.2(3) 图所示三铰拱的水平推力 F_H 等于_____。

(4) 习题 3.2(4) 图所示桁架中有_____根零杆。

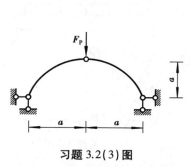

习题 3.2(3) 图

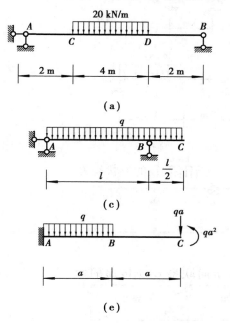

习题 3.2(4) 图

3.3　作习题 3.3 图所示单跨静定梁的 M 图和 F_Q 图。

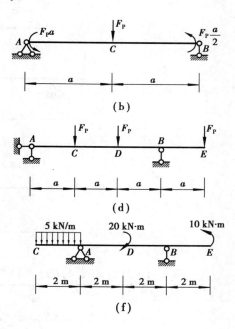

习题 3.3 图

3.4　作习题 3.4 图所示单跨静定梁的内力图。

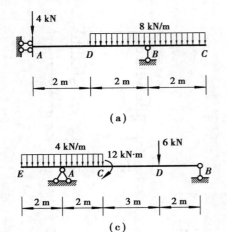

（a）

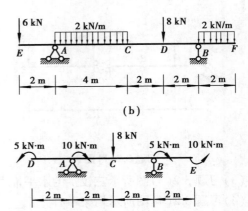

（b）

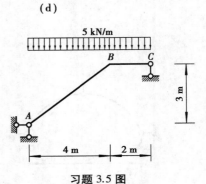

（c）

（d）

习题 3.4 图

3.5　作习题 3.5 图所示斜梁的内力图。

3.6　作习题 3.6 图所示多跨梁的内力图。

3.7　改正习题 3.7 图所示刚架的弯矩图中的错误部分。

3.8　作习题 3.8 图所示刚架的内力图。

3.9　作习题 3.9 图所示刚架的弯矩图。

3.10　试用结点法求习题 3.10 图所示桁架杆件的轴力。

习题 3.5 图

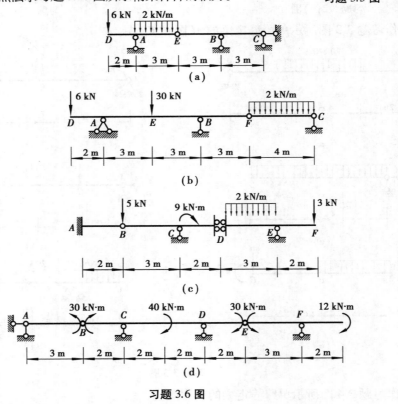

（a）

（b）

（c）

（d）

习题 3.6 图

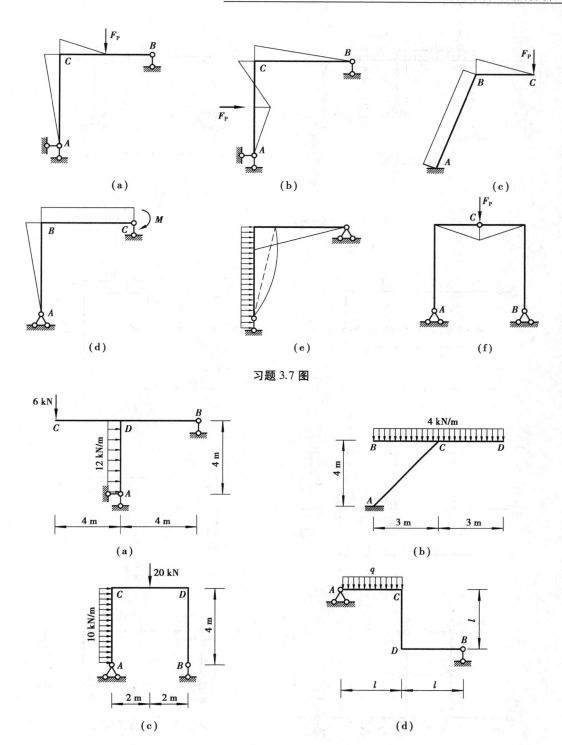

习题 3.7 图

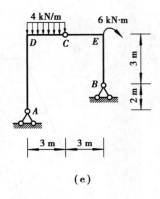

(e)

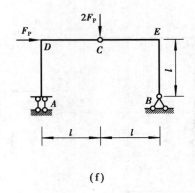

(f)

习题 3.8 图

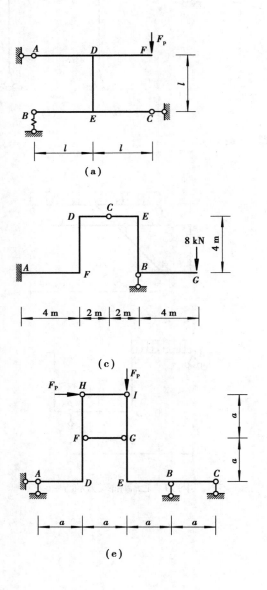

(a)

(b)

(c)

(d)

(e)

(f)

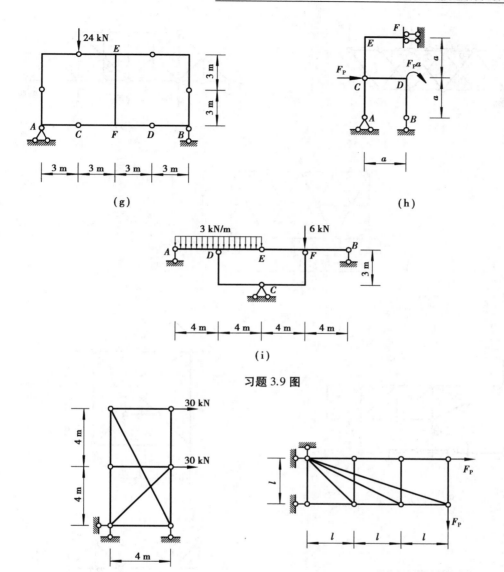

习题 3.9 图

习题 3.10 图

3.11 判断习题 3.11 图所示桁架结构的零杆。

3.12 用截面法求解习题 3.12 图所示桁架指定杆件的轴力。

3.13 选择适当方法求解习题 3.13 图所示桁架指定杆件的轴力。

3.14 求解习题 3.14 图所示组合结构链杆的轴力并绘制梁式杆的内力图。

3.15 求习题 3.15 图所示三铰拱支反力和指定截面 K 的内力。已知轴线方程 $y=\dfrac{4f}{l^2}x(l-x)$。

3.16 求习题 3.16 图(a)所示三铰拱支反力和图(b)中拉杆内力。

3.17 求习题 3.17 图所示三铰拱的合理拱轴线方程,并绘出合理拱轴线图形。

3.18 试求习题 3.18 图所示带拉杆的半圆三铰拱截面 K 的内力。

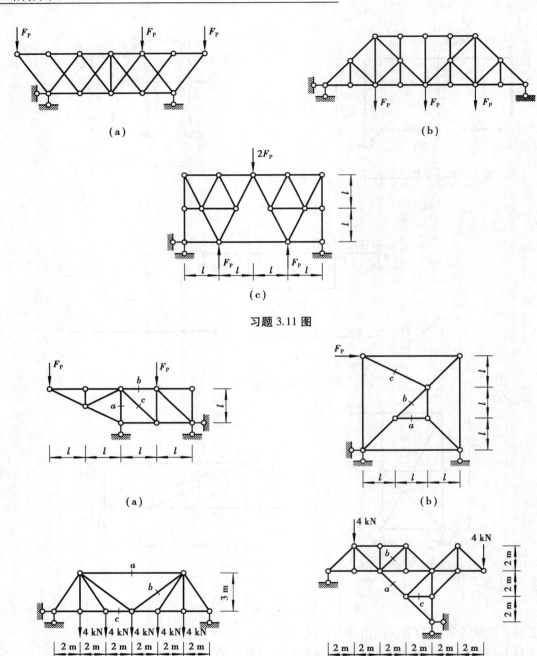

（a）

（b）

（c）

习题 3.11 图

（a）

（b）

（c）

（d）

习题 3.12 图

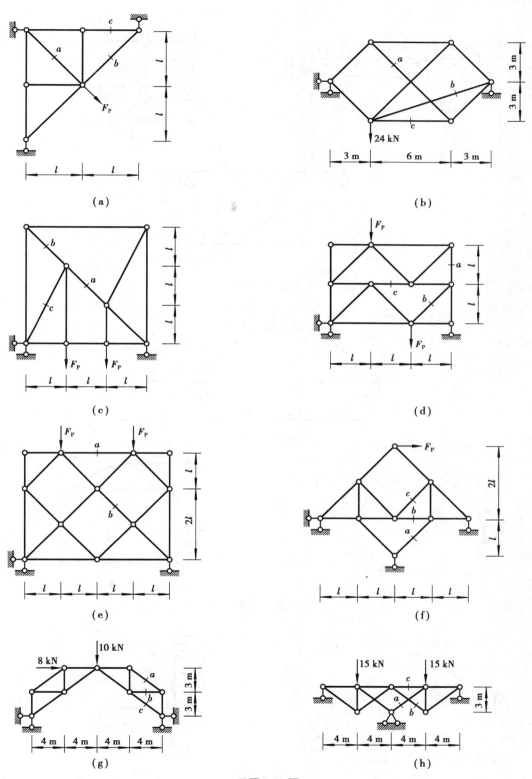

习题 3.13 图

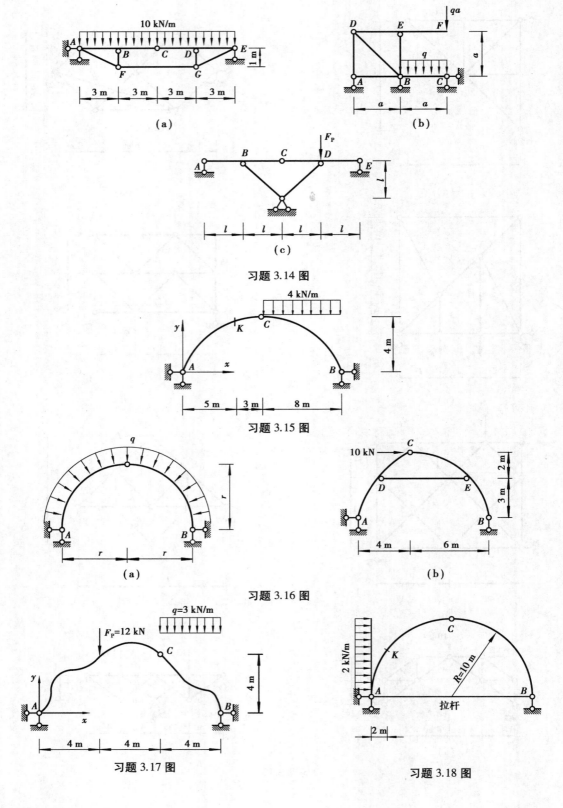

（a）

（b）

习题 3.14 图

（c）

习题 3.15 图

（a）

习题 3.16 图

（b）

习题 3.17 图

习题 3.18 图

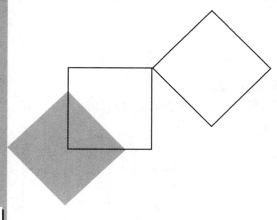

4 静定结构的位移计算

本章导读：
- **基本要求** 理解变形体系虚功原理的内容及其在结构位移计算中的应用；理解广义力及广义位移的概念；熟练掌握静定结构在荷载作用下位移的计算方法；掌握静定结构在温度变化、支座移动影响下位移的计算方法；了解线性弹性结构的互等定理。
- **重点** 静定结构由于荷载、支座移动、温度变化等原因引起的位移计算，特别是用图乘法计算静定梁和刚架在荷载作用下的位移。
- **难点** 变形体系的虚功原理及其证明；广义力及广义位移的概念。

4.1 概 述

4.1.1 广义位移

任何结构在荷载、温度改变、支座移动等外界因素影响下，一般将产生变形和位移。这里，所谓变形是指结构（或其中一部分）形状的改变，位移则是指结构各横截面位置和方向的改变。例如图 4.1 所示刚架，在荷载作用下，其变形曲线如图中双点画线所示，其中 A 点移动到 A_1 点，AA_1 称为 A 点的绝对线位移，简称线位移，用 Δ_A 表示，它也可以用其水平分量 Δ_{AH} 和竖向分量 Δ_{AV} 来表示，分别称为 A 点的水平位移和竖向位移。同时，截面 A 还转动了一个角度 φ_A，称为截面 A 的绝对角位移，简称角位移或转角。又如图 4.2 所示刚架，在荷载作用下发生双点画线所示变形，截面 A 的角位移为 φ_A（顺时针方向），截面 B 的角位移为 φ_B（逆时针方向），这两个截面的方向相反的角位移之和，称为截面 A、B 间的相对角位移，用 φ_{AB} 表示，即 $\varphi_{AB}=\varphi_A+\varphi_B$。同样，$C$、$D$ 两点的水平线位移分别为 Δ_C（向右）和 Δ_D（向左），这两个指向相反的水平位移之和就称为

C、D 两点间的相对线位移,用 Δ_{CD} 表示,即 $\Delta_{CD} = \Delta_C + \Delta_D$。

以上 4 种形式的位移可统称为广义位移,均可用本章所学方法进行计算。

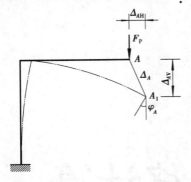

图 4.1　绝对位移

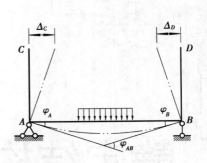

图 4.2　相对位移

4.1.2　计算位移的目的

结构位移的计算,在结构力学中是一项重要内容,它具有理论上与工程上的意义。首先,在设计结构时,不仅要考虑其强度要求,还须保证其刚度条件,即要求结构的最大位移不能超过一定的许可值。例如,钢筋混凝土吊车梁的许可挠度是跨度的 $\frac{1}{600}$,桥梁建筑中钢板梁的许可挠度是跨度的 $\frac{1}{700}$ 等。其次,在第 5 章(力法)中将会看到,欲计算超静定结构的内力,除静力平衡条件外,还须考虑位移条件,所以必须会计算结构的位移。此外,在结构构件的制作、施工等过程中,也常需预先知道其位移,以便采取一定的施工措施,确保施工安全和拼装就位。再有,在结构力学的两大课题即结构的动力计算和稳定分析中,都常需计算结构的位移。

4.1.3　计算位移的方法

结构力学中计算位移常用的方法是虚功法,它是以虚功原理为基础的,所导出的单位荷载法最为实用。本章将先简要介绍变形体系的虚功原理,然后讨论静定结构的位移计算。至于超静定结构的位移计算,在学完超静定结构的内力计算后,仍可用本章方法进行。

4.2　变形体系的虚功原理

4.2.1　实功与虚功

图 4.3(a)所示的简支梁上作用一静力荷载 F_P,其值由零逐渐增加到最终值。梁变形成图中双点画线所示,F_P 的作用点产生一位移 Δ,它也是由零逐渐增加到最终值的。在弹性范围内,F_P 与 Δ 间成线性关系,如图 4.3(b)所示。设比例常数为 β,则有

$$F_{\mathrm{P}} = \beta\Delta \tag{a}$$

直线 OA 上任一点的 F_{P1} 与 Δ_1 也符合关系式(a),即有

$$F_{\mathrm{P1}} = \beta\Delta_1 \tag{b}$$

因此,在加载过程中 F_{P} 所做的总功为

$$T = \int_0^\Delta F_{\mathrm{P1}}\mathrm{d}\Delta_1 = \int_0^\Delta \beta\Delta_1\mathrm{d}\Delta_1 = \frac{1}{2}\beta\Delta_1^2\bigg|_0^\Delta = \frac{1}{2}\beta\Delta^2 \tag{c}$$

将式(a)代入式(c),得

$$T = \frac{1}{2}F_{\mathrm{P}}\Delta \tag{4.1a}$$

即等于图 4.3(b)中三角形 OAB 的面积。由此可知,线性变形体系上静力荷载在其自身引起的位移上所做的实功等于该力的最后数值与其相应位移乘积的一半。

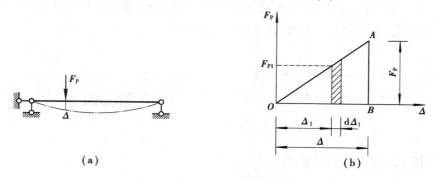

图 4.3　静力荷载所做的实功

需要指出,静力荷载所做的实功 T 是由零逐渐增加到最后值 $\frac{1}{2}F_{\mathrm{P}}\Delta$ 的,它与常力所做的功在概念上是不同的。

用式(4.1a)计算外力实功时,力与位移必须对应。当外力 F_{P} 与其作用点的位移方向不一致时,Δ 应取外力作用点的位移在该力方向上的分量。如图 4.4(a)所示,外力 F_{P} 是倾斜的,其作用点的位移是竖向的,此时 Δ 应该用这个竖向位移在 F_{P} 方向上的分量。如果作用于体系的外力是集中力偶,则与其相应的位移应是这个力偶所在截面的转角 θ。图 4.4(b)所示力偶 M 所做的实功为

$$T = \frac{1}{2}M\theta \tag{4.1b}$$

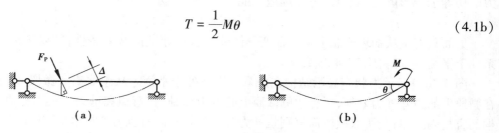

图 4.4　静力荷载所做的实功

当体系上有多个外力共同作用时,可分别用各个外力按式(4.1)计算,再累加起来,即可得总的外力实功。

虚功是指常力在其他原因(如其他荷载、温度变化、支座移动等)引起的位移上所做的功。

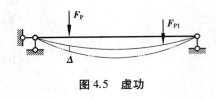

图 4.5 虚功

例如,力 F_P 作用于图 4.5 所示梁,使其达到细实线所示的平衡位置;然后又有另一力 F_{P1} 作用于该梁,使其达到双点画线所示位置,F_P 的作用点产生了新的位移 Δ。这时,力 F_P 在相应位移 Δ 上所做的功就是虚功。所谓"虚"就是表示位移与做功的力无关。在做虚功时,力不随位移而变化,是常力,故在计算式中没有系数 1/2,即虚功为

$$W_1 = F_P\Delta \tag{4.2}$$

由于式(4.2)中的 F_P 和 Δ 彼此独立无关,为了方便,常将力和位移看成是分别属于同一结构的两种彼此独立无关的状态,分开画在两个图中,如图 4.6 所示。图 4.6(a)表示做虚功的平衡力系,称为力状态;图 4.6(b)表示虚功中的位移,称为位移状态。位移状态上的位移应为结构可能发生(即满足支座约束条件)的、微小的连续位移,除了由图 4.6(b)所示的荷载引起外,也可以由温度变化、支座移动等引起,甚至可以是假想的。

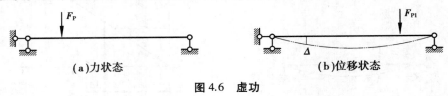

(a)力状态   (b)位移状态

图 4.6 虚功

4.2.2 刚体体系的虚功原理

对于具有理想约束的刚体体系,其虚功原理可表述为:刚体体系处于平衡的必要和充分条件是,对于符合约束情况的任意微小虚位移,刚体体系上所有外力所做的虚功总和等于零。

4.2.3 变形体体系的虚功原理

变形体体系的虚功原理可表述为:变形体体系处于平衡的必要和充分条件是,对于符合约束条件的任意微小的连续虚位移,变形体体系上所有外力所做的虚功总和 W,等于变形体体系各微段截面上的内力在其对应的虚变形上所做的虚功总和(即虚应变能)U。或者简单地说,外力虚功等于变形虚功(数量上等于虚应变能),用公式表示为

$$W = U \tag{4.3}$$

下面只着重从物理概念上来论证变形体体系虚功原理的必要条件,即要论证:若变形体体系处于平衡,则虚功原理(4.3)成立。

图 4.7(a)所示力状态表示结构在力系作用下处于平衡。从中取出一微段 ds 来研究,作用在微段上的力除外力 q 外,还有两侧截面上的内力即轴力、弯矩和剪力(注意,这些力对整个结构而言是内力,对于所取微段而言则是外力,由于习惯,同时也为了与整个结构的外力即荷载和支座反力相区别,这里仍称这些力为内力)。

图 4.7(b)所示位移状态,表示结构由于别的原因(图中未示出)所引起的如图中双点画线所示的位移,假设这一位移是符合约束条件的、微小的连续位移。与图 4.7(a)中对应的微段 ds,在位移状态上由初始位置 $ABCD$ 移动到了最后位置 $A_1B_1C_1D_1$。

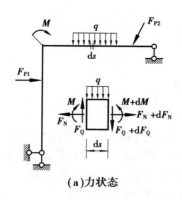
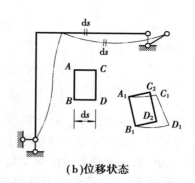

（a）力状态　　　　　　　　　　　（b）位移状态

图4.7　虚功原理的证明

将图4.7（a）中微段上的各力,在图4.7（b）中微段上的对应位移上做虚功,并把所有微段的虚功累加起来,便是整个结构的虚功 $W_总$。下面按两种不同的途径来计算 $W_总$。

1）按外力虚功与内力虚功计算（从变形的连续条件考虑）

设作用于微段上所有各力所做虚功总和为 $dW_总$,它可以分为两部分:一部分是外力所做的虚功 $dW_外$,另一部分是截面上的内力所做的虚功 $dW_内$,即

$$dW_总 = dW_外 + dW_内$$

将其沿杆段积分并将各杆段积分叠加起来,得整个结构的虚功为

$$\sum \int dW_总 = \sum \int dW_外 + \sum \int dW_内$$

或简写为

$$W_总 = W_外 + W_内$$

这里, $W_外 = \sum \int dW_外$ 便是整个结构的所有外力（包括荷载和支座反力）在其相应的虚位移上所做虚功的总和,即外力虚功 W; $W_内 = \sum \int dW_内$ 则是所有微段截面上的内力所做虚功的总和。由于任何两相邻微段的相邻截面上的内力互为作用力与反作用力,它们大小相等、方向相反;又由于虚位移是协调的,满足变形连续条件,两相邻微段的截面总是紧密贴在一起而具有相同的位移,因此每一对相邻截面上的内力所做的虚功总是大小相等、符号相反而互相抵消。由此可见,所有微段截面上的内力所做虚功的总和必然为零,即

$$W_内 = 0$$

于是整个结构的总虚功便等于外力虚功,即

$$W_总 = W \qquad\qquad (d)$$

2）按刚体虚功与变形虚功计算（从力系的平衡条件考虑）

可以将微段的虚位移分解为两步:先只发生刚体位移（由 $ABCD$ 移到 $A_1B_1C_2D_2$）,然后再发生变形位移（截面 A_1B_1 不动, C_2D_2 再移到 C_1D_1）,如图4.7（b）所示。作用在微段上的所有各力在刚体位移上所做虚功为 $dW_刚$,在变形位移上所做虚功为 $dW_变$,于是微段总的虚功又可写为

$$dW_总 = dW_刚 + dW_变$$

由于微段处于平衡状态,故由刚体的虚功原理可知

101

$$dW_{刚} = 0$$

于是
$$dW_{总} = dW_{变}$$

对于全结构有

$$\sum \int dW_{总} = \sum \int dW_{变}$$

即
$$W_{总} = W_{变} \tag{e}$$

现在有必要进一步讨论 $W_{变}$ 的计算,以了解 $W_{变}$ 的实际内涵。对于平面杆件结构,微段在位移状态中的变形可以分解为弯曲变形 $d\theta$、剪切变形 $d\eta$ 和轴向变形 du,如图 4.8 所示。不难看出:微段上弯矩、剪力和轴力的增量 dM、dF_Q 和 dF_N 及分布荷载 q 在这些变形上所做虚功为高阶微量而可略去不计,因此微段上各力在其对应的变形上所做的虚功为

$$dW_{变} = Md\theta + F_Q d\eta + F_N du$$

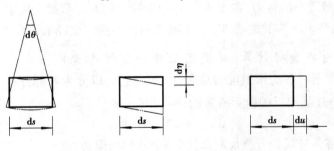

图 4.8 微段变形

此外,假如此微段上还有集中荷载或力偶荷载作用时,可以认为它们作用在截面 AB 上,因而当微段变形时它们并不做功。总之,仅考虑微段的变形而不考虑其刚体位移时,外力不做功,只有截面上的内力做功。对于整个结构有

$$U = W_{变} = \sum \int dW_{变} = \sum \int Md\theta + \sum \int F_Q d\eta + \sum \int F_N du \tag{f}$$

可见,$W_{变}$ 是所有微段两侧截面上的内力(对微段而言是外力)在微段的变形上所做虚功的总和,称之为变形虚功(或虚应变能)U。

比较(d)、(e)两式,有

$$W = W_{变}$$

再考虑式(f),即得式(4.3)

$$W = U$$

这就是我们要证明的结论。

因单个外力虚功按式(4.2)计算,则所有外力(包括荷载和支反力)所做的虚功 W 为

$$W = \sum W_1 = \sum F_P \Delta \tag{g}$$

将式(f)和式(g)代入式(4.3),则平面杆件结构的虚功原理(也称虚功方程)又可表示为

位移状态

$$\sum F_P \Delta = \sum \int Md\theta + \sum \int F_Q d\eta + \sum \int F_N du \tag{4.4}$$

平衡力系

虚功原理中,力系是平衡力系,位移是可能的、微小的连续位移。平衡力系和位移状态是相互独立无关的。

注意到上面的讨论过程中,并没有涉及材料的物理性质,因此无论对于弹性或非弹性、线性或非线性的变形体系,虚功原理都适用,即虚功原理具有普遍适用性。

上述变形体体系的虚功原理同样适用于刚体体系。由于刚体体系发生虚位移时,各微段不产生任何变形,故变形虚功 $U=0$,此时式(4.3)成为

$$W = 0 \tag{4.5}$$

即外力虚功为零。可见刚体体系的虚功原理只是变形体体系虚功原理的一种特例。

虚功原理在具体应用时有两种形式:在式(4.4)中,若平衡力系实际存在,位移状态是虚设的,称为虚位移原理,可用于求未知力;若位移状态实际存在,平衡力系是虚设的,称为虚力原理,此时,式(4.4)表示变形协调条件,可用于求位移,本章就是采用这种方法来求结构的位移。

4.3   平面杆件结构位移计算的一般公式

4.3.1   单位荷载法与结构位移计算的一般公式

如图 4.9(a)所示平面杆件结构,由于荷载、支座移动和温度变化等原因引起了如双点画线所示变形,这是一实际存在的位移状态,简称实际状态。现在要求任一指定截面 K 沿任一指定方向 $i—i_1$ 上的位移 Δ。

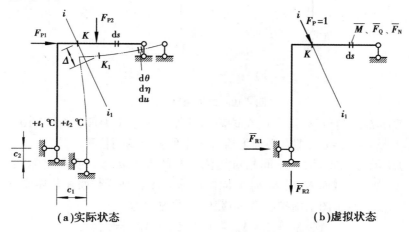

(a)实际状态   (b)虚拟状态

图 4.9   虚力原理

为此,需另外建立一平衡力系状态,称为虚拟状态。为了便于求出 Δ,可沿所求位移的方向施加一单位力 $F_P=1$,如图 4.9(b)所示,求出与支座移动 c_1、c_2 等相应的支反力 $\overline{F}_{R1}$、$\overline{F}_{R2}$ 及内力 $\overline{M}$、$\overline{F}_Q$、$\overline{F}_N$。

根据式(4.4),左边为

$$\sum F_P \Delta = 1 \cdot \Delta + \overline{F}_{R1} c_1 + \overline{F}_{R2} c_2 = \Delta + \sum \overline{F}_R c$$

于是有

$$\Delta + \sum \overline{F}_{\mathrm{R}}c = \sum \int \overline{M}\mathrm{d}\theta + \sum \int \overline{F}_{\mathrm{Q}}\mathrm{d}\eta + \sum \int \overline{F}_{\mathrm{N}}\mathrm{d}u$$

由此得平面杆件结构位移计算的一般公式：

$$\Delta = \sum \int \overline{M}\mathrm{d}\theta + \sum \int \overline{F}_{\mathrm{Q}}\mathrm{d}\eta + \sum \int \overline{F}_{\mathrm{N}}\mathrm{d}u - \sum \overline{F}_{\mathrm{R}}c \qquad (4.6)$$

只要将实际状态中微段 $\mathrm{d}s$ 上的变形 $\mathrm{d}\theta$、$\mathrm{d}\eta$、$\mathrm{d}u$ 代入式（4.6），即可求得所需的位移 Δ。

由上可见，利用虚功原理来求结构的位移，关键就在于虚设恰当的力状态，而方法的巧妙之处在于：虚拟状态中，只在所求位移截面沿所求位移方向加一个与所求位移相应的单位荷载 $F_{\mathrm{P}} = 1$，以便荷载虚功在数值上恰好等于所求位移。这种计算位移的方法称为单位荷载法。

有必要指出：单位荷载 $F_{\mathrm{P}} = 1$，属单位物理量，是量纲为 1 的量（过去曾称为无量纲量）。

4.3.2　单位力设置方法

在实际问题中，除了计算线位移外，还需要计算角位移、相对位移等。下面讨论如何按照所求位移的不同，设置相应的单位力虚拟状态。

如前所述，图 4.10(a) 为求截面 K 沿 i—i_1 方向线位移时的虚拟状态。

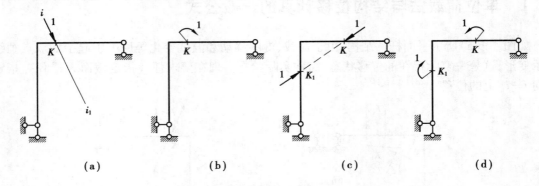

$$(a) \qquad\qquad (b) \qquad\qquad (c) \qquad\qquad (d)$$

图 4.10　单位力设置法

当要求某截面 K 的角位移时，则应在该截面处加一个单位力偶，如图 4.10(b) 所示。这样荷载所做的虚功为 $1 \cdot \varphi_K = \varphi_K$，即在数值上恰好等于所要求的角位移。

图 4.10(c) 所示为求截面 K、K_1 间相对线位移时的虚拟状态。设在实际状态中截面 K 沿 K、K_1 方向的位移为 Δ_K，截面 K_1 沿 K、K_1 方向的位移为 Δ_{K_1}，则两截面在其连线方向上的相对线位移为 $\Delta_{KK_1} = \Delta_K + \Delta_{K_1}$，对于图示虚拟状态，荷载所做的虚功为

$$1 \cdot \Delta_K + 1 \cdot \Delta_{K_1} = 1 \cdot (\Delta_K + \Delta_{K_1}) = \Delta_{KK_1}$$

可见荷载虚功在数值上恰好等于所求相对线位移。

同理，若要求截面 K、K_1 间的相对角位移 φ_{KK_1}，就应在该两截面处加一对方向相反的单位力偶，如图 4.10(d) 所示。

在这里，若将线位移、角位移、相对线位移、相对角位移等统称为广义位移，与之相应的集中力、力偶、一对集中力、一对力偶等就应统称为广义力。虚拟状态所加的荷载应是与所求广义位移相应的广义单位力。这里，"相应"是指力与位移在做功的关系上的对应，如集中力与线位移对应、力偶与角位移对应等。

4.4　静定结构在荷载作用下的位移计算

只考虑外荷载作用时,由于无支座移动 c,式(4.6)简化为

$$\Delta = \sum \int \overline{M} d\theta + \sum \int \overline{F}_Q d\eta + \sum \int \overline{F}_N du \tag{a}$$

其中,微段 ds 上的变形 $d\theta$、$d\eta$、du 均由实际状态中的荷载引起。

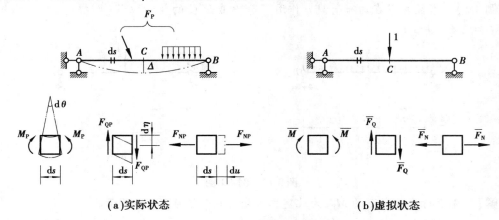

(a)实际状态　　　　　　　　　　　　**(b)虚拟状态**

图 4.11　荷载引起的微段变形

设实际状态中荷载引起的内力为 M_P、F_{QP} 和 F_{NP},根据材料力学(图4.11),有

$$\left.\begin{aligned}
d\theta &= \frac{M_P}{EI} ds \\[2mm]
d\eta &= \frac{\mu F_{QP}}{GA} ds \\[2mm]
du &= \frac{F_{NP}}{EA} ds
\end{aligned}\right\} \tag{b}$$

式中,E 为材料的弹性模量;G 为剪切弹性模量;I 和 A 分别为截面的惯性矩和面积。

将式(b)代入式(a),得荷载作用下结构位移计算的公式为

$$\Delta = \sum \int \frac{\overline{M} M_P}{EI} ds + \sum \int \frac{\mu \overline{F}_Q F_{QP}}{GA} ds + \sum \int \frac{\overline{F}_N F_{NP}}{EA} ds \tag{4.7}$$

式中,μ 为考虑剪应力沿截面高度不均匀分布的修正系数。矩形截面,$\mu = 1.2$;圆形截面,$\mu = \dfrac{10}{9}$;

薄壁圆环截面,$\mu = 2$;工字形截面,$\mu = \dfrac{A}{A_f}$(A_f 为腹板截面积)。关于系数 μ 的推导可参阅有关教材。

对于各种具体结构,式(4.7)还可进一步化简,下面分别说明。

4.4.1　梁和刚架

此类结构以受弯为主,剪切变形和轴向变形的影响可忽略不计,则式(4.7)中只包含弯矩一项,即

$$\Delta = \sum \int \frac{\overline{M}M_{\mathrm{P}}}{EI}\mathrm{d}s \qquad (4.8)$$

实际状态中的弯矩 M_{P} 与虚拟状态中的弯矩 $\overline{M}$ 使杆件同侧受拉时,两者相乘为正,否则相乘为负。

位移 Δ 的方向确定:当 Δ 的计算结果为正时,其实际方向与虚拟状态中单位力指向相同;Δ 为负时,则其实际方向与单位力指向相反。本章后面将始终沿用这一确定 Δ 方向的规定。

【例 4.1】 求简支梁在均布荷载 q 作用下跨中截面 C 的竖向位移(即挠度)Δ_{CV},已知抗弯刚度 EI 为常数。

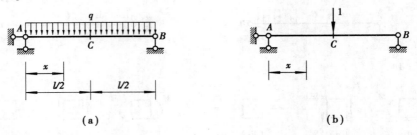

图 4.12 例 4.1 图

【解】 先求荷载作用下的 M_{P},为此建立 x 坐标轴如图 4.12(a)所示。

当 $0 \leqslant x \leqslant \dfrac{l}{2}$ 时,有

$$M_{\mathrm{P}} = \frac{q}{2}(lx - x^2)$$

图 4.12(b)所示为虚拟状态,当 $0 \leqslant x \leqslant \dfrac{l}{2}$ 时,有

$$\overline{M} = \frac{1}{2}x$$

由于 M_{P} 和 $\overline{M}$ 为两个对称的弯矩图,代入式(4.8)时可沿杆件的一半积分,然后将结果乘以 2,即

$$\Delta_{CV} = 2\int_{A}^{C} \frac{\overline{M}M_{\mathrm{P}}}{EI}\mathrm{d}x = \frac{2}{EI}\int_{0}^{\frac{l}{2}} \frac{1}{2}x \times \frac{q}{2}(lx - x^2)\,\mathrm{d}x = \frac{5}{384EI}ql^4 \qquad (\downarrow)$$

Δ_{CV} 计算结果为正,表示其实际方向与单位力指向相同,即向下,通常在结果后面加画一箭头表示。

从例 4.1 可以看出,位移计算步骤可分 3 步进行:先求 M_{P};再设虚拟状态求 $\overline{M}$;最后代入公式计算所求位移。

【例 4.2】 试求图 4.13(a)所示刚架中截面 C 的水平位移 Δ_{CH} 和角位移 φ_C。设各杆 EI 为常数。

【解】 (1)先建立各杆的 x 坐标,如图 4.13(a)所示,并求 M_{P}

对 BC 杆有

$$M_{\mathrm{P}} = \frac{1}{2}qx^2 \qquad (上侧受拉)$$

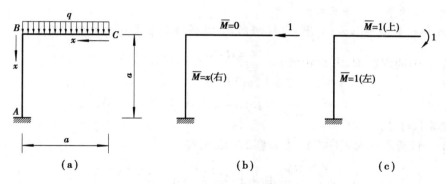

图 4.13　例 4.2 图

对 AB 杆有

$$M_{\mathrm{P}} = \frac{1}{2}qa^2 \qquad （左侧受拉）$$

（2）加单位力，求 $\overline{M}$

图 4.13（b）、（c）所示分别为求 Δ_{CH} 和 φ_C 时对应的虚拟状态。各杆的 $\overline{M}$ 及其受拉侧已标于图中。

（3）用式（4.8）计算位移

$$\Delta_{CH} = \int_B^A \frac{\overline{M}M_{\mathrm{P}}}{EI}\mathrm{d}x = \frac{1}{EI}\int_0^a - \frac{1}{2}qa^2 x\,\mathrm{d}x = -\frac{qa^4}{4EI} \quad （\rightarrow）$$

$$\varphi_C = \int_B^A \frac{\overline{M}M_{\mathrm{P}}}{EI}\mathrm{d}x + \int_C^B \frac{\overline{M}M_{\mathrm{P}}}{EI}\mathrm{d}x = \frac{1}{EI}\int_0^a 1 \times \frac{1}{2}qa^2\,\mathrm{d}x + \frac{1}{EI}\int_0^a 1 \times \frac{1}{2}qx^2\,\mathrm{d}x$$

$$= \frac{2qa^3}{3EI} \quad （\circlearrowright）$$

【例 4.3】　图 4.14（a）所示为 A 端固定 B 端自由的 1/4 圆弧形曲梁，半径为 R，试求 F_{P} 作用下 B 点的竖向位移 Δ_{BV}。已知截面 EI、EA、GA 为常数。

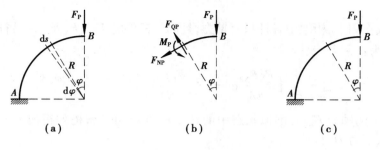

图 4.14　例 4.3 图

【解】　（1）求荷载作用下的内力

建立坐标系，如图 4.14（a）所示。任一截面 φ 处的内力[图 4.14（b）]为

$$\left.\begin{array}{r} M_{\mathrm{P}} = F_{\mathrm{P}}R\sin\varphi \\ F_{\mathrm{QP}} = F_{\mathrm{P}}\cos\varphi \\ F_{\mathrm{NP}} = -F_{\mathrm{P}}\sin\varphi \end{array}\right\} \qquad （\mathrm{c}）$$

（2）加对应的单位力并求内力

在 B 点加一竖向单位力，如图 4.14（c）所示，求得截面 φ 处的内力为

$$
\left.\begin{array}{l}
\overline{M} = R\sin\varphi \\
\overline{F}_Q = \cos\varphi \\
\overline{F}_N = -\sin\varphi
\end{array}\right\} \tag{d}
$$

（3）计算位移 Δ_{BV}

将（c）、（d）两式代入式（4.7），并注意 $ds = Rd\varphi$，得

$$
\begin{aligned}
\Delta_{BV} &= \int_0^{\frac{\pi}{2}} \frac{\overline{M}M_P}{EI}ds + \int_0^{\frac{\pi}{2}} \frac{\mu\overline{F}_Q F_{QP}}{GA}ds + \int_0^{\frac{\pi}{2}} \frac{\overline{F}_N F_{NP}}{EA}ds \\
&= \int_0^{\frac{\pi}{2}} \frac{F_P R^2 \sin^2\varphi}{EI}Rd\varphi + \int_0^{\frac{\pi}{2}} \frac{\mu F_P \cos^2\varphi}{GA}Rd\varphi + \int_0^{\frac{\pi}{2}} \frac{F_P \sin^2\varphi}{EA}Rd\varphi \\
&= \frac{\pi F_P R^3}{4EI} + \frac{\pi\mu F_P R}{4GA} + \frac{\pi F_P R}{4EA} \\
&= \frac{\pi F_P R^3}{4EI}\left[1 + \mu\left(\frac{E}{G}\right)\left(\frac{I}{AR^2}\right) + \frac{I}{AR^2}\right]
\end{aligned} \tag{e}
$$

设截面为圆形，其半径 r 为圆弧形曲梁半径 R 的 $1/10$，且 $E = 2.5G$，则有 $A = \pi r^2$，$r = \dfrac{R}{10}$，$\mu = \dfrac{10}{9}$，$I = \dfrac{\pi r^4}{4}$。将这些关系代入式（e），整理后可得

$$
\Delta_{BV} = \frac{\pi F_P R^3}{4EI}\left(1 + \frac{1}{144} + \frac{1}{400}\right) \tag{f}
$$

由式（f）可以看出，与弯矩的影响相比，计算梁式结构的位移时，剪力和轴力两项的影响均很小，可略去不计。

4.4.2 桁架

在结点荷载作用下，桁架中各杆只有轴力，且同一杆件的 F_{NP}、$\overline{F}_N$ 及 EA 沿杆长 l 均为常数，故式（4.7）化简为：

$$
\Delta = \sum\int \frac{\overline{F}_N F_{NP}}{EA}ds = \sum \frac{\overline{F}_N F_{NP}}{EA}\int ds = \sum \frac{\overline{F}_N F_{NP}}{EA}l \tag{4.9}
$$

其中，荷载作用下的轴力 F_{NP} 及虚拟状态中的轴力 $\overline{F}_N$ 均可由求解桁架得出，其符号规定同第 5 章，即拉力为正、压力为负。

【例 4.4】 试求图 4.15（a）所示桁架中结点 5 的挠度 Δ_{5V}。设各杆的横截面面积均为 $A = 144\ \text{cm}^2$，弹性模量 $E = 850\ \text{kN/cm}^2$。

【解】 （1）求各杆轴力

各杆轴力 F_{NP} 标于图 4.15（a）中杆旁。

（2）加竖向单位力并求轴力

在结点 5 处加竖向单位力，如图 4.15（b）所示，求出轴力 $\overline{F}_N$ 并标于杆旁。

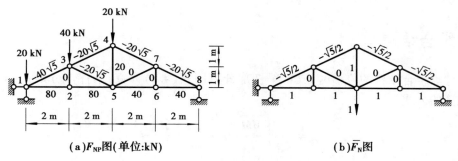

(a)F_{NP}图(单位:kN)   (b)$\overline{F}_N$图

图 4.15   例 4.4 图

(3)计算位移

从式(4.9)可以看出,需计算各杆的 $\overline{F}_N F_{NP} l$ 再求和,当杆件较多时,最好列表进行。本例的列表计算结果详见表 4.1。

表 4.1   桁架的位移计算表

杆 件		F_{NP}/kN	$\overline{F}_N$	l/m	$\overline{F}_N F_{NP} l/(kN \cdot m)$
上弦	13	$-40\sqrt{5}$	$-\sqrt{5}/2$	$\sqrt{5}$	$100\sqrt{5}$
	34	$-20\sqrt{5}$	$-\sqrt{5}/2$	$\sqrt{5}$	$50\sqrt{5}$
	47	$-20\sqrt{5}$	$-\sqrt{5}/2$	$\sqrt{5}$	$50\sqrt{5}$
	78	$-20\sqrt{5}$	$-\sqrt{5}/2$	$\sqrt{5}$	$50\sqrt{5}$
下弦	12	80	1	2	160
	25	80	1	2	160
	56	40	1	2	80
	68	40	1	2	80
竖杆	23	0	0	1	0
	45	20	1	2	40
	67	0	0	1	0
斜杆	35	$-20\sqrt{5}$	0	$\sqrt{5}$	0
	57	0	0	$\sqrt{5}$	0
				$\sum$	$250\sqrt{5}+520$

由此可得

$$\Delta_{5V} = \sum \frac{\overline{F}_N F_{NP}}{EA} l = \frac{250\sqrt{5} + 520}{850 \times 144} = 0.008\,8 \text{ m}$$

$$= 8.8 \text{ mm} \quad (\downarrow)$$

需要指出的是:求桁架中某杆的角位移时,不能直接在杆上施加单位力偶,而应将其转换为等效的结点集中荷载。如图 4.16 所示,求 BC 杆的角位移时,可在 B、C 两个结点上施加一对大小为杆长倒数、方向相反的结点荷载,解出 $\overline{F}_N$ 后代入式(4.9)即可。

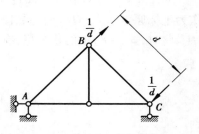

图 4.16   求桁杆转角时的虚拟状态

4.4.3　组合结构

当要计算组合结构的位移时,其中梁杆部分可用式(4.8)计算,桁杆部分用式(4.9)计算。则位移计算的公式为

$$\Delta = \sum_{梁杆} \int \frac{\overline{M}M_P}{EI}\mathrm{d}s + \sum_{桁杆} \frac{\overline{F}_N F_{NP}}{EA}l \tag{4.10}$$

4.4.4　拱

一般拱的位移计算只要考虑弯曲变形的影响已足够精确,即按式(4.8)计算。当计算扁平拱$\left(f < \dfrac{l}{5}\right)$中的水平位移时,需同时考虑弯曲变形和轴向变形的影响,即

$$\Delta = \sum \int \frac{\overline{M}M_P}{EI}\mathrm{d}s + \sum \int \frac{\overline{F}_N F_{NP}}{EA}\mathrm{d}s$$

4.5　图乘法

由4.4节可知,计算梁和刚架在荷载作用下的位移时,先要写出M_P和$\overline{M}$的表达式,然后代入式(4.8)计算,即

$$\Delta = \sum \int \frac{\overline{M}M_P}{EI}\mathrm{d}s$$

此式要进行积分运算,仍是比较麻烦的。如果符合下列条件:
①杆段的轴线为直线。
②杆段的EI为常数。
③M_P与$\overline{M}$图中至少有一个为直线图形。
则可用图乘法来代替积分运算,以简化计算工作。其实,只要梁和刚架各杆段均为等直杆(即等截面直线杆),则以上的3个条件都能自然得到满足(请读者思考为什么)。

如图4.17所示,设等截面直杆AB上$\overline{M}$图为直线,将其延长线与杆轴(作为x轴)的交点O作为坐标原点建立xOy坐标系,图中α为一常数,M_P图为任意形状。

此时,式(4.8)中的积分里,有

$$\left.\begin{array}{l} \mathrm{d}s = \mathrm{d}x \\ \overline{M} = x \tan \alpha \\ EI = 常数 \end{array}\right\} \tag{a}$$

则

$$\int \frac{\overline{M}M_P}{EI}\mathrm{d}s = \frac{\tan \alpha}{EI}\int x M_P \mathrm{d}x = \frac{\tan \alpha}{EI}\int x \mathrm{d}A \tag{b}$$

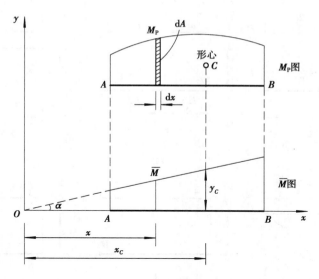

图 4.17 图乘法

式中，$dA = M_P dx$ 为 M_P 图中阴影部分微分面积，则 xdA 为微分面积对 y 轴的静矩。故 $\int xdA$ 为整个 M_P 图的面积对 y 轴的静矩，它应等于 M_P 图的面积 A 乘以其形心 C 到 y 轴的距离 x_C，即

$$\int xdA = Ax_C \tag{c}$$

将式（c）代入式（b）有

$$\int \frac{\overline{M}M_P}{EI}ds = \frac{\tan \alpha}{EI}Ax_C = \frac{Ay_C}{EI} \tag{d}$$

其中，$y_C = x_C \tan \alpha$ 为 M_P 图的形心 C 处所对应的 $\overline{M}$ 图中的竖标。式（d）即为图乘法的计算公式。

如果结构中各杆均可图乘，则式（4.8）可改写为

$$\Delta = \sum \frac{Ay_C}{EI} \tag{4.11}$$

用图乘法计算位移时，必须知道常见弯矩图形的面积及其形心位置，如图 4.18 所示。需要指出，图中所示的抛物线均为标准抛物线。所谓标准抛物线，是指含有其切线平行于基线的顶点，且顶点在中点或端点的抛物线。

应用图乘法时要注意以下几点：

①必须符合上述 3 个前提条件。

②竖标 y_C 只能取自直线图，而不是折线或曲线图。

③A 与 y_C 应取自不同的图形。它们位于杆件的同侧时相乘为正，否则为负。

④若 M_P 与 $\overline{M}$ 均为直线图，则从任一图中取 y_C（另一图则取 A）均可。

⑤当 M_P 是曲线图形，而 $\overline{M}$ 是折线图时，应当分段图乘，如图 4.19（a）所示。

$$\frac{1}{EI}Ay_C = \frac{1}{EI}(A_1 y_{C1} + A_2 y_{C2})$$

⑥对于阶形杆（EI 为分段常数），应当分别对 EI 等于常数的各段图乘，然后叠加起来，如图 4.19（b）所示。

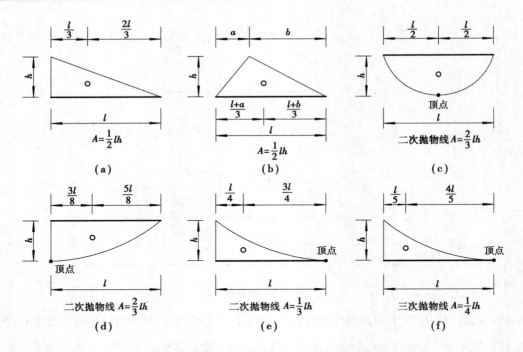

图 4.18　常见弯矩图形的面积及其形心位置

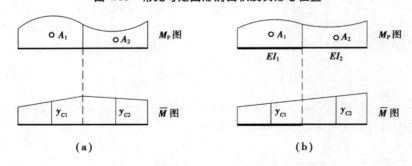

图 4.19　分段图乘

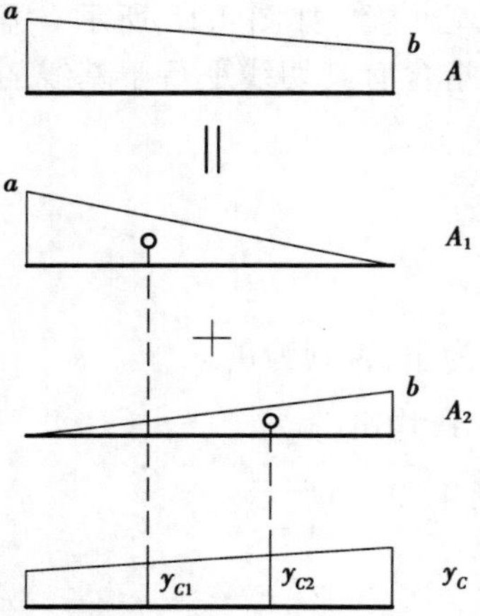

$$\frac{1}{EI}Ay_C = \frac{1}{EI_1}A_1y_{C1} + \frac{1}{EI_2}A_2y_{C2}$$

⑦当取 A 的图形为较复杂的组合图形（由不同类型荷载按区段叠加法绘出），因而其面积和形心位置无现成图表可查时，可用叠加法的逆运算将其分解（还原）为图 4.18 所示简单图形，把它们分别与取 y_c 的图形相乘，然后将所得结果叠加。

例如，图 4.20 所示取 A 的一个弯矩图为梯形时，可将其分解为两个三角形，面积分别为 A_1 和 A_2，则式（4.11）中的 Ay_C 为

$$Ay_C = A_1y_{C1} + A_2y_{C2}$$

如果取 A 的弯矩图如图 4.21 所示，仍可将其分解为两个三角形。其中，A_1 在基线上侧，而 A_2 在基线下侧，则

$$Ay_C = A_1y_{C1} - A_2y_{C2}$$

又如，在均布荷载 q 作用下的某一段杆的 M_P［图 4.22

图 4.20　分解面积

（a）］，可将其分解为基线上侧的一个梯形再叠加基线下侧的一个标准抛物线，如图 4.22（b）、（c）所示，而图4.22（b）中梯形又可分解为两个三角形。即可将 M_P 图的面积 A 分解为 A_1、A_2 和 A_3，再让它们分别和 $\overline{M}$ 图中对应的 y_C［图 4.22（d）］相乘，即

$$Ay_C = A_1 y_{C1} + A_2 y_{C2} - A_3 y_{C3}$$

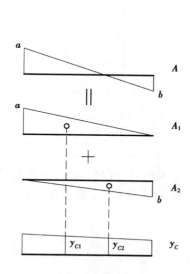

图 4.21　分解面积

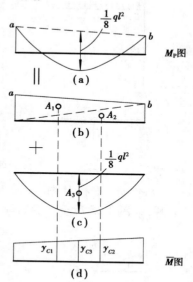

图 4.22　分解面积

【例 4.5】　求图 4.23（a）所示简支梁 A 端的转角 φ_A 及跨中截面 C 的挠度 Δ_{CV}。EI 为常数。

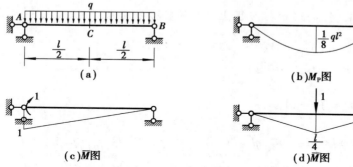

图 4.23　例 4.5 图

【解】　先作 M_P 图，如图 4.23（b）所示。

（1）求 φ_A

在简支梁 A 端加一单位力偶，绘出 $\overline{M}$ 图，如图 4.23（c）所示。由式（4.11）得

$$\varphi_A = \frac{1}{EI}\left(\frac{2}{3} \times \frac{1}{8}ql^2 \times l\right) \times \frac{1}{2} = \frac{ql^3}{24EI} \qquad (\curvearrowright)$$

（2）求 Δ_{CV}

在简支梁跨中截面 C 处加一单位集中力，绘出 $\overline{M}$ 图，如图 4.23（d）所示。由式（4.11）得

$$\Delta_{CV} = 2 \times \frac{1}{EI}\left(\frac{2}{3} \times \frac{1}{8}ql^2 \times \frac{l}{2}\right)\left(\frac{5}{8} \times \frac{l}{4}\right) = \frac{5ql^4}{384EI} \qquad (\downarrow)$$

该结果与例 4.1 中用积分法求得的相同。

【**例** 4.6】 求图 4.24(a)所示结构中 C 点的竖向位移 Δ_{CV}。EI 为常数。

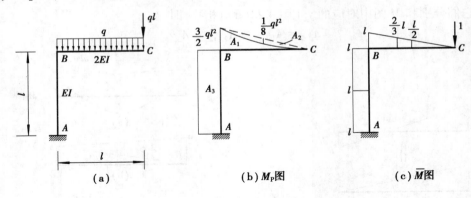

图 4.24 例 4.6 图

【**解**】 分别作 M_P 图和 $\overline{M}$ 图,如图 4.24(b)、(c)所示。由于 BC 杆的 M_P 图不是标准抛物线,应将其分解,如图 4.25 所示。实际计算时,可以不绘图 4.25,直接在 M_P 图上分解即可。

图 4.25 BC 杆弯矩图的分解

M_P 图中面积 A_1、A_2、A_3 的形心在 $\overline{M}$ 图上对应的竖标分别为

$$y_{C1} = \frac{2}{3}l, y_{C2} = \frac{l}{2}, y_{C3} = l$$

于是

$$\Delta_{CV} = \frac{1}{2EI}(A_1 y_{C1} - A_2 y_{C2}) + \frac{1}{EI}A_3 y_{C3}$$

$$= \frac{1}{2EI}\left(\frac{1}{2}\times\frac{3}{2}ql^2\times l\times\frac{2}{3}l - \frac{2}{3}\times\frac{1}{8}ql^2\times l\times\frac{l}{2}\right) + \frac{1}{EI}\times\frac{3}{2}ql^2\times l\times l = \frac{83}{48EI}ql^4 \quad (\downarrow)$$

【**例** 4.7】 求图 4.26(a)中铰 C 左右两侧截面 C_1、C_2 的相对转角 φ。已知各杆 EI 相同。

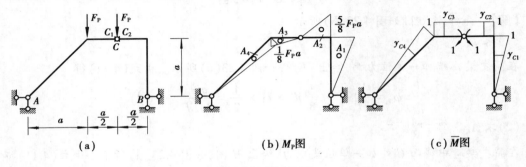

图 4.26 例 4.7 图

【**解**】　分别作 M_P、$\overline{M}$ 图,如图 4.26(b)、(c)所示。M_P 图上各块面积和 $\overline{M}$ 图对应的竖标分别为

$$A_1 = \frac{1}{2} \times \frac{5}{8} F_P a \times a = \frac{5}{16} F_P a^2, \quad y_{C1} = \frac{2}{3}$$

$$A_2 = \frac{1}{2} \times \frac{5}{8} F_P a \times \frac{a}{2} = \frac{5}{32} F_P a^2, \quad y_{C2} = 1$$

$$A_3 = \frac{1}{2} \times \frac{1}{8} F_P a \times \frac{a}{2} = \frac{1}{32} F_P a^2, \quad y_{C3} = 1$$

$$A_4 = \frac{1}{2} \times \frac{1}{8} F_P a \times \sqrt{2} a = \frac{\sqrt{2}}{16} F_P a^2, \quad y_{C4} = \frac{2}{3}$$

则

$$\varphi = \sum \frac{1}{EI} A y_C$$

$$= \frac{1}{EI} (A_1 y_{C1} + A_2 y_{C2} - A_3 y_{C3} - A_4 y_{C4})$$

$$= \frac{1}{EI} \left(\frac{5}{16} F_P a^2 \times \frac{2}{3} + \frac{5}{32} F_P a^2 \times 1 - \frac{1}{32} F_P a^2 \times 1 - \frac{\sqrt{2}}{16} F_P a^2 \times \frac{2}{3} \right)$$

$$= \frac{8 - \sqrt{2}}{24EI} F_P a^2 = \frac{0.274}{EI} F_P a^2 \quad (\,)(\,)$$

【**例 4.8**】　求图 4.27(a)所示刚架中 A、B 两点间的相对线位移 Δ_{AB}。各杆 EI 为常数。

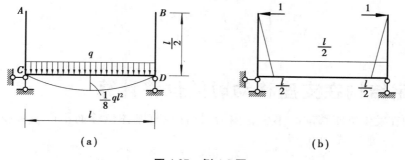

图 4.27　例 4.8 图

【**解**】　M_P 图如图 4.27(a)所示。在 A、B 两点连线的方向上加一对方向相反的单位力,绘出 $\overline{M}$ 图,如图 4.27(b)所示。则

$$\Delta_{AB} = -\frac{1}{EI} \left(\frac{2}{3} \times \frac{1}{8} q l^2 \times l \right) \times \frac{l}{2} = -\frac{1}{24EI} q l^4 \quad (\rightarrow \leftarrow)$$

即 A、B 两点间产生一相互接近的相对线位移。

【**例 4.9**】　求图 4.28(a)所示组合结构中铰 C 处的竖向位移 Δ_{CV}。梁杆的抗弯刚度为 EI,桁杆的抗拉刚度为 $E_1 A_1 = 2 \dfrac{EI}{l^2}$。

【**解**】　本题用式(4.10)计算,即

$$\Delta_{CV} = \sum_{\text{梁杆}} \int \frac{\overline{M} M_P}{EI} \mathrm{d}s + \sum_{\text{桁杆}} \frac{\overline{F}_N F_{NP}}{EA} l$$

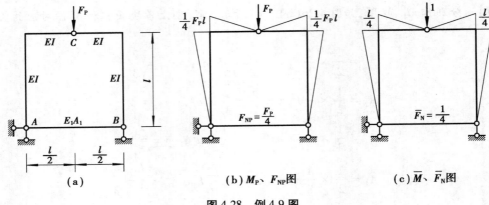

（a）　　　　　（b）M_P、F_{NP}图　　　　　（c）$\overline{M}$、$\overline{F}_N$图

图 4.28　例 4.9 图

为此,分别求出荷载与单位力作用下梁杆的 M_P、$\overline{M}$ 图,桁杆的 F_{NP}、$\overline{F}_N$ 图,如图 4.28（b）、（c）所示。

公式的前一项用图乘法,可得

$$\sum_{梁杆}\int\frac{\overline{M}M_P}{EI}ds=\frac{2}{EI}\left(\frac{1}{2}\times\frac{1}{4}F_Pl\times\frac{l}{2}\times\frac{2}{3}\times\frac{l}{4}+\frac{1}{2}\times\frac{1}{4}F_Pl\times l\times\frac{2}{3}\times\frac{l}{4}\right)=\frac{F_Pl^3}{16EI}$$

后一项为

$$\frac{\overline{F}_NF_{NP}l}{E_1A_1}=\frac{1}{E_1A_1}\left(\frac{1}{4}\times\frac{F_P}{4}\times l\right)=\frac{F_Pl^3}{32EI}$$

于是

$$\Delta_{CV}=\frac{F_Pl^3}{16EI}+\frac{F_Pl^3}{32EI}=\frac{3F_Pl^3}{32EI}\qquad(\downarrow)$$

4.6　静定结构在支座移动时的位移计算

静定结构在发生支座移动时不引起内力,杆件只有刚体位移而不产生微段变形,即 $d\theta=d\eta=du=0$,代入一般公式（4.6）得

$$\Delta=-\sum\overline{F}_Rc\tag{4.12}$$

这就是静定结构由于支座移动而引起的位移计算公式。式中,$\sum\overline{F}_Rc$ 为反力虚功总和。当支座移动 c 与虚拟状态中对应的支反力 $\overline{F}_R$ 方向相同时,乘积 $\overline{F}_Rc$ 为正,否则为负。须注意,式（4.12）中求和符号前面的负号不可漏掉。

【例 4.10】　图 4.29（a）所示简支梁,支座 B 产生竖向位移 $\Delta_B=0.03$ m,试求杆端 A 处的转角 φ_A。

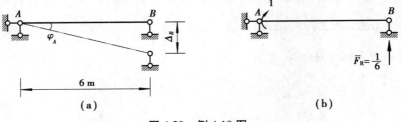

（a）　　　　　（b）

　　　　　图 4.29　例 4.10 图

【解】 在杆端 A 处加一单位力偶,求得 B 支杆的反力如图( )所示。则

$$\varphi_A = -(-\overline{F}_R \Delta_B) = -\left(-\frac{1}{6} \times 0.03\right) \text{rad} = 0.005 \quad (\quad)$$

本例虽然简单,但可用其验证式(4.12)的正确性,请读者自己验证。

【例4.11】 结构的支座移动如图4.30(a)所示,求铰 C 处的竖向位移 Δ_{CV}。

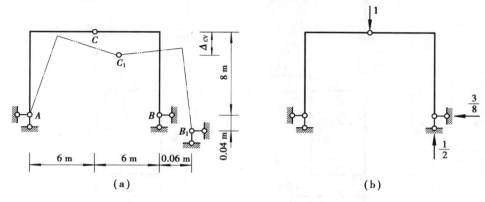

图4.30 例4.11图

【解】 在 C 点加一单位力,求出支座移动处的支反力,如图4.30(b)所示。则

$$\Delta_{CV} = -\left(-\frac{1}{2} \times 0.04 - \frac{3}{8} \times 0.06\right) \text{m} = 0.042\,5 \text{ m} \quad (\downarrow)$$

4.7 静定结构在温度变化时的位移计算

对于静定结构,温度变化并不引起内力。但由于材料热胀冷缩,会使结构产生变形和位移。

如图4.31(a)所示,结构外侧温度升高 $t_1℃$,内侧温度升高 $t_2℃$,现要求由此引起的任一截面沿任一方向的位移,例如截面 K 的竖向位移 Δ。此时位移计算的一般公式(4.6)为

$$\Delta = \sum \int \overline{M} d\theta + \sum \int \overline{F}_N d\eta + \sum \int \overline{F}_N du \qquad \text{(a)}$$

现在来求实际状态中任一微段 ds 上的变形。对于杆件结构,假定温度沿杆件长度均匀分布,此时杆件不可能出现剪切变形,因而

$$d\eta = 0 \qquad \text{(b)}$$

微段上、下边缘纤维的伸长分别为 $\alpha t_1 ds$ 和 $\alpha t_2 ds$,这里 α 是材料的线膨胀系数。假定温度沿截面高度成直线变化,这样在温度变化时截面仍保持为平面。杆件轴线处的温度变化为 $t = \frac{h_2}{h} t_1 + \frac{h_1}{h} t_2$,则杆轴伸长为

$$du = \alpha t ds \qquad \text{(c)}$$

若杆件截面对称于形心轴,即 $h_1 = h_2 = \frac{h}{2}$,则式(c)中 $t = \frac{t_1 + t_2}{2}$。

微段两端截面的相对转角 $d\theta$ 为

$$d\theta = \frac{\alpha t_1 ds - \alpha t_2 ds}{h} = \frac{\alpha(t_1 - t_2) ds}{h} = \frac{\alpha \Delta t ds}{h} \qquad \text{(d)}$$

117

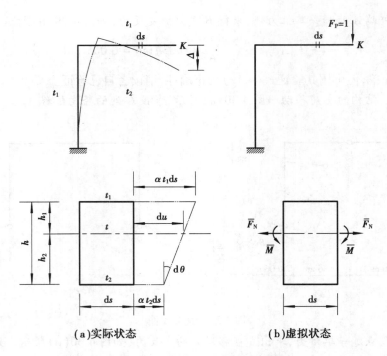

(a)实际状态   (b)虚拟状态

图 4.31　温度变化引起的位移计算

式中, $\Delta t = t_1 - t_2$ 为两侧温度变化之差。

将式(b)、式(c)、式(d)代入式(a)可得

$$\Delta = \sum \int \overline{M} \frac{\alpha \Delta t}{h} \mathrm{d}s + \sum \int \overline{F}_N \alpha t \mathrm{d}s \tag{4.13}$$

这就是静定结构由于温度变化引起的位移的计算公式。

如果 t、Δt、$\overline{F}_N$ 和 h 沿杆件的全长 l 为常数,且杆轴为直线,则式(4.13)可改写为

$$\Delta = \sum \frac{\alpha \Delta t}{h} \int_l \overline{M} \mathrm{d}x + \sum \overline{F}_N \alpha t l = \sum \frac{\alpha \Delta t}{h} A_M + \sum \overline{F}_N \alpha t l \tag{4.14}$$

式中, $A_M = \int_l \overline{M} \mathrm{d}x$ 为 $\overline{M}$ 图的面积。

在应用式(4.13)和式(4.14)时,应注意右边各项正负号的确定。由于它们都是内力所做的变形虚功,因此当虚拟状态的内力与实际状态的温度变形方向一致时,变形虚功为正,相反时为负。据此,式(4.14)中各项的正负号可以这样确定:温差 Δt 采用绝对值,若 $\overline{M}$ 图中杆件的弯曲变形方向与实际温度变化状态中杆件的弯曲变形方向一致,则乘积 $\frac{\alpha \Delta t}{h} A_M$ 取正号,反之取负号。

乘积 $\overline{F}_N \alpha t l$ 也可以按变形一致与否来定正负号,但更方便的做法是:规定 $\overline{F}_N$ 以拉力为正、压力为负,杆轴温度变化 t 以升高为正、下降为负,这样就自然符合按变形确定正负号的规定。

对于梁和刚架,在计算温度变化引起的位移时,一般不能略去轴向变形的影响。

对于桁架,在温度变化时,其位移计算公式为

$$\Delta = \sum \overline{F}_N \alpha t l \tag{4.15}$$

当桁架的杆件长度因制造误差而与设计长度不符时,由此引起的位移计算与温度变化时相

类似。设各杆长度的制造误差为 Δl（伸长为正,缩短为负）,则位移计算公式为

$$\Delta = \sum \overline{F}_N \Delta l \qquad (4.16)$$

【例4.12】　图4.32(a)所示刚架施工时温度为20 ℃,试求夏季当外侧温度为30 ℃、内侧温度为20 ℃时 A 点的水平位移 Δ_{AH} 和转角 φ_A。已知 $l=4$ m, $\alpha=10^{-5}$,各杆均为矩形截面,高度 $h=0.4$ m。

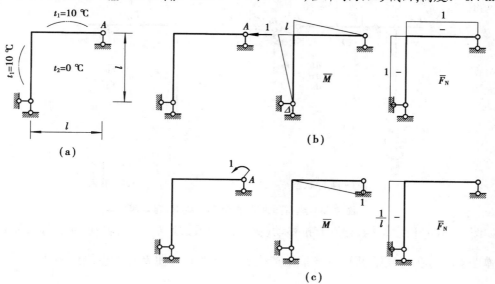

图4.32　例4.12 图

【解】　外侧温度变化为 $t_1 = 30$ ℃-20 ℃$=10$ ℃,内侧温度变化为 $t_2 = 20$ ℃-20 ℃$=0$ ℃,故有

$$\Delta t = t_1 - t_2 = 10 \text{ ℃}$$

$$t = \frac{t_1 + t_2}{2} = \frac{10 + 0}{2}\text{℃} = 5 \text{ ℃}$$

温度变化引起杆件的弯曲方向如图4.32(a)中双点画线所示。

(1)求 Δ_{AH}

在 A 处加一水平单位力,并绘 $\overline{M}$、$\overline{F}_N$ 图,如图4.32(b)所示。由式(4.14),并注意正负号的确定,可得

$$\Delta_{AH} = \frac{\alpha\Delta t}{h}\left(\frac{1}{2}l^2 + \frac{1}{2}l^2\right) + \alpha t(-1 \times l - 1 \times l) = \frac{10^{-5} \times 10}{0.4} \times 4^2 \text{ m} - 10^{-5} \times 5 \times 2 \times 4 \text{ m}$$

$$= 3.6 \times 10^{-3} \text{ m} = 3.6 \text{ mm} \quad (\leftarrow)$$

(2)求 φ_A

在 A 处加一单位力偶,绘 $\overline{M}$、$\overline{F}_N$ 图,如图4.32(c)所示。则

$$\varphi_A = -\frac{\alpha\Delta t}{h} \times \frac{1}{2}l + \alpha t\left(-\frac{1}{l}\right) \times l = -\frac{10^{-5} \times 10}{0.4} \times \frac{1}{2} \times 4 \text{ rad} - 10^{-5} \times 5 \text{ rad}$$

$$= -5.5 \times 10^{-4} \text{ rad} \quad (\circlearrowright)$$

*4.8　具有弹性支座的静定结构的位移计算

在静力计算、稳定计算和动力计算中,往往会遇到具有弹性支座的结构。这里研究静定的

这类结构的位移计算。

所谓弹性支座即支座本身能产生弹性变形,而且支座反力与其变形的大小成正比,该比例常数称为弹性支座的刚度系数,用 k 表示。换句话说,刚度系数就是使支座发生单位位移(线位移或角位移)时所需施加的力(或力矩)。

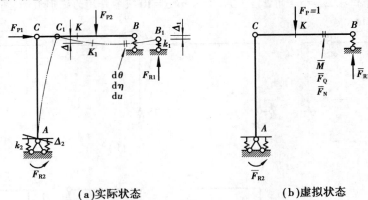

(a)实际状态   (b)虚拟状态

图 4.33 具有弹性支座的静定结构位移计算

如图 4.33(a)所示结构,分别有抗移动(弹性刚度系数为 k_1)和抗转动(弹性刚度系数为 k_2)两个弹性支座。在荷载作用下,B 支座处产生支反力 F_{R1},并使 B 点产生线位移 $\Delta_1 = \dfrac{F_{R1}}{k_1}$;$A$ 支座处产生反力矩 F_{R2},并使 A 支座产生角位移 $\Delta_2 = \dfrac{F_{R2}}{k_2}$。

现在讨论用单位荷载法求任一截面沿任一方向上的位移,如图 4.33(a)中截面 K 的竖向位移 Δ 的计算公式。为此,在截面 K 处加一竖向单位力,得虚拟状态如图 4.33(b)所示,并求出弹性支座的支反力(或反力矩)$\overline{F}_{R1}$、$\overline{F}_{R2}$。虚拟状态中的外力在实际状态中的对应位移上做的虚功为

$$F_P \Delta - \overline{F}_{R1} \Delta_1 - \overline{F}_{R2} \Delta_2 = 1 \times \Delta - \left(\overline{F}_{R1} \frac{F_{R1}}{k_1} + \overline{F}_{R2} \frac{F_{R2}}{k_2} \right) = \Delta - \sum \overline{F}_R \frac{F_R}{k} \tag{a}$$

虚拟状态中的内力($\overline{M}$、$\overline{F}_Q$、$\overline{F}_N$)在实际状态中的对应变形($\mathrm{d}\theta$、$\mathrm{d}\eta$、$\mathrm{d}u$)上所做虚功为

$$\sum \int \overline{M} \mathrm{d}\theta + \sum \int \overline{F}_Q \mathrm{d}\eta + \sum \int \overline{F}_N \mathrm{d}u \tag{b}$$

根据虚力原理,式(a)应等于式(b),于是 Δ 为

$$\Delta = \sum \int \overline{M} \mathrm{d}\theta + \sum \int \overline{F}_Q \mathrm{d}\eta + \sum \int \overline{F}_N \mathrm{d}u + \sum \overline{F}_R \frac{F_R}{k} \tag{4.17}$$

对于梁和刚架,仅考虑弯曲变形 $\mathrm{d}\theta$,它由实际状态中的弯矩 M_P 引起,即

$$\mathrm{d}\theta = \frac{M_P}{EI} \mathrm{d}s$$

则式(4.17)成为

$$\Delta = \sum \int \frac{\overline{M} M_P}{EI} \mathrm{d}s + \sum \overline{F}_R \frac{F_R}{k} \tag{4.18}$$

如果满足图乘法的条件,式(4.18)中的第一项可用图乘法计算。

位移计算中有关正负号的规定与前述相同。需注意的是:若实际状态中弹性支座的反力

F_R 与虚拟状态中弹性支座的反力 $\overline{F}_R$ 同方向时,乘积 $\overline{F}_R\dfrac{F_R}{k}$ 为正,反之为负。

【例 4.13】 求图 4.34(a)所示梁铰 B 左右两侧截面的相对转角位移 φ。设 EI 为常数,刚度系数 $k_1=\dfrac{3EI}{l^3}$, $k_2=\dfrac{48EI}{l}$。

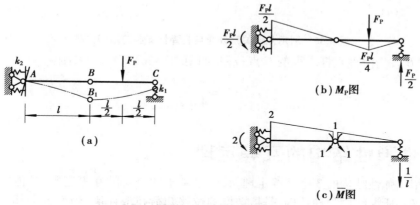

图 4.34   例 4.13 图

【解】 绘 M_P 图并求出弹性支座处的支反力 F_R,如图 4.34(b)所示。

在铰 B 左右两侧加一对方向相反的单位力偶,绘 $\overline{M}$ 图并求出弹性支座处的支反力 $\overline{F}_R$,如图 4.34(c)所示。

由式(4.18)得

$$\varphi = \frac{1}{EI}\left[\frac{1}{2}\times\frac{1}{2}F_Pl\times l\times\left(1+\frac{2}{3}\right)-\frac{1}{2}\times\frac{1}{4}F_Pl\times l\times\frac{1}{2}\right]-\frac{F_P}{2}\times\frac{1}{l}\times\frac{1}{k_1}+\frac{F_Pl}{2}\times 2\times\frac{1}{k_2}$$

$$=\frac{17}{48EI}F_Pl^2-\frac{1}{6EI}F_Pl^2+\frac{1}{48EI}F_Pl^2=\frac{5}{24EI}F_Pl^2\quad(\;)(\;)$$

具有弹性支座的静定结构的位移计算问题也可转换为等效的支座移动问题来计算。例如,图 4.34(a)所示结构,C 点产生竖向位移 $\Delta_{CV}=\dfrac{F_P/2}{k_1}=\dfrac{F_Pl^3}{6EI}(\downarrow)$, A 处产生转角位移 $\varphi_A=\dfrac{F_Pl/2}{k_2}=\dfrac{F_Pl^2}{96EI}(\;)$。于是,图 4.34(a)所示结构可转换为图 4.35

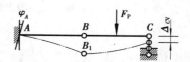

图 4.35   荷载与支移共同作用

所示结构,在荷载和支座移动共同作用下,所求位移 Δ(此处为 φ)为

$$\Delta=\sum\int\frac{\overline{M}M_P}{EI}\mathrm{d}s-\sum\overline{F}_Rc \qquad (4.19)$$

对于简单情况,也可直接利用几何关系来计算具有弹性支座的静定结构的位移。例如,欲求图 4.36(a)所示梁(EI 为常数)中点 C 的挠度 Δ_{CV},它由两部分组成:

$$\Delta_{CV}=\Delta'_{CV}+\Delta''_{CV}$$

其中,Δ'_{CV} 为将梁视为刚性杆求得的 C 点位移,如图 4.36(b)所示。由几何关系得

$$\Delta'_{CV}=\frac{1}{2}\Delta_{BV}=\frac{1}{2}\times\frac{\dfrac{F_P}{2}}{k}=\frac{F_P}{4k}$$

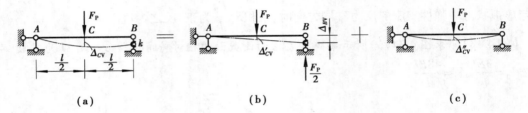

图 4.36　利用几何关系计算具有弹性支座的结构位移

Δ''_{CV} 为将支座 B 改为刚性支杆求得的 C 点位移,如图 4.36(c)所示。可求得

$$\Delta''_{CV} = \frac{F_P l^3}{48EI}$$

4.9　线性弹性结构的互等定理

　　本节介绍线弹性结构的 3 个互等定理,其中最基本的是功的互等定理,其他两个定理都可由此推导出来。所谓线性弹性结构,是指结构的位移与荷载成正比,当荷载全部撤除后位移也完全消失。这样的结构位移是微小的,应力与应变的关系符合虎克定律。

4.9.1　功的互等定理

　　设有两组外力 F_{P1} 和 F_{P2} 分别作用于同一线性弹性结构上,如图 4.37(a)、(b)所示,分别称为结构的第一状态和第二状态。

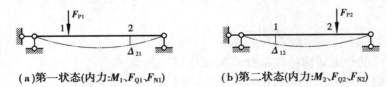

(a)第一状态(内力:M_1、F_{Q1}、F_{N1})　　(b)第二状态(内力:M_2、F_{Q2}、F_{N2})

图 4.37　功的互等定理

图中位移 Δ_{12}、Δ_{21} 的两个下标含义为:第一个下标表示产生位移的方位(位置和方向),第二个下标表示引起位移的原因。例如,Δ_{21} 表示 F_{P1} 作用下引起的 F_{P2} 作用点沿 F_{P2} 方向上的位移。

　　设第一状态为平衡力系状态,第二状态为位移状态,按照虚功原理得

$$F_{P1}\Delta_{12} = \sum \int M_1 d\theta_2 + \sum \int F_{Q1} d\eta_2 + \sum \int F_{N1} du_2 \tag{a}$$

其中,$d\theta_2$、$d\eta_2$、du_2 为第二状态中的变形,可分别用 M_2、F_{Q2}、F_{N2} 计算

$$\left. \begin{array}{l} d\theta_2 = \dfrac{M_2}{EI} ds \\[2mm] d\eta_2 = \dfrac{\mu F_{Q2}}{GA} ds \\[2mm] du_2 = \dfrac{F_{N2}}{EA} ds \end{array} \right\} \tag{b}$$

将式(b)代入式(a)得

$$F_{P1}\Delta_{12} = \sum \int \frac{M_1 M_2}{EI} ds + \sum \int \frac{\mu F_{Q1} F_{Q2}}{GA} ds + \sum \int \frac{F_{N1} F_{N2}}{EA} ds \qquad (c)$$

反过来,设第一状态为位移状态,第二状态为平衡力系状态,由虚功原理得

$$F_{P2}\Delta_{21} = \sum \int M_2 d\theta_1 + \sum \int F_{Q2} d\eta_1 + \sum \int F_{N2} du_1$$

$$= \sum \int \frac{M_2 M_1}{EI} ds + \sum \int \frac{\mu F_{Q2} F_{Q1}}{GA} ds + \sum \int \frac{F_{N2} F_{N1}}{EA} ds \qquad (d)$$

式(c)和式(d)的右边相同,左边也应相等,即

$$F_{P1}\Delta_{12} = F_{P2}\Delta_{21} \qquad (4.20)$$

这表明:第一状态的外力在第二状态的对应位移上所做的虚功,等于第二状态的外力在第一状态的对应位移上所做的虚功,这就是功的互等定理。

4.9.2　位移互等定理

如果图 4.37 中的 F_{P1}、F_{P2} 为单位力,相应的位移由 Δ 改为 δ 表示,如图 4.38 所示。由功的互等定理式(4.20)可得

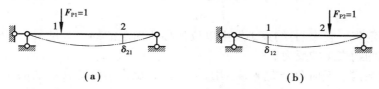

（a）　　　　　　　　　　　　　**（b）**

图 4.38　位移互等定理

$$1 \cdot \delta_{12} = 1 \cdot \delta_{21}$$

即
$$\delta_{12} = \delta_{21} \qquad (4.21)$$

这就是功的互等定理的一种特殊情况,即位移互等定理。它表明:第二个单位力所引起的第一个单位力作用点沿其方向的位移,等于第一个单位力所引起的第二个单位力作用点沿其方向的位移。

需要指出的是:这里所说的单位力及其相应的位移,均是广义力和广义位移。即位移互等可能是两个线位移之间的互等、两个角位移之间的互等,也可能是线位移与角位移之间的互等。例如在图 4.39 的两个状态中,根据位移互等定理,有 $\delta_C = \varphi_B$。由材料力学可知

$$\varphi_B = \frac{F_P l^2}{16EI} \qquad \delta_C = \frac{M l^2}{16EI}$$

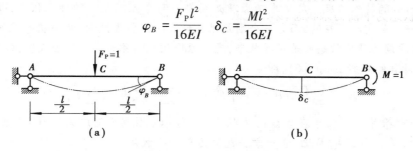

（a）　　　　　　　　　　　　　**（b）**

图 4.39　广义位移互等

将 $F_P = 1$、$M = 1$ 代入,也可得到 $\delta_C = \varphi_B$,且都等于 $\dfrac{l^2}{16EI}$。可见,虽然 φ_B 是单位力引起的角位

移,δ_c 是单位力偶引起的线位移,两者含义不同,但此时二者在数值上是相等的,量纲也相同。

位移互等定理将在用力法计算超静定结构中得到应用。

4.9.3 反力互等定理

反力互等定理也是功的互等定理的一个特殊情况。

图 4.40 为同一结构的两种状态。第一状态中的约束 1 发生单位位移 $\Delta_1=1$,引起的约束 2 处反力为 k_{21};第二状态中约束 2 发生单位位移 $\Delta_2=1$,引起的约束 1 处的反力为 k_{12}。

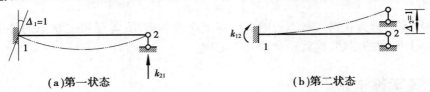

（a）第一状态　　　　　　　　　　　　　　　　（b）第二状态

图 4.40　反力互等定理

由功的互等定理式（4.20）,得

$$k_{12}\Delta_1 = k_{21}\Delta_2$$

即
$$k_{12} = k_{21} \qquad\qquad (4.22)$$

这就是反力互等定理。它表明:约束 1 发生单位位移所引起的约束 2 的反力,等于约束 2 发生单位位移所引起的约束 1 的反力。

这一定理对结构上任何两个支座都适用,但应注意反力与位移在做功的关系上应相对应,即力对应于线位移,力偶对应于角位移。图 4.40 中,k_{21} 为反力,k_{12} 为反力偶,虽然含义不同,但在数值上是相等的,量纲也相同。

反力互等定理将在用位移法计算超静定结构中得到应用。

本章小结

（1）结构在荷载、温度变化、支座移动等外因作用下都会产生位移。位移计算在工程实践和结构分析中有重要地位。本章内容既是静定部分的结尾,又是超静定部分的先导。

（2）静定结构位移计算以虚功原理为理论基础。虚功原理包括刚体虚功原理和变形体虚功原理,前者是后者的特殊情况。应用虚功原理必须要有两个互不相关的独立状态,即力状态和位移状态,其中一个是实际存在的,而另一个则是根据计算的需要虚设的,两个状态应发生在相同的结构上。根据虚设的是力状态或是位移状态,虚功原理相应的称为虚力原理或虚位移原理。

（3）位移计算的一般公式（4.6）,即

$$\Delta = \sum \int \overline{M}\mathrm{d}\theta + \sum \int \overline{F}_Q\mathrm{d}\eta + \sum \int \overline{F}_N\mathrm{d}u - \sum \overline{F}_R c$$

是根据虚力原理推导的。由于在虚设的力状态中,与拟求位移（或广义位移）相应的外力为单位荷载（或广义单位荷载）,因此,这一方法也称为单位荷载法。

一般公式（4.6）中包含两组物理量:一组是给定的位移和变形（Δ、c、$\mathrm{d}\theta$、$\mathrm{d}\eta$、$\mathrm{d}u$）;另一组是虚设的外力（$F_P=1$）及与之保持平衡的反力（$\overline{F}_R$）和内力（$\overline{M}$、$\overline{F}_Q$、$\overline{F}_N$）。公式（4.6）具有普遍适用性:弹性与非弹性均适用;支座移动、温度变化与荷载均适用;静定与超静定结构均适用。

（4）荷载作用下的位移计算公式（4.7），即

$$\Delta = \sum \int \frac{\overline{M}M_P}{EI}\mathrm{d}s + \sum \int \frac{\mu\,\overline{F}_Q F_{QP}}{GA}\mathrm{d}s + \sum \int \frac{\overline{F}_N F_{NP}}{EA}\mathrm{d}s$$

只适用于线弹性的静定（或超静定）结构的位移计算。要注意掌握其在各种具体条件下的简化形式。例如

梁和刚架　　　　$$\Delta = \sum \int \frac{\overline{M}M_P}{EI}\mathrm{d}s$$

桁架　　　　　　$$\Delta = \sum \frac{\overline{F}_N F_{NP}}{EA}l$$

组合结构　　　　$$\Delta = \sum_{\text{梁杆}} \int \frac{\overline{M}M_P}{EI}\mathrm{d}s + \sum_{\text{桁杆}} \frac{\overline{F}_N F_{NP}}{EA}l$$

（5）梁和刚架位移计算公式中的积分运算可改用图乘法公式计算，即

$$\Delta = \sum \frac{Ay_C}{EI}$$

要注意了解图乘法的 3 个应用条件及复杂图形的分解等问题，熟练掌握这一方法。

（6）支座移动与温度变化作用下的位移计算公式

支座移动　　　　$$\Delta = -\sum \overline{F}_R c$$

温度变化　　　　$$\Delta = \sum \frac{\alpha\Delta t}{h}\int_l \overline{M}\mathrm{d}x + \sum \overline{F}_N \alpha t l$$

均可由一般公式（4.6）导出。

可以看出：用虚功原理计算结构的位移问题主要归结为计算结构的内力问题。因此，在学习位移计算的同时，应当努力提高内力计算的能力。应通过一定量的习题，以求切实掌握。

（7）由于在后续章节中有所应用，应当适当了解具有弹性支座的静定结构的位移计算问题。

（8）本章最后讨论线性弹性结构的 3 个互等定理。其中功的互等定理是基础，其余两个即位移互等定理、反力互等定理，是其特例。

思考题

4.1　没有变形就没有位移，此结论是否成立？

4.2　没有内力就没有位移，此结论是否成立？

4.3　什么是相对线位移和相对角位移？请举例说明。

4.4　何谓实功和虚功？两者的区别是什么？

4.5　推导变形体体系虚功方程时，除了利用平衡条件外，还需要利用什么条件？

4.6　如何根据变形体体系虚功原理得到刚体体系虚功原理？

4.7　结构上本来没有虚拟单位荷载，但在求位移时却加上了虚拟单位荷载，这样求出的位移会等于原来的实际位移吗？它是否包括了虚拟单位荷载引起的位移？

4.8　求位移时怎样确定虚拟的广义单位力？这个广义单位力具有什么量纲？为什么？

4.9　说明式（4.6）和式（4.7）中各量的物理意义、正负号规定和适用条件。

4.10　在非弹性情况下，如何计算荷载作用下的位移？

4.11 图乘法的应用条件是什么？求变截面梁和拱的位移时可否用图乘法？

4.12 例 4.6 中 BC 杆的 M_p 图还可怎样分解？

4.13 下列各图的图乘是否正确？若不正确请加以改正。图（a）、（b）、（c）中 EI 相等,为常数。

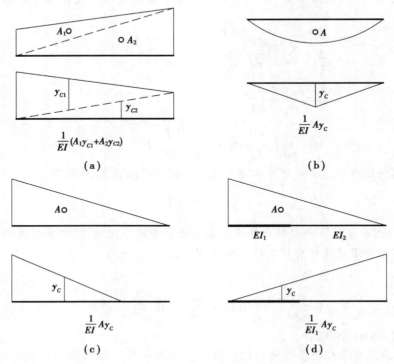

思考题 4.13 图

4.14 在温度变化引起的位移计算公式（4.14）中,如何确定各项的正负号？

4.15 试用式（4.19）重新计算例 4.13。

4.16 反力互等定理是否可用于静定结构？结果如何？

4.17 何谓线性弹性结构？位移互等定理能否用于非线性弹性的静定结构？

习　题

4.1 判断题

（1）变形体虚功原理仅适用于弹性体系,不适用于非弹性体系。　　　　　　　（　　）

（2）虚功原理中的力状态和位移状态都是虚设的。　　　　　　　　　　　　　（　　）

（3）功的互等定理仅适用于线性弹性体系,不适用于非线性弹性体系。　　　　（　　）

（4）反力互等定理仅适用于超静定结构,不适用于静定结构。　　　　　　　　（　　）

（5）对于静定结构,有变形就一定有内力。　　　　　　　　　　　　　　　　（　　）

（6）对于静定结构,有位移就一定有变形。　　　　　　　　　　　　　　　　（　　）

（7）习题 4.1(7) 图所示体系中各杆 EA 相同,则两图中 C 点的水平位移相等。（　　）

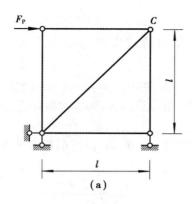 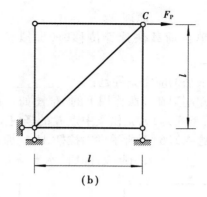

习题 4.1(7)图

(8)M_P 图、$\overline{M}$ 图如习题 4.1(8)图所示，EI 为常数，则图乘结果为 $\dfrac{1}{EI}\left(\dfrac{2}{3}\times\dfrac{ql^2}{8}\times l\right)\times\dfrac{l}{4}$。

( )

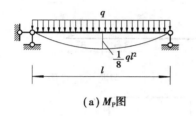

(a) M_P图

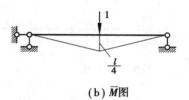

(b) $\overline{M}$图

习题 4.1(8)图

(9)M_P 图、$\overline{M}$ 图如习题 4.1(9)图所示，M_P 图中已标出了各块的面积及其形心位置，则图乘结果为 $\dfrac{1}{EI_1}(A_1 y_{C1}+A_2 y_{C2})+\dfrac{1}{EI_2}A_3 y_{C3}$。 ( )

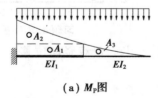

(a) M_P图

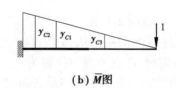

(b) $\overline{M}$图

习题 4.1(9)图

(10)习题 4.1(10)图所示结构的两个平衡状态中，有一个为温度变化引起，此时功的互等定理不成立。 ( )

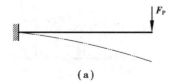 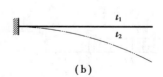

(a) (b)

习题 4.1(10)图

4.2 填空题

(1)习题 4.2(1)图所示刚架，由于支座 B 下沉 Δ 所引起 D 点的水平位移 $\Delta_{DH}=$ _____。

(2)虚功原理有两种不同的应用形式，即 _____ 原理和 _____ 原理。其中，用于求位移的是_____原理。

(3)用单位荷载法计算位移时,虚拟状态中所加的荷载应是与所求广义位移相对应的_____。

(4)图乘法的应用条件是:_____且 M_P 与 $\overline{M}$ 图中至少有一个为直线图形。

(5)已知刚架在荷载作用下的 M_P 图如习题 4.2(5)图所示,曲线为二次抛物线,横梁的抗弯刚度为 $2EI$,竖杆为 EI,则横梁中点 K 的竖向位移为_____。

(6)习题 4.2(6)图所示拱中拉杆 AB 比原设计长度短了 1.5 cm,由此引起 C 点的竖向位移为_____,引起支座 A 的水平反力为_____。

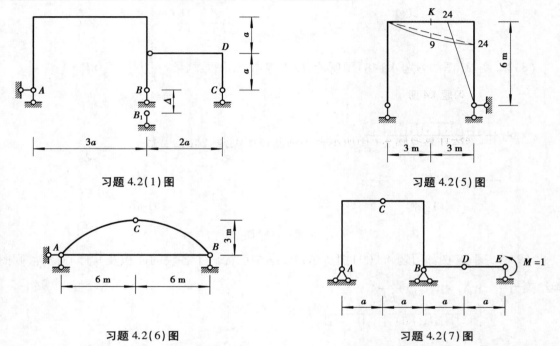

习题 4.2(1)图

习题 4.2(5)图

习题 4.2(6)图

习题 4.2(7)图

(7)习题 4.2(7)图所示结构当 C 点有 $F_P = 1(\downarrow)$ 作用时,D 点竖向位移等于 $\Delta(\uparrow)$,当 E 点有图示荷载作用时,C 点的竖向位移为_____。

4.3　用积分法求习题 4.3 图所示各指定位移。EI 为常数。

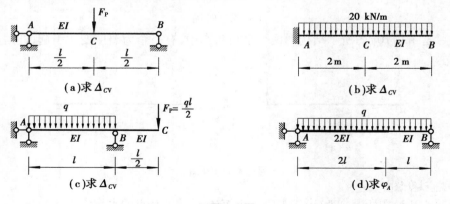

(a)求 Δ_{CV}

(b)求 Δ_{CV}

(c)求 Δ_{CV}

(d)求 φ_A

习题 4.3 图

4.4 用积分法求习题 4.4 图所示刚架中 C 点的水平位移 Δ_{CH}。EI 为常数。

4.5 习题 4.5 图所示桁架各杆截面均为 $A = 2 \times 10^{-3} \text{m}^2$，$E = 2.1 \times 10^8 \text{ kN/m}^2$，$F_P = 30 \text{ kN}$，$d = 2 \text{ m}$，试求 C 点的竖向位移 Δ_{CV}。

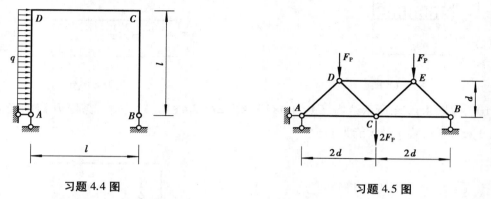

习题 4.4 图   习题 4.5 图

4.6 分别用图乘法计算习题 4.3 和习题 4.4 中各位移。

4.7 用图乘法计算习题 4.7 图所示各结构的指定位移。EI 为常数。

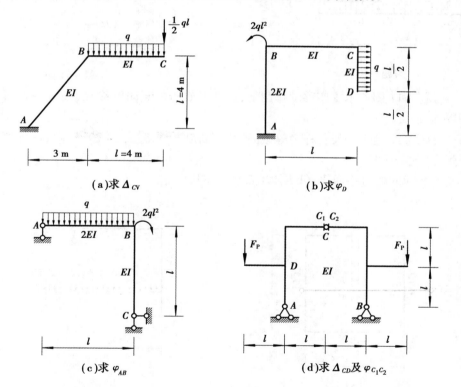

(a)求 Δ_{CV} (b)求 φ_D

(c)求 φ_{AB} (d)求 Δ_{CD} 及 $\varphi_{C_1 C_2}$

习题 4.7 图

4.8 求习题 4.8 图所示刚架 A、B 两点间水平相对位移 Δ_{AB}，并勾绘变形曲线。EI 为常数。

4.9 习题 4.9 图所示梁 EI 为常数，在荷载 F_P 作用下，已测得截面 B 的角位移为 0.001 rad（顺时针），试求 C 点的竖向位移。

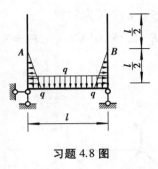

习题 4.8 图

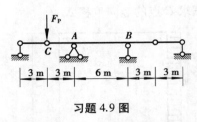

习题 4.9 图

4.10 习题 4.10 图所示结构，$EA = 4.0 \times 10^5$ kN，$EI = 2.4 \times 10^4$ kN·m²。为使 D 点的竖向位移不超过 1 cm，则荷载 q 最大能为多少？

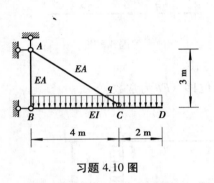

习题 4.10 图

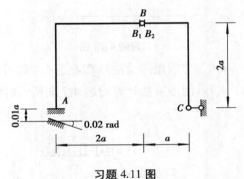

习题 4.11 图

4.11 习题 4.11 图所示支座移动作用下，试计算 C 点的竖向位移 Δ_{CV} 及铰 B 左右两侧截面间的相对转角 $\varphi_{B_1 B_2}$。

4.12 习题 4.12 图中刚架各杆为等截面，截面高度 $h = 0.5$ m，$\alpha = 10^{-5}$，刚架内侧温度升高了 40 ℃，外侧升高了 10 ℃。

（a）求 A、B 间的相对移动值；（b）求 B 点水平位移 Δ_{BH}。

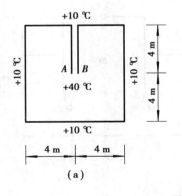

(a)

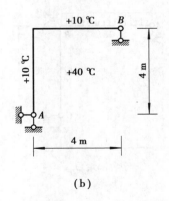

(b)

习题 4.12 图

4.13 由于制造误差，习题 4.13 图所示桁架中 HI 杆长了 0.8 cm，CG 杆短了 0.6 cm，试求装配后中央结点 G 的水平偏离值 Δ_{GH}。

4.14 求习题 4.14 图所示结构中 B 点的水平位移 Δ_{BH}。已知弹性支座的刚度系数 $k_1 = \dfrac{EI}{l}$,

$k_2 = \dfrac{2EI}{l^3}$。

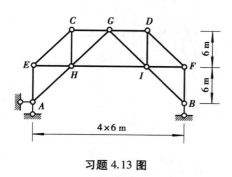

习题 4.13 图

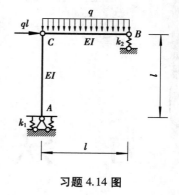

习题 4.14 图

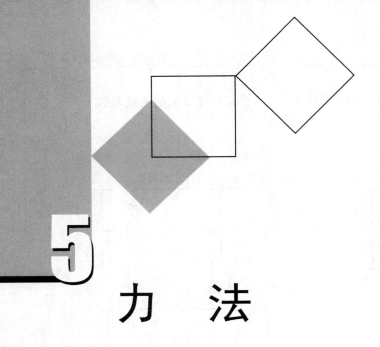

5 力　法

本章导读：
- **基本要求**　掌握力法的基本原理,会用力法计算超静定结构在荷载作用下以及支座移动、温度变化时的内力;会计算超静定结构的位移;了解超静定结构的力学特征。
- **重点**　判定超静定次数、选取力法基本体系、建立力法基本方程;荷载作用下超静定结构的力法计算及内力图绘制与校核。
- **难点**　根据已知变形条件建立力法基本方程;利用对称性选取等效半结构;计算超静定结构位移时虚拟状态的设置。

除了前述章节中的静定结构外,土木工程中还广泛使用另一大类结构——超静定结构。从本章起,将讲述超静定结构内力和位移的解法。超静定结构经典的基本解法有力法和位移法两种,本章首先介绍力法。

5.1　超静定结构概述

5.1.1　超静定结构

1)超静定结构的几何组成和静力特性

从第 2 章知,有多余约束的几何不变体系为超静定结构。超静定结构中的多余约束使其在静力特性上明显区别于静定结构,即无法仅通过静力平衡条件得到其全部的反力和内力,必须补充变形协调条件方能求得唯一解。如图 5.1(a)和(b)所示两结构都是超静定结构,其中图 5.1(b)所示结构,虽然全部反力和一部分杆件的内力可仅用平衡方程求出,但构成中部两节间的杆件的内力仅用平衡方程却无法求出,因此,仍属超静定结构。

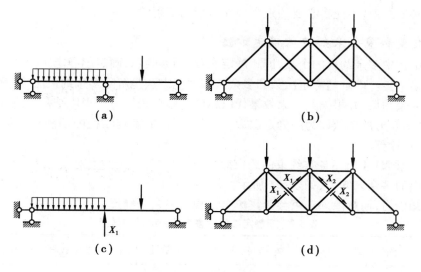

图 5.1 超静定结构示例

2)超静定结构的类型

①超静定梁,如图 5.1(a)所示。

②超静定刚架,如图 5.2(a)所示。

③超静定桁架,如图 5.1(b)所示。

④超静定组合结构,如图 5.2(b)所示。

⑤超静定拱,如图 5.2(c)所示。

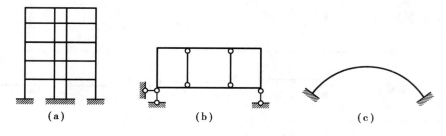

图 5.2 超静定结构示例(续)

5.1.2 超静定次数和多余未知力的确定

1)超静定结构的多余约束和必要约束

多余约束的存在使超静定结构中需要求解的未知反力或内力的总数,多于独立的静力平衡方程的总数。多余约束中的内力或反力统称多余未知力(或称基本未知力、力法的基本未知量),用 $X_i(i=1,2,\cdots,n)$ 来表示。解除多余约束后,可以暴露出其内传递的多余未知力,如图 5.1(c)和(d)所示。如能设法求出全部多余未知力,则解超静定结构将与解静定结构无异。

超静定结构的必要约束是维持其几何不变所必需的。因此,在解除某约束前应首先判定该约束是否为必要约束,不能将必要约束误当作多余约束解除。

2)超静定次数和多余未知力的确定方法

超静定结构中多余约束的个数,即超静定次数,用 n 表示,确定超静定次数和多余未知力是力法关键的第一步。确定超静定次数和多余未知力的方法是解除多余约束法,即解除超静定结构中全部的多余约束,并根据其约束效果代以相应的多余未知力。当原结构最终成为静定结构时,所得多余未知力的个数即为超静定次数。此外,若仅需确定结构的超静定次数 n,则可直接利用公式(2.3)计算。

根据第 2 章 2.1.4 所述各类约束的约束效果,易得各种多余约束对应的多余约束数,及解除它们后暴露出的多余未知力,如表 5.1 所示。从表 5.1 中还可以看出:解除内约束将暴露成对出现的多余未知内力,而解除外约束会暴露单个出现的多余未知反力。

表 5.1 超静定结构中多余约束的约束效果

	解除方式	截断一根链杆	去掉一个单铰	断开一根梁式杆	单刚结点变单铰
内约束	解除前		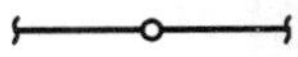		
	解除后	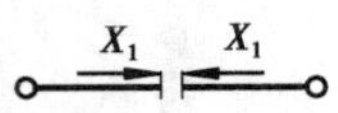	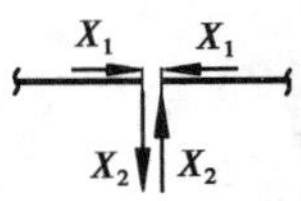	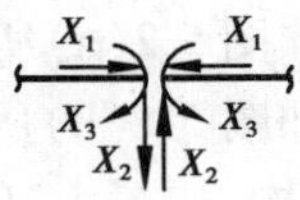	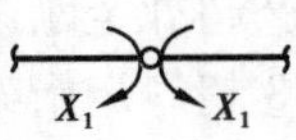
外约束	解除方式	去掉一根支杆	去掉一个固定铰支座	去掉一个固定支座	固定支座变固定铰支座
	解除前	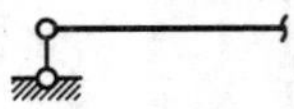	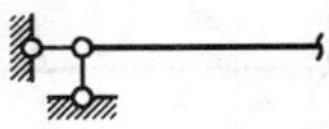		
	解除后	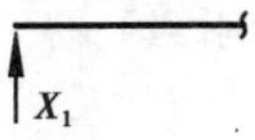	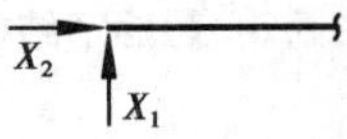	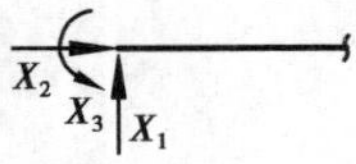	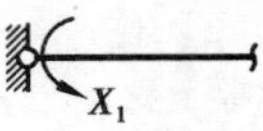
暴露出的多余未知力数(等效的多余约束数)		1	2	3	1

（左侧纵向表头：多余约束类型）

解除超静定结构多余约束的方法并不唯一,例如图 5.3(a)所示的超静定刚架,可以按图 5.3(b)、(c)和(d)等方法解除多余约束,去掉多余约束后得到的静定结构分别为简支刚架、三铰刚架和悬臂刚架。该例还表明:超静定次数不会因为解除多余约束方法的改变而改变。

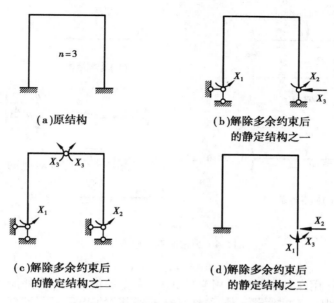

(a)原结构　　　　　　(b)解除多余约束后
　　　　　　　　　　　　的静定结构之一

(c)解除多余约束后　　　(d)解除多余约束后
　的静定结构之二　　　　　的静定结构之三

图5.3　超静定结构解除多余约束示例

5.2　力法的基本原理

5.2.1　力法的基本原理

　　将超静定结构的求解问题转化为静定结构的求解问题,是力法的基本思路。通过解除多余约束,可将超静定结构变为静定结构。但欲求得暴露出的多余未知力,尚需应用变形协调条件。多余未知力一旦解得,超静定问题向静定问题的转化即告完成。可见,求出多余未知力是解超静定结构的关键。

　　下面,通过一个简例来说明力法的基本原理。图5.4(a)所示的单跨超静定梁,超静定次数 $n=1$,跨中受竖向集中力 F_P 作用。超静定结构解除多余约束后对应的静定结构,称为力法的基本结构,图5.4(b)所示的悬臂梁即为图5.4(a)对应的力法基本结构。如将原结构所承受的外因(如荷载、温度变化、支座移动等),与力法的基本未知量全部作用于力法基本结构上,则形成力法的基本体系,图5.4(c)就是图5.4(a)所示原结构的力法基本体系。

　　基本体系应与原结构在受力和变形上完全等效,但只有当多余未知力 X_1 等于原结构支座 B 的支反力 F_{RB} 时,基本体系 B 端的竖向位移 Δ_B 才能与原结构 B 处一样,即 $\Delta_B=0$;否则,基本体系将无法在变形上等效原结构。因 Δ_B 与 X_1 之间有广义位移和广义力的对应关系,所以一般将 Δ_B 写作 Δ_1 ,如图5.4(c)所示。而 $\Delta_B=\Delta_1=0$ 这一条件,即为求解 X_1 时所需的变形协调条件。

　　接下来,具体分析基本体系 B 端的竖向位移 Δ_1 。将基本体系中的未知力 X_1 和外荷载 F_P 分别作用在基本结构上,可得出 B 处的两个位移 Δ_{11} 和 Δ_{1P} ,分别如图5.4(d)和(e)所示。由于结构为线弹性结构,可使用叠加法。在受力上,图5.4(d)和(e)叠加后等效基本体系,而在变形上也该对应有

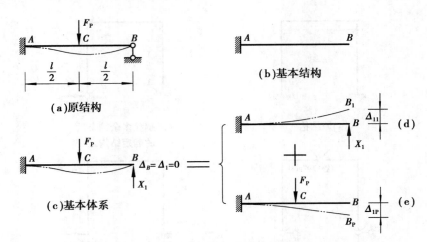

图 5.4　力法的基本原理示例

$$\Delta_1 = \Delta_{11} + \Delta_{1P} \tag{a}$$

其中,Δ_{11} 为 X_1 单独作用在基本结构上引起的 X_1 方向上的位移;Δ_{1P} 为外荷载 F_P 单独作用在基本结构上引起的 X_1 方向上的位移。位移 Δ_{11} 的大小受 X_1 的影响,根据线弹性条件可知,两者呈正比关系,即

$$\Delta_{11} = \delta_{11} X_1 \tag{b}$$

其中,δ_{11} 为将 X_1 视作单位荷载单独作用在基本结构上引起的 X_1 方向上的位移。将式(b)代入式(a),并考虑到 $\Delta_1 = 0$,可得含基本未知量 X_1 的变形协调方程

$$\delta_{11} X_1 + \Delta_{1P} = 0 \tag{5.1}$$

该方程即为一次超静定结构力法的基本方程(或力法的典型方程),其中 δ_{11} 和 Δ_{1P} 分别称为系数和自由项。

　　力法基本方程中的系数和自由项,实质都是基本结构中的位移,根据单位荷载法中虚设力状态与实际位移状态间的关系,可得 δ_{11} 和 Δ_{1P} 的求取方法,具体为:将 X_1 令为单位荷载作用于基本结构,绘出单位荷载弯矩图($\overline{M}_1$ 图),如图 5.5(a)所示;再将外荷载单独作用在基本结构上,绘出荷载弯矩图(M_P 图),如图 5.5(b)所示;将 $\overline{M}_1$ 图"自乘"(即用 $\overline{M}_1$ 图的面积乘以 $\overline{M}_1$ 图形心上的竖标)可得 δ_{11},将 $\overline{M}_1$ 图与 M_P 图互乘可得 Δ_{1P}。图乘结果为

$$\delta_{11} = \sum \int \frac{\overline{M}_1^2}{EI} ds = \frac{1}{EI}\left(\frac{1}{2} \times l \times l\right) \times \frac{2}{3} l = \frac{l^3}{3EI}$$

$$\Delta_{1P} = \sum \int \frac{\overline{M}_1 M_P}{EI} ds = -\frac{1}{EI}\left(\frac{1}{2} \times \frac{l}{2} \times \frac{F_P l}{2}\right) \times \frac{5}{6} l = -\frac{5 F_P l^3}{48 EI}$$

将求得的系数和自由项代回基本方程式(5.1)中,解得

$$X_1 = -\frac{\Delta_{1P}}{\delta_{11}} = \frac{5}{16} F_P (\uparrow)$$

X_1 为正值,说明基本体系中所设的 X_1 方向与实际方向相同,即向上。

　　一旦多余未知力被解出,基本结构中剩余的反力和内力就完全可以作为静定问题来求解。为求出基本体系的最终弯矩图 M,可再次利用叠加法

$$M = \overline{M}_1 X_1 + M_P \tag{5.2}$$

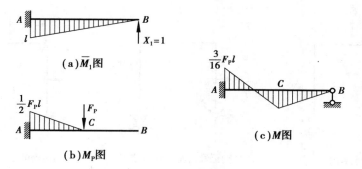

图 5.5　叠加法绘弯矩图

也就是将 $\overline{M}_1$ 图的竖标乘以 X_1 倍后,再与 M_P 图对应位置处的竖标叠加,即得基本体系在 X_1 和 F_P 共同作用下的弯矩图。例如,截面 A 的弯矩为

$$M_A = l \times \frac{5}{16} F_P + \left(-\frac{1}{2} F_P l \right) = -\frac{3}{16} F_P l \, (上侧受拉)$$

由于基本体系在受力上等效于原结构,这一弯矩图也就是原结构的弯矩图,如图 5.5(c)所示。

5.2.2　力法的计算步骤

根据上述力法基本原理,可列出力法的计算步骤:
①求超静定次数 n。
②确定力法基本体系。
③写出力法基本方程。
④计算系数和自由项。
⑤解基本方程,求出多余未知力。
⑥利用叠加法绘制内力图。

5.3　力法的基本体系及基本方程

5.3.1　力法基本体系的选择

1)力法基本体系的选取原则

力法基本体系是原结构的等效体系,只有正确地选择力法基本体系,才能保证力法求解结果的准确。选取基本体系的原则如下:

①只能从原结构中解除多余约束,而不能解除必要约束。

例如,图 5.6(a)所示的超静定刚架,可以选择图 5.6(b)、(c)和(d)所示的基本体系,但不能选择图 5.6(e)和(f)所示的基本体系。这是因为这两个体系都已几何可变,不是静定结构。

②只能从原结构中解除约束,而不能增加约束。

例如,图 5.7(a)所示的超静定刚架,可以选取图 5.7(b)所示的基本体系,但不能选取图

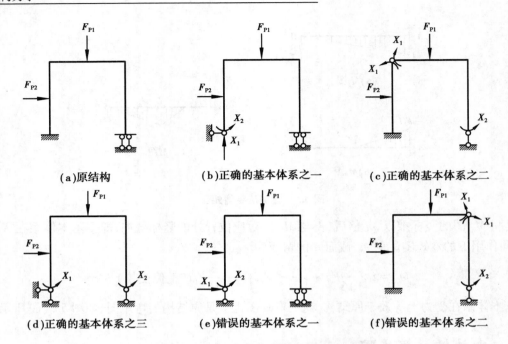

(a)原结构 　　　(b)正确的基本体系之一 　　　(c)正确的基本体系之二

(d)正确的基本体系之三 　　　(e)错误的基本体系之一 　　　(f)错误的基本体系之二

图 5.6　力法基本体系的选取原则之一

5.7(c)所示基本体系。这是因为增加约束后再解除约束所得的体系,由于新增约束的存在,已经不能在新增约束处与原结构有相同的位移,做不到变形上的等效。

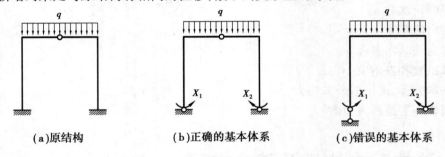

(a)原结构 　　　(b)正确的基本体系 　　　(c)错误的基本体系

图 5.7　力法基本体系的选取原则之二

2)合理选择力法基本体系的技巧

在保证上述选取原则的前提下,解同一个超静定结构,仍可选择多种基本体系。合理地选择力法基本体系,能有效地减轻系数和自由项的计算工作量。下面,介绍一些力法基本体系的选择技巧。

①尽量保证原结构在解除多余约束后,成为多个独立的静定部分。

如图 5.8(a)所示的超静定刚架,利用图 5.8(b)所示的基本体系将比用图 5.8(c)在计算上更简单。这是因为基本体系中各个独立的静定部分的内力不会相互影响。

②对梁和刚架,尽量解除刚结点和组合结点中传递弯矩的内约束,或者固定支座和定向支座中提供反力矩的外约束。

如图 5.9(a)所示的连续梁,利用图 5.9(b)所示的基本体系将比用图 5.9(c)在计算上更简单。这是因为被"铰断"的基本体系中,各杆间的弯矩不再相互影响,从而简化了图乘计算。

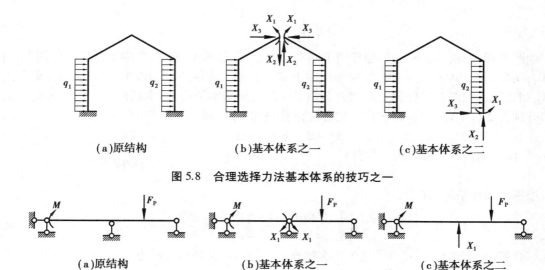

（a）原结构　　　　　　（b）基本体系之一　　　　　　（c）基本体系之二

图 5.8　合理选择力法基本体系的技巧之一

（a）原结构　　　　　　（b）基本体系之一　　　　　　（c）基本体系之二

图 5.9　合理选择力法基本体系的技巧之二

5.3.2　力法的基本方程

　　力法基本方程是为求出力法基本未知量而补充的变形协调方程，它代表了力法基本体系与原结构在多余未知力方向上的对应位移应相等的几何条件。

　　5.2 节已经介绍了 1 次超静定结构的力法基本方程，下面以图 5.10（a）所示刚架为例，介绍多次超静定结构的力法基本方程。此刚架为 2 次超静定结构，取图 5.10（b）所示的基本体系，可知有两个多余未知力 X_1 和 X_2，为解出它们，需要补充两个变形协调方程。

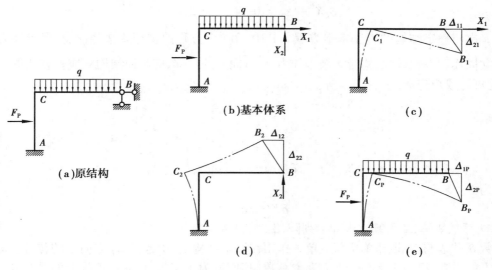

图 5.10　力法基本方程的建立

　　因为基本体系在 X_1 和 X_2 方向上的位移应与原结构相应位移相等，而原结构中这两个方向上的位移就是 B 支座的水平和竖向线位移，均为零。于是可以得到如下两个变形协调条件

$$\begin{cases} \Delta_1 = 0 \\ \Delta_2 = 0 \end{cases} \tag{a}$$

如图 5.10(c)所示,将 X_1 单独作用于基本结构上,引起的 X_1 和 X_2 方向上的位移分别为 Δ_{11} 和 Δ_{21};又如图 5.10(d)所示,将 X_2 单独作用于基本结构上,引起的 X_1 和 X_2 方向上的位移分别为 Δ_{12} 和 Δ_{22};再如图 5.10(e)所示,将外荷载单独作用于基本结构上,引起的 X_1 和 X_2 方向上的位移分别为 Δ_{1P} 和 Δ_{2P}。将 X_1 方向上的各个位移叠加,即可得

$$\Delta_1 = \Delta_{11} + \Delta_{12} + \Delta_{1P} \tag{b}$$

将 X_2 方向上的各个位移叠加,又可得

$$\Delta_2 = \Delta_{21} + \Delta_{22} + \Delta_{2P} \tag{c}$$

根据线弹性条件,有

$$\begin{cases} \Delta_{11} = \delta_{11}X_1, \Delta_{21} = \delta_{21}X_1 \\ \Delta_{12} = \delta_{12}X_2, \Delta_{22} = \delta_{22}X_2 \end{cases} \tag{d}$$

综合式(a)到式(d),就可得这个 2 次超静定结构的力法基本方程为

$$\begin{cases} \delta_{11}X_1 + \delta_{12}X_2 + \Delta_{1P} = 0 \\ \delta_{21}X_1 + \delta_{22}X_2 + \Delta_{2P} = 0 \end{cases} \tag{5.3}$$

它是一个二元一次线性方程组。

依此类推,对 n 次超静定结构,则需寻找由 n 个变形协调条件构成的 n 元一次方程组

$$\begin{cases} \delta_{11}X_1 + \delta_{12}X_2 + \cdots + \delta_{1i}X_i + \cdots + \delta_{1n}X_n + \Delta_{1P} = 0 \\ \delta_{21}X_1 + \delta_{22}X_2 + \cdots + \delta_{2i}X_i + \cdots + \delta_{2n}X_n + \Delta_{2P} = 0 \\ \vdots \\ \delta_{n1}X_1 + \delta_{n2}X_2 + \cdots + \delta_{ni}X_i + \cdots + \delta_{nn}X_n + \Delta_{nP} = 0 \end{cases} \tag{5.4}$$

或缩写为

$$\sum_{j=1}^{n} \delta_{ij}X_j + \Delta_{iP} = 0 \quad (i = 1, 2, \cdots, n) \tag{5.5}$$

这就是 n 次超静定结构的力法基本方程。其中,第 i 个方程的物理意义是:在多余未知力和外荷载的共同作用下,基本结构沿多余未知力 X_i 方向上的位移,应与原结构对应位移相等。方程(5.4)也可写成矩阵形式

$$\begin{bmatrix} \delta_{11} & \delta_{12} & \cdots & \delta_{1i} & \cdots & \delta_{1n} \\ \delta_{21} & \delta_{22} & \cdots & \delta_{2i} & \cdots & \delta_{2n} \\ \vdots & \vdots & & \vdots & & \vdots \\ \delta_{n1} & \delta_{n2} & \cdots & \delta_{ni} & \cdots & \delta_{nn} \end{bmatrix} \begin{bmatrix} X_1 \\ X_2 \\ \vdots \\ X_n \end{bmatrix} + \begin{bmatrix} \Delta_{1P} \\ \Delta_{2P} \\ \vdots \\ \Delta_{nP} \end{bmatrix} = 0 \tag{5.6}$$

或简写为

$$\boldsymbol{\delta}\boldsymbol{X} + \boldsymbol{\Delta}_{\mathrm{P}} = 0 \tag{5.7}$$

其中,$\boldsymbol{\delta}$ 为系数矩阵,$\boldsymbol{X}$ 为基本未知量列阵,$\boldsymbol{\Delta}_{\mathrm{P}}$ 为自由项列阵。

系数 δ_{ij} 代表将 X_j 视作单位荷载单独作用在基本结构上,引起的 X_i 方向上的位移。$\boldsymbol{\delta}$ 中主对角线上的系数 $\delta_{ii}(i=1,2,\cdots,n)$ 称为主系数,其值恒为正;$\boldsymbol{\delta}$ 中非主对角线上的系数 $\delta_{ij}(i \neq j)$ 称为副系数,其值可能为正、负或者零。根据位移互等定理,可得 $\delta_{ij} = \delta_{ji}$,即副系数关于 $\boldsymbol{\delta}$ 的主对角线对称。自由项 Δ_{iP} 代表由外荷载单独作用在基本结构上引起的 X_i 方向上的位移,其值可能为正、负或者零。对于梁式结构,计算超静定梁或刚架的系数 δ_{ij} 和自由项 Δ_{iP} 可使用图乘法。

首先,绘出基本结构上单位荷载弯矩图 $\overline{M}_i$ 图和 $\overline{M}_j$ 图,及荷载弯矩图 M_P 图;然后,图乘 $\overline{M}_i$ 图与 $\overline{M}_j$ 图可得 δ_{ij},图乘 $\overline{M}_i$ 图与 M_P 图可得 Δ_{iP}。

由于系数 δ_{ij} 代表了单位荷载作用下的位移,因此又常称之为柔度系数;而力法的基本方程表示变形协调条件,因此也可称之为柔度方程,力法又被称为柔度法。

5.4   用力法计算荷载作用下的超静定结构

本节将举例说明用力法计算各类超静定结构在荷载作用下的内力的具体做法。

5.4.1   用力法计算荷载作用下的超静定梁和刚架

计算梁和刚架的位移时,忽略了梁式杆的轴向变形和剪切变形对位移的影响,因此,超静定梁和刚架的系数和自由项的计算式分别为

$$\delta_{ij} = \sum \int \frac{\overline{M}_i \overline{M}_j}{EI} \mathrm{d}x \tag{5.8}$$

$$\Delta_{iP} = \sum \int \frac{\overline{M}_i M_P}{EI} \mathrm{d}x \tag{5.9}$$

内力叠加公式为

$$M = \sum_{i=1}^{n} \overline{M}_i X_i + M_P \tag{5.10}$$

【例 5.1】   试用力法计算图 5.11(a)所示超静定梁,并作出弯矩图。EI 为常数。

【解】   (1)确定超静定次数

$$n = 1$$

(2)选择力法基本体系

力法基本体系如图 5.11(b)所示。

(3)写出力法基本方程

$$\delta_{11} X_1 + \Delta_{1P} = 0$$

该方程代表支座 B 的左截面和右截面间不应有相对转角。

(4)计算系数和自由项

绘制 $\overline{M}_1$ 图和 M_P 图,分别如图 5.11(c)和(d)所示。图乘可得

$$\delta_{11} = \frac{20}{3EI}, \quad \Delta_{1P} = \frac{320}{3EI}$$

(5)解基本方程

把 δ_{11} 和 Δ_{1P} 代入力法基本方程,解得

$$X_1 = -\frac{\Delta_{1P}}{\delta_{11}} = -16 \ \mathrm{kN \cdot m} \ (\text{⤸⤹})$$

(6)绘弯矩图

利用叠加公式 $M = \overline{M}_1 X_1 + M_P$,绘弯矩图,如图 5.11(e)所示。

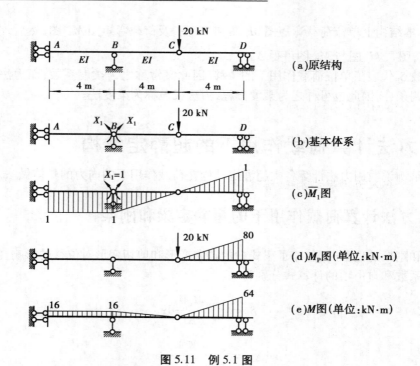

图 5.11　例 5.1 图

【**例** 5.2】　试用力法计算图 5.12(a)所示刚架,并作出弯矩图。各杆抗弯刚度均为 EI。

【**解**】　(1)确定超静定次数

$$n = 1$$

(2)选择力法基本体系

力法基本体系如图 5.12(b)所示。

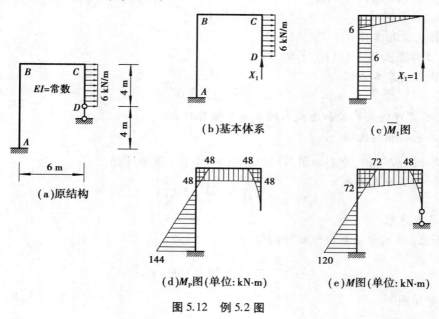

图 5.12　例 5.2 图

（3）写出力法基本方程

$$\delta_{11}X_1 + \Delta_{1P} = 0$$

该方程代表 D 处不应有竖向线位移。

（4）计算系数和自由项

绘制 $\overline{M}_1$ 图和 M_P 图，分别如图 5.12(c) 和 (d) 所示。图乘可得

$$\delta_{11} = \frac{360}{EI}, \quad \Delta_{1P} = -\frac{1\,440}{EI}$$

（5）解基本方程

把 δ_{11} 和 Δ_{1P} 代入力法基本方程，解得

$$X_1 = -\frac{\Delta_{1P}}{\delta_{11}} = 4 \text{ kN}(\uparrow)$$

（6）绘弯矩图

利用叠加公式 $M = \overline{M}_1 X_1 + M_P$ 绘弯矩图，如图 5.12(e) 所示。

【例 5.3】 试用力法计算图 5.13(a) 所示刚架，并作出弯矩图。EI 为常数。

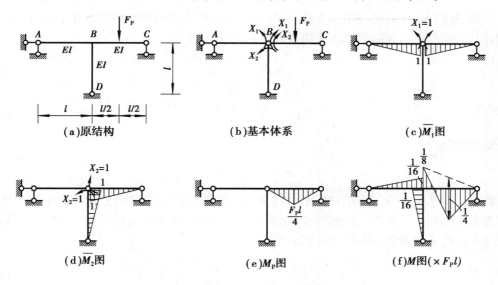

图 5.13 例 5.3 图

【解】 （1）确定超静定次数

$$n = 2$$

（2）选择力法基本体系

如图 5.13(b) 所示，将复刚结点 B 解除多余约束变为复铰结点，暴露出两对未知弯矩 X_1 和 X_2。其中，X_1 代表从结点 B 右端传至左端的弯矩，而 X_2 代表从结点 B 右端传至下端的弯矩。

（3）写出力法基本方程

$$\begin{cases} \delta_{11}X_1 + \delta_{12}X_2 + \Delta_{1P} = 0 \\ \delta_{21}X_1 + \delta_{22}X_2 + \Delta_{2P} = 0 \end{cases}$$

其中，第一个方程代表结点 B 的左右两端不应有相对转角；第二个方程代表结点 B 的右端和下端不应有相对转角。

（4）计算系数和自由项

绘制 $\overline{M}_1$ 图、$\overline{M}_2$ 图和 M_P 图,分别如图 5.13(c)、(d)和(e)所示。图乘可得

$$\delta_{11} = \delta_{22} = \frac{2l}{3EI}, \quad \delta_{12} = \delta_{21} = \frac{l}{3EI}, \quad \Delta_{1P} = \Delta_{2P} = \frac{F_P l^2}{16EI}$$

（5）解基本方程

把求得的系数和自由项值代入力法基本方程,解得

$$X_1 = X_2 = -\frac{F_P l}{16}(\,)(\,)$$

（6）绘弯矩图

利用叠加公式 $M = \overline{M}_1 X_1 + \overline{M}_2 X_2 + M_P$ 绘弯矩图,如图 5.13(f)所示。

5.4.2　用力法计算荷载作用下的超静定桁架、超静定组合结构和铰结排架

由于超静定桁架中的桁杆是二力杆,只计它们的轴向变形对力法基本方程中系数和自由项的影响,因此,超静定桁架的系数和自由项的计算式分别为

$$\delta_{ij} = \sum \frac{\overline{F}_{Ni}\overline{F}_{Nj}}{EA}l \tag{5.11}$$

$$\Delta_{iP} = \sum \frac{\overline{F}_{Ni}F_{NP}}{EA}l \tag{5.12}$$

内力叠加公式为

$$F_N = \sum_{i=1}^{n} \overline{F}_{Ni}X_i + F_{NP} \tag{5.13}$$

超静定组合结构中除了有链杆(二力杆)外,还有梁式杆,一般常断开链杆暴露其内传递的轴力作为多余未知力。此外,这两类杆的变形对系数和自由项都有影响,应进行叠加。因此,超静定组合结构的系数和自由项的计算式分别为

$$\delta_{ij} = \sum_{梁式杆}\int \frac{\overline{M}_i\overline{M}_j}{EI}dx + \sum_{链杆}\frac{\overline{F}_{Ni}\overline{F}_{Nj}}{EA}l \tag{5.14}$$

$$\Delta_{iP} = \sum_{梁式杆}\int \frac{\overline{M}_i M_P}{EI}dx + \sum_{链杆}\frac{\overline{F}_{Ni}F_{NP}}{EA}l \tag{5.15}$$

内力叠加公式为

$$\begin{cases} M_{(梁式杆)} = \sum_{i=1}^{n}\overline{M}_i X_i + M_P \\ F_{N(链杆)} = \sum_{i=1}^{n}\overline{F}_{Ni}X_i + F_{NP} \end{cases} \tag{5.16}$$

【例 5.4】　试用力法计算图 5.14(a)所示超静定桁架,并求各杆轴力。各杆抗拉刚度均为 EA,EA 为常数。

【解】　（1）确定超静定次数

$$n = 2$$

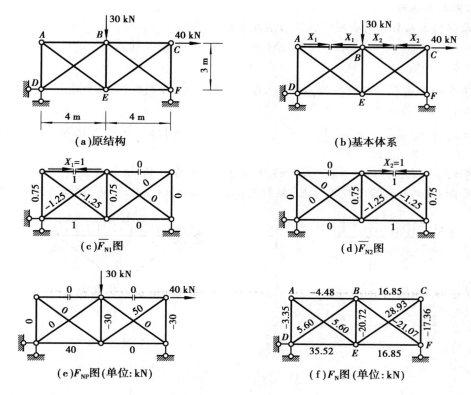

图 5.14 例 5.4 图

（2）选择力法基本体系

如图 5.14（b）所示，将上弦两杆断开，暴露出两对未知轴力 X_1 和 X_2。

（3）写出力法基本方程

$$\begin{cases} \delta_{11}X_1 + \delta_{12}X_2 + \Delta_{1P} = 0 \\ \delta_{21}X_1 + \delta_{22}X_2 + \Delta_{2P} = 0 \end{cases}$$

其中，第一个方程代表 AB 杆在截口处不应有轴向相对线位移；第二个方程代表 BC 杆在截口处不应有轴向相对线位移。

（4）计算系数和自由项

绘制 $\overline{F}_{N1}$ 图、$\overline{F}_{N2}$ 图和 F_{NP} 图，分别如图 5.14（c）、（d）和（e）所示。按静定桁架的位移计算方法，计算各系数和自由项，得

$$\delta_{11} = \delta_{22} = \frac{2}{EA}[1 \times 1 \times 4 + 0.75 \times 0.75 \times 3 + (-1.25) \times (-1.25) \times 5] = \frac{27}{EA}$$

$$\delta_{12} = \delta_{21} = \frac{1}{EA}[0.75 \times 0.75 \times 3] = \frac{27}{16EA}$$

$$\Delta_{1P} = \frac{1}{EA}[40 \times 1 \times 4 + (-30) \times 0.75 \times 3] = \frac{185}{2EA}$$

$$\Delta_{2P} = \frac{1}{EA}[(-30) \times 0.75 \times 3 + 50 \times (-1.25) \times 5 + (-30) \times 0.75 \times 3] = -\frac{895}{2EA}$$

（5）解基本方程

把求得的各系数和自由项值代入力法基本方程，解得

$$X_1 = -4.48 \text{ kN（压）}, \quad X_2 = 16.85 \text{ kN（拉）}$$

（6）求各杆轴力

利用叠加公式 $F_N = \overline{F}_{N1}X_1 + \overline{F}_{N2}X_2 + F_{NP}$，求出各杆轴力，如图 5.14（f）所示。

例如，杆 BE 的轴力

$$F_{NBE} = \overline{F}_{N1,BE}X_1 + \overline{F}_{N2,BE}X_2 + F_{NP,BE} = 0.75 \times (-4.48) + 0.75 \times 16.85 + (-30)$$
$$= -20.72 \text{ kN（压）}$$

【**例 5.5**】 试用力法计算图 5.15（a）所示超静定组合结构，并求梁式杆弯矩图和各桁杆的轴力。已知：梁式杆抗弯刚度均为 EI，链杆抗拉刚度均为 EA，EI、EA 均为常数，且 $I = 2A(\text{m}^4)$。

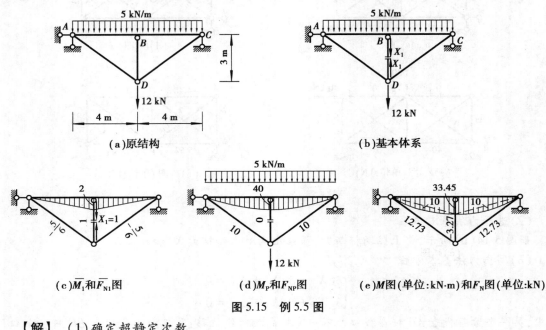

（a）原结构　　　　　　　　（b）基本体系

（c）$\overline{M}_1$ 和 $\overline{F}_{N1}$ 图　　　（d）M_P 和 F_{NP} 图　　　（e）M 图（单位：kN·m）和 F_N 图（单位：kN）

图 5.15　例 5.5 图

【**解**】 （1）确定超静定次数

$$n = 1$$

（2）选择力法基本体系

力法基本体系如图 5.15（b）所示。

（3）写出力法基本方程

$$\delta_{11}X_1 + \Delta_{1P} = 0$$

该方程代表链杆 BD 在截口处不应有轴向相对线位移。

（4）计算系数和自由项

绘制 $\overline{M}_1$ 和 $\overline{F}_{N1}$ 图及 M_P 和 F_{NP} 图，分别如图5.15（c）和（d）所示。按式（5.14）和式（5.15），计算系数和自由项，得

$$\delta_{11} = \underbrace{\frac{2}{EI}\left[\left(\frac{1}{2} \times 2 \times 4\right) \times \left(\frac{2}{3} \times 2\right)\right]}_{\text{梁式杆}} + \underbrace{\frac{1}{EA}\left[2 \times \left(-\frac{5}{6}\right)^2 \times 5 + 1^2 \times 3\right]}_{\text{链杆}}$$

$$= \frac{32}{3EI} + \frac{179}{18EA} = \frac{275}{18EA}$$

$$\Delta_{1P} = \frac{2}{EI}\left[\left(\frac{2}{3} \times 40 \times 4\right) \times \left(\frac{5}{8} \times 2\right)\right]_{\text{梁式杆}} + \frac{2}{EA}\left[10 \times \left(-\frac{5}{6}\right) \times 5\right]_{\text{链杆}} = \frac{800}{3EI} - \frac{250}{3EA} = \frac{50}{EA}$$

(5)解基本方程

把求得的系数和自由项的值代入力法基本方程,解得

$$X_1 = -\frac{\Delta_{1P}}{\delta_{11}} = -\frac{36}{11} \text{ kN} = -3.27 \text{ kN(压)}$$

(6)求梁式杆弯矩和链杆轴力

利用叠加公式(5.16),求出梁式杆弯矩和链杆轴力,如图5.15(e)所示。

【例5.6】 试用力法计算图5.16(a)所示超静定铰结排架,并绘弯矩图。EI 为常数。

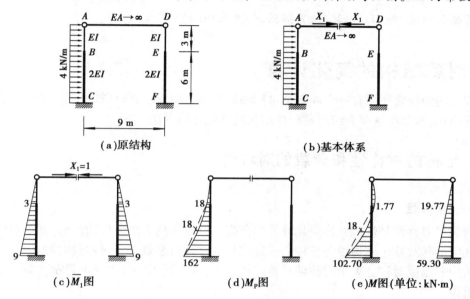

图5.16 例5.6图

【解】 (1)确定超静定次数

$$n = 1$$

(2)选择力法基本体系

断开连接排架柱顶的刚性链杆,以其轴力作为基本未知量,如图5.16(b)所示。

(3)写出力法基本方程

$$\delta_{11}X_1 + \Delta_{1P} = 0$$

该方程代表链杆 AD 在截口处不应有轴向相对线位移。

(4)计算系数和自由项

因链杆轴向刚度 EA 无穷大,不产生变形,对系数和自由项无影响,因此不必求 $\overline{F}_{N1}$ 和 F_{NP}。

绘制 $\overline{M}_1$ 图和 M_P 图,分别如图5.15(c)和(d)所示。按图乘法,计算系数和自由项,得

$$\delta_{11} = \frac{2}{EI}\left[\left(\frac{1}{2} \times 3 \times 3\right) \times \left(\frac{2}{3} \times 3\right)\right] + \frac{2}{2EI}\left[\left(\frac{1}{2} \times 3 \times 6\right) \times \left(\frac{2}{3} \times 3 + \frac{1}{3} \times 9\right) + \right.$$

$$\left.\left(\frac{1}{2} \times 9 \times 6\right) \times \left(\frac{2}{3} \times 9 + \frac{1}{3} \times 3\right)\right] = \frac{252}{EI}$$

$$\Delta_{1P} = \frac{1}{EI}\left[\left(\frac{1}{3} \times 18 \times 3\right) \times \left(\frac{3}{4} \times 3\right)\right] + \frac{1}{2EI}\left[\left(\frac{1}{2} \times 18 \times 6\right) \times \left(\frac{2}{3} \times 3 + \frac{1}{3} \times 9\right) + \right.$$

$$\left.\left(\frac{1}{2} \times 162 \times 6\right) \times \left(\frac{2}{3} \times 9 + \frac{1}{3} \times 3\right) - \left(\frac{2}{3} \times 18 \times 6\right) \times \frac{3+9}{2}\right] = \frac{3\ 321}{2EI}$$

（5）解基本方程

把求得的系数和自由项的值代入力法基本方程,解得

$$X_1 = -\frac{\Delta_{1P}}{\delta_{11}} = -\frac{369}{56}\ \text{kN} = -6.59\ \text{kN}(压)$$

（6）绘弯矩图

利用叠加公式 $M = \overline{M}_1 X_1 + M_P$ 绘弯矩图,如图 5.16(e)所示。

5.5　对称结构的简化计算

工程结构中经常使用有一个或多个对称轴的对称结构,在力学计算上可以采用一定的方法对其进行简化,本节将主要介绍对称杆件结构的简化计算方法。

5.5.1　结构的对称性和荷载的对称性

1)结构的对称性

结构满足对称性是进行对称简化计算的前提。具备下列 3 个条件的结构,就是对称结构:

①几何形状对称。结构中各杆件的位置和长度等几何参数关于对称轴对称。

②结构的刚度对称。关于对称轴对称的任一对杆段,其 EI、EA 和 GA 等刚度条件也应关于对称轴对称。

③约束形式关于对称轴对称。支座(外约束)和结点(内约束)在位置和形式上,应关于对称轴对称。

例如,图 5.17 所示的结构都是对称结构。

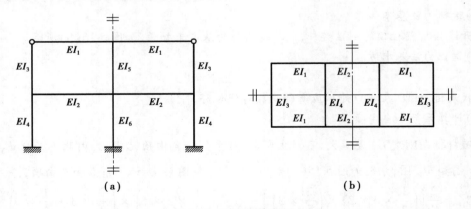

(a)　　　　　　　　　　　　　　(b)

图 5.17　对称结构示例

2) 力的对称性

如果沿对称轴对折后,对称轴一侧的力在大小、方向和作用点上与另一侧相应力完全一致,则称这组力为对称力。如果沿对称轴对折后,对称轴一侧的力在大小和作用点上与另一侧相应力一致,但在方向上正好相反,则称这组力为反对称力。

再根据力是外荷载还是内力,又可把对称力分为对称荷载和对称内力,把反对称力分为反对称荷载和反对称内力。例如,图 5.18(a)所示的荷载就是对称荷载,而图 5.18(b)所示的荷载则是反对称荷载。

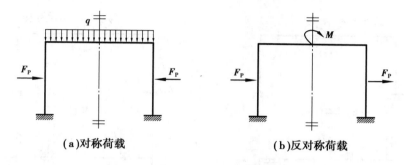

(a)对称荷载   (b)反对称荷载

图 5.18 对称荷载与反对称荷载示例

5.5.2 对称结构简化的思路和目标

这里使用力法推导对称结构的简化方法,而力法计算的主要工作量在于求解基本方程

$$\sum_{j=1}^{n} \delta_{ij} X_j + \Delta_{iP} = 0 \quad (i = 1, 2, \cdots, n)$$

其中,系数 δ_{ij} 和自由项 Δ_{iP} 的计算工作尤为繁琐,对高次超静定结构这一困难更显突出。而根据副系数 $\delta_{ij}(i \neq j)$ 和自由项 Δ_{iP} 可能为零的性质,如果能使基本方程中尽可能多的副系数 $\delta_{ij}(i \neq j)$ 和自由项 Δ_{iP} 为零,那么基本方程将被简化为少元联立方程,甚至独立方程,从而大大降低基本方程的求解运算量。

下面针对此目标,分述对称结构承受对称和反对称荷载两种情况的具体简化方法。

5.5.3 对称结构承受对称荷载的简化计算方法

1) 简化方法的推导

以图 5.19(a)所示的单层单跨刚架为例,说明承受对称荷载的简化方法。此刚架为 3 次超静定结构。为充分利用对称性,截断对称轴经过的横梁跨中截面,暴露其内传递的 3 对内力,即剪力、弯矩和轴力作为基本未知力 X_1、X_2 和 X_3,因而其基本体系如图 5.19(b)所示。其中,剪力 X_1 是反对称内力,而弯矩 X_2 和轴力 X_3 则是对称内力。

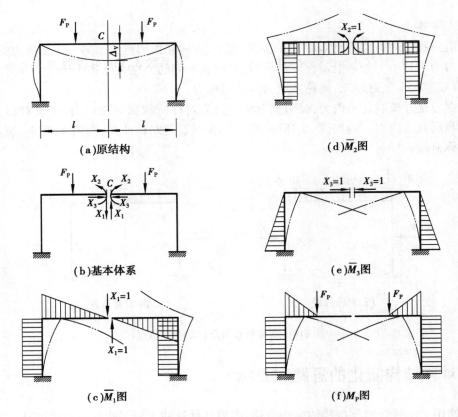

图 5.19　对称结构承受对称荷载的简化方法

该体系的力法基本方程为

$$\left.\begin{aligned}\delta_{11}X_1 + \delta_{12}X_2 + \delta_{13}X_3 + \Delta_{1P} = 0\\\delta_{21}X_1 + \delta_{22}X_2 + \delta_{23}X_3 + \Delta_{2P} = 0\\\delta_{31}X_1 + \delta_{32}X_2 + \delta_{33}X_3 + \Delta_{3P} = 0\end{aligned}\right\}$$ 　　（a）

下面,着重研究其中的副系数和自由项。

首先,考查副系数。绘制 $\overline{M}_i$ 图,由于剪力 X_1 反对称,引起的 $\overline{M}_1$ 图和变形也反对称,如图 5.19(c)所示;而弯矩 X_2 和轴力 X_3 对称,引起的 $\overline{M}_2$ 图、$\overline{M}_3$ 图和变形则对称,分别如图 5.19(d) 和(e)所示。对称弯矩图与反对称弯矩图的图乘结果为零,因而相应副系数

$$\delta_{12} = \delta_{21} = \sum \int \frac{\overline{M}_1 \overline{M}_2}{EI}\,\mathrm{d}s = 0, \quad \delta_{13} = \delta_{31} = \sum \int \frac{\overline{M}_1 \overline{M}_3}{EI}\,\mathrm{d}s = 0$$

其次,研究自由项。绘制 M_P 图,如图 5.19(f)所示。由于外荷载对称,引起的 M_P 图和变形也对称,因而它与反对称的 $\overline{M}_1$ 图图乘为零,相应自由项

$$\Delta_{1P} = \sum \int \frac{\overline{M}_1 M_P}{EI}\,\mathrm{d}s = 0$$

将以上为零的副系数和自由项代回基本方程,则式(a)简化为

$$\delta_{11}X_1 = 0$$ 　　（b）

和

$$\left.\begin{array}{l}\delta_{22}X_2 + \delta_{23}X_3 + \Delta_{2P} = 0 \\ \delta_{32}X_2 + \delta_{33}X_3 + \Delta_{3P} = 0 \end{array}\right\} \qquad (\text{c})$$

其中,式(b)是独立方程,式(c)是少元联立方程。因为主系数 $\delta_{11}>0$,可得剪力 $X_1=0$。从而,原基本方程得以简化成为式(c)。

最后,利用叠加公式 $M = \overline{M}_1 X_1 + \overline{M}_2 X_2 + \overline{M}_3 X_3 + M_P$,求原结构弯矩图。该式简化为 $M = \overline{M}_2 X_2 + \overline{M}_3 X_3 + M_P$,等号右边各项中弯矩 X_2、轴力 X_3、$\overline{M}_2$、$\overline{M}_3$ 和 M_P 图全部对称,因而叠加所得的原结构弯矩图也必然是对称的。同理,原结构的变形也是对称的。

2)对称结构承受对称荷载时的静力特性

综上所述,对称结构承受对称荷载时:

①其内力和变形是对称的。

②对称轴经过的截面上只有对称的内力,而反对称的内力为零。

3)半结构法

根据上述第 1 个静力特性,如果能解得对称结构的一半,那么其另一半的内力和变形就可以直接利用对称性获得。因而,若能找到与原结构在受力和变形上完全等效的半边结构(简称半结构),代替原结构进行计算,将有效地减轻计算工作量。等效半结构的取法,需根据原结构是奇数跨还是偶数跨来分别讨论。

(1)奇数跨对称结构承受对称荷载的半结构取法

仍以前面的单跨单层刚架为例,取其等效的对称基本体系,如图 5.20(b)所示。由第 2 个静力特性可知,其对称轴经过的截面上只有弯矩 X_2 和轴力 X_3。同时,这一截面只有竖向线位移(Δ_V)而没有水平线位移($\Delta_H=0$)和转角($\theta=0$)。

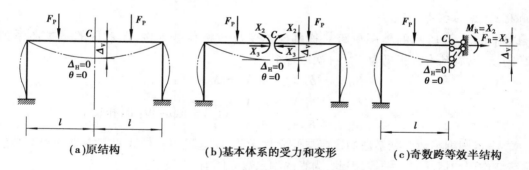

图 5.20 奇数跨对称结构承受对称荷载的半结构取法

取此基本体系的一半,比如左半边,在对称轴经过的截面 C 处,添加一个垂直于对称轴方向支承的定向支座,如图 5.20(c)所示。从受力看,该支座可提供与对称轴经过截面处的弯矩 X_2 和轴力 X_3 等效的反力矩 M_R 和水平反力 F_R;而从变形看,该支座也保证了此截面只有竖向线位移(Δ_V)而没有水平线位移($\Delta_H=0$)和转角($\theta=0$)。图 5.20(c)所示的结构在受力和变形上,完全等效于原结构的左半基本体系,而基本体系又与原结构完全等效,因此,该结构就是等效于原结构的半结构。

综上所述,奇数跨对称结构承受对称荷载的半结构取法为:

①取原结构的一半。

②在对称轴经过的截面处添加一个垂直于对称轴支承的定向支座。

（2）偶数跨对称结构承受对称荷载的半结构取法

以图5.21（a）所示单层两跨刚架为例，根据第1个静力特性，中柱不可能发生弯曲，而作为梁式杆，又不计它的轴向变形。因此，该刚架在对称轴经过的截面C处，不会发生任何的线位移（$\Delta_H = \Delta_V = 0$）和角位移（$\theta = 0$）。

其半结构在截面C处也应保证无上述位移，为此在该处增加一个固定支座，以保证半结构在受力与变形上完全等效原结构，如图5.21（b）所示。

因此，偶数跨对称结构承受对称荷载的半结构取法为：

①取原结构的一半。

②在对称轴经过的截面处添加一个固定支座。

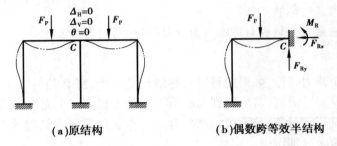

（a）原结构 （b）偶数跨等效半结构

图5.21 偶数跨对称结构承受对称荷载的半结构取法

5.5.4 对称结构承受反对称荷载的简化计算方法

1）简化方法的推导

以图5.22（a）所示的单层单跨对称刚架承受反对称荷载为例，取对称的基本体系如图5.22（b）所示，其基本方程仍为三元一次方程组

$$\left.\begin{aligned} \delta_{11}X_1 + \delta_{12}X_2 + \delta_{13}X_3 + \Delta_{1P} = 0 \\ \delta_{21}X_1 + \delta_{22}X_2 + \delta_{23}X_3 + \Delta_{2P} = 0 \\ \delta_{31}X_1 + \delta_{32}X_2 + \delta_{33}X_3 + \Delta_{3P} = 0 \end{aligned}\right\} \tag{a}$$

首先，考查副系数。副系数的计算与外荷载无关，而这里所取的3对基本未知力又与前述对称荷载作用的情况完全一致，因此，为零的副系数亦同前，为

$$\delta_{12} = \delta_{21} = \sum \int \frac{\overline{M}_1 \overline{M}_2}{EI} ds = 0, \quad \delta_{13} = \delta_{31} = \sum \int \frac{\overline{M}_1 \overline{M}_3}{EI} ds = 0$$

其次，看自由项。绘制M_P图，如图5.22（f）所示。由于外荷载反对称，引起的M_P图和变形也反对称，因而，它与对称的$\overline{M}_2$图和$\overline{M}_3$图图乘结果为零，相应自由项为

$$\Delta_{2P} = \sum \int \frac{\overline{M}_2 M_P}{EI} ds = 0, \quad \Delta_{3P} = \sum \int \frac{\overline{M}_3 M_P}{EI} ds = 0$$

将以上为零的副系数和自由项代入式（a），基本方程简化为

$$\delta_{11}X_1 + \Delta_{1P} = 0 \tag{b}$$

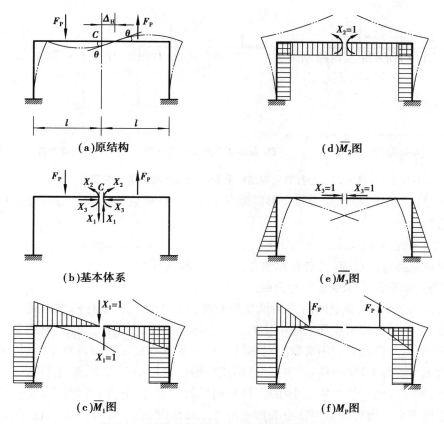

$$\delta_{22}X_2 + \delta_{23}X_3 = 0 \atop \delta_{32}X_2 + \delta_{33}X_3 = 0 \Bigr\} \tag{c}$$

和

图 5.22　对称结构承受反对称荷载的简化方法

可以证明:式(c)的系数行列式不为零,于是有 $X_2 = 0$ 和 $X_3 = 0$。从而,原基本方程简化为式(b)。

最后,利用叠加公式 $M = \overline{M}_1 X_1 + \overline{M}_2 X_2 + \overline{M}_3 X_3 + M_P$,求原结构弯矩图。该式简化为 $M = \overline{M}_1 X_1 + M_P$,类比前述对称荷载作用下的推导,易知对称结构承受反对称荷载时,原结构的弯矩图和变形均是反对称的。

2)对称结构承受反对称荷载时的静力特性

综上所述,对称结构承受反对称荷载时:

①其内力和变形是反对称的。

②对称轴经过的截面上只有反对称的内力,而对称的内力为零。

3)半结构法

(1)奇数跨对称结构承受反对称荷载的半结构取法

以图 5.23(a)所示的单层单跨刚架承受反对称荷载为例。该刚架在对称轴经过截面处,只有剪力;从变形看,竖向线位移 $\Delta_V = 0$,而水平线位移 Δ_H 和角位移 θ 都不为零,如图 5.23(b)所示。

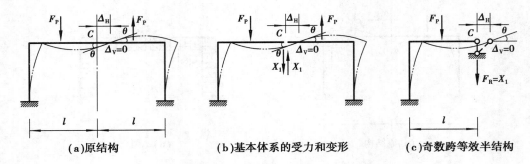

(a)原结构　　　　　　　　(b)基本体系的受力和变形　　　　　　(c)奇数跨等效半结构

图 5.23　奇数跨对称结构承受反对称荷载的半结构取法

如图 5.23(c)所示,根据受力与变形等效的原则,可得奇数跨对称结构承受反对称荷载的半结构取法为:

①取原结构的一半。

②在对称轴经过的截面处,沿对称轴方向添加一根支杆。

(2)偶数跨对称结构承受反对称荷载的半结构取法

以图 5.24(a)所示的单层两跨刚架承受反对称荷载为例。将中柱看作由紧靠在一起的两根柱子组成,它们的抗弯刚度都是原中柱的一半,如图 5.24(b)所示。这时,该刚架由原来的两跨变作三跨,即为奇数跨。利用奇数跨对称结构承受反对称荷载的结论可知,对称轴经过截面处仅有剪力 F_Q,如图 5.24(c)所示。在忽略梁式杆轴向变形的前提下,可证明这一对剪力的单独作用,除引起左右两中柱产生大小相等、符号相反的轴力外,不会引起图 5.24(c)所示结构中各杆件的任何内力。而将左右两部分叠加还原为原结构时,这一对剪力 F_Q 引起的左右两中柱的轴力又正好相互抵消。因此,该剪力对原结构的内力无任何影响,可将其忽略不计,直接取原结构的一半为等效半结构,如图 5.24(d)所示。

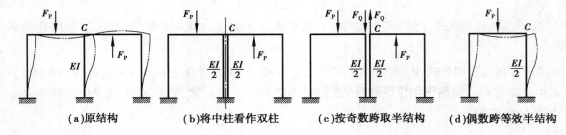

(a)原结构　　　　　(b)将中柱看作双柱　　　　(c)按奇数跨取半结构　　　　(d)偶数跨等效半结构

图 5.24　偶数跨对称结构承受反对称荷载的半结构取法

综上,偶数跨对称结构承受反对称荷载的半结构取法为:

①取原结构的一半。

②将中柱刚度折半。

另外,还需注意,在根据半结构内力图补全原结构内力图时,原中柱的弯矩和剪力应为半结构中柱相应内力的 1 倍。

若对称结构承受的是任意荷载,可将其分解为对称和反对称两组荷载的分别作用,简化计算后,再利用叠加法求得结果,具体做法详见下例。

【例 5.7】 试利用对称性分析图 5.25(a)所示刚架,并用力法计算其弯矩图。EI 为常数。

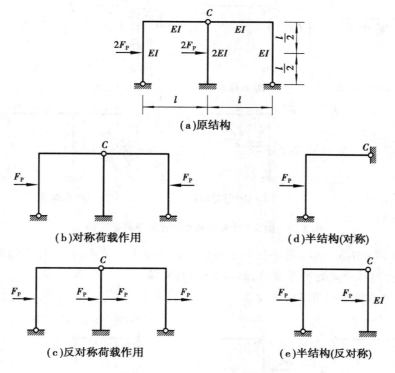

图 5.25 例 5.7 对称性分析

【解】 (1)利用对称性分析原结构

原结构为偶数跨对称结构,承受任意荷载的作用,将其分解为对称和反对称两组荷载来分别考虑,如图 5.25(b)和(c)所示。

再分别取这两种情况下的半结构。对称轴经过原结构的铰结点 C,其上弯矩为零,同时与之相连的各杆端转角不为零,半结构在 C 处必须反应这一特点。对称荷载作用时,C 铰无线位移,所以半结构 C 处最终简化为固定铰支座,如图 5.25(d)所示;而反对称荷载作用时,C 铰还可发生水平线位移,因此半结构仍取原结构的一半(中柱刚度折半),如图 5.25(e)所示。

经此简化,不论对称还是反对称荷载作用下的半结构都仅为 1 次超静定,比 2 次超静定的原结构更易计算。

(2)计算对称荷载作用下的半结构

取半结构的基本体系如图 5.26(b)所示,力法基本方程为

$$\delta_{11}X_1 + \Delta_{1P} = 0$$

系数和自由项分别为

$$\delta_{11} = \frac{2l}{3EI}, \quad \Delta_{1P} = \frac{F_P l^2}{16EI}$$

解得

$$X_1 = -\frac{\Delta_{1P}}{\delta_{11}} = -\frac{3}{32}F_P l \; (\,)(\,)$$

155

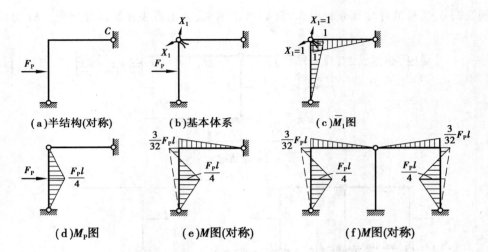

（a）半结构(对称)　　　（b）基本体系　　　　（c）$\overline{M}_1$图

（d）M_P图　　　　　（e）M图(对称)　　　　（f）M图(对称)

图 5.26　例 5.7 计算对称荷载作用下的半结构

利用叠加法 $M = \overline{M}_1 X_1 + M_P$，得半结构弯矩图如图 5.26（e）所示；再利用对称性补全右半部分，得原结构承受对称荷载时的弯矩图，如图 5.26（f）所示。

（3）计算反对称荷载作用下的半结构

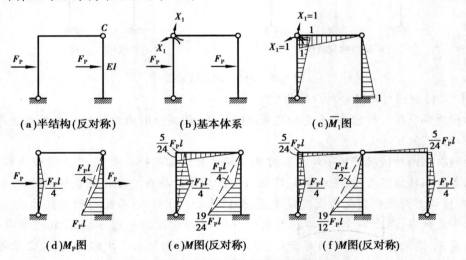

（a）半结构(反对称)　　　（b）基本体系　　　　（c）$\overline{M}_1$图

（d）M_P图　　　　　（e）M图(反对称)　　　　（f）M图(反对称)

图 5.27　例 5.7 计算反对称荷载作用下的半结构

取半结构的基本体系如图 5.27（b）所示，力法基本方程为

$$\delta_{11} X_1 + \Delta_{1P} = 0$$

系数和自由项分别为

$$\delta_{11} = \frac{l}{EI}, \quad \Delta_{1P} = -\frac{5 F_P l^2}{24 EI}$$

解得

$$X_1 = -\frac{\Delta_{1P}}{\delta_{11}} = \frac{5}{24} F_P l\ (\ )(\ )$$

利用叠加法 $M = \overline{M}_1 X_1 + M_P$，得半结构弯矩图如图5.27（e）所示；再利用反对称性补全右半部分，得原结构承受反对称荷载时的弯矩图，如图5.27（f）所示。

（4）利用叠加法求原结构弯矩图

把对称和反对称荷载单独作用下的弯矩图，即图5.26（f）和图5.27（f）叠加起来，得原结构弯矩图，如图5.28所示。

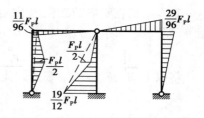

图5.28　例5.7弯矩图

*5.6　用力法计算荷载作用下的超静定拱

5.6.1　用力法计算荷载作用下的两铰拱

两铰拱是拱身仅通过两个固定铰支座与地基相连形成的结构，其超静定次数为1。力法计算两铰拱时，一般可略去剪切变形对系数和自由项的影响，而轴向变形的影响仅在扁平拱（拱高 $f < l/5$）的情况下计算 δ_{11} 时予以考虑，即

$$\delta_{11} = \sum \int \frac{\overline{M}_1^2}{EI} \mathrm{d}s + \sum \int \frac{\overline{F}_{N1}^2}{EA} \mathrm{d}s \tag{a}$$

$$\Delta_{1P} = \sum \int \frac{\overline{M}_1 M_P}{EI} \mathrm{d}s \tag{b}$$

还需注意：由于拱是曲线结构，所以不能使用图乘法，而只能用积分计算系数和自由项。

对图5.29（a）所示两铰拱，取简支曲梁为基本结构，暴露拱的水平推力为多余未知力 X_1，如图5.29（b）所示。在 $X_1 = 1$ 单独作用下，竖向支反力为零，如图5.29（c）所示。再取任意截面 K 以左的隔离体，如图5.29（d）所示，可得单位荷载作用下的弯矩方程和轴力方程分别为

$$\overline{M}_1 = -1 \times y = -y, \quad \overline{F}_{N1} = -1 \times \cos\varphi = -\cos\varphi$$

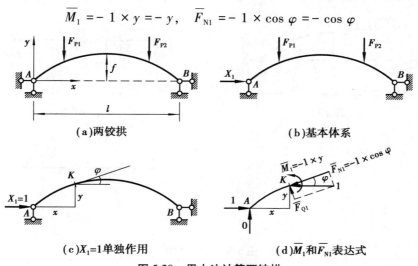

（a）两铰拱　　　　　　　　　　　　　（b）基本体系

（c）$X_1 = 1$单独作用　　　　　　　（d）$\overline{M}_1$和$\overline{F}_{N1}$表达式

图5.29　用力法计算两铰拱

基本结构在竖向荷载作用下,任意截面的弯矩 M 与同跨度同荷载的相当简支梁的弯矩 M^0 相等,即

$$M_P = M^0$$

将以上 $\overline{M}_1$、$\overline{F}_{N1}$ 和 M_P 表达式代入式(a)和式(b),可得

$$\delta_{11} = \int \frac{y^2}{EI} \mathrm{d}s + \int \frac{\cos^2 \varphi}{EA} \mathrm{d}s$$

$$\Delta_{1P} = - \int \frac{yM^0}{EI} \mathrm{d}s$$

故多余未知力 X_1(即水平推力 F_H)为

$$F_H = X_1 = - \frac{\Delta_{1P}}{\delta_{11}} = \frac{\displaystyle\int \frac{yM^0}{EI} \mathrm{d}s}{\displaystyle\int \frac{y^2}{EI} \mathrm{d}s + \int \frac{\cos^2 \varphi}{EA} \mathrm{d}s} \tag{5.17}$$

水平推力求出后,对于在竖向荷载作用下的两脚等高的两铰拱,其内力计算公式与三铰拱完全相同。两铰拱上任一截面的内力为

$$\left. \begin{array}{l} M = M^0 - F_H y \\ F_Q = F_Q^0 \cos \varphi - F_H \sin \varphi \\ F_N = - F_Q^0 \sin \varphi - F_H \cos \varphi \end{array} \right\} \tag{5.18}$$

式中,M^0 和 F_Q^0 分别为相当简支梁的弯矩、剪力;弯矩 M 以拱内侧受拉为正,轴力 F_N 以受拉为正。

由式(5.18)可见,两铰拱与三铰拱的内力计算公式在形式上完全相同。所不同的仅是两铰拱的水平推力 F_H 由变形条件确定,而三铰拱的水平推力 F_H 由平衡条件确定。

【例5.8】 试用力法计算图5.30(a)所示两铰拱,设拱的截面尺寸为常数,拱轴方程为 $y = \frac{4f}{l^2} x(l-x)$。

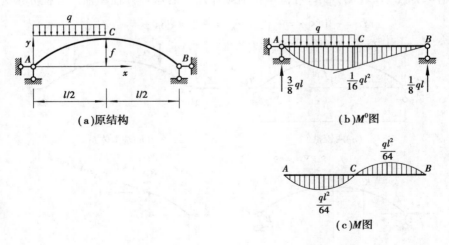

(a)原结构   (b)M^0图   (c)M图

图 5.30 例 5.8 图

计算时,采用两个简化假设:

①忽略轴向变形,只考虑弯曲变形。

②当拱比较扁平时(例如 $f < l/5$),可近似地取 $\mathrm{d}s = \mathrm{d}x$、$\cos\varphi = 1$。因此,计算系数和自由项的公式简化为

$$\delta_{11} = \frac{1}{EI}\int_0^l y^2 \mathrm{d}x$$

$$\Delta_{1P} = -\frac{1}{EI}\int_0^l y M^0 \mathrm{d}x$$

【解】 以左支座为原点,先计算 δ_{11}

$$\delta_{11} = \frac{1}{EI}\int_0^l \left[\frac{4f}{l^2}x(1-x)\right]^2 \mathrm{d}x = \frac{16f^2}{EIl^4}\int_0^l (l^2x^2 - 2lx^3 + x^4)\mathrm{d}x = \frac{8f^2 l}{15EI}$$

计算 Δ_{1P} 时,先求相当简支梁的弯矩图 M^0,如图 5.30(b)所示。弯矩方程为

$$\text{左半跨} \quad M^0 = \frac{3}{8}qlx - \frac{1}{2}qx^2 \quad \left(0 \le x \le \frac{l}{2}\right)$$

$$\text{右半跨} \quad M^0 = \frac{ql}{8}(l-x) \quad \left(\frac{l}{2} \le x \le l\right)$$

因此

$$\Delta_{1P} = -\frac{1}{EI}\int_0^{\frac{l}{2}} y\left(\frac{3}{8}qlx - \frac{1}{2}qx^2\right)\mathrm{d}x - \frac{1}{EI}\int_{\frac{l}{2}}^l y\frac{ql}{8}(l-x)\mathrm{d}x = -\frac{qfl^3}{30EI}$$

由力法方程,求得

$$F_H = X_1 = -\frac{\Delta_{1P}}{\delta_{11}} = \frac{ql^2}{16f}$$

这个结果与三铰拱在半跨均布荷载作用下的结果是一样的。有必要说明:这不是一个普遍性结论。如果在别的荷载作用下,或者在计算位移时不忽略轴向变形的影响,则两铰拱的推力不一定与三铰拱推力相等。但是,在一般荷载作用下,两铰拱的推力与三铰拱的推力是比较接近的。

F_H 求出后,利用公式 $M = M^0 - F_H y$,可作出弯矩图如图 5.30(c)所示。本例的弯矩图与三铰拱的弯矩图相同。

5.6.2 用力法计算荷载作用下的对称无铰拱

如图 5.31(a)所示的对称无铰拱,超静定次数为 3。为利用对称性,取其基本体系如图 5.31(b)所示。该体系的力法基本方程为

$$\left.\begin{aligned}
\delta_{11}X_1 + \delta_{12}X_2 + \delta_{13}X_3 + \Delta_{1P} = 0 \\
\delta_{21}X_1 + \delta_{22}X_2 + \delta_{23}X_3 + \Delta_{2P} = 0 \\
\delta_{31}X_1 + \delta_{32}X_2 + \delta_{33}X_3 + \Delta_{3P} = 0
\end{aligned}\right\} \tag{a}$$

其中,对称轴经过截面的弯矩为 X_1、轴力为 X_2、剪力为 X_3。

利用对称性,可知 $\delta_{13} = \delta_{31} = 0$,$\delta_{23} = \delta_{32} = 0$。代入基本方程得

$$\left.\begin{aligned}
\delta_{11}X_1 + \delta_{12}X_2 + \Delta_{1P} = 0 \\
\delta_{21}X_1 + \delta_{22}X_2 + \Delta_{2P} = 0 \\
\delta_{33}X_3 + \Delta_{3P} = 0
\end{aligned}\right\} \tag{5.19}$$

建立坐标系如图 5.31(b)所示,将 X_1、X_2 和 X_3 令为单位荷载,分别作用于基本结构上,并

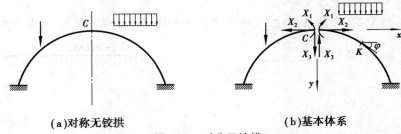

(a)对称无铰拱　　　　　　　　　　　**(b)基本体系**

图 5.31　对称无铰拱

取拱顶到任意截面 K 的一段 CK 为隔离体,如图 5.32 所示。求出内力表达式为

$$\begin{cases} \overline{M}_1 = 1 \\ \overline{F}_{N1} = 0 \\ \overline{F}_{Q1} = 0 \end{cases} \qquad \begin{cases} \overline{M}_2 = y \\ \overline{F}_{N2} = -\cos\varphi \\ \overline{F}_{Q2} = \sin\varphi \end{cases} \qquad \begin{cases} \overline{M}_3 = x \\ \overline{F}_{N3} = \sin\varphi \\ \overline{F}_{Q3} = \cos\varphi \end{cases}$$

其中,φ 是截面 K 的外法线与 x 轴的夹角,在右半拱为正值。轴力以受拉为正。

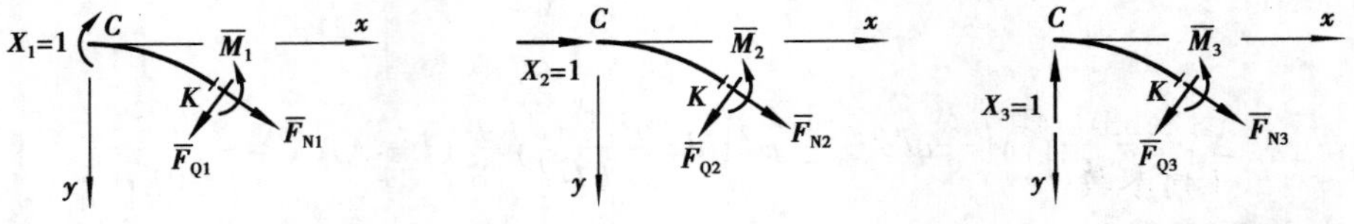

(a)$X_1=1$单独作用　　　　　**(b)$X_2=1$单独作用**　　　　　**(c)$X_3=1$单独作用**

图 5.32　无铰拱在单位荷载作用下的内力

一般情况下,只考虑弯曲变形对系数和自由项的影响。但如果为扁平拱($f<l/5$)时,还应考虑轴向变形对主系数 δ_{22} 的影响。系数和自由项的计算公式如下

$$\left.\begin{aligned} \delta_{11} &= \int \frac{\overline{M}_1^2}{EI}\mathrm{d}s = \int \frac{1}{EI}\mathrm{d}s \\[2mm] \delta_{12} &= \delta_{21} = \int \frac{\overline{M}_1\overline{M}_2}{EI}\mathrm{d}s = \int \frac{y}{EI}\mathrm{d}s \\[2mm] \delta_{22} &= \int \frac{\overline{M}_2^2}{EI}\mathrm{d}s + \int \frac{\overline{F}_{N2}^2}{EA}\mathrm{d}s = \int \frac{y^2}{EI}\mathrm{d}s + \int \frac{\cos^2\varphi}{EA}\mathrm{d}s \\[2mm] \delta_{33} &= \int \frac{\overline{M}_3^2}{EI}\mathrm{d}s = \int \frac{x^2}{EI}\mathrm{d}s \\[2mm] \Delta_{1P} &= \int \frac{\overline{M}_1 M_P}{EI}\mathrm{d}s = \int \frac{M_P}{EI}\mathrm{d}s \\[2mm] \Delta_{2P} &= \int \frac{\overline{M}_2 M_P}{EI}\mathrm{d}s = \int \frac{y M_P}{EI}\mathrm{d}s \\[2mm] \Delta_{3P} &= \int \frac{\overline{M}_3 M_P}{EI}\mathrm{d}s = \int \frac{x M_P}{EI}\mathrm{d}s \end{aligned}\right\} \qquad (5.20)$$

【例5.9】 设图 5.33(a)所示的等截面圆弧无铰拱跨度 $l=16$ m，矢高 $f=4$ m。受满跨竖向均布荷载 $q=20$ kN/m 的作用，试求其水平推力及拱顶和拱脚截面处的弯矩。

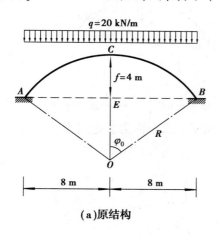

(a)原结构

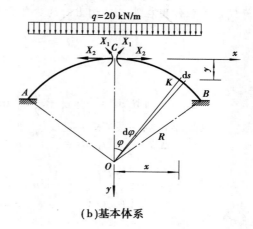

(b)基本体系

图 5.33 例 5.9 图

【解】 （1）选取基本体系

基本体系如图 5.33(b)所示。因荷载对称，故剪力 $X_3=0$。

（2）求相关几何参数

①拱的半径 R。根据 $R^2=\left(\dfrac{l}{2}\right)^2+(R-f)^2$，解得 $R=10$ m。

②圆心角 φ_0。由图 5.33(a)可知

$$\sin\varphi_0=\frac{BE}{OB}=\frac{\dfrac{l}{2}}{R}=0.8,\cos\varphi_0=\frac{OE}{OB}=\frac{R-f}{R}=0.6$$

因此，$\varphi_0=0.923\,7$ rad。

③坐标关系。截面 K 处的 x、y 坐标，用 φ 表示为

$$x=R\sin\varphi,\quad y=R-R\cos\varphi$$

（3）力法基本方程

$$\begin{cases}\delta_{11}X_1+\delta_{12}X_2+\Delta_{1P}=0\\\delta_{21}X_1+\delta_{22}X_2+\Delta_{2P}=0\end{cases}$$

（4）计算系数和自由项

由于 $f>l/5$，所以计算系数和自由项时不考虑轴向变形的影响。根据式(5.20)，并注意 $ds=Rd\varphi$，得

$$\delta_{11}=\frac{1}{EI}\int ds=\frac{2}{EI}\int_0^{\varphi_0}Rd\varphi=\frac{2R}{EI}\varphi_0$$

$$\delta_{12}=\delta_{21}=\frac{1}{EI}\int y\,ds=\frac{2}{EI}\int_0^{\varphi_0}(R-R\cos\varphi)Rd\varphi=\frac{2R^2}{EI}(\varphi_0-\sin\varphi_0)$$

$$\delta_{22}=\frac{1}{EI}\int y^2\,ds=\frac{2}{EI}\int_0^{\varphi_0}(R-R\cos\varphi)^2Rd\varphi=\frac{2R^3}{EI}\left(\frac{3}{2}\varphi_0-2\sin\varphi_0+\frac{1}{4}\sin2\varphi_0\right)$$

将 φ_0 代入，得

$$\delta_{11} = 1.855\frac{R}{EI}, \quad \delta_{12} = \delta_{21} = 0.254\,6\frac{R^2}{EI}, \quad \delta_{22} = 0.061\,9\frac{R^3}{EI}$$

荷载 q 单独作用在基本结构上时的弯矩方程为

$$M_{\mathrm{P}} = -\frac{q}{2}x^2 = -\frac{q}{2}R^2\sin^2\varphi$$

因此

$$\Delta_{1\mathrm{P}} = \frac{1}{EI}\int M_{\mathrm{P}}\mathrm{d}s = \frac{2}{EI}\int_0^{\varphi_0}\left(-\frac{q}{2}R^2\sin^2\varphi\right)R\mathrm{d}\varphi = -qR^3\left(\frac{\varphi_0}{2} - \frac{1}{4}\sin 2\varphi_0\right)$$

$$\Delta_{2\mathrm{P}} = \frac{1}{EI}\int M_{\mathrm{P}}y\mathrm{d}s = \frac{2}{EI}\int_0^{\varphi_0}(R - R\cos\varphi)\left(-\frac{q}{2}R^2\sin^2\varphi\right)R\mathrm{d}\varphi$$

$$= -\frac{qR^4}{EI}\left(\frac{\varphi_0}{2} - \frac{1}{4}\sin 2\varphi_0 - \frac{1}{3}\sin^3\varphi_0\right)$$

将 φ_0 代入,得

$$\Delta_{1\mathrm{P}} = -0.223\,7\frac{qR^3}{EI}, \Delta_{2\mathrm{P}} = -0.053\,0\frac{qR^4}{EI}$$

(5)解基本方程

把求得的系数和自由项代入基本方程,解得

$$\begin{cases} X_1 = 0.007\,1qR^2 = 14.2 \text{ kN·m} \\ X_2 = 0.827qR = 165.4 \text{ kN} \end{cases}$$

其中,X_2 即为水平推力。

(6)计算拱顶和拱脚截面弯矩

拱顶弯矩

$$M_C = X_1 = 14.2 \text{ kN·m}$$

拱脚弯矩

$$M_A = M_B = X_1 + X_2 f - \frac{q}{2}\left(\frac{l}{2}\right)^2 = 35.8 \text{ kN·m}$$

5.7　用力法计算支座移动和温度变化时的超静定结构

超静定结构由于多余约束的存在,会在支座移动、温度变化、材料涨缩和制造误差等非荷载因素作用时,产生内力,这种内力称为自内力。这也是超静定结构与静定结构的主要区别之一。

用力法计算支座移动和温度变化时的超静定结构,其基本原理和分析步骤与荷载作用时相同,只是具体计算时,有以下 3 个特点:其一,基本方程中的自由项不同;其二,对支座移动问题,基本方程右端项不一定为零;其三,计算最后内力的叠加公式不完全相同。

5.7.1　用力法计算支座移动时的超静定结构

下面举例说明支座移动时超静定结构用力法计算的过程和特点。

【例 5.10】　试用力法计算图 5.34(a)所示发生支座移动的超静定梁。EI 为常数。

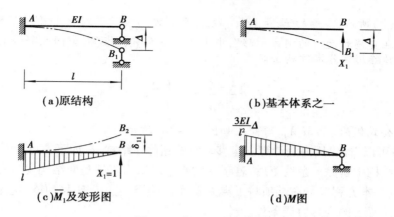

（a）原结构　　　　　　　　　（b）基本体系之一

（c）$\overline{M}_1$及变形图　　　　　　（d）M图

图 5.34　例 5.10 解法 1

【解】　（1）解法 1

此例为 1 次超静定结构，选取悬臂梁为基本结构，基本体系如图 5.34（b）所示，基本方程为

$$\delta_{11}X_1 + \Delta_{1c} = -\Delta$$

其中，自由项 Δ_{1c} 为基本结构在支座移动单独作用下 X_1 方向上的位移。等号右端项为 $-\Delta$，代表在 B 处基本体系应与原结构一样，产生大小为 Δ 的位移，但方向与 X_1 方向相反。

此例中，系数 $\delta_{11} = l^3/(3EI)$；自由项 $\Delta_{1c} = 0$，这是因为原结构中发生支座移动的支座 B 被解除后，作为基本结构的悬臂梁在 B 处已无支座可以发生移动。

解得

$$X_1 = -\frac{\Delta}{\delta_{11}} = -\frac{3EI\Delta}{l^3}(\downarrow)$$

因为支座移动不会使静定的基本结构产生内力，因此最终弯矩 $M = \overline{M}_1 X_1$，如图 5.34（d）所示。

（2）解法 2

选取简支梁为基本结构，基本体系如图 5.35（a）所示，基本方程为

$$\delta_{11}X_1 + \Delta_{1c} = 0$$

该方程代表基本体系在 A 处应与原结构一样，不会发生转动。

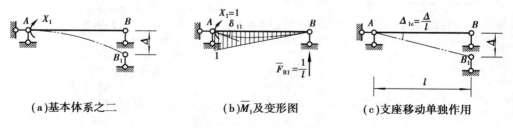

（a）基本体系之二　　　　　（b）$\overline{M}_1$及变形图　　　　　（c）支座移动单独作用

图 5.35　例 5.10 解法 2

系数 $\delta_{11} = l/(3EI)$；自由项可利用静定结构在支座移动时的位移计算公式（4.12）来计算，即

$$\Delta_{1c} = -\sum \overline{F}_R c = -\overline{F}_{R1} c_1 = -\left[-\left(\frac{1}{l}\times\Delta\right)\right] = \frac{\Delta}{l}$$

式中，$\overline{F}_R$ 为 $\overline{M}_i$ 图中对应原结构发生支座移动处的支反力；c 为原结构中相应的支座移动。

如图 5.35(b)所示,本例的 $\overline{F}_{R1}=1/l$,$c_1=\Delta$,两者方向相反。对一些简单结构,自由项还可以从基本结构在支座移动时的刚体位移图中由几何关系直接求得,如图 5.35(c)所示。

解得

$$X_1 = -\frac{\Delta_{1c}}{\delta_{11}} = -\frac{3EI\Delta}{l^2}(\curvearrowleft)$$

弯矩叠加公式仍为 $M=\overline{M}_1 X_1$,弯矩图如图 5.34(d)所示。

从例 5.10 可以看出,用力法计算支座移动时的超静定结构,有如下特点:

①当从原结构中解除多余约束后,若暴露的基本未知力正好是原结构发生支座移动方向上的支反力时,则基本方程等号右端项将不再为零,而是等于这一支座移动值,这体现了基本体系与原结构在此位置上的变形协调条件。

②自由项 Δ_{ic} 是静定的基本结构上,由除上述支座移动外,剩余的支座移动作用时引起的位移,因此 Δ_{ic} 是刚体位移,可按式(4.12)$\Delta_{ic}=-\sum \overline{F}_R c$ 计算。

③由于支座移动不引起静定的基本结构的内力,因此弯矩叠加公式变为 $M=\sum\limits_{i=1}^{n}\overline{M}_i X_i$。

④从计算结果可知,支座移动时超静定结构的内力和反力与杆件刚度的绝对值成正比。

5.7.2 用力法计算温度变化时的超静定结构

下面,举例说明温度变化时超静定结构用力法计算的过程和特点。

【例 5.11】 试作图 5.36(a)所示刚架在温度改变时所产生的弯矩图。设各杆截面为矩形,高度 $h=l/10$,线膨胀系数为 α,EI 为常数。

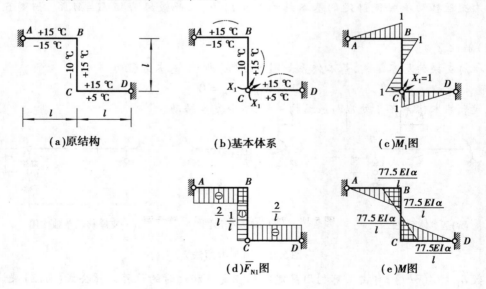

(a)原结构　　(b)基本体系　　(c)$\overline{M}_1$图

(d)$\overline{F}_{N1}$图　　(e)M图

图 5.36　例 5.11 图

【解】 此结构为 1 次超静定刚架,取基本体系如图 5.36(b)所示,基本方程为

$$\delta_{11}X_1 + \Delta_{1t} = 0$$

该方程代表温度变化时基本体系与原结构一样,在 C 结点处无相对转角。式中,Δ_{1t} 为温度变化单独作用于基本结构时,引起 C 结点处的相对转角。

求系数与自由项。分别作 $\overline{M}_1$ 图和 $\overline{F}_{N1}$ 图,如图 5.36(c)和(d)所示。系数为

$$\delta_{11} = \frac{2}{EI}\left[\left(\frac{1}{2} \times 1 \times l\right) \times \left(\frac{2}{3} \times 1\right) + \left(\frac{1}{2} \times 1 \times \frac{l}{2}\right) \times \left(\frac{2}{3} \times 1\right)\right] = \frac{l}{EI}$$

自由项 Δ_{1t} 按静定结构在温度变化时的位移计算公式(4.14)计算,即

$$\Delta_{1t} = \sum \alpha \frac{\Delta t}{h} A_{\overline{M}} + \sum \overline{F}_N \alpha t l$$

式中,轴线上的温度变化 $t = \dfrac{t_1 + t_2}{2}$,各杆段分别为

AB 段　　$t = 0 \ ^\circ\!\mathrm{C}$

BC 段　　$t = 2.5 \ ^\circ\!\mathrm{C}$

CD 段　　$t = 10 \ ^\circ\!\mathrm{C}$

内外温差 $\Delta t = |t_2 - t_1|$,各杆段分别为

AB 段　　$\Delta t = 30 \ ^\circ\!\mathrm{C}$

BC 段　　$\Delta t = 25 \ ^\circ\!\mathrm{C}$

CD 段　　$\Delta t = 10 \ ^\circ\!\mathrm{C}$

将各已知值代入 Δ_{1t} 计算式,得

$$\Delta_{1t} = \alpha \times \frac{10}{l}\left[30 \times \left(\frac{1}{2} \times 1 \times l\right) - 10 \times \left(\frac{1}{2} \times 1 \times l\right)\right] + \alpha\left[-2.5 \times \left(\frac{1}{l} \times l\right) - 10 \times \left(\frac{2}{l} \times l\right)\right]$$

$$= 100\alpha - 22.5\alpha = 77.5\alpha$$

将系数和自由项代入基本方程,解得

$$X_1 = -\frac{\Delta_{1t}}{\delta_{11}} = -\frac{77.5EI\alpha}{l}\ (\ )(\ )$$

最后弯矩图 $M = \overline{M}_1 X_1$,如图 5.36(e)所示。

从例 5.11 可以看出,用力法计算温度变化时的超静定结构有如下特点:

① 自由项 Δ_{it} 可按式(4.14) $\Delta_{it} = \sum \alpha \dfrac{\Delta t}{h} A_{\overline{M}_i} + \sum \overline{F}_{Ni} \alpha t l$ 计算。

② 由于温度变化不引起静定的基本结构的内力,因此弯矩叠加公式变为 $M = \displaystyle\sum_{i=1}^{n} \overline{M}_i X_i$。

③ 在温度变化时,超静定结构的内力和反力与各杆件刚度的绝对值成正比。因此,加大截面尺寸并不是改善自内力状态的有效途径。另外,对于钢筋混凝土梁,要特别注意因降温可能出现裂缝的情况(对超静定梁而言,其低温一侧受拉而高温一侧受压)。

5.8　超静定结构的位移计算

超静定结构的位移计算仍可采用单位荷载法。下面以求解图 5.37(a)所示荷载作用下的连续梁 B 支座转角 θ_B 为例,说明超静定结构位移的算法。

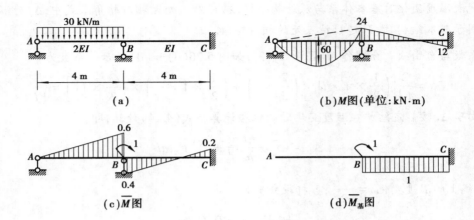

图 5.37 超静定结构的位移计算示例

1）解法 1

首先，对应实际位移状态，绘出此结构承受荷载作用的最终弯矩图 M，如图 5.37（b）所示。

其次，确定虚拟状态，在欲求取位移的截面上虚设广义单位力。本例中，在截面 B 处加一个单位集中力偶，并绘出单位荷载弯矩图 $\overline{M}$ 图，如图 5.37（c）所示。

最后，求出位移

$$\theta_B = \sum \int \frac{\overline{M}M}{EI}\mathrm{d}s = \frac{1}{2EI}\Big[\Big(\frac{1}{2}\times 24\times 4\Big)\times\Big(\frac{2}{3}\times 0.6\Big) - \Big(\frac{2}{3}\times 60\times 4\Big)\times\Big(\frac{1}{2}\times 0.6\Big)\Big] +$$

$$\frac{1}{EI}\Big[-\Big(\frac{1}{2}\times 24\times 4\Big)\times\Big(\frac{2}{3}\times 0.4 - \frac{1}{3}\times 0.2\Big) - \Big(\frac{1}{2}\times 12\times 4\Big)\times$$

$$\Big(\frac{2}{3}\times 0.2 - \frac{1}{3}\times 0.4\Big)\Big] = -\frac{24}{EI}(\,\backsim\,)$$

在上面的步骤中，为了求得 M 图和 $\overline{M}$ 图，必须两次求解超静定结构，计算工作量很大。为简便起见，可采取如下的解法 2。

2）解法 2

（1）原理说明

力法的基本体系在变形上与原结构完全等效，于是可将原结构中某截面位移的求解问题，转化为基本体系中相应位移的求解问题。这样做的好处是：在虚设单位力状态时，可将单位荷载施加于静定的基本结构上，这显然比将单位荷载加于超静定的原结构上更易计算。

（2）计算步骤

首先，对应实际位移状态，求出此结构承受荷载作用的最终弯矩图 M，仍如图 5.37（b）所示。

其次，施加虚拟单位力。取原结构的任一力法基本结构，在其上对应位置处施加虚设单位荷载，并求出单位荷载弯矩图 $\overline{M}_基$ 图，如图 5.37（d）所示。

最后，求出位移

$$\theta_B = \sum \int \frac{\overline{M}_基 M}{EI}\mathrm{d}s = -\frac{1}{EI}\Big[(1\times 4)\times\Big(\frac{24-12}{2}\Big)\Big] = -\frac{24}{EI}(\,\backsim\,)$$

综上可见,两种解法的结果完全一致,但后者更为简便。由此可知,超静定梁式结构的位移计算,仍可按静定梁式结构的位移计算公式(4.8)进行,即

$$\Delta = \sum \int \frac{\overline{M}M}{EI} \mathrm{d}s \tag{5.21}$$

其中,M 为荷载作用下超静定结构的最后弯矩图;$\overline{M}$ 为虚拟单位力状态下的弯矩图,可绘于原超静定结构上,也可绘于一任选的静定的基本结构上。

5.9 超静定结构内力图的校核

超静定结构的计算过程长、运算繁、易出错,因此,有必要对计算结果的正确性进行校核。校核可从力的平衡条件和变形条件两方面进行。

5.9.1 利用力的平衡条件校核(必要条件)

力法基本未知力是根据变形协调方程(基本方程)求出的,未涉及平衡条件,所以即便基本未知力求错,最终的内力图仍可能是平衡的,因此,平衡条件只能作为校核的必要条件。

【例 5.12】 试校核例 5.2 中刚架的平衡条件,其内力图如图 5.38(b)~(d)所示。

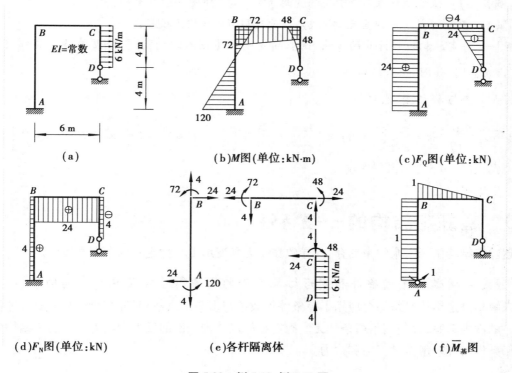

图 5.38　例 5.12、例 5.13 图

【解】 取各杆为隔离体,根据内力图标出各杆端内力,如图 5.38(e)所示。利用投影平衡方程和力矩平衡方程进行校核。以 CD 杆为例:

$$\sum M_C = 48 - \frac{1}{2} \times 6 \times 4^2 = 0$$

$$\sum F_x = 24 - 6 \times 4 = 0$$

$$\sum F_y = 4 - 4 = 0$$

因此,CD 杆满足平衡条件。AB 和 BC 杆的平衡条件请读者自行校验。

除了取杆件隔离体来验证平衡条件外,还可以取结点隔离体,甚至结构任一部分的隔离体来验证平衡条件。

5.9.2　利用已知的变形条件校核(充分条件)

在超静定结构符合平衡条件的各种解答中,唯一正确的解答还必须满足原结构的变形条件。只有通过变形条件的校核,超静定结构内力解答的正确性才是充分的。这是校核的重点所在。

实用上,常采用以下方法进行变形条件校核:根据已求得的最后内力图,计算原结构某一截面的位移,校核它是否与实际的已知变形情况相符(一般常选取广义位移为零或为已知值处)。若相符,表明满足变形条件;若不相符,则表明多余未知力计算有误。

【例 5.13】　试校核例 5.2 中刚架的变形条件,其弯矩图如图 5.38(b)所示。

【解】　原结构在 A 端应当无转角 θ_A,因此选取 $\theta_A = 0$ 作为校核条件。

根据超静定结构位移计算的方法,选取简支刚架为基本结构,并将虚设单位力偶作用于 A 端,求出 $\overline{M}_{基}$ 图,如图 5.38(f)所示。

将 $\overline{M}_{基}$ 图与 M 图图乘,可得

$$\theta_A = \sum \int \frac{\overline{M}_{基} M}{EI} ds = \frac{1}{EI} \left[(1 \times 8) \times \left(\frac{120 - 72}{2} \right) - \left(\frac{1}{2} \times 1 \times 6 \right) \times \left(\frac{2}{3} \times 72 + \frac{1}{3} \times 48 \right) \right] = 0$$

校核无误,说明例 5.2 的求解正确。

5.10　超静定结构的一般特性

超静定结构由于多余约束的存在,导致在受力和变形上与静定结构存在本质区别。

1)超静定结构满足平衡条件和变形协调条件的内力解答才是唯一真实的解

求解超静定结构必须综合应用平衡条件和数量与多余约束数相等的变形协调条件,才能得到唯一的内力解答,仅使用平衡条件无法确定超静定结构全部的反力和内力。而静定结构则只需平衡条件就能求解全部反力和内力。

2)超静定结构的内力与刚度有关

超静定结构的求解考虑了变形协调条件,而此条件与杆件的刚度(抗弯刚度 EI、轴向刚度 EA、剪切刚度 GA)相关,因而超静定结构的内力也就与刚度有关。相比较而言,静定结构的求

解只涉及平衡条件,因此,其内力与刚度无关。

从本章前述各例可知:仅受荷载作用的超静定结构,其内力分布与该结构中各杆的刚度比值(相对值)有关;而受非荷载因素作用的超静定结构,其内力则与各杆刚度的绝对值有关,且一般二者成正比。

3)超静定结构在非荷载因素作用下会产生自内力

由于支座移动、温度变化、制造误差、材料胀缩等非荷载因素作用时,多余约束限制了超静定结构在其支承方向上自由发展的位移,所以超静定结构会产生内力(称为自内力)。而静定结构不存在多余约束,也就没有自内力。

自内力的存在有不利的一面,也有有利的一面。地基不均匀沉降和温度变化等因素产生的自内力会引起结构裂缝,这是工程中应注意防止的一个问题;而采用预应力结构,则是主动利用自内力来调节结构截面应力的典型例子。

4)超静定结构有较强的防护能力

即便超静定结构中的多余约束被破坏,剩余体系仍可维持几何不变性。而静定结构的约束全是必要约束,一旦必要约束被破坏,体系将因几何可变而无法继续承载。这也是超静定结构在工程结构中比静定结构有着更为广泛运用的一个重要原因。

5)超静定结构的内力和变形分布比较均匀

由于多余约束的存在,超静定结构一般比静定结构刚度更大些,因而在承受相同荷载时,内力和位移的峰值就会小些,且在结构中的分布更趋均匀。此外,局部荷载作用的超静定结构,其内力分布范围也比静定结构更大些。

本章小结

(1)力法的基本原理

超静定结构由于多余约束的存在,除平衡条件外,还需要补充变形协调条件才能求解。力法以多余约束中的反力或内力为基本未知量,一般以静定结构作为基本结构,以基本结构上承受基本未知量及原结构所受的各种外效应(荷载、温度变化、支座移动等)作为基本体系。利用基本体系与原结构的完全等效来寻找补充方程,即力法基本方程。解得基本未知量后,用平衡条件即可求得全部剩余的内力。

(2)力法的基本方程

力法基本方程是联系基本体系与原结构的纽带,体现了基本体系等效于原结构的力法求解思路。基本方程的物理意义是:基本体系沿基本未知力方向上的位移,应与原结构的对应位移相等。而基本体系中沿基本未知量方向上的位移,又可以被分解为各个基本未知力和外效应单独作用于基本结构所引起的相应位移之和。

(3)力法的解题步骤

力法解题的步骤是:确定原结构的超静定次数→确定基本体系→列出基本方程→求系数和自由项→解基本方程,求出多余未知力→利用内力叠加公式计算原结构内力。

不同形式的结构,系数和自由项的求法不同。对梁式结构,仅考虑弯曲变形的影响;对桁架,仅考虑轴向变形的影响;对组合结构,先区分其中的梁式杆和链杆,梁式杆考虑弯曲变形的影响,链杆考虑轴向变形的影响,然后叠加在一起。

在支座移动、温度变化作用时,自由项需分别按位移计算公式(4.12)和式(4.14)计算。同时,由于非荷载因素不引起基本结构的内力,因此内力叠加公式中无这部分内力。例如,梁式结构受非荷载因素作用时的弯矩叠加公式为 $M = \sum_{i=1}^{n} \overline{M}_i X_i$。

(4)利用对称性进行简化

对称结构承受对称(或反对称)荷载作用时,只会产生对称(或反对称)的内力和变形,而对称轴经过的截面上只有对称(或反对称)的内力。

半结构法是常用的对称结构简化计算方法,即便承受的荷载并不具备对称性,也可以先将其分解为对称和反对称两组荷载单独作用,然后分别简化计算后,再进行叠加。

(5)超静定结构的位移计算和计算结果的校核

超静定结构的位移计算仍采用单位荷载法,虚设单位力可作用于原结构任一基本结构上。只有同时满足平衡条件和变形条件,才能保证超静定结构计算结果的正确性。对于变形条件,一般采用计算原结构中的某一位移是否等于已知位移的方法来进行校核。

(6)超静定结构的一般特性

多余约束的存在使超静定结构相对静定结构而言,具有一些独特的性质。充分理解多余约束与超静定结构特性之间的关系,同时比对静定结构,将有助于工程结构的概念设计。

思考题

5.1 如何确定结构的超静定次数?

5.2 力法求解超静定结构的思路是什么?

5.3 什么是力法基本未知量?力法的基本结构与基本体系之间有什么不同?基本体系与原结构之间有什么内在关系?在选取力法基本结构时应掌握哪些原则?

5.4 试画出思考题5.4图所示每一超静定结构的两种力法基本结构。

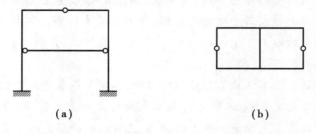

(a)   (b)

思考题 5.4 图

5.5 力法基本方程的物理意义是什么?力法基本方程的右端是否一定为零?

5.6 思考题5.6图(a)所示结构,若选取图(b)所示力法基本体系,试写出力法基本方程。方程中 δ_{12}、δ_{22}、Δ_{1P} 的含义是什么?如何计算?

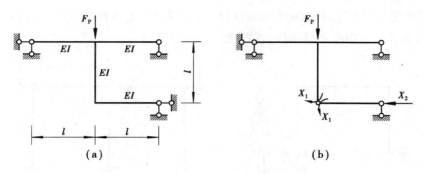

思考题 5.6 图

5.7 为什么静定结构的内力与杆件的刚度无关而超静定结构与之有关？在什么情况下，超静定结构的内力只与各杆刚度的相对值有关？在什么情况下，超静定结构的内力与各杆刚度的绝对值有关？

5.8 试指出利用对称性计算思考题 5.8 图所示对称结构的思路，并画出相应的半结构。

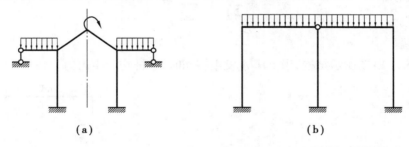

思考题 5.8 图

5.9 如何计算超静定结构的位移？为什么虚拟单位力可以加在任一基本结构上？可以加在原结构上吗？

5.10 试分别从不同结构类型（如梁、刚架、桁架等）的角度和不同外因作用（如荷载作用、温度变化等）的角度比较力法计算过程的异同。

5.11 用力法计算思考题 5.11 图所示结构并绘出弯矩图。讨论：当 $I_2 \to \infty$ 和 $I_1 \to \infty$ 时，梁的弯矩怎样变化？

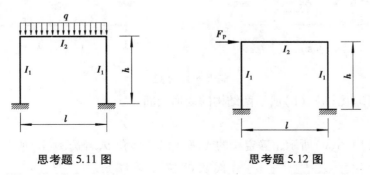

思考题 5.11 图   思考题 5.12 图

5.12 用力法计算思考题 5.12 图所示结构并绘出弯矩图。讨论：当 $I_2 \to \infty$ 和 $I_1 \to \infty$ 时，柱的弯矩和反弯点的位置怎样变化？

5.13 思考题 5.13 图(a)和(b)所示的超静定结构均有支座移动发生。问:此时结构是否会产生内力? 为什么? 由此可得出什么结论?

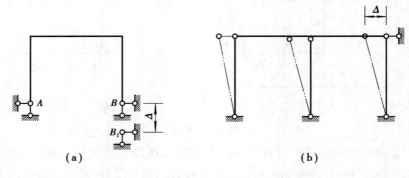

(a) (b)

思考题 5.13 图

习 题

5.1 判断题

(1)习题 5.1(1)图所示结构,当支座 A 发生转动时,各杆均产生内力。　　　　　　　（　　）

习题 5.1(1)图

习题 5.1(2)图

(2)习题 5.1(2)图所示结构,当内外侧均升高 t_1℃时,两杆均只产生轴力。　　　　（　　）

(3)习题 5.1(3)图(a)、(b)所示两结构的内力相同。　　　　　　　　　　　　　　（　　）

(a) (b)

习题 5.1(3)图

(4)习题 5.1(3)图(a)、(b)所示两结构的变形相同。　　　　　　　　　　　　　　（　　）

5.2 填空题

(1)习题 5.2(1)图(a)所示超静定梁的支座 A 发生转角 θ,若选图(b)所示力法基本结构,则力法基本方程为＿＿＿＿＿＿＿＿＿,代表的位移条件是＿＿＿＿＿＿＿＿＿,其中 $\Delta_{1c}=$ ＿＿＿＿＿＿＿＿＿;若选图(c)所示力法基本结构时,力法基本方程为＿＿＿＿＿＿＿＿＿,代表的位移条件是＿＿＿＿＿＿＿＿＿,其中 $\Delta_{1c}=$ ＿＿＿＿＿＿＿＿＿。

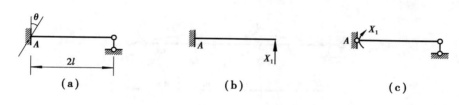

习题 5.2(1)图

（2）习题 5.2(2)图(a)所示超静定结构,当基本体系为图(b)时,力法基本方程为_____
_____,$\Delta_{1P} =$ _____;当基本体系为图(c)时,力法基本方程为_____,
$\Delta_{1P} =$ _____。

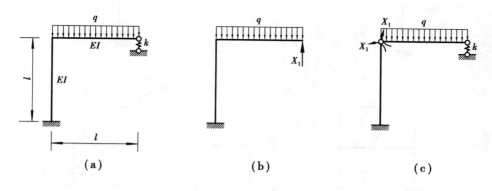

习题 5.2(2)图

（3）习题 5.2(3)图(a)所示结构各杆刚度相同且为常数,AB 杆中点弯矩为_____
____,_____侧受拉;图(b)所示结构 $M_{BC} =$ _____,_____
侧受拉。

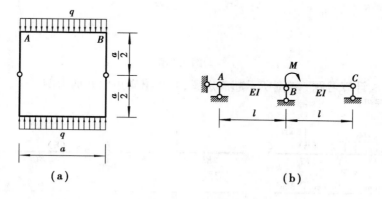

习题 5.2(3)图

（4）连续梁受荷载作用时,其弯矩图如习题 5.2(4)图所示,则 D 点的挠度为_____
_____,位移方向为_____。

5.3 试确定习题 5.3 图所示结构的超静定次数。

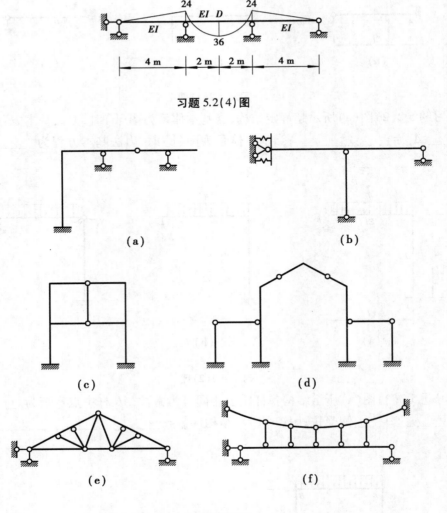

习题 5.2(4)图

习题 5.3 图

5.4 用力法计算习题 5.4 图所示超静定梁,并作出弯矩图和剪力图。

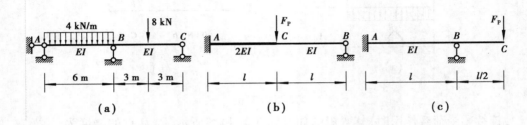

习题 5.4 图

5.5 用力法计算习题 5.5 图所示超静定刚架,并作出内力图。

5.6 用力法计算习题 5.6 图所示结构,并作出弯矩图。

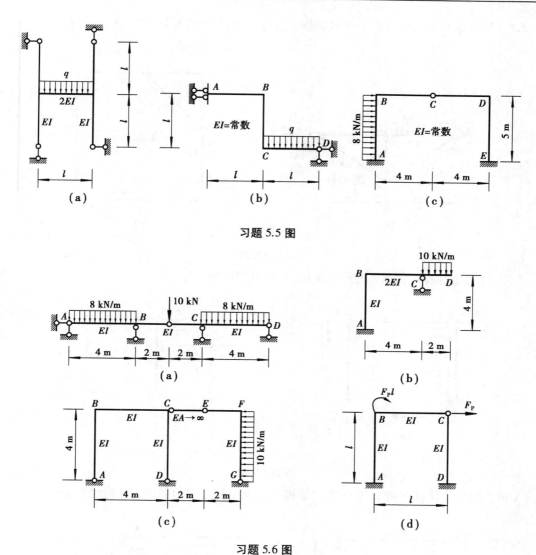

习题 5.5 图

习题 5.6 图

5.7　用力法计算习题 5.7 图所示桁架各杆的轴力,已知各杆 EA 相同且为常数。

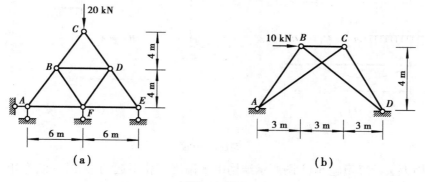

习题 5.7 图

5.8　用力法计算习题 5.8 图所示超静定组合结构,绘出弯矩图,并求链杆轴力。

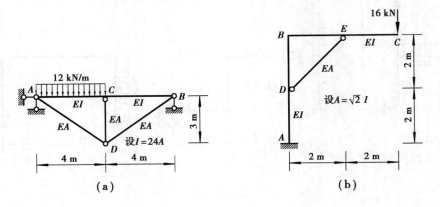

（a）

（b）

习题 5.8 图

5.9　用力法计算习题 5.9 图所示排架,并绘出弯矩图。

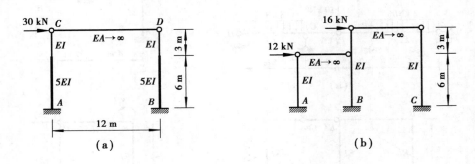

（a）

（b）

习题 5.9 图

5.10　用力法计算习题 5.10 图所示结构由于支座移动引起的内力,并绘弯矩图。

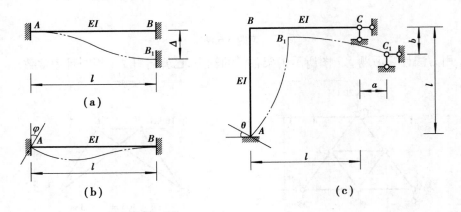

（a）

（b）

（c）

习题 5.10 图

5.11　用力法计算习题 5.11 图所示结构由于温度变化引起的内力,并绘弯矩图。（设杆件为矩形截面,截面高为 h,线膨胀系数为 α）

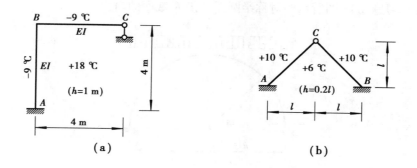

习题 5.11 图

5.12 利用对称性,计算习题 5.12 图所示结构的内力,并绘弯矩图。

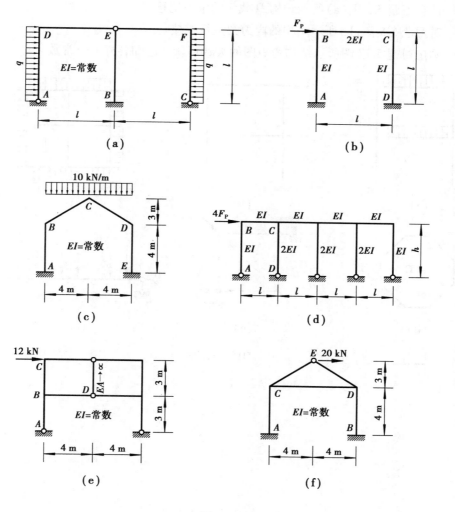

习题 5.12 图

5.13 计算习题 5.13 图所示的对称半圆无铰拱 K 截面的内力。

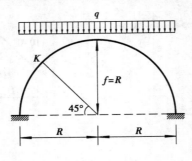

习题 5.13 图

5.14 计算习题 5.6 图(d)所示结构结点 B 的水平位移。

5.15 计算习题 5.9 图(a)所示结构 D 截面的水平位移。

5.16 对习题 5.5 图(b)所示结构的内力图进行校核。

5.17 画出习题 5.17 图所示结构弯矩图的大致形状。已知各杆 $EI=$ 常数。

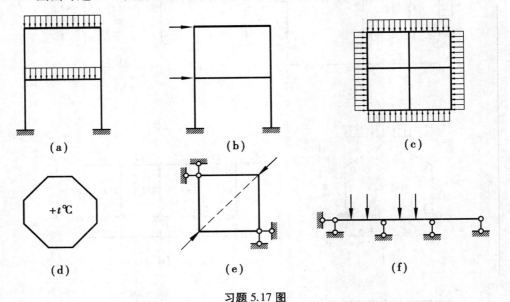

(a)   (b)   (c)

(d)   (e)   (f)

习题 5.17 图

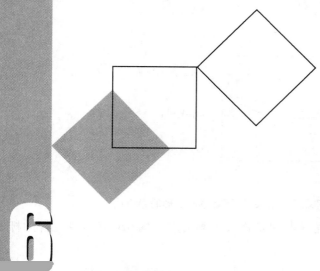

6 位移法

本章导读:

• **基本要求**　掌握位移法的基本原理和方法;熟练掌握用典型方程法计算超静定刚架在荷载作用下的内力;会用典型方程法计算超静定结构在支座移动作用下的内力;掌握用直接平衡法计算超静定刚架的内力。

• **重点**　位移法的基本未知量;杆件的转角位移方程;用典型方程法和直接平衡法建立位移法方程;用典型方程法计算超静定结构在荷载作用下的内力。

• **难点**　对位移法方程的物理意义的理解和方程中系数、自由项的计算。

6.1 概　述

　　本章介绍计算超静定结构的第二个经典的基本解法——位移法。位移法适用于静定结构和超静定结构的计算,也是结构分析中常用的渐近法、近似法和矩阵位移法的基础。

　　对于处于线弹性小变形状态的杆系结构,杆件的内力分布与其变形之间存在着一一对应的关系。在结构分析时,可以根据位移—变形(内力)之间对应的函数关系,利用某些结点位移表达出杆端位移,再由杆端位移表达出杆件变形,据此以寻求结构的内力分布。

　　结点位移确定后,体系中所有的杆件都将具有一个明确的杆端位移值。图 6.1 所示为杆件 AB 的两端结点位移与杆端截面位移的关系示意图(弦转角 β 在小变形假定下,可不计其对杆端转角的影响)。杆端角位移 θ_A、θ_B 对应于结点角位移 θ_A、θ_B,杆端线位移 Δ_{AB} 为相对线位移,等于两端结点线位移 V_A、V_B 之差。

　　对于图 6.2 所示刚架,分析时一般采用两个简化假定,即:忽略刚架中各杆件的轴向变形;不计由于弯曲变形而引起的杆件两端的接近。因此,该刚架的结点位移为结点 A 的未知转角

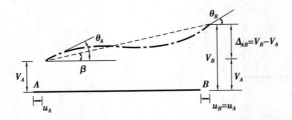

图 6.1 杆件中结点位移与杆端位移的关系(不计轴向变形的影响)

θ_A 和结点 C 的已知支座移动 Δ_C。其中,转角 θ_A 将决定连接于刚结点 A 的 AB、AC、AD 三杆的杆端转角大小。

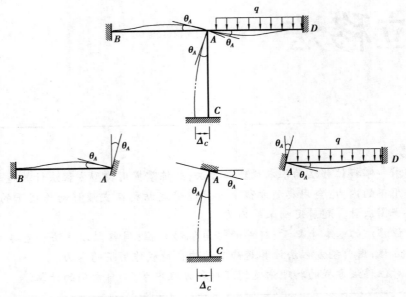

图 6.2 结点位移与杆端位移的协调关系(一)

下面再分析一个如图 6.3(a)所示的既有转角又有线位移的刚架。

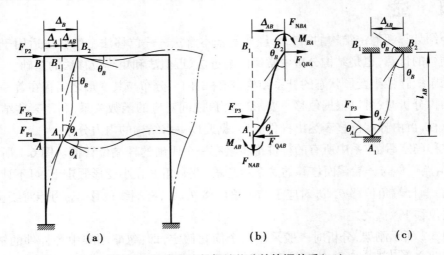

(a)　　　　　　　　　　(b)　　　　　　　　　　(c)

图 6.3 结点位移与杆端位移的协调关系(二)

该刚架在图示水平荷载作用下,结点 A 有转角 θ_A 和水平位移 Δ_A,结点 B 有转角 θ_B 和水平位移 Δ_B。若从刚架中取出杆件 AB,其杆端内力和杆件变形如图 6.3(b)所示,杆端内力有杆端弯矩 M_{AB} 及 M_{BA}、杆端剪力 F_{QAB} 及 F_{QBA}、轴力 F_{NAB} 及 F_{NBA},杆端位移有杆端转角 θ_A 及 θ_B 和相对线位移 Δ_{AB}(在 AB 杆平移 Δ_A 到达 A_1B_1 位置过程中,杆件仅发生刚体位移,不产生内力)。显然,这一变形图又可完全等效地转化为如图 6.3(c)所示两端固定的单跨梁 A_1B_1,在荷载及转角 θ_A、θ_B 和相对线位移 Δ_{AB} 共同作用下的变形图。

因此,对于结构中的任一杆件,若结点位移确定,则杆端位移可唯一确定。

利用结点位移表达杆端位移后,即完成了结构的离散化。离散后的任一杆件,由于杆端位移和荷载与在整体结构中的状态完全一致,因此该杆件的受力与变形也与离散前完全等效,则结构的受力分析可放在单独的杆件中进行。

在位移法中对单杆所进行的受力分析,即为位移法的单元分析。

单元分析时根据杆端位移和荷载,可计算出杆件的变形和内力分布。结构静力分析中,满足变形协调条件又同时满足静力平衡条件的内力分布,对应于结构的真实解。对于杆件内部,其内力分布根据变形得到,同时满足平衡和协调条件;而对于杆件的边界,即杆端与结点位置,依据杆端位移与结点位移的协调关系,同时令其满足相应的平衡条件,建立的方程即可解出结构的真实内力。

在位移法分析中,需要解决 3 个问题:

第一,选取结点位移作为基本未知量,并利用结点位移表达杆端位移,进行结构离散,以确定位移法的杆件单元和基本未知量。

第二,确定杆件的杆端内力与杆端位移之间的函数关系,即进行单元分析。

第三,建立求解这些基本未知量的位移法方程,即进行整体分析,建立位移法方程。

6.2 等截面直杆的转角位移方程

应用位移法需要解决的一个关键问题是:确定杆件的杆端内力与杆端位移及杆上荷载之间的函数关系,即杆件的转角位移方程,也就是位移法中单元分析的过程。这是学习位移法的准备知识和重要基础。

本节根据力法的计算结果,由叠加原理导出等截面直杆的转角位移方程。

6.2.1 杆端内力和位移的正负号规定

1)杆端内力的正负号规定

如图 6.4(a)所示,AB 杆 A 端的杆端弯矩用 M_{AB} 表示,B 端的杆端弯矩用 M_{BA} 表示。杆端弯矩对杆端而言,以顺时针方向为正,反之为负(注意:作用在结点上的外力偶,其正负号规定与此相同);对结点或支座而言,表现为杆端弯矩的反作用力作用于其上,则以逆时针方向为正,反之为负。

例如,图 6.4(a)中,M_{AB} 为负,M_{BA} 为正。杆中弯矩可由平衡条件求得,弯矩图仍画在杆件受拉纤维一侧。杆端剪力和杆端轴力的正负号规定,仍与材料力学相同。

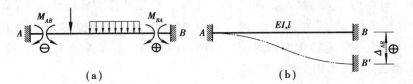

图 6.4　杆端内力和位移正负号规定

2)杆端位移的正负号规定

根据刚结点的性质,杆端转角对应于结点的角位移,以顺时针方向为正,反之为负。

杆端相对线位移以杆的一端相对于另一端产生顺时针方向转动的线位移为正,反之为负。例如,图 6.4(b)中 Δ_{AB} 为正。

6.2.2　一般等截面直杆杆单元的转角位移方程

位移法中,内力分布与变形对应,而变形则会受到杆端位移的影响,为了描述上的方便,在计算中一般利用一个两端固定的杆单元来描述体系中的一般杆件,杆端位移即可以根据该杆单元的支座位移来表达,如图 6.5 所示。图 6.5(a)与图 6.5(b)中两个模型受力与变形完全一致,表示的是同一个杆元。

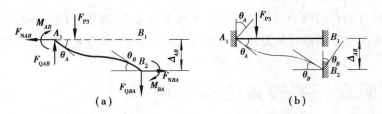

图 6.5　杆端位移和杆单元支座位移之间的关系

由某一个杆端单位位移引起的杆端内力称为形常数,通常引入杆件的线刚度 $i(i=EI/l)$ 来表示。可以通过形常数描述杆件截面内力(变形)与杆端位移之间对应的转换关系。由荷载或温度变化引起的杆端内力称为载常数。载常数中的杆端弯矩也称为固端弯矩,用 M_{AB}^{F} 和 M_{BA}^{F} 表示;杆端剪力也称为固端剪力,用 F_{QAB}^{F} 和 F_{QBA}^{F} 表示。

一般杆单元的形常数和载常数可根据力法计算得到,常用的形常数和载常数如表 6.1 所示。

形常数和载常数在后面章节中会经常用到。在使用时应注意,表 6.1 中的形常数和载常数是根据图示所给定的支座位移和荷载的方向求得的。当计算某一结构时,应根据其杆件两端实际的位移方向和荷载方向,判断形常数和载常数应取的正负号。

表 6.1 一般等截面杆件的形常数和载常数

类别	计算简图及变形图	弯矩图	杆端弯矩		杆端剪力	
			M_{AB}	M_{BA}	F_{QAB}	F_{QBA}
形常数	$\theta=1$ 的两端固定梁		$4i$	$2i$	$-\dfrac{6i}{l}$	$-\dfrac{6i}{l}$
	端部线位移的两端固定梁		$-\dfrac{6i}{l}$	$-\dfrac{6i}{l}$	$\dfrac{12i}{l^2}$	$\dfrac{12i}{l^2}$
载常数	F_P 集中荷载两端固定梁		$-\dfrac{F_Pl}{8}$	$\dfrac{F_Pl}{8}$	$\dfrac{F_P}{2}$	$\dfrac{F_P}{2}$
	q 均布荷载两端固定梁		$-\dfrac{ql^2}{12}$	$\dfrac{ql^2}{12}$	$\dfrac{ql}{2}$	$\dfrac{ql}{2}$

图 6.6 所示两端固定的等截面梁 AB，设 A、B 两端的转角分别为 θ_A 和 θ_B，垂直于杆轴方向的相对线位移为 Δ，梁上还作用有外荷载。梁 AB 在上述 4 种因素共同作用下的杆端弯矩(或杆端剪力)，应等于 θ_A、θ_B、Δ 和外荷载单独作用下的杆端弯矩(或杆端剪力)的叠加。

利用表 6.1 中的形常数与载常数，可得

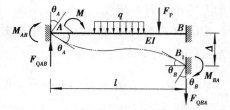

图 6.6 一般等截面直杆的转角位移方程

$$
\left.
\begin{aligned}
M_{AB} &= 4i\theta_A + 2i\theta_B - 6i\frac{\Delta}{l} + M_{AB}^F \\
M_{BA} &= 2i\theta_A + 4i\theta_B - 6i\frac{\Delta}{l} + M_{BA}^F \\
F_{QAB} &= -\frac{6i\theta_A}{l} - \frac{6i\theta_B}{l} + \frac{12i\Delta}{l^2} + F_{QAB}^F \\
F_{QBA} &= -\frac{6i\theta_A}{l} - \frac{6i\theta_B}{l} + \frac{12i\Delta}{l^2} + F_{QBA}^F
\end{aligned}
\right\}
\tag{6.1}
$$

式(6.1)就是一般等截面直杆单元的转角位移方程。实质上，它就是用形常数和载常数来表达的杆端力计算公式，反映了杆端弯矩、杆端剪力与杆端位移及杆上荷载之间的函数关系。转角位移方程的 4 个方程中，方程 3 和方程 4 除固端剪力项不同外，表达了同一函数关系，所以这 4 个方程表示了 3 个独立的杆端位移(θ_A、θ_B、Δ)与 3 个独立的杆端力(M_{AB}、M_{BA}、F_{QAB} 或 F_{QBA})之间的函数关系。

6.2.3　特殊等截面直杆杆单元的转角位移方程

若在结构中存在铰结点和定向结点(对应于支座位置,则为可动铰支座、固定铰支座或定向支座),在杆端力的几个分量中则会出现某个分量为已知的现象。

图 6.7　特殊约束模式下的等截面直杆

如图 6.7 所示,对于 AB 杆,其 $M_{BA}=0$;对于 CD 杆,其 $F_{QDC}=0$。即在这样的单元中,式(6.1)中的 3 个函数关系将不再完全独立。

由于位移法的计算量在很大程度上取决于基本未知量的数目,上述情形的存在使得在计算中可以根据单元杆端的约束模式,在计算前对基本未知量进行筛选,去除非独立的杆端位移分量,以减少计算线性方程组的工作量。由此即在一般杆元的基础上衍生出了两种特殊杆单元模型。

1)一端固定另一端铰支杆单元

图 6.8 所示一端固定另一端铰支的等截面梁 AB,设 A 端转角为 θ_A,两端相对线位移为 Δ,梁上还作用有外荷载。

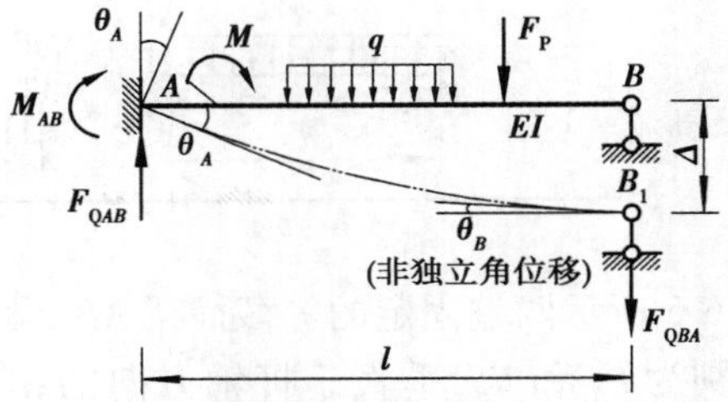

因 B 端为铰支,故知 $M_{BA}=0$ 和 $M_{BA}^F=0$,根据式(6.1)的第 2 式,应有

图 6.8　一端固定另一端铰支直杆的转角位移方程

$$M_{BA} = 2i\theta_A + 4i\theta_B - 6i\frac{\Delta}{l} = 0$$

从而求得

$$\theta_B = -\frac{1}{2}\theta_A + \frac{3}{2}\frac{\Delta}{l} \qquad (a)$$

可见,θ_B 可表示为 θ_A 和 Δ 的函数,而不是独立的未知量。将式(a)代入式(6.1)的第 1、第 3 和第 4 式,即可得

$$\left.\begin{aligned}
M_{AB} &= 3i\theta_A - 3i\frac{\Delta}{l} + M_{AB}^F \\
M_{BA} &= 0 \\
F_{QAB} &= -\frac{3i\theta_A}{l} + \frac{3i\Delta}{l^2} + F_{QAB}^F \\
F_{QBA} &= -\frac{3i\theta_A}{l} + \frac{3i\Delta}{l^2} + F_{QBA}^F
\end{aligned}\right\} \qquad (6.2)$$

一端固定另一端铰支单元对应的形常数和载常数,如表 6.2 所示。

表 6.2　特殊杆端约束模式下杆单元的形常数和载常数

类　别		计算简图及变形图	弯矩图	杆端弯矩		杆端剪力	
				M_{AB}	M_{BA}	F_{QAB}	F_{QBA}
一端固定另一端铰支杆件	形常数			$3i$	0	$-\dfrac{3i}{l}$	$-\dfrac{3i}{l}$
				$-\dfrac{3i}{l}$	0	$\dfrac{3i}{l^2}$	$\dfrac{3i}{l^2}$
	载常数			$-\dfrac{3}{16}F_P l$	0	$\dfrac{11}{16}F_P$	$-\dfrac{5}{16}F_P$
				$-\dfrac{ql^2}{8}$	0	$\dfrac{5}{8}ql$	$-\dfrac{3}{8}ql$
				$\dfrac{M}{2}$	M	$-\dfrac{3}{2l}M$	$-\dfrac{3}{2l}M$
一端固定另一端定向支承杆件	形常数			i	$-i$	0	0
				$-i$	i	0	0
	载常数			$-\dfrac{F_P l}{2}$	$-\dfrac{F_P l}{2}$	F_P	$F_{QB}^{左}=F_P$ $F_{QB}^{右}=0$
				$-\dfrac{ql^2}{3}$	$-\dfrac{ql^2}{6}$	ql	0

注：表 6.1、表 6.2 中只列了常见荷载的载常数。其他情况的载常数，请参见"教材习题解答"中的附表。

2）一端固定另一端定向支承杆单元

如图 6.9 所示一端固定另一端定向支承梁,设 A 端转角为 θ_A,B 端转角为 θ_B,梁上还作用有外荷载。

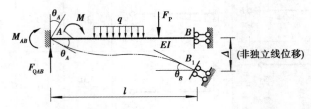

图 6.9　一端固定另一端定向支承直杆的转角位移方程

因 B 端为定向支承,故知 $F_{QBA} = 0$ 和 $F_{QBA}^F = 0$,根据式(6.1)的第 4 式,应有

$$F_{QBA} = -\frac{6i\theta_A}{l} - \frac{6i\theta_B}{l} + \frac{12i\Delta}{l^2} = 0$$

从而求得

$$\Delta = \frac{l}{2}(\theta_A + \theta_B) \tag{b}$$

可见,Δ 为 θ_A 和 θ_B 的函数,它也不是独立的未知量。将式(b)代入式(6.1)的第 1、第 2 和第 3 式,即可得

$$\left.\begin{array}{l} M_{AB} = i\theta_A - i\theta_B + M_{AB}^F \\ M_{BA} = -i\theta_A + i\theta_B + M_{BA}^F \\ F_{QAB} = F_{QAB}^F \\ F_{QBA} = 0 \end{array}\right\} \tag{6.3}$$

一端固定另一端定向支承单元对应的形常数和载常数,如表 6.2 所示。需要指出:表 6.2 中的形常数和载常数也可以用力法计算得到。

在 3 种杆单元模型中,第一种即两端固定支承梁的模型在不考虑轴向变形时具有 3 个未知杆端位移,结构分析时完全可以取代后两种衍生模型。

若全部用第一种单元模型进行计算,在位移法分析时所有单元的杆端位移描述和转角位移方程将具有一致的形式,对应的计算方法可以较为容易地移植到计算机化的程序分析中;但用于手算时,未知量数目较多,计算量偏大。一端固定另一端铰支、一端固定另一端定向支承模型的引入,则可以简化分析计算量,所以手算时一般都会引入这两种衍生模型来进行计算,但应该注意形常数与载常数的选用必须与所选择的杆件单元模型相对应。

对于表 6.1 和表 6.2 中的杆端弯矩数值,需要熟记。至于杆端剪力,则容易根据平衡条件导出为

$$\left\{\begin{array}{l} F_{QAB} = -\left(\dfrac{M_{AB} + M_{BA}}{l}\right) + F_{QAB}^0 \\ \\ F_{QBA} = -\left(\dfrac{M_{AB} + M_{BA}}{l}\right) + F_{QBA}^0 \end{array}\right.$$

上式中,F_{QAB}^0 和 F_{QBA}^0 分别表示相当简支梁在荷载作用下的杆端剪力。

6.3 位移法的基本概念

6.3.1 位移法的基本未知量

如果结构中杆件两端的杆端角位移和杆端相对线位移已知,则可确定杆件的内力分布。根据一般单元(两端固定杆单元)和衍生单元的概念,杆端力为已知时,对应的杆端位移可不视为独立未知量。

因此,位移法的基本未知量即为各结点的独立角位移和独立线位移。根据位移的性质区分,位移法基本未知量的总数目(记作 n)等于结点的独立角位移数(记作 n_y)与独立线位移数(记作 n_l)之和,即

$$n = n_y + n_l$$

1)结点角位移的确定

未知独立的结点角位移在通常情况下对应于体系中的刚结点,但须注意,当有阶形杆截面改变处的转角或抗转动弹性支座的转角时,应一并计入在内。至于结构固定支座处,因其转角等于零或为已知的支座移动值,不应计入;而铰结点或铰支座处,因其转角不是独立的,引入特殊杆端约束模式下杆单元模型(一端固定,另一端铰支单元)后,其杆端转角也不再作为位移法的基本未知量。

例如,图 6.10(a)所示结构,组合结点 B、刚结点 C、阶形杆截面改变处 D(可视为上段 AD 与下段 DE 的刚性结点)和抗转动弹性支座 G 处各有一个独立转角,分别用 Z_1、Z_2、Z_3 和 Z_4 标记,而铰 A 和固定支座 F、E 处均不予考虑,故该结构 $n_y = 4$,如图 6.10(b)所示(用"⌒"表示转角)。

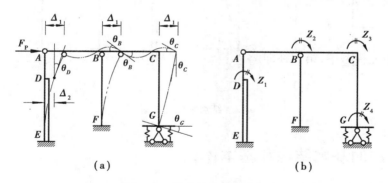

图 6.10　结点角位移的确定

2)结点线位移的确定

为了减少结点独立线位移数(n_l),位移法分析时如 6.1 节所述,通过引入两个简化假定,将实际变形杆件简化为一种"受弯直杆",其两杆端之间的距离在变形后仍然保持不变。

确定位移法中线位移未知量的方法:由观察确定,即设定体系中每一个结点在平面坐标系的两个主轴方向上最多可能具有两个线位移,然后筛选出其中的未知、独立分量。主要考虑以下筛选原则:

①因刚性支座的存在,线位移为零或为已知值(对应于支座移动)的不计入未知量。

②因轴向变形忽略不计而多个结点线位移相同的,则只计其中一个。

③定向支承杆端力已知,对应的线位移非独立,不计入独立的线位移内。

如图 6.11(a)所示结构,共有 6 个结点,经观察可知其最多可能存在的线位移数目为 12 个(即 $Z_1 \sim Z_{12}$)。由于刚性约束,则线位移 Z_1、Z_2、Z_9、Z_{10}、Z_{11} 和 Z_{12} 必定为零,不计入未知量内;由于轴向变形忽略不计的原因,Z_4、Z_6、Z_8 与 Z_2 相同,皆为零;Z_7 与 Z_{11} 相同为零,亦不计入未知量。因此,结构独立的未知结点线位移仅余下 Z_3 和 Z_5,如图 6.11(b)所示。

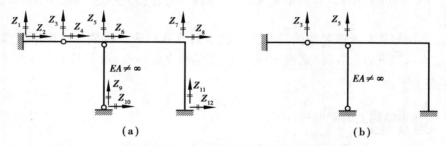

图 6.11　结点线位移确定方法——观察确定

如图 6.12(a)所示结构受荷载作用发生变形后,除产生 4 个独立转角外,结点 A、B、C 还将产生同一水平线位移 Δ_1(用 Z_5 标记),分别垂直于杆件 AE、BF 和 CG。另外,在结点 D 处还有另一个水平线位移 Δ_2(用 Z_6 标记),如图 6.12(b)所示(用"→→"表示线位移)。

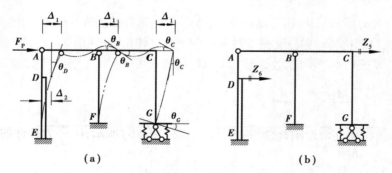

图 6.12　结点线位移的确定

6.3.2　位移法的基本结构和基本体系

位移法利用结点位移来描述结构的变形,为了在分析过程有效控制结构中每一结点位移,可以通过在体系中增设附加约束来控制结点位移的发生。增设了附加约束的结构模型,即为位移法计算中的基本结构。

根据结点位移类型的不同,体系中增设的附加约束也不同,分为两类:角位移处的附加刚臂和线位移处的附加支杆。

所谓附加刚臂,就是在每个可能发生独立角位移的刚结点和组合结点上,人为地加上的一个能控制其角位移(但并不阻止其线位移)的附加约束,用黑三角符号"◣"表示;所谓附加支杆,就是在每个可能发生独立线位移的结点上沿线位移的方向,人为地加上的一个能控制其线位移大小的附加支座链杆。

例如,对于图 6.13(a)所示平面刚架,其位移法基本未知量如图所示。为控制全部的结点独立位移,通过人为地增加附加约束后,可得到相应的基本结构,如图 6.13(b)所示。

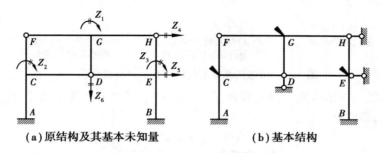

(a)原结构及其基本未知量   (b)基本结构

图 6.13 位移法的基本结构

通过控制基本结构上的附加约束,令其发生与原结构相同的结点位移,从而形成一个在荷载与结点位移共同作用下的,与原结构变形完全相同的受力模型。该受力模型即为位移法计算中的基本体系,基本体系与原结构完全等效(包括静力等效与变形等效)。下面将通过基本体系来建立位移法的基本方程。

6.3.3 位移法的基本原理与基本方程

基本体系的变形与原结构完全一致,其受力也完全相同。下面根据变形协调条件与静力平衡条件,通过相关的示例来说明用位移法解题的基本原理,并建立位移法的基本方程。

1)只有一个结点角位移的情况

如图 6.14(a)所示结构,具有一个独立的未知结点角位移,不存在结点线位移。根据基本结构的概念,在角位移处增设刚臂,得基本结构如图 6.14(b)所示,$i=\dfrac{EI}{l}$ 为杆件的线刚度。

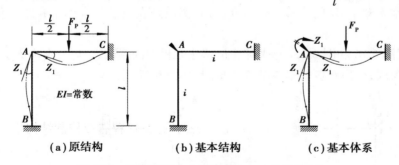

(a)原结构   (b)基本结构   (c)基本体系

图 6.14 位移法基本方程的建立——角位移(1)

若在荷载作用下,其结构变形图如图 6.14(a)所示,则其基本体系应如图 6.14(c)所示。当刚臂转角与原结构 A 点转角相同时,图 6.14(a)与图 6.14(c)变形、内力均完全相同。

根据叠加原理,基本体系的变形可以由荷载和角位移 Z_1 分别作用在基本结构这两个独立受力状态下的变形结果的叠加,如图 6.15 所示。

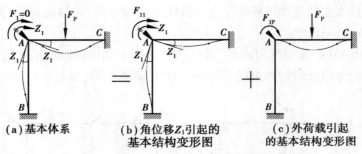

（a）基本体系　（b）角位移Z_1引起的　（c）外荷载引起
　　　　　　　基本结构变形图　　的基本结构变形图

图6.15　位移法基本方程的建立——角位移（2）

由于基本体系与原结构完全静力等效，图6.15（a）中基本体系角位移位置处的附加刚臂不可能存在反力矩，必然有

$$F_1 = F_{11} + F_{1P} = 0$$

现在可以引入形常数，将Z_1角位移作用下的变形图利用单位角位移作用下的变形图来表示，如图6.16所示，则有

$$F_{11} = k_{11}Z_1$$

从而得到

$$F_1 = k_{11}Z_1 + F_{1P} = 0$$

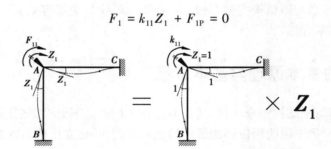

图6.16　位移法基本方程的建立——角位移（3）

即可得到方程

$$k_{11}Z_1 + F_{1P} = 0 \tag{a}$$

这就是求解基本未知量Z_1的位移法基本方程，其实质是表达了基本体系在结点位移处的平衡条件。

下面，根据图6.16和图6.15（c）来计算位移法方程中的系数k_{11}与自由项F_{1P}。根据这两个图表达的变形模式，绘出对应的基本结构弯矩图，如图6.17所示。

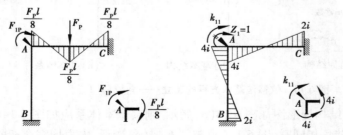

（a）基本结构在荷载作用下的弯矩图M_P　　（b）基本结构在单位角位移下的弯矩图$\overline{M}_1$

图6.17　位移法基本方程的建立——角位移（4）

由图 6.17(a)中结点 A 处的平衡条件,可得

$$F_{1P} = -\frac{F_P l}{8}$$

由图 6.17(b)中结点 A 处的平衡条件,可得

$$k_{11} = 4i + 4i = 8i$$

将系数与自由项代入位移法方程(a),即可解出体系位移法分析中的基本未知量,即结点 A 处角位移的大小为

$$Z_1 = -\frac{F_{1P}}{k_{11}} = \frac{F_P l}{64i}$$

结构的最后弯矩可按以下叠加公式

$$M = \overline{M}_1 Z_1 + M_P$$

计算,最终的弯矩图如图 6.18(c)所示。

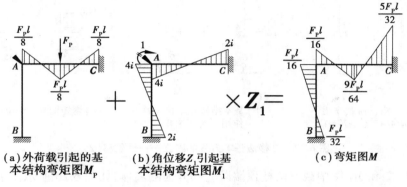

(a)外荷载引起的基本结构弯矩图 M_P (b)角位移 Z_1 引起基本结构弯矩图 $\overline{M}_1$ (c)弯矩图 M

图 6.18 位移法基本方程的建立——角位移(5)

有必要说明:在以后的计算中,与计算结果无关的状态表示可以忽略,相关的变形图也可以不用描述,而使用荷载或者单位结点位移作用下基本结构的内力图来代替。

2)只有一个结点线位移的情况

图 6.19(a)所示铰接排架的基本未知量为结点 C、D 的水平线位移 Z_1。在结点 D 加一附加支座链杆,就得到基本结构,如图 6.19(b)所示。其相应的基本体系如图 6.19(c)所示;当 Z_1 与原结构的线位移相等时,对应变形和内力分布必然与原结构完全相同。

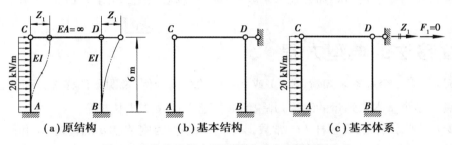

(a)原结构   (b)基本结构   (c)基本体系

图 6.19 位移法基本方程的建立——线位移(1)

由于原结构中并不存在附加支杆,基本体系中的附加支杆内当然就不存在约束力,因此,基本体系上结点 D 处附加支杆内的反力 F_1 必定为零。

设由 Z_1 和荷载引起的反力分别为 F_{11} 和 F_{1P} (由 $Z_1=1$ 引起的反力为 k_{11},因此 $F_{11}=k_{11}Z_1$)。根据叠加原理,上述 $F_1=0$ 的条件可写为

$$k_{11}Z_1 + F_{1P} = 0 \tag{b}$$

式(b)与前述只有角位移刚架体系的位移法方程式(a)在形式上完全相同。

为了求出系数 k_{11} 和自由项 F_{1P},同样可利用表 6.1 和表 6.2,先在基本结构上绘出荷载作用下的弯矩图(M_P 图)和单位位移作用下的单位弯矩图($\overline{M}_1$ 图),再取隔离体列平衡条件计算,如图 6.20 所示。

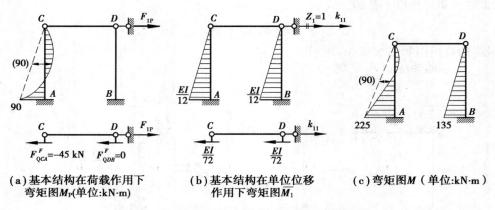

(a)基本结构在荷载作用下 　**(b)基本结构在单位位移** 　　**(c)弯矩图 M(单位:kN·m)**
弯矩图 M_P(单位:kN·m) 　**作用下弯矩图 $\overline{M}_1$**

图 6.20　位移法基本方程的建立——线位移(2)

分别在 M_P 图和 $\overline{M}_1$ 图中截取两柱顶端以上部分为隔离体,如图 6.20 所示。由剪力方向平衡条件 $\sum F_x = 0$,得

$$F_{1P} = F_{QCA}^F + F_{QDB}^F = -45 + 0 = -45 \text{ kN}$$

$$k_{11} = \frac{EI}{72} + \frac{EI}{72} = \frac{EI}{36}$$

将 k_{11} 和 F_{1P} 的值代入位移法方程式(b),即可解得

$$Z_1 = \frac{1\,620}{EI}$$

结构的最后弯矩图可由叠加公式 $M = \overline{M}_1 Z_1 + M_P$ 计算后绘制,如图 6.20(c)所示。

6.4　位移法的典型方程

6.3 节以具有一个基本未知量($n_y = 1$ 或 $n_l = 1$)的结构为例,说明了位移法方程的建立过程。现在讨论具有多个基本未知量的结构,并说明如何建立位移法基本方程。

图 6.21(a)所示刚架,设各杆 $EI=$ 常数,其基本未知量为刚结点 B 的转角 Z_1 和结点 B、C 的水平线位移 Z_2。基本结构和基本体系分别如图 6.21(b)、(c)所示。

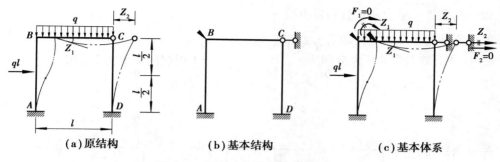

图 6.21 位移法典型方程的建立（1）

由于基本体系的变形和受力情况与原结构完全相同,而原结构上并没有附加刚臂和附加支杆,因此,基本体系上附加刚臂的反力矩 F_1 及附加支杆的反力 F_2 都应等于零,即 $F_1 = 0$ 和 $F_2 = 0$。据此,可建立求解 Z_1 和 Z_2 的两个位移法的基本方程。

设基本结构由于 Z_1、Z_2 及荷载单独作用下,引起相应于 Z_1 的附加刚臂的反力矩分别为 F_{11}、F_{12} 及 F_{1P},引起相应于 Z_2 的附加支杆的反力分别为 F_{21}、F_{22} 及 F_{2P},如图 6.22 所示。

图 6.22 位移法典型方程的建立（2）

根据叠加原理,可得

$$\left.\begin{array}{l} F_1 = F_{11} + F_{12} + F_{1P} = 0 \\ F_2 = F_{21} + F_{22} + F_{2P} = 0 \end{array}\right\} \tag{a}$$

式中,F_{ij} 的第一个下标表示该反力矩(或反力)所属的附加约束,第二个下标表示引起该反力矩(或反力)的原因。

又设单位位移 $Z_1 = 1$ 及 $Z_2 = 1$ 单独作用时,在基本结构附加刚臂上产生的反力矩分别为 k_{11} 及 k_{12},在附加支杆中产生的反力分别为 k_{21} 及 k_{22},则有

$$\left.\begin{array}{l} F_{11} = k_{11}Z_1, F_{12} = k_{12}Z_2 \\ F_{21} = k_{21}Z_1, F_{22} = k_{22}Z_2 \end{array}\right\} \tag{b}$$

将式(b)代入式(a),得

$$\left.\begin{array}{l} k_{11}Z_1 + k_{12}Z_2 + F_{1P} = 0 \\ k_{21}Z_1 + k_{22}Z_2 + F_{2P} = 0 \end{array}\right\} \tag{c}$$

上式称为位移法典型方程。其物理意义是:基本体系每个附加约束中的反力矩(或反力)应等于零。因此,它实质上反映了原结构的静力平衡条件。

为了求出典型方程中的系数和自由项,可借助于表 6.1 和表 6.2 绘出基本结构在荷载及 $Z_1 = 1$ 和 $Z_2 = 1$ 单独作用下的荷载弯矩图 M_P 图和单位弯矩图 $\overline{M}_1$、$\overline{M}_2$ 图(令 $i = EI/l$),如图6.23

所示。由平衡条件可求出各系数和自由项为

$$k_{11} = 7i, k_{12} = -\frac{6i}{l}, F_{1P} = 0$$

$$k_{21} = -\frac{6i}{l}, k_{22} = \frac{12i}{l^2} + \frac{3i}{l^2} = \frac{15i}{l^2}, F_{2P} = -\frac{ql}{2}$$

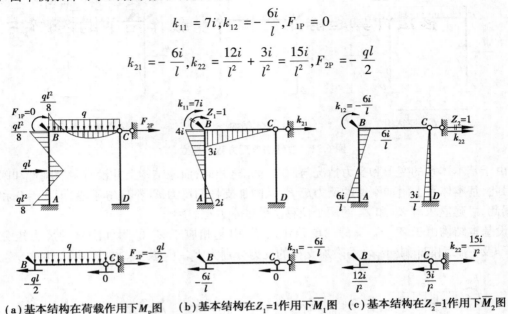

（a）基本结构在荷载作用下 M_P 图　（b）基本结构在 $Z_1=1$ 作用下 $\overline{M}_1$ 图　（c）基本结构在 $Z_2=1$ 作用下 $\overline{M}_2$ 图

图 6.23　位移法典型方程的建立（3）

将系数和自由项代入典型方程式（c），可得

$$\left. \begin{array}{l} 7iZ_1 - \dfrac{6i}{l}Z_2 + 0 = 0 \\[2mm] -\dfrac{6i}{l}Z_1 + \dfrac{15i}{l^2}Z_2 - \dfrac{ql}{2} = 0 \end{array} \right\} \tag{d}$$

联立解以上两个方程求出 Z_1 和 Z_2 后，即可按叠加原理作出弯矩图。

对于具有 n 个独立结点位移的结构，相应地在基本结构中需加入 n 个附加约束，根据基本体系中每个附加约束的附加反力矩或附加反力都应为零的平衡条件，可建立 n 个方程，如下

$$\left. \begin{array}{l} k_{11}Z_1 + k_{12}Z_2 + \cdots + k_{1n}Z_n + F_{1P} = 0 \\ k_{21}Z_1 + k_{22}Z_2 + \cdots + k_{2n}Z_n + F_{2P} = 0 \\ \qquad\qquad\qquad\vdots \\ k_{n1}Z_1 + k_{n2}Z_2 + \cdots + k_{nn}Z_n + F_{nP} = 0 \end{array} \right\} \tag{6.4}$$

式（6.4）即为典型方程的一般形式。其中，主斜线上的系数 k_{ii} 称为位移法方程的主系数；其他系数 k_{ij} 称为副系数；F_{iP} 称为自由项。

系数和自由项的符号规定：以与该附加约束所设位移方向一致者为正。主系数 k_{ii} 的方向总是与所设位移 Z_i 的方向一致，故恒为正，且不会为零。副系数和自由项则可能为正、负或零。此外，根据反力互等定理可知，$k_{ij} = k_{ji}$。

由于在位移法典型方程中，每个系数都是单位位移引起的附加约束的反力矩（或反力）。显然，结构的刚度越大，这些反力矩（或反力）的数值也越大，故这些系数又称为结构的刚度系数，位移法典型方程又称为结构的刚度方程，位移法也称为刚度法。

6.5　用位移法计算超静定结构在荷载作用下的内力

6.5.1　计算步骤

①确定基本未知量数目：$n=n_y+n_l$。

②确定基本体系。角位移处加附加刚臂，线位移处加附加支杆形成基本结构，使基本结构承受原来的荷载，并令附加约束发生与原结构相同的位移，即可得到与原体系对应的基本体系。

③建立位移法的典型方程。根据附加约束上反力矩或反力等于零的平衡条件建立典型方程。

④求系数和自由项。在基本结构上分别作出各附加约束发生单位位移时的单位弯矩图 $\overline{M}_i$ 图和荷载作用下的荷载弯矩图 M_P 图，由结点平衡和截面平衡即可求得。

⑤解方程，求基本未知量（Z_i）。

⑥作最后内力图。按照 $M=\overline{M}_1Z_1+\overline{M}_2Z_2+\cdots+\overline{M}_nZ_n+M_P$ 叠加作出最后弯矩图，根据弯矩图作出剪力图，利用剪力图根据结点平衡条件作出轴力图。

⑦校核。由于位移法在确定基本未知量时已满足了变形协调条件，而位移法典型方程是静力平衡条件，故通常只需按平衡条件进行校核。

6.5.2　举例

【例 6.1】　试用典型方程法计算图 6.24 所示连续梁，并作弯矩图，各杆 EI 为常数。

【解】　（1）确定基本未知量数目

该连续梁的基本未知量为结点 B 的转角 Z_1，即 $n=1$。

（2）确定基本体系

基本体系如图 6.25 所示。由于超静定结构在荷载作用下的内力分布与杆件的相对刚度相关，因此，分析时可令 $i=1$，根据杆件的相对刚度进行计算。但需要注意，在相对刚度设定后，计算得到的未知量将不再直接对应于结点的真实位移数值，而是一个与所设定的相对刚度对应的数值。

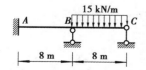

图 6.24　连续梁位移法计算

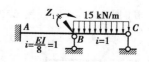

图 6.25　基本体系

（3）建立典型方程

$$k_{11}Z_1+F_{1P}=0$$

（4）求系数和自由项

作 $\overline{M}_1$ 和 M_P 图，如图 6.26 所示。

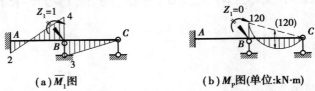

（a）$\overline{M}_1$ 图   （b）M_P图（单位:kN·m）

图 6.26　系数与自由项的计算

分别从 $\overline{M}_1$、M_P 图中截取结点 B 为隔离体，由 $\sum M_B = 0$，可求得

$$k_{11} = 7, F_{1P} = -120$$

（5）解方程，求基本未知量

将以上各系数及自由项之值代入典型方程，解得

$$Z_1 = 17.143$$

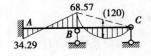

（6）作最后弯矩图

图 6.27　M 图（单位:kN·m）

按叠加原理 $M = \overline{M}_1 Z_1 + M_P$ 作原结构的弯矩图，如图 6.27 所示。

（7）校核

在图 6.27 中，显见，满足 $\sum M_B = 0$。

在本例的求解中，BC 杆采用了一端固定一端铰支的单元，减少了位移法分析的计算量。在计算中也可以直接使用一般杆单元（即两端固定端杆元）进行分析，只是计算量会增加，但不会改变计算结果。

【例 6.2】　试对上例所有杆元使用统一的一般杆单元模型进行位移法分析。

【解】　（1）确定基本未知量数目

在本例分析中基本未知量将确定为所有的未知结点位移，而非未知独立结点位移。该连续梁的基本未知量为体系中所有可能发生的结点位移，即结点 B 的转角 Z_1 和结点 C 的转角 Z_2。因此，$n = 2$。

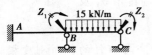

图 6.28　基本体系

（2）确定基本体系

基本体系如图 6.28 所示。

（3）建立典型方程

根据结点 B 和结点 C 附加刚臂上反力矩均为零的平衡条件，有

$$\left.\begin{array}{l} k_{11}Z_1 + k_{12}Z_2 + F_{1P} = 0 \\ k_{21}Z_1 + k_{22}Z_2 + F_{2P} = 0 \end{array}\right\}$$

（4）求系数和自由项

作 $\overline{M}_1$、$\overline{M}_2$ 图和 M_P 图，如图 6.29 所示。

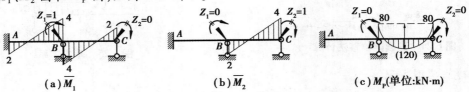

（a）$\overline{M}_1$ （b）$\overline{M}_2$ （c）M_P（单位:kN·m）

图 6.29　系数与自由项的计算

分别从 $\overline{M}_1$、$\overline{M}_2$ 图和 M_P 图中截取结点 B 为隔离体,由 $\sum M_B = 0$,可求得

$$k_{11} = 8, k_{12} = 2, F_{1P} = -80$$

再分别从 $\overline{M}_1$、$\overline{M}_2$ 图和 M_P 图中截取结点 C 为隔离体,由 $\sum M_C = 0$,可求得

$$k_{21} = 2, k_{22} = 4, F_{2P} = 80$$

(5)解方程,求基本未知量

将以上各系数及自由项之值代入典型方程,解得

$$Z_1 = 17.143, Z_2 = -28.572$$

与上例比较,可知 Z_1 的值完全相同,只是增加并求解出了 Z_2 的数值。

(6)作最后弯矩图

按叠加原理 $M = \overline{M}_1 Z_1 + \overline{M}_2 Z_2 + M_P$ 作原结构的弯矩图,如图6.30
所示,其中截面 C 处的弯矩值经过叠加最终为0,与约束状态表现
一致。

(7)校核

由图 6.30 显见,满足 $\sum M_B = 0$ 和 $\sum M_C = 0$。

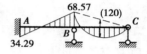

图 6.30　M 图(单位:kN·m)

【例 6.3】　试用典型方程法计算图 6.31 所示结构,并作弯矩图。设 $EI =$ 常数。

【解】　(1)确定基本未知量数目

由于结构和荷载均沿两个对称轴对称,因此,可以利用对称性取结构的1/4部分进行计算,
如图 6.32(a)所示,其基本未知量只有结点 A 的转角 Z_1。

(2)确定基本体系

基本体系如图 6.32(b)所示,其中,$i = \dfrac{EI}{l}$。

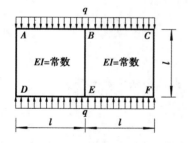

图 6.31　对称刚架位移法计算

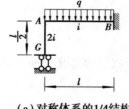
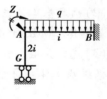

(a)对称体系的1/4结构　　(b)基本体系

图 6.32　基本体系的确定

(3)建立典型方程

根据结点 A 附加刚臂上反力矩为零的平衡条件,有

$$k_{11} Z_1 + F_{1P} = 0$$

(4)求系数和自由项

作 $\overline{M}_1$ 图和 M_P 图,如图6.33所示。从 $\overline{M}_1$、M_P 图中截取结点 A 为隔离体,应用力矩平衡条
件 $\sum M_A = 0$,可分别求得

$$k_{11} = 4i + 2i = 6i, \quad F_{1P} = -\frac{1}{12} q l^2$$

（5）解方程，求基本未知量

将 k_{11} 和 F_{1P} 之值代入典型方程，解得

$$Z_1 = \frac{ql^2}{72i}$$

（6）作最后弯矩图

按叠加公式 $M = \overline{M}_1 Z_1 + M_P$ 求得各杆端弯矩，利用对称性即可作出原刚架的弯矩图，如图 6.34 所示。

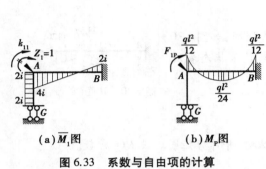

图 6.33 系数与自由项的计算

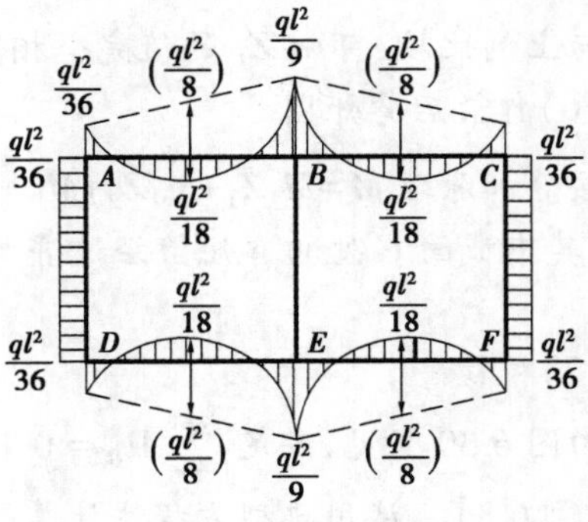

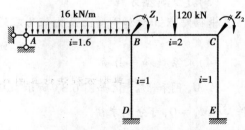

图 6.34 M 图

（7）校核

在图 6.34 中，取结点 B 为隔离体，满足 $\sum M_B = 0$。

【例 6.4】 试用典型方程法计算图 6.35 所示结构，并作弯矩图，EI 为常数。

【解】 （1）确定基本未知量数目

此刚架的基本未知量为结点 B 和 C 的角位移 Z_1 和 Z_2，即 $n = 2$。

（2）确定基本体系

基本体系如图 6.36 所示。

（3）建立典型方程

根据基本体系每个附加刚臂的总反力矩为零的条件，可列出位移法方程如下：

$$\left. \begin{aligned} k_{11}Z_1 + k_{12}Z_2 + F_{1P} &= 0 \\ k_{21}Z_1 + k_{22}Z_2 + F_{2P} &= 0 \end{aligned} \right\}$$

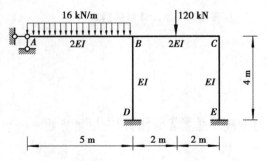

图 6.35 无侧移刚架位移法计算

图 6.36 基本体系

（4）求系数和自由项

利用表 6.1 和表 6.2，分别作出基本结构在 $Z_1=1$、$Z_2=1$ 及荷载单独作用下的 $\overline{M}_1$、$\overline{M}_2$ 和 M_P 图，如图 6.37 所示。

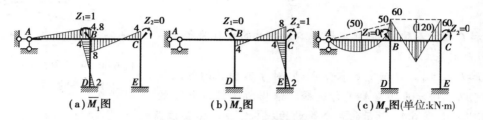

图 6.37　系数与自由项的计算

由 $\overline{M}_1$ 图中结点 B、C 的平衡条件，得

$$k_{11} = 4.8 + 4 + 8 = 16.8,\ k_{21} = 4$$

由 $\overline{M}_2$ 图，得

$$k_{12} = 4,\ k_{22} = 8 + 4 = 12$$

由 M_P 图，得

$$F_{1P} = (50 - 60)\,\text{kN} \cdot \text{m} = -10\ \text{kN} \cdot \text{m},\ F_{2P} = 60\ \text{kN} \cdot \text{m}$$

（5）解方程，求基本未知量

将求得的各系数和自由项代入位移法方程，解得

$$Z_1 = 1.94,\ Z_2 = -5.65$$

（6）作最后弯矩图

按 $M = \overline{M}_1 Z_1 + \overline{M}_2 Z_2 + M_P$ 作出原结构的弯矩图，如图 6.38 所示。

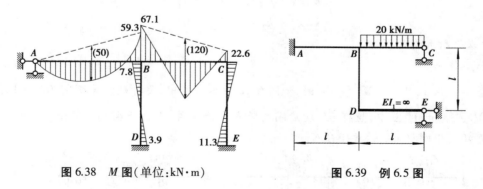

图 6.38　M 图（单位：kN·m）　　　　图 6.39　例 6.5 图

【**例 6.5**】　试用典型方程法计算图 6.39 所示结构，并作弯矩图。已知 $l = 6$ m，除 DE 杆外，各杆 EI 为常数。

【**解**】　（1）确定基本未知量数目

本题在结点 B 上具有一个角位移 Z_1、结点 D 上具有一个角位移 θ、沿 BD 竖向有一个线位移 Δ，由于 DE 杆截面抗弯刚度无穷大，因此，杆 DE 的转角 θ 与 $D(B)$ 结点的竖向线位移 Δ 之间存在一个直接的几何变换关系,如图 6.40 所示。

根据刚体 DE 的运动规则,Δ(向下为正)和 θ(顺时针转动为正)存在如下的几何变换:

$$\Delta = -l\theta \quad 或 \quad \theta = -\frac{\Delta}{l}$$

由于 Δ 和 θ 之间不独立,因此本题基本未知量的数目为 2。

(2)确定基本体系

令 $i = EI/6 = 1$。在确定基本体系时,对于不独立的结点位移分量可以根据计算的需要进行选择。依据所选择未知量的不同,可得到如图 6.41 所示的两个等效的基本体系。需要注意的是,尽管两个基本体系完全等效,但在位移法计算过程中描述的结点位移并不完全相同,因此,计算过程中的系数、自由项与未知量的解答也不完全相同,只是最终内力图结果是一致的。

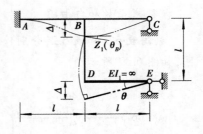

图 6.40 刚杆 DE 中线位移与
角位移的变换关系

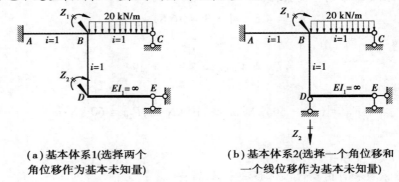

(a)基本体系1(选择两个
角位移作为基本未知量)

(b)基本体系2(选择一个角位移和
一个线位移作为基本未知量)

图 6.41 基本体系的确定

(3)建立典型方程

无论是基本体系 1,还是基本体系 2,根据位移法的基本原理,必然有

$$\left.\begin{array}{l} k_{11}Z_1 + k_{12}Z_2 + F_{1P} = 0 \\ k_{21}Z_1 + k_{22}Z_2 + F_{2P} = 0 \end{array}\right\}$$

(4)求系数和自由项

①基本体系 1

对基本体系 1,作 $\overline{M}_1$、$\overline{M}_2$ 和 M_P 图,如图 6.42 所示。其中,要特别注意刚杆 DE 弯矩图的绘制。在 $\overline{M}_1$、$\overline{M}_2$ 和 M_P 图中,竖杆 BD 均应满足竖向平衡条件,如图 6.42(d)所示。据此,可求作出 3 个弯矩图中刚杆 DE 的弯矩分布。

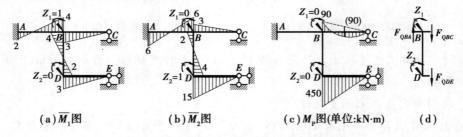

(a)$\overline{M}_1$图   (b)$\overline{M}_2$图   (c)M_P图(单位:kN·m)   (d)

图 6.42 基本体系 1 的系数与自由项计算

根据 $\overline{M}_1$、$\overline{M}_2$ 和 M_P 图中取结点 B 和 D 的平衡条件,可求得

$$k_{11} = 11, k_{21} = 5, F_{1P} = -90$$
$$k_{22} = 19, k_{12} = 5, F_{2P} = 450$$

②基本体系 2

对基本体系 2,作 $\overline{M}_1$、$\overline{M}_2$ 和 M_P 图,如图 6.43 所示。刚杆 DE 的弯矩图,可先通过结点 D 的平衡条件求出其 D 端的弯矩后绘制。需要指出,$\overline{M}_2$ 图中 BD 杆的弯矩图,可由 $Z_2 = 1$ 引起结点 D 产生转角 $\left(-\dfrac{1}{l}\right)$ 绘制,如图 6.43(b) 所示。

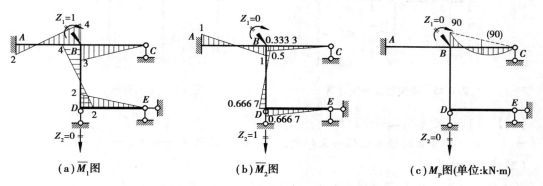

图 6.43　基本体系 2 的系数与自由项计算

根据 $\overline{M}_1$、$\overline{M}_2$ 和 M_P 图中取结点位移发生处的平衡条件,可求得

$$k_{11} = 11, k_{21} = -0.833, F_{1P} = -90$$
$$k_{22} = -0.528, k_{12} = -0.833, F_{2P} = -75$$

(5)解方程,求基本未知量

将求得的各系数和自由项代入位移法方程。

对基本体系 1,有

$$\begin{cases} 11Z_1 + 5Z_2 - 90 = 0 \\ 5Z_1 + 19Z_2 + 450 = 0 \end{cases} \tag{a}$$

对基本体系 2,有

$$\begin{cases} 11Z_1 - 0.833Z_2 - 90 = 0 \\ -0.833Z_1 + 0.528Z_2 - 75 = 0 \end{cases} \tag{b}$$

式(a)和式(b)是完全等效的,我们可以使用前述的几何变换关系 $\Delta = -l\theta$ 在两式之间转换 Z_2 变量,就可以得到完全相同的方程组。

利用式(a)解出

$$\begin{cases} Z_1 = 21.52 \\ Z_2 = -29.35 \end{cases}$$

利用式(b)解出

$$\begin{cases} Z_1 = 21.52 \\ Z_2 = 176.1 \end{cases}$$

（6）作最后弯矩图

按叠加原理 $M = \overline{M}_1 Z_1 + \overline{M}_2 Z_2 + M_P$ 作原结构的弯矩图,如图 6.44 所示。

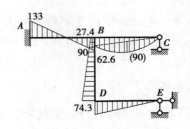

图 6.44　M 图(单位:kN·m)

【例 6.6】　试用典型方程法计算图 6.45 所示等高(A、C、E 三点在同一水平线上)排架。

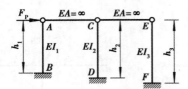

图 6.45　排架的位移法计算

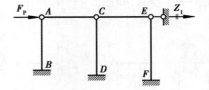

图 6.46　基本体系

【解】　(1)确定基本未知量数目

体系只有一个独立的结点线位移未知量,即 A、C、E 的水平位移 Z_1。

(2)确定基本体系

基本体系如图 6.46 所示。

(3)建立典型方程

根据结点 E 附加支座链杆中反力为零的平衡条件,由位移法典型方程,有

$$k_{11} Z_1 + F_{1P} = 0$$

(4)求系数和自由项

作单位弯矩图 $\overline{M}_1$ 和荷载弯矩图 M_P 图,如图 6.47 所示。

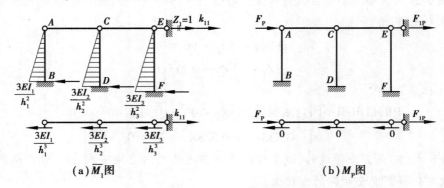

（a）$\overline{M}_1$图　　　　　　　　　（b）M_P图

图 6.47　系数与自由项计算

由截面平衡条件 $\sum F_x = 0$,可求得

$$k_{11} = \frac{3EI_1}{h_1^3} + \frac{3EI_2}{h_2^3} + \frac{3EI_3}{h_3^3} = \sum_{i=1}^{3} \frac{3EI_i}{h_i^3}$$

$$F_{1P} = -F_P$$

（5）解方程，求基本未知量

将以上 k_{11} 和 F_{1P} 之值代入典型方程，解得

$$Z_1 = -\frac{F_{1P}}{k_{11}} = \frac{F_P}{\sum\limits_{i=1}^{3}\frac{3EI_i}{h_i^3}}$$

令

$$\gamma_i = \frac{3EI_i}{h_i^3} \tag{6.5}$$

式中，γ_i 为当第 i 根排架柱顶发生单位侧移时，该柱顶所产生的剪力。它反映了各柱抵抗水平位移的能力，称为排架柱的侧移刚度系数。

于是，各柱柱顶剪力为

$$F_{Qi} = \gamma_i Z_1 = \frac{\gamma_i}{\sum \gamma_i} F_P = \eta_i F_P \quad (i = 1,2,3) \tag{6.6}$$

其中

$$\eta_i = \frac{\gamma_i}{\sum \gamma_i} \tag{6.7}$$

称为第 i 根柱的剪力分配系数。

（6）作最后弯矩图

按叠加原理即可作出弯矩图，如图 6.48 所示。

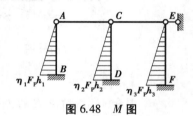

图 6.48 M 图

对于仅在柱顶承受水平集中荷载的等高排架，其弯矩图还可采用如下方法绘制：先由式(6.7)计算剪力分配系数，再按式(6.6)求出各柱顶剪力，由此按悬臂柱即可绘出各柱的弯矩图，而不必建立位移法方程进行计算，这一方法称为剪力分配法。

6.6　用位移法计算超静定结构在支座移动时的内力

用典型方程法计算超静定结构在支座移动时的内力，其基本原理和计算步骤与荷载作用时是相同的，只是需要注意以下两点：

①典型方程中的自由项不同。这里的自由项不再是荷载引起的附加约束中的 F_{iP}，而是基本结构由于支座移动产生的附加约束中的反力矩或反力 F_{ic}，它可先利用形常数作出基本结构由于支座移动产生的弯矩图 M_c 图，然后由平衡条件求得。

②计算最后内力的叠加公式不完全相同。其最后一项应以 M_c 替代荷载作用时的 M_P，即 $M = \overline{M}_1 Z_1 + \overline{M}_2 Z_2 + \cdots + M_c$。

【例 6.7】　试用典型方程法作图 6.49 所示结构在支座移动时的弯矩图。已知 $EI = 3 \times 10^4$ kN·m²，$\theta_A = 0.01$ rad，$\Delta_C = 0.01$ m，$l = 3$ m。

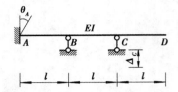

图 6.49　连续梁在支座移动下的位移法计算　　　　　图 6.50　基本体系

【解】　(1)确定基本未知量数目

此结构只有结点 B 的转角 Z_1 一个基本未知量。

(2)确定基本体系

基本体系如图 6.50 所示。

(3)建立典型方程

$$k_{11}Z_1 + F_{1c} = 0$$

(4)求系数和自由项

取 $i = \dfrac{EI}{l}$，作 $\overline{M}_1$ 图和 M_c 图，如图 6.51 所示。

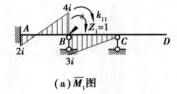

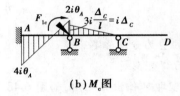

(a)$\overline{M}_1$图　　　　　　　(b)M_c图

图 6.51　系数与自由项计算

由 $\overline{M}_1$ 图和 M_c 图结点 B 的力矩平衡条件 $\sum M_B = 0$，求得

$$k_{11} = 4i + 3i = 7i = \frac{7EI}{l}$$

$$F_{1c} = 2i\theta_A - i\Delta_c = 2i(0.01) - i(0.01) = i \times 0.01 = 0.01 \times \frac{EI}{3}$$

由于超静定结构因受支座移动作用时，其内力分布与各杆件的实际刚度相关，因此在绘制 M_c 图、计算 F_{1c} 过程中，不能使用各杆 EI 的相对值，而必须用实际值。

(5)解方程，求基本未知量

将系数和自由项之值代入典型方程，解得

$$Z_1 = -\frac{1}{7} \times 10^{-2}$$

(6)作最后弯矩图

由 $M = \overline{M}_1 Z_1 + M_c$ 作最后弯矩图，如图 6.52 所示。

(7)校核

由 M 图显见，满足 $\sum M_B = 0$ 的平衡条件。

【例 6.8】　图 6.53 所示刚架的支座 A 下沉了 0.02 m，支座 E 沿逆时针方向转动 0.01 rad，试绘出刚架由此产生的弯矩图。已知 $EI = 5.0 \times 10^4$ kN·m^2。

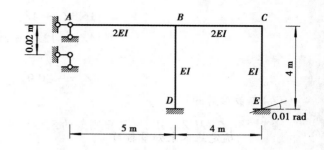

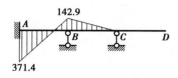

图 6.52　M 图(单位:kN·m)　　　　图 6.53　超静定刚架支座移动作用下的位移法计算

【解】　(1)确定基本未知量、基本体系、建立典型方程

基本体系和基本未知量如图 6.54(a)所示,位移法方程为

$$\begin{cases} k_{11}Z_1 + k_{12}Z_2 + F_{1c} = 0 \\ k_{21}Z_1 + k_{22}Z_2 + F_{2c} = 0 \end{cases}$$

(2)求系数和自由项

$\overline{M}_1$ 图及 $\overline{M}_2$ 图与例 6.4 相同,分别如图 6.54(b)、(c)所示。系数也相同,为

$$k_{11} = 16.8, k_{12} = k_{21} = 4, k_{22} = 12$$

为了计算方程中的自由项,应作出 M_c 图。由表 6.1 和表 6.2 的形常数可计算得到基本结构由于支座移动产生的各杆固端弯矩为

$$M_{BA}^F = -3 \times \left(\frac{2 \times 5.0 \times 10^4}{5} \right) \times \left(\frac{-0.02}{5} \right) = 240 \text{ kN·m}$$

$$M_{EC}^F = 4 \times \left(\frac{5.0 \times 10^4}{4} \right) \times (-0.01) = -500 \text{ kN·m}$$

$$M_{CE}^F = 2 \times \left(\frac{5.0 \times 10^4}{4} \right) \times (-0.01) = -250 \text{ kN·m}$$

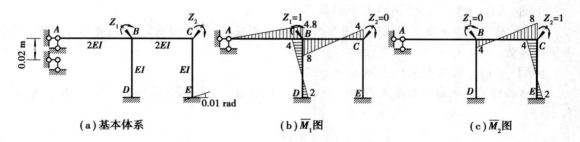

(a)基本体系　　　　　　　(b)$\overline{M}_1$图　　　　　　　(c)$\overline{M}_2$图

图 6.54　**基本体系与系数计算**

据此,可作出 M_c 图,如图 6.55 所示。

从 M_c 图中取结点 B、C 为隔离体,由 $\sum M_B = 0$ 和 $\sum M_C = 0$,分别求得

$$F_{1c} = 240 \text{ kN·m}, F_{2c} = -250 \text{ kN·m}$$

(3)解方程,求基本未知量

将系数和自由项的数值代入位移法方程,得

$$\begin{cases} 16.8Z_1 + 4Z_2 + 240 = 0 \\ 4Z_1 + 12Z_2 - 250 = 0 \end{cases}$$

解得

$$Z_1 = -20.9, Z_2 = 27.8$$

（4）作最后弯矩图

由 $M = \overline{M}_1 Z_1 + \overline{M}_2 Z_2 + M_c$，可绘出刚架的最后弯矩图，如图 6.56 所示。

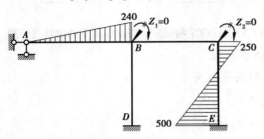

图 6.55　支座移动时自由

项的计算——M_c 图（单位：kN·m）

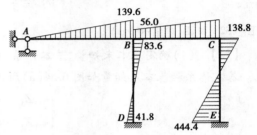

图 6.56　M 图（单位：kN·m）

6.7　直接利用平衡条件建立位移法方程

在位移法典型方程中，通过增设附加约束、借助基本结构这一计算工具，利用基本体系表达出原结构变形模式，从而建立的位移法方程，实质上就是反映原结构的平衡条件，即有结点角位移处，是结点的力矩平衡条件；有结点线位移处，是截面的投影平衡条件。因此，根据位移法的基本原理，也可以不通过基本结构，而借助于杆件的转角位移方程，利用结点位移与杆端位移之间的协调关系，根据先"拆散"后"组装"结构的思路，直接由原结构的结点和截面平衡条件来建立位移法方程，这就是本节将介绍的直接平衡法。

下面，结合例题说明直接平衡法的计算步骤。

【例 6.9】　试用直接平衡法计算图 6.21(a) 所示刚架（重绘于图 6.57 中），并作弯矩图。已知 EI=常量。

【解】　（1）确定基本未知量，并绘出示意图

此结构的基本未知量为结点 B 的转角 $\theta_B = Z_1$ 和横梁 BC 的水平位移 $\Delta = Z_2$，如图 6.58(a) 所示。

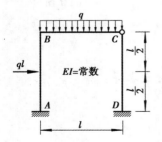

图 6.57　位移法的直接平衡法

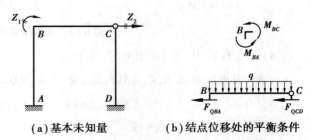

（a）基本未知量　　　（b）结点位移处的平衡条件

图 6.58　直接平衡法的基本未知量和平衡条件

（2）"拆散"，利用结点位移表示出杆端位移，并由转角位移方程逐杆写出杆端内力

①对于左柱 BA（视为两端固定梁，发生支座移动：$\theta_A = 0, \theta_B = Z_1, \Delta = Z_2$）：根据表 6.1 和式（6.1），并令 $i = EI/l$，有

$$M_{AB} = 2iZ_1 - 6i\frac{Z_2}{l} - \frac{ql^2}{8}$$

$$M_{BA} = 4iZ_1 - 6i\frac{Z_2}{l} + \frac{ql^2}{8}$$

$$F_{QBA} = -\frac{6iZ_1}{l} + \frac{12iZ_2}{l^2} - \frac{ql}{2}$$

②对于横梁 BC（视为 B 端固定，C 端铰支，发生支座移动 $\theta_B = Z_1$）：根据表 6.2 和式（6.2），有

$$M_{BC} = 3iZ_1 - \frac{ql^2}{8}$$

$$M_{CB} = 0$$

③对于右柱 CD（视为 D 端固定，C 端铰支，发生支座移动 $\Delta = Z_2$）：根据表 6.2 和式（6.2），有

$$M_{CD} = 0$$

$$M_{DC} = -3i\frac{Z_2}{l}$$

$$F_{QCD} = 3i\frac{Z_2}{l^2}$$

（3）"组装"，进行整体分析建立位移法方程

①取结点 B 为隔离体，如图 6.58（b）所示，由力矩平衡条件 $\sum M_B = 0$，得

$$M_{BC} + M_{BA} = 0$$

即

$$7iZ_1 - \frac{6i}{l}Z_2 = 0 \tag{a}$$

②取横梁 BC 为隔离体，如图 6.58（b）所示，由截面平衡条件 $\sum F_x = 0$，得

$$F_{QBA} + F_{QCD} = 0$$

即

$$-\frac{6i}{l}Z_1 + \frac{15i}{l^2}Z_2 - \frac{ql}{2} = 0 \tag{b}$$

以上式（a）和式（b）即为用直接平衡法建立的位移法方程，与 6.4 节中用典型方程法解同一例题所建立的位移法方程（典型方程）式（d）完全相同。也就是说，两种本质上相同的解法在此殊途同归。

（4）解方程，求基本未知量

联立求解方程（a）和（b），得基本未知量为：

$$Z_1 = \frac{6}{138i}ql^2, Z_2 = \frac{7}{138i}ql^3$$

（5）计算杆端内力

将 Z_1 和 Z_2 代回转角位移方程所表达的杆端弯矩表达式，即可求得

$$M_{AB} = -\frac{63}{184}ql^2, \quad M_{BA} = -\frac{1}{184}ql^2$$

$$M_{BC} = \frac{1}{184}ql^2$$

$$M_{DC} = -\frac{28}{184}ql^2$$

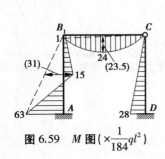

图 6.59　M 图$\left(\times\frac{1}{184}ql^2\right)$

（6）作最后弯矩图

最后弯矩图如图 6.59 所示。

（7）校核

满足结点平衡条件和截面平衡条件。

本章小结

（1）位移法是计算超静定结构的另一个经典的基本方法，也能用于静定结构的计算。同时，它又是后面将介绍的渐近法和近似法以及适用于计算机计算的矩阵位移法的基础。

（2）位移法的基本未知量是结构的结点位移，即刚结点的角位移和独立的结点线位移。应理解等截面直杆形常数和载常数的物理意义，特别应理解清楚几种不同约束类型直杆之间的异同，这可以帮助我们了解在位移法中为什么可以取这些结点位移作为基本未知量，而不以任意的结点位移（如铰结点的角位移）作基本未知量。要注意位移和杆端力的正负号规定，特别是杆端弯矩的正负号规定。

（3）在位移法中，用以解算基本未知量的位移法方程，其实质是平衡方程。对每一个刚结点，可以列写一个结点力矩平衡方程；对每一个线位移，可以列写一个截面平衡方程。平衡方程的数目与基本未知量的数目正好相等。可以采用基本体系和直接平衡两种方式列写平衡方程。

（4）利用基本体系列写平衡方程，能使位移法与力法的解题步骤建立起对应的关系，有助于对两种方法的深入理解。

（5）关于支座移动引起的内力计算，要了解这些特殊的"荷载"在被约束后的杆件（或基本结构）中产生的影响。这是一些利用形常数可直接推导的特殊的"载常数"。原理和算法与荷载作用时相同。

（6）位移法中的直接平衡法是以杆件的转角位移方程为基础直接列写平衡方程的方法，原理与通过基本体系写平衡方程的方法是一样的。

思考题

6.1　从基本未知量、基本结构、基本方程、计算结果的校核、适用范围等方面,对位移法与力法进行比较。

6.2　位移法分析中的基本未知量根据计算单元模型和计算方式选择的不同,可以使用独立未知结点位移、未知结点位移为未知,试分析这二者的异同。并分别使用两种不同的模式对思考题6.2图所示刚架确定基本体系并建立位移法方程。

6.3　在位移法中,人为施加附加刚臂和附加支杆的目的是什么?

6.4　根据例6.7的计算过程,思考在确定超静定刚架的位移法基本未知量时,刚架中的静定部分可如何处理?若把D结点的竖向位移也作为位移法的未知量,结果会如何?

6.5　在本章各例中,哪几个例题求解得到的未知量数值直接反映了结点的真实位移?为什么?

6.6　"因为位移法的典型方程是平衡方程,所以在位移法中只用平衡条件就可求解超静定结构的内力,而没有考虑结构的变形条件"。这种说法正确吗?

6.7　"无结点线位移的刚架只承受结点集中荷载时,如思考题6.7图所示,其各杆无弯矩和剪力。"这种说法正确吗?试用位移法的典型方程加以说明。

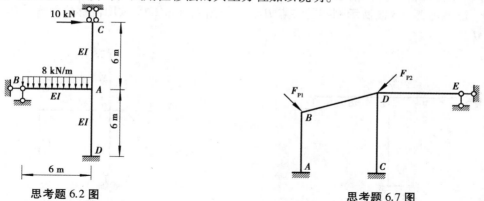

思考题 6.2 图　　　　　　　　　　　　　　　　思考题 6.7 图

6.8　思考题6.8图所示3种结构的各杆长均为l,柱的EI＝常数。试分析它们的内力及柱顶侧移的差别?

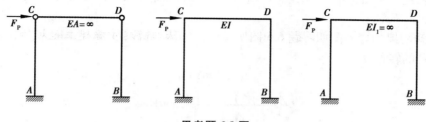

思考题 6.8 图

习　题

6.1　确定用位移法计算习题6.1图所示结构的基本未知量数目,并绘出基本结构。(除注

明者外,其余杆的 EI 为常数)

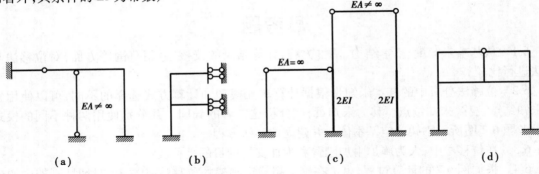

习题 6.1 图

6.2 判断题

(1)位移法基本未知量的个数与结构的超静定次数无关。　　　　　　　　　(　　)

(2)位移法可用于求解静定结构的内力。　　　　　　　　　　　　　　　　(　　)

(3)用位移法计算结构由于支座移动引起的内力时,采用与荷载作用时相同的基本结构。

　　　　　　　　　　　　　　　　　　　　　　　　　　　　　　　　　　(　　)

(4)位移法只能用于求解连续梁和刚架,不能用于求解桁架。　　　　　　　(　　)

6.3　已知习题 6.3 图所示刚架的结点 B 产生转角 $\theta_B = \pi/180$,试用位移法概念求解所作用外力偶 M。

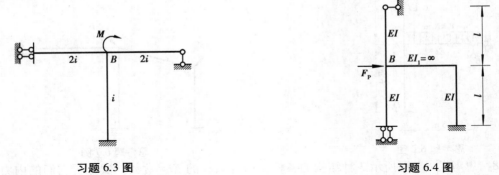

习题 6.3 图　　　　　　　　　　　　　　　　　　　　习题 6.4 图

6.4　若习题 6.4 图所示结构结点 B 向右产生单位位移,试用位移法中剪力分配法的概念求解应施加的力 F_P。

6.5　已知刚架的弯矩图如习题 6.5 图所示,各杆 EI = 常数,杆长 l = 4 m,试用位移法概念直接计算结点 B 的转角 θ_B。

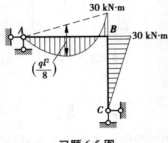

习题 6.5 图

6.6 用位移法计算习题 6.6 图所示连续梁,并作弯矩图和剪力图。EI＝常数。

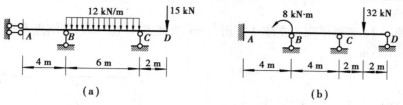

（a）　　　　　　　　　　　　（b）

习题 6.6 图

6.7 用位移法计算习题 6.7 图所示结构,并作弯矩图。EI＝常数。

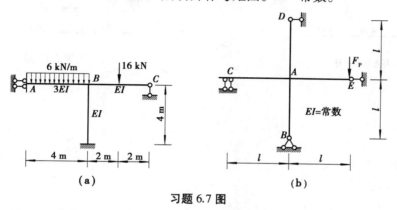

（a）　　　　　　　　　　　　（b）

习题 6.7 图

6.8 用位移法计算习题 6.8 图所示结构,并作弯矩图。各杆 EI＝常数。

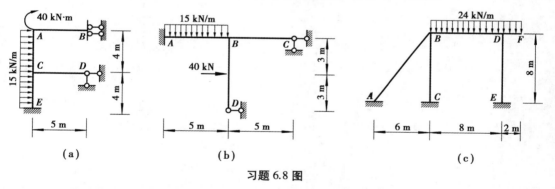

（a）　　　　　　　（b）　　　　　　　（c）

习题 6.8 图

6.9 利用对称性计算习题 6.9 图所示结构,并作弯矩图。各杆 EI＝常数。

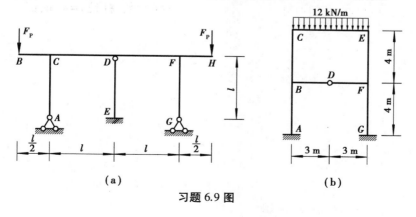

（a）　　　　　　　　　　　　（b）

习题 6.9 图

6.10 习题 6.10 图所示等截面连续梁，$EI = 1.2 \times 10^5$ kN·m²，已知支座 C 下沉 1.6 cm，用位移法求作弯矩图。

6.11 习题 6.11 图所示刚架支座 A 下沉 1 cm，支座 B 下沉 3 cm，求结点 D 的转角。已知各杆 $EI = 1.8 \times 10^5$ kN·m²。

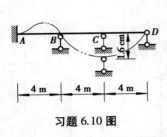

习题 6.10 图

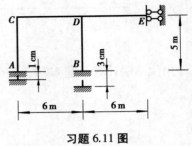

习题 6.11 图

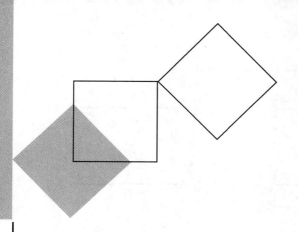

7 力矩分配法与近似法

本章导读：

- **基本要求** 理解力矩分配法的基本概念；掌握用力矩分配法计算连续梁和无侧移刚架在荷载及支座移动作用下的内力；了解多层多跨刚架的近似计算法(分层计算法和反弯点法)
- **重点** 转动刚度、分配系数、传递系数的相关概念；单结点结构力矩分配法。
- **难点** 准确理解力矩分配法计算的基本思路；把握力矩分配法与位移法之间内在的联系。

7.1 力矩分配法的基本概念

7.1.1 转动刚度

结构或体系抵抗转动变形的能力，即为转动刚度。为了便于定量分析，需要定义某一杆件杆端的转动刚度，或结构的某一结点的转动刚度。

对于杆件来说，令某一杆端截面发生单位转角(另一杆端位移在特定约束模式下)，此时在该杆端需施加的杆端力矩称为杆端转动刚度。

杆端转动刚度的大小主要取决于两个方面的因素：一是与杆件自身的线刚度，即与截面抗弯刚度和杆件长度相关；二是与杆件的杆端约束模式相关。

由表 6.1 和表 6.2，根据杆单元的形常数，可以容易地得到等截面直杆在各种约束模式下的杆端转动刚度(设各杆的线刚度为 $i=EI/l$)，如图 7.1 所示。

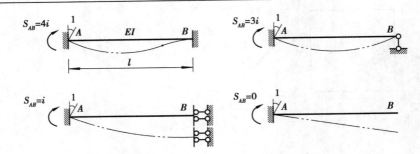

图 7.1 等截面直杆在不同约束模式下的杆端转动刚度

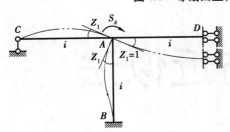

图 7.2 理想约束下结点的转动刚度

同理,若多根杆件汇交于某一结点(通常为刚结点),令该结点发生单位转角时,需要在该结点施加的结点力矩,称为结点转动刚度。根据位移法中结点位移与杆端位移之间的协调关系可知,结点的转动刚度与杆端转动刚度之间有以下关系:

$$S_A = \sum_{(A)} S_{Aj}$$

其中,S_A 为结点转动刚度;S_{Aj} 为汇交于该结点的杆件 Aj 在 A 端的杆端转动刚度。

如图 7.2 所示结构,结点转动刚度的大小为

$$S_A = \sum S_{Aj} = S_{AC} + S_{AB} + S_{AD} = 3i + 4i + i = 8i$$

7.1.2 分配系数

根据杆端转动刚度与结点转动刚度的概念,可以利用结点平衡条件得到刚结点处的杆端截面弯矩与转动刚度之间的关系。

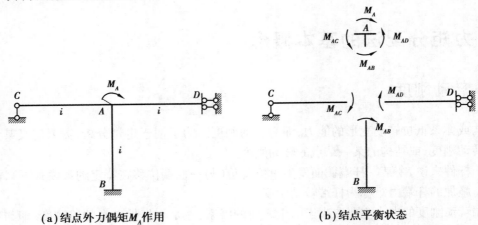

(a)结点外力偶矩 M_A 作用　　　　**(b)结点平衡状态**

图 7.3 分配系数的概念

如图 7.3(a)所示,无结点线位移的单刚结点结构,设在结点外力偶矩 M_A 作用下,结点 A 产生的转角大小为 Z_1。根据结点转动刚度的定义,有

$$M_A = S_A Z_1 \tag{a}$$

或写为

$$M_A = (S_{AB} + S_{AC} + S_{AD})Z_1 \qquad (b)$$

由此,可求出结点转角大小为

$$Z_1 = \frac{M_A}{S_A} \qquad (c)$$

式(a)和式(b)既表示了结点的位移协调条件(杆端转动刚度在汇聚成结点转动刚度的过程中,满足杆端位移与结点位移相等的位移协调条件),也表达了结点的力矩平衡条件,即图7.3(b)中刚结点上 $\sum M_A = 0$ 的条件,为

$$M_A = M_{AB} + M_{AC} + M_{AD} \qquad (d)$$

由于杆端位移与结点位移相等,故各杆端转角大小也为 Z_1。根据各杆端的转动刚度的定义,有

$$\left. \begin{aligned} M_{AB} &= Z_1 S_{AB} = \frac{M_A}{S_A} S_{AB} = M_A \frac{S_{AB}}{S_A} \\ M_{AC} &= Z_1 S_{AC} = \frac{M_A}{S_A} S_{AC} = M_A \frac{S_{AC}}{S_A} \\ M_{AD} &= Z_1 S_{AD} = \frac{M_A}{S_A} S_{AD} = M_A \frac{S_{AD}}{S_A} \end{aligned} \right\} \qquad (e)$$

由式(e)可知,作用在结点上的一个外力矩 M_A,根据变形协调条件和平衡条件,所引起各杆杆端弯矩的大小,是按各杆杆端转动刚度占结点转动刚度的比例来进行分配的。

若定义结点 A 所连接的各杆端 Aj(j 分别表示 B、C、D 等)的分配系数为

$$\mu_{Aj} = \frac{S_{Aj}}{S_A} \qquad (j = B、C、D) \qquad (7.1)$$

则式(e)可写为

$$\left. \begin{aligned} M_{AB} &= \mu_{AB} M_A = \frac{S_{AB}}{S_A} M_A \\ M_{AC} &= \mu_{AC} M_A = \frac{S_{AC}}{S_A} M_A \\ M_{AD} &= \mu_{AD} M_A = \frac{S_{AD}}{S_A} M_A \end{aligned} \right\} \qquad (7.2a)$$

或

$$M_{Aj} = \mu_{Aj} M_A \qquad (j = B、C、D) \qquad (7.2b)$$

式(7.2)中,M_{Aj}($j = B、C、D$)称为 Aj 杆 A 端的分配弯矩。

由式(7.1)可看出,$0 \leqslant \mu_{Aj} \leqslant 1$,且结点 A 所连接的各杆端分配系数之和等于1,即

$$\mu_{AB} + \mu_{AC} + \mu_{AD} = 1 \qquad (f)$$

式(f)可作为分配系数计算正确与否的验算条件。

7.1.3　传递系数

分配系数能够表示出结点角位移发生处(包括结点和对应的杆端截面)的平衡条件和变形

协调条件,但杆件内部的平衡和协调条件尚未得到满足。为了表示结点角位移对杆件其他截面内力和变形的影响,现引入传递系数概念。

根据位移法形常数的概念,在给定杆端约束模式下,结点角位移对应处的杆端发生转角时,由平衡条件和变形协调条件可决定杆件内力分布,如图 7.4 所示。

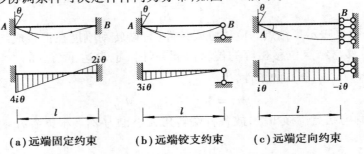

(a) 远端固定约束　　　(b) 远端铰支约束　　　(c) 远端定向约束

图 7.4　传递系数的概念

由此可知,杆件远端(以角位移发生处的杆端为近端时)弯矩与近端弯矩(即分配弯矩)之间的关系可表示为

$$M_{jA} = C_{Aj}M_{Aj} \tag{g}$$

其中,C_{Aj} 为杆件的传递系数,它表示了所对应特定约束模式下,由杆件内部的平衡和变形协调条件所决定的远端弯矩数值(M_{jA})与近端弯矩数值(M_{Aj})之间的关系。

对于远端无杆端位移发生时,即对应于固定支承[图 7.4(a)],有

$$C_{Aj} = 0.5 \tag{7.3a}$$

对于远端为铰支[图 7.4(b)],有

$$C_{Aj} = 0 \tag{7.3b}$$

对于远端为定向支承[图 7.4(c)],有

$$C_{Aj} = -1 \tag{7.3c}$$

式(g)表明,各杆远端弯矩 M_{jA}[对于图 7.3(a),j 分别表示 B、C、D 等],可由分配弯矩 M_{Aj} 乘以传递系数 C_{Aj} 得到,故 M_{jA} 亦称为传递弯矩。

7.1.4　单结点结构的力矩分配

根据转动刚度、分配系数和传递系数的概念,可对单结点(单角位移)结构受到结点力矩荷载作用下的内力进行分析。

【例 7.1】　图 7.5 所示为只具有一个未知独立角位移的结构,试用力矩分配法计算内力并绘弯矩图。

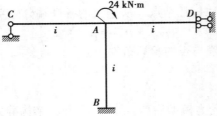

图 7.5　集中力偶矩作用下的力矩分配法计算

【解】 （1）计算准备

由于结构中仅有一个未知独立结点角位移，因此，在以该位移对结构结点转动刚度和杆端转动刚度进行描述时，所有杆件的远端约束都如图7.1所示一样，是确定的。根据转动刚度的定义，结点A对应各杆端转动刚度为

$$S_{AC} = 3i, S_{AB} = 4i, S_{AD} = i$$

因此，结点A转动刚度为

$$S_A = \sum_{(A)} S_{Aj} = 8i$$

（2）分配过程

可由分配系数得到刚结点处的各杆杆端分配弯矩，为

$$M_{AC} = \mu_{AC} M_A = \frac{S_{AC}}{S_A} M_A = \frac{3i}{8i} \times 24 \text{ kN·m} = 9 \text{ kN·m}$$

$$M_{AB} = \mu_{AB} M_A = \frac{4i}{8i} \times 24 \text{ kN·m} = 12 \text{ kN·m}$$

$$M_{AD} = \mu_{AD} M_A = \frac{i}{8i} \times 24 \text{ kN·m} = 3 \text{ kN·m}$$

分配系数保证了结点的平衡，再由传递系数保证杆件内部的平衡条件成立。由式（g）可得各杆远端的传递弯矩为

$$M_{CA} = C_{AC} M_{AC} = 0 \times 9 = 0$$
$$M_{BA} = C_{AB} M_{AB} = 0.5 \times 12 \text{ kN·m} = 6 \text{ kN·m}$$
$$M_{DA} = C_{AD} M_{AD} = -1 \times 3 \text{ kN·m} = -3 \text{ kN·m}$$

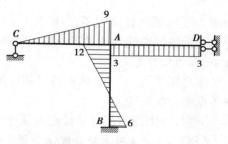

图7.6 M图（单位：kN·m）

（3）绘弯矩图

根据分配弯矩和传递弯矩即可绘出各杆的弯矩图，如图7.6所示。

例7.1分析过程中只有结点集中力偶矩作用。若在体系中出现了非结点荷载（即单元荷载），由于分配系数只能分配结点外力矩，因此必须对结构计算模型进行相应处理，才能保证力矩分配法的适用。

设若在例7.1中出现了非结点荷载，如图7.7（a）所示。在计算中可以仿照位移法的计算思路进行处理：

①在原结构中增设刚臂，并限制该刚臂的位移为零，则可得到一个与位移法计算中M_P图相同的受力模型，此体系的受力和变形与原结构之间的差别在于刚臂内存在一个约束力矩（或称之为不平衡力矩）M_A，该约束力矩的存在限制着结构结点位移的发生。根据结点的平衡条件和杆端弯矩以顺时针转向为正的规定，可以得到计算约束力矩（其方向以顺时针转向为正）的算式为

$$M_A = M_{AB}^F + M_{AC}^F + M_{AD}^F - M = \sum_{(A)} M_{Aj}^F - M \tag{7.4}$$

即约束力矩的大小为各杆因非结点荷载产生的固端弯矩之和减去结点外力偶矩的数值。

②既然图7.7（a）和图7.7（b）之间存在一个M_A的差别，可以在图7.7（b）的基础上令结构再承受一个结点外力矩$-M_A$的作用，从而能够消去附加约束对结构的影响。即在图7.7（b）的受力模型上叠加图7.7（c）的受力模型后，就可以完全与原结构静力等效。

③图7.7（b）所示计算模型，其各杆的杆端弯矩可根据表6.1和表6.2的载常数直接确定；

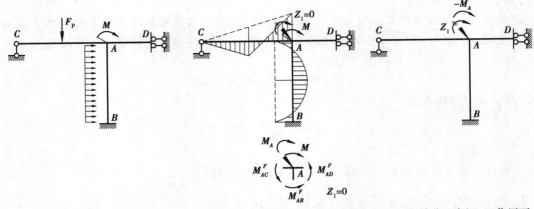

(a) 原结构 　　　　　　　　(b) 荷载和约束力矩 M_A 共同 　　　　(c) 待分配弯矩 $-M_A$ 作用下
　　　　　　　　　　　　　作用下体系的受力简图 　　　　　　　　体系的受力简图

图 7.7　非结点荷载的处理

而图 7.7(c) 所示计算模型, 与图 7.3(a) 所示仅承受结点外力偶矩的单结点结构完全一致, 可用力矩分配法的原理对其进行计算。其中, $-M_A$ (在数值上等于反向施加的约束力矩)在力矩分配法中, 称为待分配力矩。

④将图 7.7(b)、(c) 所示各杆端弯矩对应叠加, 即得图 7.7(a) 所示原结构的最后杆端弯矩, 并可据此作出弯矩图。

下面, 举例说明具有非结点荷载作用下的力矩分配法计算过程。

【例 7.2】　试用力矩分配法作图 7.8 所示连续梁的弯矩图。EI 为常数。

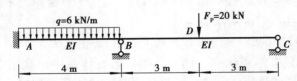

图 7.8　非结点荷载作用下连续梁的力矩分配法

【解】　(1) 计算准备

①计算转动刚度

BA 杆转动刚度: $S_{BA} = 4\left(\dfrac{EI}{4}\right) = EI$

BC 杆转动刚度: $S_{BC} = 3\left(\dfrac{EI}{6}\right) = \dfrac{EI}{2}$

结点 B 转动刚度: $S_B = S_{BA} + S_{BC} = \dfrac{3}{2}EI$

②计算分配系数

对结点 B, 有

$$\mu_{BA} = \frac{S_{BA}}{S_B} = \frac{2}{3}, \mu_{BC} = \frac{S_{BC}}{S_B} = \frac{1}{3}$$

验算: $\mu_{BA} + \mu_{BC} = 1$。

③计算固端弯矩

对 AB 杆：$M_{BA}^F = -M_{AB}^F = \dfrac{1}{12} \times 6 \times 4^2 \ \text{kN·m} = 8 \ \text{kN·m}$

对 BC 杆：$M_{BC}^F = -\dfrac{3}{16} \times 20 \times 6 \ \text{kN·m} = -22.5 \ \text{kN·m}$

④计算不平衡力矩（或直接计算待分配弯矩，二者只相差一个负号）

由式(7.4)计算，不平衡力矩为

$$M_B = \sum M_{Bj}^F = M_{BA}^F + M_{BC}^F = (8-22.5)\text{kN·m} = -14.5 \ \text{kN·m}$$

或待分配力矩为

$$-M_B = 14.5 \ \text{kN·m}$$

（2）进行分配与传递计算

将不平衡力矩反号并进行分配和传递，其过程一般采用简洁的图表形式进行，如图7.9所示。

	A	B		C
分配系数 μ		2/3	1/3	
固端弯矩 M^F	-8	+8	-22.5	0
不平衡力矩 M_B		(-14.5)		
分配弯矩 M^μ	(½)	+9.67	+4.83	(0)
传递弯矩 M^C	+4.83			0
杆端弯矩 $M_总$	-3.17	+17.67	-17.67	0

图7.9 例7.2的计算过程

（3）绘弯矩图

图7.9中最终杆端弯矩 $M_总$ 等于各杆端的固端弯矩 M^F 与分配弯矩 M^μ（或传递弯矩 M^C）的叠加。根据其绘制弯矩图，如图7.10所示。

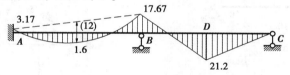

图7.10 M 图（单位：kN·m）

【例7.3】 试用力矩分配法计算并作图7.11所示刚架的弯矩图。EI 为常数。

【解】 （1）计算模型简化

将图7.11所示刚架的静定杆段 BC 和 DF 先行截去，并将杆上的荷载等效地化到结点 C 和 D 上，如图7.12所示。

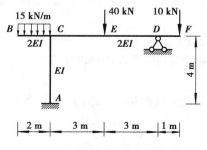

图7.11 单结点刚架的力矩分配法

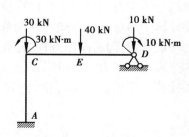

图7.12 简化后的模型

（2）计算准备

①计算转动刚度

CA 杆转动刚度：$S_{CA} = 4\left(\dfrac{EI}{4}\right) = EI$

CD 杆转动刚度：$S_{CD} = 3\left(\dfrac{2EI}{6}\right) = EI$

结点 C 转动刚度：$S_C = S_{CA} + S_{CD} = 2EI$

②计算分配系数

对结点 C，有

$$\mu_{CA} = \frac{S_{CA}}{S_C} = 0.5, \quad \mu_{CD} = \frac{S_{CD}}{S_C} = 0.5$$

验算：$\mu_{CA} + \mu_{CD} = 1$。

③计算固端弯矩

$$M^F_{CD} = -\frac{3}{16} \times 40 \times 6 \ \text{kN·m} + \frac{10}{2} \ \text{kN·m} = -40 \ \text{kN·m}; \ M^F_{DC} = 10 \ \text{kN·m}$$

④计算不平衡力矩

$$M_C = \sum M^F_{Cj} - M = M^F_{CD} - M = -40 \ \text{kN·m} - (-30) \ \text{kN·m} = -10 \ \text{kN·m}$$

（3）进行分配与传递计算

计算过程如图 7.13 所示。

（4）绘弯矩图

计算最终杆端弯矩 $M_{总}$，并作弯矩图，如图 7.14 所示。

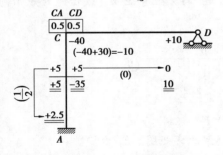

图 7.13　例 7.3 计算过程

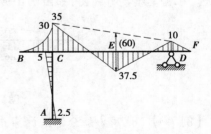

图 7.14　M 图（单位：kN·m）

由前述例题可见，用力矩分配法求解无结点线位移的超静定结构时，不需要解算方程，仅通过简单的代数运算即可实现，且计算过程简明，可列表进行。这些都是力矩分配法的优点。

单结点结构力矩分配法的计算步骤可归纳为：

①计算刚结点所连杆端的分配系数，并填入计算表格中。

②增设刚臂，即将刚结点视为固定端，计算各杆固端弯矩，并填入计算表格中。

③计算不平衡力矩，并将其反号后进行分配与传递。

④计算各杆最后杆端弯矩，它等于固端弯矩叠加分配（或传递）弯矩，并根据此结果绘弯矩图。

7.2　多结点结构的力矩分配

7.2.1　计算步骤

对于具有多个结点角位移但无结点线位移(简称无侧移)的结构,只需依次反复对各结点使用 7.1 节的单刚结点运算方法,就可逐次渐近地求出各杆的杆端弯矩。具体作法是:

①在所有结点上增设附加刚臂,限制结点位移发生,计算刚结点所连各杆端的分配系数,并计算各杆固端弯矩。

②从不平衡力矩绝对值较大的结点开始,逐结点轮流分配、传递,在其他刚结点刚臂有效约束下,对目标结点使用单结点结构的力矩分配法进行计算,直到所有结点上附加刚臂内的残留不平衡力矩足够小为止。

③将以上步骤所得各杆端的对应杆端弯矩(包括固端弯矩、分配弯矩和传递弯矩)叠加,即得所求的杆端弯矩(总弯矩)。

一般只需对各结点进行两到三个循环的运算,就能达到较好的精度。

下面举例说明力矩分配法计算多结点结构的步骤和演算格式。

7.2.2　举例

【例 7.4】　试用力矩分配法计算并作图 7.15 所示连续梁的弯矩图。EI 为常数。

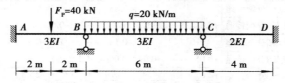

图 7.15　两结点连续梁力矩分配法

【解】　(1)计算准备

①计算转动刚度

BA 杆转动刚度: $S_{BA} = 4\left(\dfrac{3EI}{4}\right) = 3EI$

BC 杆转动刚度: $S_{BC} = S_{CB} = 4\left(\dfrac{3EI}{6}\right) = 2EI$

CD 杆转动刚度: $S_{CD} = 4\left(\dfrac{2EI}{4}\right) = 2EI$

结点 B 转动刚度: $S_B = S_{BA} + S_{BC} = 5EI$

结点 C 转动刚度: $S_C = S_{CB} + S_{CD} = 4EI$

②计算分配系数

对结点 B,有

$$\mu_{BA} = \frac{S_{BA}}{S_B} = 0.6, \mu_{BC} = \frac{S_{BC}}{S_B} = 0.4$$

验算:$\mu_{BA} + \mu_{BC} = 1$。

对结点 C,有

$$\mu_{CB} = \frac{S_{CB}}{S_C} = 0.5, \mu_{CD} = \frac{S_{CD}}{S_C} = 0.5$$

验算:$\mu_{CB} + \mu_{CD} = 1$。

③计算固端弯矩

$$AB 杆:M_{AB}^F = -M_{BA}^F = -\frac{F_P l_{AB}}{8} = -40 \times \frac{4}{8} \text{ kN·m} = -20 \text{ kN·m}$$

$$BC 杆:M_{BC}^F = -M_{CB}^F = -\frac{q l_{BC}^2}{12} = -20 \times \frac{6^2}{12} \text{ kN·m} = -60 \text{ kN·m}$$

④计算不平衡力矩

$$M_B = (+20 - 60) \text{ kN·m} = -40 \text{ kN·m}$$
$$M_C = (+60 + 0) \text{ kN·m} = +60 \text{ kN·m}$$

(2)进行分配与传递计算

计算过程如图 7.16 所示。

分配系数及传递系数	A ← $\frac{1}{2}$	B 0.6	0.4 ← $\frac{1}{2}$	C 0.5	0.5 → $\frac{1}{2}$	D
固端弯矩	−20	+20	−60	+60		
Ⅰ 结点C分配传递			−15 ←	−30	−30 →	−15
Ⅰ 结点B分配传递	+16.5	+33	+22	+11		
Ⅱ 结点C分配传递			−2.8 ←	−5.5	−5.5 →	−2.8
Ⅱ 结点B分配传递	+0.8 ←	+1.7	+1.1 →	+0.6		
Ⅲ 结点C分配传递			−0.15 ←	−0.3	−0.3 →	−0.1
Ⅲ 结点B分配传递	+0.05 ←	+0.09	+0.06(可终止传递)			
最后杆端弯矩	−2.65	+54.79	−54.79	+35.8	−35.8	−17.9

图 7.16　例 7.4 计算过程

可见,经过 3 轮共 6 次的分配与传递,计算精度已相当高。需要指出,最后一次分配后,相应杆端的分配弯矩终止向刚结点处传递,仅向支座结点处进行传递。

(3)绘制弯矩图

弯矩图如图 7.17 所示。

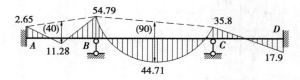

2.65　(40)　54.79　(90)　35.8　D
A　11.28　B　44.71　C　17.9

图 7.17　M 图(单位:kN·m)

【例 7.5】　试用力矩分配法计算并作图 7.18 所示刚架的弯矩图。EI 为常数。

【解】　(1)计算准备

①计算转动刚度

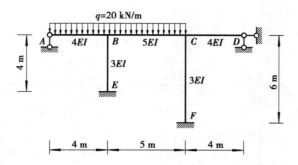

图 7.18　两结点刚架力矩分配法

BA 杆转动刚度：$S_{BA} = 3\left(\dfrac{4EI}{4}\right) = 3EI$

BC 杆转动刚度：$S_{BC} = S_{CB} = 4\left(\dfrac{5EI}{5}\right) = 4EI$

CD 杆转动刚度：$S_{CD} = 3\left(\dfrac{4EI}{4}\right) = 3EI$

BE 杆转动刚度：$S_{BE} = 4\left(\dfrac{3EI}{4}\right) = 3EI$

CF 杆转动刚度：$S_{CF} = 4\left(\dfrac{3EI}{6}\right) = 2EI$

结点 B 转动刚度：$S_B = S_{BA} + S_{BC} + S_{BE} = 10EI$

结点 C 转动刚度：$S_C = S_{CB} + S_{CD} + S_{CF} = 9EI$

②计算分配系数

对结点 B,有

$$\mu_{BA} = \frac{S_{BA}}{S_B} = 0.3, \mu_{BC} = \frac{S_{BC}}{S_B} = 0.4, \mu_{BE} = \frac{S_{BE}}{S_B} = 0.3$$

验算：$\mu_{BA} + \mu_{BC} + \mu_{BE} = 1$。

对结点 C,有

$$\mu_{CB} = \frac{S_{CB}}{S_C} = \frac{4}{9}, \mu_{CD} = \frac{S_{CD}}{S_C} = \frac{3}{9}, \mu_{CF} = \frac{S_{CF}}{S_C} = \frac{2}{9}$$

验算：$\mu_{CB} + \mu_{CD} + \mu_{CF} = 1$。

③计算固端弯矩

AB 杆：$M_{BA}^F = \dfrac{ql_{AB}^2}{8} = \dfrac{20 \times 4^2}{8}$ kN·m $= 40$ kN·m

BC 杆：$M_{BC}^F = -M_{CB}^F = -\dfrac{ql_{BC}^2}{12} = -41.7$ kN·m

④计算不平衡力矩

$$M_B = +40 \text{ kN·m} + (-41.7) \text{ kN·m} = -1.7 \text{ kN·m}$$

$$M_C = 41.7 \text{ kN·m}$$

（2）进行分配与传递计算

计算过程如图 7.19 所示。

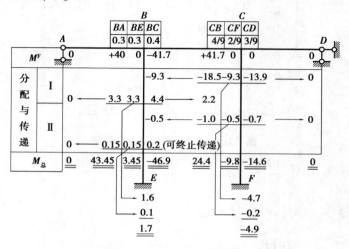

图 7.19　例 7.5 计算过程

（3）绘制弯矩图

弯矩图如图 7.20 所示。

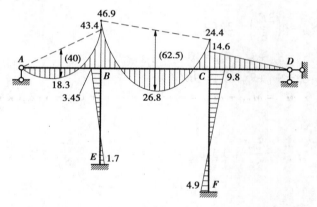

图 7.20　M 图（单位：kN·m）

有必要指出：力矩分配法主要适用于计算连续梁和无侧移刚架等无侧移结构；对于有侧移的一般刚架，力矩分配法并不能单独解算，而须与位移法联合求解，由于这样做并不简便，因此已很少采用。

【例 7.6】　图 7.21 所示对称梁，支座 B、C 都向下发生 0.03 m 的线位移，试用力矩分配法计算该结构，并作出其弯矩图。已知 $E = 200$ GPa，$I = 4 \times 10^{-4}$ m^4。

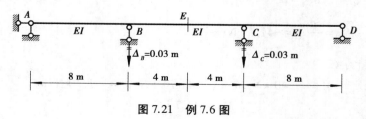

图 7.21　例 7.6 图

【解】　由于结构对称,支座移动也是正对称的,故可取结构的一半进行分析,如图 7.22 所示。

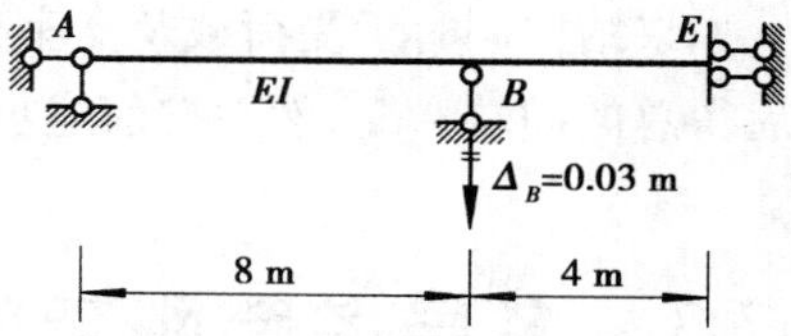

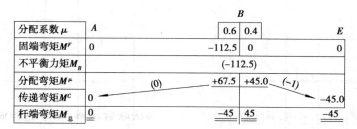

图 7.22　半结构

（1）计算结点 B 处各杆端的分配系数

$$S_{BA} = 3i_{BA} = 3 \times \frac{EI}{8} = 0.375EI$$

$$S_{BE} = i_{BE} = \frac{EI}{4} = 0.25EI$$

$$S_B = S_{BA} + S_{BE} = 0.375EI + 0.25EI = 0.625EI$$

$$\mu_{BA} = \frac{S_{BA}}{S_B} = \frac{0.375EI}{0.625EI} = 0.6$$

$$\mu_{BE} = \frac{S_{BE}}{S_B} = \frac{0.25EI}{0.625EI} = 0.4$$

验算：$\mu_{BA} + \mu_{BE} = 1$。

（2）在结点 B 加上附加刚臂,计算固端弯矩

由于支座 B 沉陷,将在杆端引起固端弯矩为

$$M^F_{AB} = 0$$

$$M^F_{BA} = -\frac{3EI}{l^2}\Delta_B = -\frac{3 \times 200 \times 10^9 \times 4 \times 10^{-4}}{8^2} \times 0.03 \ \text{kN·m} = -112.5 \ \text{kN·m}$$

$$M^F_{BE} = M^F_{EB} = 0$$

则结点 B 的不平衡力矩为

$$M_B = \sum M^F = M^F_{BA} + M^F_{BE} = -112.5 \ \text{kN·m} + 0 = -112.5 \ \text{kN·m}$$

（3）进行分配与传递计算

计算过程如图 7.23 所示。

分配系数 μ	A	B		E
		0.6	0.4	
固端弯矩 M^F	0	−112.5	0	0
不平衡力矩 M_B		(−112.5)		
分配弯矩 M^μ	(0)	+67.5	+45.0	(~1)
传递弯矩 M^C	0			−45.0
杆端弯矩 $M_\text{总}$	0	−45	45	−45

图 7.23　计算过程

（4）绘制弯矩图

由上图和结构的对称性,可绘制梁的最后弯矩图,如图 7.24 所示。

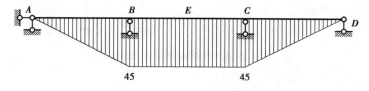

图 7.24　M 图（单位：kN·m）

如果结构同时承受荷载及支座移动的作用,则可分别求出各种因素作用下的固端弯矩,叠加后得总的固端弯矩,然后按前述步骤做分配、传递,并求出最后杆端弯矩。

* 7.3 多层多跨刚架的近似计算方法

7.3.1 分层计算法

引入一些简化条件后,分层计算法适用于多层多跨刚架承受竖向荷载作用时的近似计算。基本简化原则包括:

①忽略侧移的影响。对于在竖向荷载作用下有侧移的多层多跨刚架,当构件布置和荷载分布相对均匀时,其侧移很小,因而对内力的影响也较小,可忽略不计。

②忽略每层梁上的竖向荷载对其他各层的影响。在不考虑侧移的情况下,从力矩分配法的过程可以看出,荷载在本层结点产生效应,经过分配和传递,才影响到本层柱的远端;然后,在柱的远端再经过分配,才影响到相邻的楼层。经历了"分配—传递—分配"三道运算,余下的影响已经很小,因而可以忽略。

③对于除底层外的各层楼柱计算时,柱的远端约束应该介于刚性约束和弹性约束之间,因此,计算时,若将楼层柱的远端约束视为固端,将会产生一定的误差。为了减小误差的影响,在各个分层刚架中,将上层各柱的线刚度乘以折减系数 0.9,并将弯矩传递系数由 1/2 改为 1/3。

在以上简化原则下,多层多跨刚架的计算模型如图 7.25 所示,即将原结构拆分成各层,分别用力矩分配法(因忽略侧移)计算。

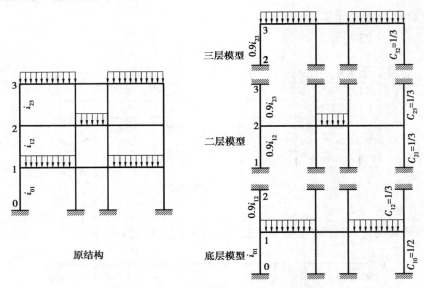

图 7.25 多层多跨刚架的分层法计算模型

最终梁弯矩:与分层计算的梁弯矩相同。

最终柱弯矩:需将上下两个分层刚架中同一柱子的弯矩相叠加。

分层计算的结果,在刚结点上弯矩是不平衡的,但一般误差不会很大。如有需要,可对结点的不平衡力矩再进行一次分配。

7.3.2 反弯点法

反弯点法是多层多跨刚架在水平结点荷载作用下最常用的近似计算方法,当梁线刚度明显强于柱时其计算误差较小。

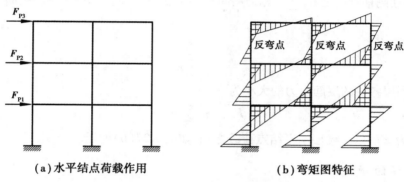

(a)水平结点荷载作用　　　　　　　(b)弯矩图特征

图 7.26　水平结点荷载作用下多层多跨刚架弯矩图

图7.26(a)所示水平结点荷载作用下的多层多跨刚架的弯矩图,如图7.26(b)所示。其典型特征是各杆的弯矩图都是直线,每杆均有一个反弯点。如能确定各柱反弯点的位置和各柱的剪力,则各柱端弯矩即可求出,进而可算出梁端弯矩。

1)基本简化原则

为了确定反弯点的位置和各柱的剪力大小,在反弯点法的使用中,一般假定梁的线刚度远远大于柱的线刚度(实际工程中可以 $i_梁/i_柱 \geqslant 3$ 作为判别标准),即认定

$$i_梁 \gg i_柱$$

若能满足上述假定,由于荷载作用下刚架内力分布与杆件之间的相对刚度有关,则可近似认为刚架受力过程中梁的刚度接近无穷大,结点转角为零,只有侧移,计算模型可简化为图7.27(a)所示。

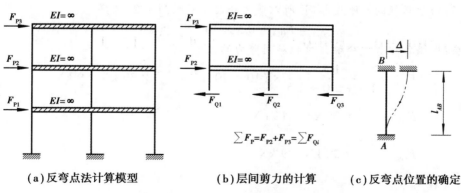

(a)反弯点法计算模型　　　(b)层间剪力的计算　　　(c)反弯点位置的确定

图 7.27　反弯点法

2)层间剪力的确定

因为模型中横梁刚度为无穷大,在受水平结点荷载作用时,可以直接使用剪力分配法进行层间剪力的计算。

由于梁的约束作用,柱上、下两端均可视为固端。此时,柱的侧移刚度系数为

$$k = \frac{12EI}{h^3}$$

同一层各柱侧移刚度之和 $\sum k$ 称为层间侧移刚度(或层间剪切刚度)。则同层各柱的剪力分配系数为

$$\eta_i = \frac{k_i}{\sum k}$$

由此,可求出同层各柱的层间剪力的大小为

$$F_{Qi} = \eta_i \sum F_P$$

式中, $\sum F_P$ 为该层以上楼层水平结点荷载之和,如图7.27(b)所示。

3)反弯点位置的确定

各层柱反弯点的高度与柱上下两端所受约束刚度的相对大小相关。

除底层柱外,各层柱的上下两端受到的约束刚度都较为接近,在不考虑结点角位移的前提下,柱自身的变形为反对称模式,如图7.27(c)所示,反弯点的位置在柱的中点处。

对于底层柱,由于柱顶的约束刚度始终小于基础固定支座的刚度,因此,反弯点的位置会由柱中略往上移。用于多层(如5层以上)结构计算时,一般可简化至基础以上2/3柱高的截面。

在各柱层间剪力和反弯点位置确定后,即可方便地绘出柱的弯矩分布,进而根据柱端的弯矩值和结点的平衡条件确定梁的杆端弯矩大小。中间结点处的梁端弯矩,在梁远端约束条件相同的情况下,可由梁的线刚度按比例来分配柱端弯矩而得。

【例7.7】 试用反弯点法计算图7.28所示刚架,并作弯矩图。各杆件相对线刚度的大小如图中带圈数字所示。

【解】 此刚架受水平结点荷载作用,且 $i_梁/i_柱 \geq 3$,可用反弯点法进行近似分析。

(1)求各柱剪力

①顶层:由于两柱的线刚度相同,所以剪力分配系数均为1/2,可得

$$F_{Q13} = F_{Q24} = 0.5 \times 10 \text{ kN} = 5 \text{ kN}$$

②底层:根据各柱剪力分配系数和层间剪力的大小,得

$$F_{Q36} = \frac{1.5}{1.5 + 2.0 + 1.5} \times (10 + 20) \text{ kN} = \frac{1.5}{5} \times 30 \text{ kN} = 9 \text{ kN}$$

$$F_{Q47} = \frac{2.0}{5} \times 30 \text{ kN} = 12 \text{ kN}$$

$$F_{Q58} = \frac{1.5}{5} \times 30 \text{ kN} = 9 \text{ kN}$$

(2)计算柱端弯矩

①顶层: $M_{13} = M_{31} = M_{24} = M_{42} = -F_{Q13} \times \frac{h_2}{2} = -9 \text{ kN} \cdot \text{m}$

②底层：$M_{36} = M_{63} = M_{58} = M_{85} = -F_{Q36} \times \dfrac{h_1}{2} = -18 \text{ kN} \cdot \text{m}$

$$M_{47} = M_{74} = -F_{Q47} \times \dfrac{h_1}{2} = -24 \text{ kN} \cdot \text{m}$$

（3）计算梁端弯矩

$$M_{12} = M_{21} = 9 \text{ kN} \cdot \text{m}$$

$$M_{34} = (9 + 18) \text{ kN} \cdot \text{m} = 27 \text{ kN} \cdot \text{m}$$

$$M_{43} = M_{45} = \dfrac{6}{6 + 6} \times (9 + 24) \text{ kN} \cdot \text{m} = 16.5 \text{ kN} \cdot \text{m}$$

$$M_{54} = -M_{58} = 18 \text{ kN} \cdot \text{m}$$

（4）作弯矩图

根据求得的各杆端弯矩作弯矩图，如图 7.29 所示。

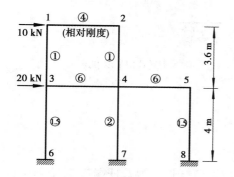

图 7.28　反弯点法计算

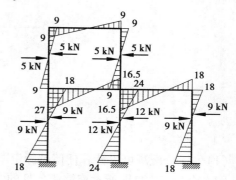

图 7.29　M 图（单位：$\text{kN} \cdot \text{m}$）

本章小结

（1）力矩分配法适用于计算连续梁和无结点线位移的刚架。力矩分配法的理论基础是位移法，但不需建立和求解结点位移方程组。在单结点力矩分配法计算中，结果是精确解；而在多结点力矩分配法计算时，是一种近似解法，但收敛速度较快（一般只需计算两轮或三轮）。

（2）力矩分配法的基本概念包括在转动刚度、分配系数、传递系数和不平衡力矩之中。通过对结点不平衡力矩反号后进行分配与传递，使得结构无论在结点处还是在杆件任意截面位置均达成平衡，这是力矩分配法的基本求解方式。

（3）在多结点结构的力矩分配法计算中，对其中一个结点进行分配和传递时，其他的结点应保持被刚臂约束的状态，这是为了保证每次计算的是只有一个结点可以转动的单结点结构。由于分配系数和传递系数均小于1，残留约束力矩会快速减小，当满足一定精度要求时，即可终止计算。

（4）分层计算法和反弯点法是适合于手算的近似计算方法。分层计算法适用于竖向荷载单独作用下的近似计算，它将原结构拆分为各层，在不计侧移时，分别用力矩分配法进行计算，并将各柱在上下两个分层中的计算结果进行叠加。反弯点法适用于水平结点荷载作用下，且 $i_{梁}/i_{柱} \geqslant 3$ 的刚架的近似计算，计算步骤可参照例 7.7 进行。

思考题

7.1 思考题 7.1 图所示三杆件 B 端的转动刚度是否相等?

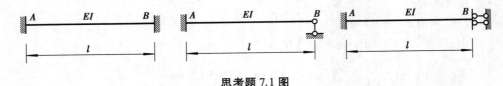

思考题 7.1 图

7.2 在力矩分配法中,如果还要求出刚结点的转角,应当如何进行计算?

7.3 设一等截面杆件 AB,线刚度为 i,A 端的转动刚度 $S_{AB} = 3.6i$。求相应的弯矩传递系数 C_{AB}。

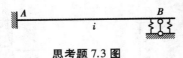

思考题 7.3 图

习　题

7.1 判断题

(1)力矩分配法可以计算任何超静定刚架的内力。　　　　　　　　　　　　　　　(　　)

(2)习题 7.1(2)图所示连续梁各杆的弯曲刚度为 EI,各杆长均为 l,杆端弯矩 $M_{BC} < 0.5M$。

　　　　　　　　　　　　　　　　　　　　　　　　　　　　　　　　　　　　(　　)

(3)习题 7.1(3)图所示连续梁的线刚度为 i,欲使 A 端发生顺时针单位转角,需施加的力矩 $M_A > 3i$。　　　　　　　　　　　　　　　　　　　　　　　　　　　　　　　　(　　)

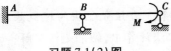

习题 7.1(2)图

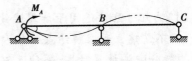

习题 7.1(3)图

7.2 填空题

(1)习题 7.2 图(a)所示刚架 $EI =$ 常数,各杆长为 l,杆端弯矩 $M_{AB} =$ _____。

(2)习题 7.2 图(b)所示刚架 $EI =$ 常数,各杆长为 l,杆端弯矩 $M_{AB} =$ _____。

(3)习题 7.2 图(c)所示刚架各杆的线刚度为 i,欲使结点 B 产生顺时针的单位转角,应在结点 B 施加的力矩 $M_B =$ _____。

(4)用力矩分配法计算习题 7.2 图(d)所示结构($EI =$ 常数)时,传递系数 $C_{BA} =$ _____,$C_{BC} =$ _____。

7.3 用力矩分配法计算习题 7.3 图所示连续梁,作弯矩图和剪力图。EI 为常数。

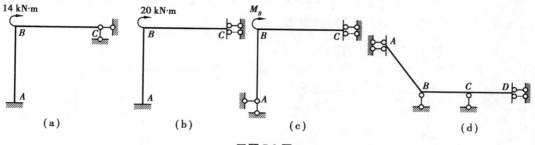

习题 7.2 图

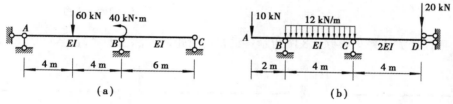

习题 7.3 图

7.4 用力矩分配法计算习题 7.4 图所示连续梁，并作弯矩图。EI 为常数。

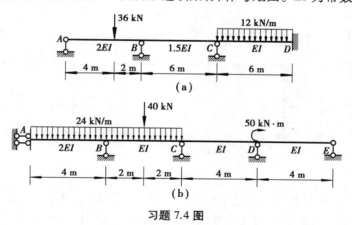

习题 7.4 图

7.5 用力矩分配法计算习题 7.5 图所示刚架，并作弯矩图。EI 为常数。

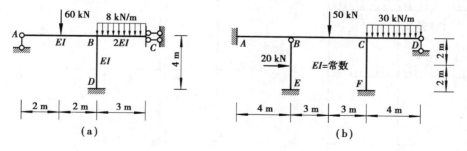

习题 7.5 图

7.6 利用对称性计算习题 7.6 图所示结构，并作弯矩图。各杆 EI 相同，为常数。

7.7 习题 7.7 图所示刚架各杆 $EI = 4.8 \times 10^4 \, \text{kN} \cdot \text{m}^2$，支座 A 下沉了 2 cm，支座 B 顺时针转动 0.005 rad。用力矩分配法求作刚架的弯矩图。

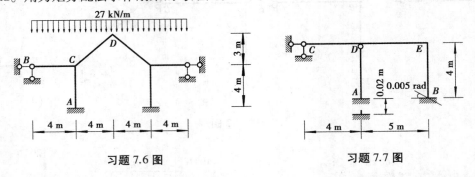

习题 7.6 图　　　　　　　习题 7.7 图

7.8 用简捷方法作出习题 7.8 图所示各结构的弯矩图。除注明者外，各杆的 EI、l 均相同。

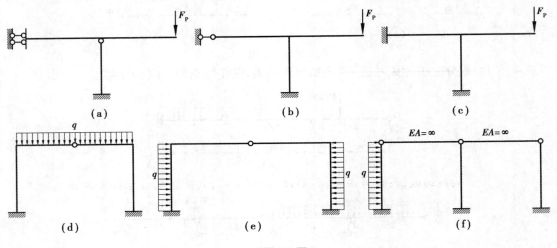

(a)　　　　　　(b)　　　　　　(c)

(d)　　　　　　(e)　　　　　　(f)

习题 7.8 图

7.9 用分层计算法计算并作习题 7.9 图所示刚架的弯矩图。EI 为常数。

7.10 用反弯点法计算并作习题 7.10 图所示刚架的弯矩图。杆旁数值为 EI 相对值。

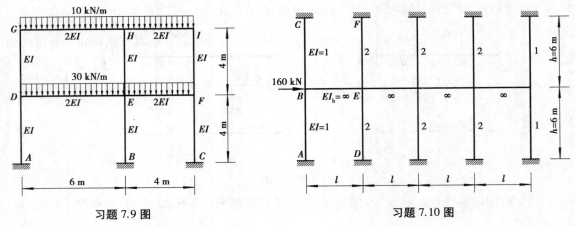

习题 7.9 图　　　　　　　习题 7.10 图

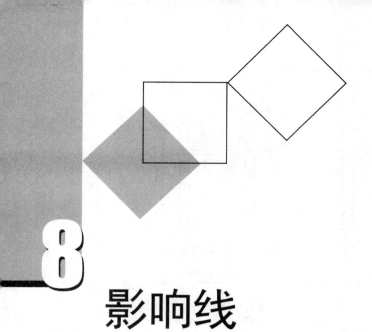

8 影响线

本章导读：

- **基本要求** 理解影响线的概念；掌握作影响线的静力法，会用机动法作静定梁的影响线；会利用影响线求固定荷载作用下结构的内力和移动荷载作用下结构的最大内力；了解利用机动法作连续梁内力的影响线；了解简支梁和连续梁的内力包络图。
- **重点** 影响线的概念；静力法和机动法绘制影响线；利用影响线求固定荷载作用下结构的内力和移动荷载作用下结构的最大（或最小）内力。
- **难点** 用机动法绘制影响线；利用影响线求移动荷载作用下结构的最大（或最小）内力。

8.1 移动荷载及影响线的概念

前面各章讨论结构的内力和位移时，荷载的位置是固定不变的。但有些结构除承受这种固定荷载作用外，还承受移动荷载作用。例如，行驶着的火车或汽车对桥梁的作用，厂房中吊车工作时吊车的轮压对吊车梁的作用等。这些荷载有两个共同特点：一是荷载作用点在结构上是移动的；二是荷载的大小和作用方向保持不变。图 8.1(a) 所示的桥式起重机，通过吊车桥架每端的两个轮子将荷载传递给吊车梁，如图 8.1(b) 所示。当起重小车负荷、起重机运行时，两个间距为 K 的竖向集中荷载 F_P 就成为沿吊车梁（每跨均简化为简支梁）上的移动荷载，如图 8.1(c) 所示。显然，在移动荷载作用下，即使不考虑结构的振动，结构的反力及各截面的内力（本章中把反力、内力、位移等统称为量值）也将随荷载位置的移动而变化。

在进行结构设计时，必须求出某一截面某内力可能产生的最大值。为此，需要解决两个问题：一是荷载移动时，此内力是怎样变化的；二是确定使此内力达到最大值时的荷载位置，即最不利位置荷载。

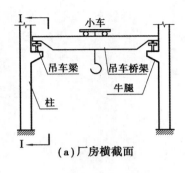

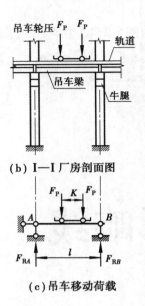

(a)厂房横截面 　　(b) I—I 厂房剖面图

(c)吊车移动荷载

图 8.1　移动荷载

　　由于移动荷载的类型很多,我们没有必要逐个加以讨论,而只需抽出其中的共性进行典型分析。典型的移动荷载就是单位移动荷载 $F_\mathrm{P}=1$,它是从各种移动荷载中抽象出来的最简单、最基本的元素。只要把单位移动荷载作用下的内力变化规律分析清楚,那么,根据叠加原理,就可以顺利地解决各种移动荷载作用下的内力计算以及最不利荷载位置的确定问题。

　　由于单位荷载是不带任何单位的、数值为 1、量纲也为 1 的荷载,当以后利用影响线研究实际荷载的影响时,只需再乘以实际荷载相应的单位即可。

　　下面,考虑一单位集中荷载 $F_\mathrm{P}=1$ 在悬臂梁 AB 上移动时[见图 8.2(a)],截面 A 处的弯矩变化情况。这里,规定使梁下侧纤维受拉的弯矩为正。

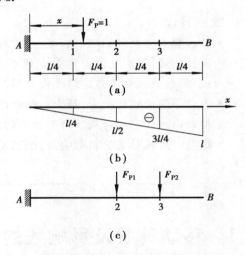

图 8.2　悬臂梁固端弯矩的影响线

　　若以 A 点作为坐标原点,以 x 表示 $F_\mathrm{P}=1$ 距 A 点的距离,则截面 A 的弯矩为:$M_A=-F_\mathrm{P}x=-x$。所以当 $F_\mathrm{P}=1$ 由 A 向 B 移动时,M_A 呈线性变化。当 $x=0$ 时,$M_A=0$;当 $x=l$ 时,$M_A=-l$。若以梁的轴线为基线,即可绘出截面 A 的弯矩 M_A 随单位荷载 $F_\mathrm{P}=1$ 的位置而变化的图线,并规定,当量值为正值时画在基线上方,负值时画在基线下方。这种图线称为截面 A 的弯矩影响线,如图 8.2(b)所示。其中,任一截面处的竖标均表示 $F_\mathrm{P}=1$ 移动到此截面处时引起的 M_A 的大小。

　　一般地,可把影响线定义为:当一个方向不变的单位荷载沿结构移动时,表示某一截面指定量值(反力、内力或位移)变化规律的图线,称为该量值的影响线。

如果图 8.2(a)中 2、3 两个截面分别作用有集中荷载 F_{P1} 和 F_{P2},如图 8.2(c)所示,此时截面 A 的弯矩 M_A 可由图 8.2(b)中 M_A 影响线计算。根据影响线的定义,并按照叠加原理,可知:

$$M_A = F_{P1}\left(-\frac{l}{2}\right) + F_{P2}\left(-\frac{3l}{4}\right)。$$

影响线是研究移动荷载问题的一个有力工具。本章将介绍绘制静定梁及连续梁影响线的方法,并利用影响线确定最不利荷载位置,最后介绍简支梁及连续梁的内力包络图。

8.2　静力法作静定梁的影响线

绘制影响线的基本方法有两种,即静力法和机动法。

根据影响线的定义,用静力法绘制某量值影响线的步骤为:

①选定一坐标系,并以横坐标 x 表示单位荷载 $F_P = 1$ 的作用点位置。

②根据静力平衡条件,求出所求量值与荷载位置 x 之间的函数关系式,这种关系式称为影响线方程。

③根据影响线方程绘制图形,即为所求量值的影响线。

8.2.1　简支梁的影响线

图 8.3(a)为一简支梁,现在来作其支反力 F_{RA} 和 F_{RB}、梁上任一截面 C 的弯矩 M_C 和剪力 F_{QC} 的影响线。规定支反力以向上为正,弯矩以使梁下侧纤维受拉为正。剪力的正负号规定同材料力学,即使杆段有顺时针转动的趋势为正。

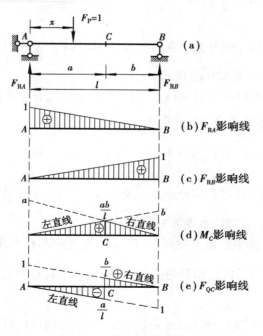

图 8.3　简支梁的影响线

1) 支反力的影响线

建立坐标系,如图 8.3(a)所示。取 A 为坐标原点,x 表示荷载 $F_P = 1$ 的位置。

由 $\sum M_B = 0$,即 $F_{RA}l - F_P(l-x) = 0$

得

$$F_{RA} = F_P \frac{l-x}{l} = 1 - \frac{x}{l} \quad (0 \leq x \leq l) \tag{8.1}$$

上式(8.1)表示反力 F_{RA} 随 $F_P = 1$ 位置的改变而变化的规律,它是 x 的一次函数,所以 F_{RA} 的影响线是一条直线。作出 F_{RA} 的影响线如图 8.3(b)所示。

同理,对于 F_{RB} 的影响线,可由 $\sum M_A = 0$ 求得

$$F_{RB}l - F_P x = 0$$

$$F_{RB} = F_P \frac{x}{l} = \frac{x}{l} \quad (0 \leq x \leq l) \tag{8.2}$$

可见,F_{RB} 的影响线也是一条直线,如图 8.3(c)所示。

由式(8.1)、式(8.2)看出,既然单位荷载 $F_P = 1$ 是不带任何单位的、量纲为 1 的量,所以,反力影响线的竖标也是量纲为 1 的量,即无单位的数。

2) 弯矩 M_C 的影响线

当 $F_P = 1$ 在截面 C 以左移动时(即在 AC 上移动,$0 \leq x \leq a$),可取截面 C 以右部分为隔离体,由平衡条件 $\sum M_C = 0$,得

$$M_C = F_{RB}b = \frac{x}{l}b \quad (0 \leq x \leq a) \tag{8.3a}$$

可见,M_C 影响线在截面 C 以左部分为一直线。当 $x = 0$ 时,$M_C = 0$;当 $x = a$ 时,$M_C = \dfrac{ab}{l}$。据此,可绘出 M_C 影响线的左直线,如图 8.3(d)所示。

当 $F_P = 1$ 在 CB 段上移动时($a \leq x \leq l$),前面求得的影响线方程不再适用,此时,可取截面 C 以左部分为隔离体,由平衡条件 $\sum M_C = 0$,得

$$M_C = F_{RA}a = \left(1 - \frac{x}{l}\right)a \quad (a \leq x \leq l) \tag{8.3b}$$

可见,M_C 影响线在截面 C 以右部分也是一条直线。当 $x = a$ 时,$M_C = \dfrac{ab}{l}$;当 $x = l$ 时,$M_C = 0$。据此,可绘出 M_C 影响线的右直线,如图 8.3(d)所示。

由图 8.3(d)可知,M_C 影响线由上述两段直线(即左直线和右直线)组成,与基线形成一个三角形。左、右两直线的交点,即三角形的顶点,正好位于截面 C 处,其竖标为 $\dfrac{ab}{l}$。两支座处的竖标为零。

由 M_C 的影响线方程(8.3a)、(8.3b)还可以看出,其左直线可由反力 F_{RB} 的影响线乘以常数 b 并取其 AC 段而得到,其右直线则可由反力 F_{RA} 的影响线乘以常数 a 并取其 CB 段而得到。这种利用已知量值的影响线作其他量值的影响线的方法是很方便的。

弯矩影响线竖标的量纲是长度。

3）剪力 F_{QC} 的影响线

当 $F_P=1$ 在 AC 段移动时（$0 \leqslant x < a$），由 CB 段竖向平衡条件 $\sum F_y = 0$，求得

$$F_{QC} = -F_{RB} = -\frac{x}{l} \quad (0 \leqslant x < a) \tag{8.4a}$$

式（8.4a）表明，只要将 F_{RB} 的影响线画在基线下方，并取其 AC 段，即得 F_{QC} 影响线的左直线，如图 8.3（e）所示。按比例可求得 C 点左侧的竖标为 $-\dfrac{a}{l}$。

当 $F_P=1$ 在 CB 段移动时（$a < x \leqslant l$），由 AC 段竖向平衡条件 $\sum F_y = 0$，求得

$$F_{QC} = F_{RA} = 1 - \frac{x}{l} \quad (a < x \leqslant l) \tag{8.4b}$$

可见，只要画出 F_{RA} 的影响线并取其 CB 段，即得 F_{QC} 影响线的右直线，如图 8.3（e）所示，其 C 点右侧的竖标为 $\dfrac{b}{l}$。由图可知，F_{QC} 影响线由两段平行的直线组成，在 C 点形成突变。当 $F_P=1$ 作用在 AC 段上时，截面 C 产生负剪力；当 $F_P=1$ 作用在 CB 段上时，截面 C 产生正剪力。当 $F_P=1$ 从截面 C 左侧移动到右侧，虽然这个移动是极微小的，F_{QC} 却从 $-\dfrac{a}{l}$ 跃为 $+\dfrac{b}{l}$，出现了一个突变，其突变值的绝对值等于 $\dfrac{a}{l} + \dfrac{b}{l} = 1$。由图看出：$F_{QC}$ 影响线在 C 处为一间断点，因此当 $F_P=1$ 恰好作用在 C 点时，F_{QC} 是不确定的。

剪力影响线的竖标和反力影响线一样，是无量纲的。

8.2.2 伸臂梁的影响线

图 8.4（a）所示为一伸臂梁，现在来作其有关量值的影响线。

1）支反力的影响线

由平衡方程，求得

$$\left. \begin{array}{l} F_{RA} = \dfrac{l-x}{l} \\[3mm] F_{RB} = \dfrac{x}{l} \end{array} \right\} \quad (-l_1 \leqslant x \leqslant l + l_2)$$

可见，支反力 F_{RA}、F_{RB} 的影响线方程与简支梁的相同，只是荷载 $F_P=1$ 的作用范围有所扩大。在简支梁中，x 的变化范围为 $0 \leqslant x \leqslant l$，这里则为 $-l_1 \leqslant x \leqslant l+l_2$。影响线图形如图 8.4（b）、（c）所示。

2）跨内部分截面内力的影响线

设求作两支座间的任一指定截面 C 的弯矩 M_C 和剪力 F_{QC} 的影响线。

当 $F_P=1$ 在截面 C 以左移动时，取截面 C 以右为隔离体，由 $\sum M_C = 0$ 和 $\sum F_y = 0$，分别有

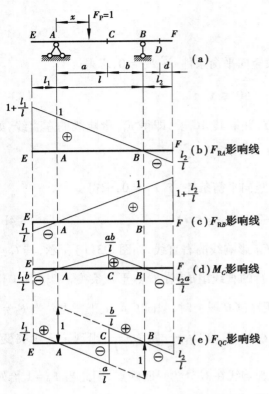
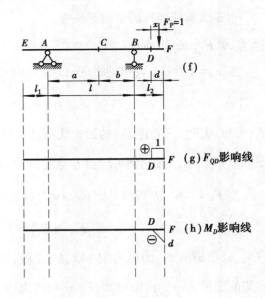

图 8.4　伸臂梁的影响线

$$M_C = F_{RB}b \\ F_{QC} = -F_{RB}\Bigg\} \quad (F_P = 1 \text{ 在 } EAC \text{ 段移动})$$

当 $F_P = 1$ 在截面 C 以右移动时，取截面 C 以左为隔离体，由 $\sum M_C = 0$ 和 $\sum F_y = 0$，分别有

$$M_C = F_{RA}a \\ F_{QC} = F_{RA}\Bigg\} \quad (F_P = 1 \text{ 在 } CBF \text{ 段移动})$$

由此作出 M_C 和 F_{QC} 的影响线，如图 8.4（d）、（e）所示。

由上可知，作伸臂梁的支反力和 AB 跨内任一截面的弯矩、剪力影响线时，可将 AB 简支梁的相应影响线延长至伸臂段的自由端处即得。

3）伸臂段上截面内力的影响线

现在来作伸臂段上任一指定截面 D 的弯矩 M_D 和剪力 F_{QD} 的影响线。

当 $F_P = 1$ 在截面 D 以左时，因截面 D 的右边部分无外力作用，所以

$$M_D = 0 \\ F_{QD} = 0\Bigg\} \quad (F_P = 1 \text{ 在 } EABD \text{ 段移动})$$

当 $F_P = 1$ 在截面 D 以右时，设以 D 为坐标原点，并规定 x 以向右为正，重新建立坐标系如图 8.4（f）所示。取截面 D 以右为隔离体，由 $\sum M_D = 0$ 和 $\sum F_y = 0$，有

$$\left.\begin{array}{l} M_D = -x \\ F_{QD} = +1 \end{array}\right\} \quad (F_P = 1 \text{ 在 } DF \text{ 段移动})$$

作出 F_{QD} 和 M_D 的影响线,如图 8.4(g)、(h)所示。

由上可知,作伸臂段上某一截面的弯矩和剪力影响线时,只有当 $F_P = 1$ 作用于该截面以外的伸臂段上时,才对该弯矩和剪力产生影响。

8.2.3　影响线与内力图的区别

图 8.5(a)表示截面 C 的弯矩影响线,图 8.5(b)表示荷载 F_P 作用在 C 处时梁的弯矩图。由图可见,这两个图形很相似,但它们的意义是截然不同的。

M_C 影响线表示单位荷载 $F_P = 1$ 沿结构移动时,指定截面 C 的弯矩值的变化情况。M_C 影响线上所有竖标都表示截面 C 的弯矩值。如 M_C 影响线在截面 K 处的竖标 y_K,表示当 $F_P = 1$ 移动到截面 K 时,引起的指定截面 C 的弯矩值。

而 M 图则表示在固定荷载 F_P 作用下,梁上各个截面弯矩的分布情况。M 图上的各竖标分别表示所在截面的弯矩值。不同截面处的竖标表示不同截面的弯矩。如 M 图上在截面 K 处的竖标 M_K,表示在截面 C 处作用固定荷载 F_P 时所引起的截面 K 的弯矩。

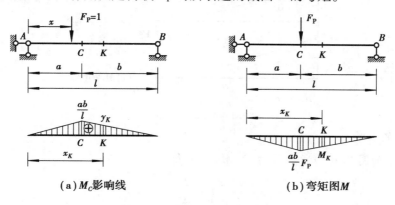

图 8.5　影响线与内力图的区别

还须指出:M_C 影响线的量纲为长度,图中应标正负号;而 M 图的量纲为力×长度,图中不标正负号,一律绘于受拉侧。

【例 8.1】　作图 8.6(a)所示结构的 F_{Q1}、M_2、F_{RA} 和 M_3 的影响线。设 $F_P = 1$ 在 CD 上移动。

【解】　(1)作 F_{Q1} 的影响线

$F_P = 1$ 在截面 1 以右时,$F_{Q1} = 0$;$F_P = 1$ 在截面 1 以左时,$F_{Q1} = -1$。F_{Q1} 的影响线,如图 8.6(b)所示。

(2)作 M_2 的影响线

取隔离体并建立坐标系如图 8.6(c)所示。设 M_2 以使左侧受拉为正。由 $\sum M_2 = 0$,得

$$M_2 = x \quad \left(-\frac{l}{2} \le x \le \frac{3l}{4}\right)$$

作出 M_2 的影响线,如图 8.6(d)所示。

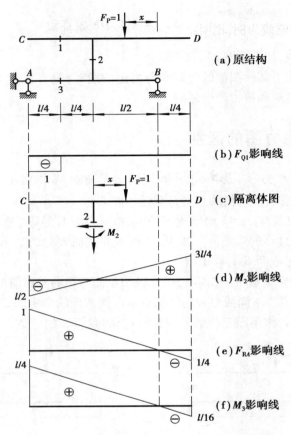

图 8.6 例 8.1 图

(3)作 F_{RA} 的影响线

建立坐标系如图 8.6(a)所示。由 $\sum M_B = 0$，得

$$F_{RA} = \frac{x}{l} \qquad \left(-\frac{l}{4} \leqslant x \leqslant l \right)$$

作出 F_{RA} 的影响线，如图 8.6(e)所示。

(4)作 M_3 的影响线

由于 $F_P = 1$ 在上面梁 CD 上移动，而不在下面梁 AB 上移动，M_3 总是等于

$$M_3 = F_{RA} \times \frac{l}{4}$$

把 F_{RA} 的影响线扩大 $\dfrac{l}{4}$ 倍即得 M_3 的影响线，如图 8.6(f)所示。

8.3 间接荷载作用下梁的影响线

前面讨论的影响线，移动荷载都直接作用在梁上。本节讨论间接荷载(亦称结点荷载)作用的情况。图 8.7(a)所示为一桥面结构的计算简图，桥面纵梁简支在横梁上，横梁简支在主梁上。荷载直接作用在纵梁上，再通过横梁传到主梁，因此主梁只在各横梁(结点)处受到集中力

作用,对主梁来说,这种荷载是经过横梁间接传递过来的,称为结点荷载或间接荷载。下面,以作主梁截面 C 的弯矩影响线为例,说明结点荷载作用下影响线的作法。

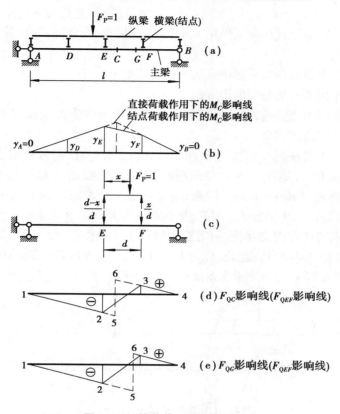

图 8.7 间接荷载作用下的影响线

先作出 $F_P = 1$ 直接作用在主梁上时的 M_C 影响线,如图 8.7(b)所示。由影响线的物理意义可知,y_A、y_B、y_D、y_E 和 y_F 分别表示当 $F_P = 1$ 直接作用在主梁 A、B、D、E 和 F 处时,所引起截面 C 的弯矩 M_C 的值。

现在,考虑移动荷载 $F_P = 1$ 作用在纵梁上的情形。

①当荷载 $F_P = 1$ 在纵梁上移动到结点上方时(例如 D 点上方),力通过横梁直接传到主梁,这时相当于荷载 $F_P = 1$ 直接作用在主梁上,所以结点荷载作用下各结点处的影响线竖标与直接荷载作用下的影响线竖标相同。

②当荷载 $F_P = 1$ 在指定截面 C 的相邻结点 E、F(此时以 E 为坐标原点建立坐标系)之间的纵梁上移动时,主梁将在 E、F 处分别受到结点荷载 $\dfrac{d-x}{d}$ 及 $\dfrac{x}{d}$ 的作用,如图 8.7(c)所示。

因为单位荷载作用在主梁的 E 处时,$M_C = y_E$,而单位荷载作用在主梁的 F 处时,$M_C = y_F$,所以,荷载 $\dfrac{d-x}{d}$ 作用于 E 处时,引起的 M_C 为 $M_C = \dfrac{d-x}{d} y_E$,而荷载 $\dfrac{x}{d}$ 作用于 F 处时,引起的 M_C 为 $M_C = \dfrac{x}{d} y_F$。故当荷载 $\dfrac{d-x}{d}$ 及 $\dfrac{x}{d}$ 同时作用在 E、F 处时,截面 C 的弯矩值 M_C 为

$$M_C = \frac{d-x}{d} y_E + \frac{x}{d} y_F$$

上式表明:当 $F_P=1$ 在两个相邻结点间的纵梁上移动时,截面 C 的弯矩值按线性变化,说明在主梁的结间范围内,结点荷载作用下的 M_C 影响线是一直线。

当 $x=0$ 时, $M_C=y_E$; $x=d$ 时, $M_C=y_F$ 。可见,此直线就是连接 y_E 、 y_F 顶点的直线,如图 8.7(b)所示。只要依次连接直接荷载作用下相邻结点的影响线竖标顶点,就可得到结点荷载作用下主梁的 M_C 影响线。

由此可得绘制结点荷载作用下影响线的一般方法如下:

①作直接荷载作用下所求量值的影响线。

②保留相邻结点间为直线的部分,对相邻两结点间影响线为折线或间断的结间,用连接相邻两结点竖标顶点的直线来代替。

现用上述方法作主梁截面 C 的剪力 F_{QC} 的影响线。先作直接荷载作用下 F_{QC} 影响线 1564,如图 8.7(d)中虚线所示;在结点 E 、 F 间是间断的,所以用直线连接 E 、 F 结点处的顶点 2、3,得到结点荷载作用下的 F_{QC} 影响线 1234。同理,也可作出主梁截面 G 的剪力 F_{QC} 影响线 1234,如图 8.7(e)所示。可以看出,主梁的 F_{QC} 与 F_{QG} 影响线完全相同。这并非出于偶然,因为主梁只受到由横梁传来的结点荷载作用,在两横梁间的主梁上无荷载作用,所以相邻两结点间各截面的剪力均相同,通常称为结间剪力。此处, $F_{QC}=F_{QG}=F_{QEF}$, F_{QEF} 表示 EF 结间剪力。

【例 8.2】 作图 8.8(a)所示主梁在结点荷载作用下的 M_C 、 $F_{QA_左}$ 、 $F_{QD_左}$ 影响线。

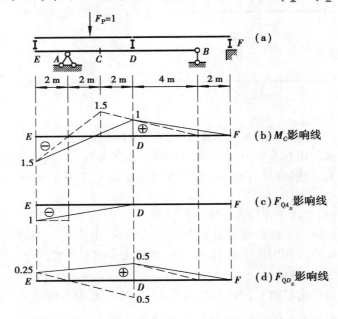

图 8.8 例 8.2 图

【解】 (1)作 M_C 影响线

先作直接荷载作用下的 M_C 影响线,如图 8.8(b)中虚线所示。 E 、 D 、 F 3 个结点对应的竖标分别为 -1.5、1 和 0。用直线连接 E 、 D 竖标顶点和 D 、 F 竖标顶点,即得结点荷载作用下的 M_C 影响线,如图 8.8(b)中实线所示。

(2)作 $F_{QA_左}$ 影响线

图 8.8(c)中虚线为直接荷载作用下的 $F_{QA_左}$ 影响线。将结点 E 处竖标 -1 和结点 D 处竖标 0

用直线连接,即得所需的 $F_{Q_{A_左}}$ 影响线。由于 D、F 两结点处竖标均为零,故 DF 结间不需再用直线相连。

（3）作 $F_{QD_左}$ 影响线

先作直接荷载作用下的 F_{QD} 影响线,如图 8.8(d)中虚线所示。结点 E、F 处的竖标分别为 0.25 和 0。由于结点 D 位于截面 $D_左$ 的右侧,则结点 D 处的竖标应取 $+0.5$。分别用直线将结点 E 和 D、D 和 F 的竖标顶点相连,即得 $F_{QD_左}$ 影响线,如图 8.8(d)中实线所示。

8.4 机动法作静定梁的影响线

对于静定梁,用机动法作影响线比用静力法更为简便。它的优点是,不需经具体计算,就能迅速地绘出影响线的轮廓图,可用来确定荷载最不利位置以及对静力法进行校核等。机动法的理论基础是刚体体系虚功原理。

下面以伸臂梁为例,说明用机动法作静定梁反力、内力影响线的原理和步骤。

求作图 8.9(a)所示伸臂梁支座 B 的反力 F_{RB} 的影响线。首先撤除与反力 F_{RB} 相应的约束,即撤除 B 处支杆,同时在 B 点加一正方向反力 F_{RB},使梁保持平衡,这样原梁成为具有 1 个自由度的机构,如图 8.9(b)所示。令 AB 绕铰 A 转动一微小角度,得到如图 8.9(b)所示的虚位移图,以 δ 表示 F_{RB} 作用点的虚位移,δ 以与 F_{RB} 正方向一致为正,以 δ_P 表示 $F_P = 1$ 作用点的虚位移,它随 $F_P = 1$ 的位置不同而沿虚位移图呈线性变化。因为梁在 F_P、F_{RA}、F_{RB} 共同作用下保持平衡,由刚体体系的虚功原理可知,这些力在上述虚位移中所做虚功之和为零。于是

$$F_{RB}\delta - F_P\delta_P = 0$$

因 $F_P = 1$,故得

$$F_{RB} = \frac{\delta_P}{\delta} \qquad (8.5)$$

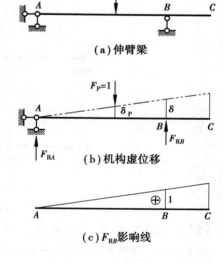

图 8.9　机动法作影响线

式(8.5)表明:无论 $F_P = 1$ 移动到梁上什么地方,B 支杆的反力总等于 $F_P = 1$ 作用处的竖向位移 δ_P 除以常数 δ。故只要把图示的虚位移图缩小 δ 倍,各处的竖向位移就表示 $F_P = 1$ 作用于该处时所引起的 F_{RB} 值。因此,虚位移图表示 $F_P = 1$ 移动时 F_{RB} 的变化规律,即 F_{RB} 的影响线形状。为了免去把虚位移图缩小 δ 倍的步骤,可直接令 $\delta = 1$,此时所得的梁上各点的竖向位移图就是 F_{RB} 的影响线,如图 8.9(c)所示。

至于影响线的正负号可规定如下:令撤去所求量值约束后的机构沿所求量值正向产生虚位移,当虚位移图在基线上方,则量值影响线的竖标取正号;反之则取负号。本例中 F_{RB} 影响线的竖标均为正。

归纳起来,机动法作静定梁某量值 S 影响线的步骤如下:

①解除与量值 S 相应的约束,代以正向约束力 S。

②使所得机构沿 S 的正方向发生相应的单位虚位移,梁的竖向位移图即为 S 的影响线。可

以看出,静定梁的反力、内力影响线均是由直线段组成的。

③基线以上的竖标取正号,基线以下的竖标取负号。

【例8.3】 用机动法作图8.10(a)所示简支梁截面 C 的弯矩和剪力影响线。

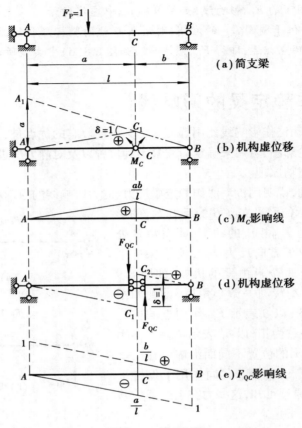

图8.10　例8.3图

【解】 (1)弯矩 M_C 的影响线

撤去与 M_C 相应的约束(即将截面 C 处改为铰结),代之以一对等值反向的力偶 M_C。这时,铰 C 两侧的刚体可以相对转动。

给体系以虚位移,如图8.10(b)所示。这里,与 M_C 相应的位移 δ 就是铰 C 两侧截面的相对转角,令 $\delta=1$。须注意的是,$\delta=1$ 应理解为是一个可能的微小的单位转角,而不能理解为 1 rad。

现在确定影响线的顶点竖标。在三角形 AA_1C_1 中,$AA_1=\delta\cdot AC_1=1\cdot AC=a$。由于三角形 BCC_1 与三角形 BAA_1 相似,可求出 $CC_1=\dfrac{ab}{l}$。

由此,作出 M_C 影响线如图8.10(c)所示。因为竖向位移在基线上方,则 M_C 的影响线为正。

(2)剪力 F_{QC} 的影响线

撤去截面 C 处相应于剪力的约束,代之以剪力 F_{QC},得图8.10(d)所示机构。此时在截面 C 处能发生相对的竖向位移,但不能发生相对的转动和水平移动。因此,切口两侧的梁在发生位移后保持平行,切口沿 F_{QC} 正方向的相对竖向位移为 δ。令 $\delta=1$,由三角形几何关系即可确定影响线的各控制点数值,如图8.10(e)所示。

【例8.4】 用机动法作图8.11(a)所示多跨静定梁的 M_K、M_B、F_{QK}、$F_{QB左}$、$F_{QB右}$ 的影响线。

【解】 图8.11绘出了要求作的各种影响线图形,下面简要指出作图的方法和注意事项。

(1)作 M_K 的影响线

将 K 处改为铰,代之以正向 M_K。给定虚位移,FCD 有两根支杆,不能转动,KA 绕 A 转动,KE 绕 B 转动,EF 绕 F 转动。令 $\angle B_1K_1B=1$,则 $B_1B=2$ m,其余竖标值可由比例关系确定,如图8.11(b)所示。

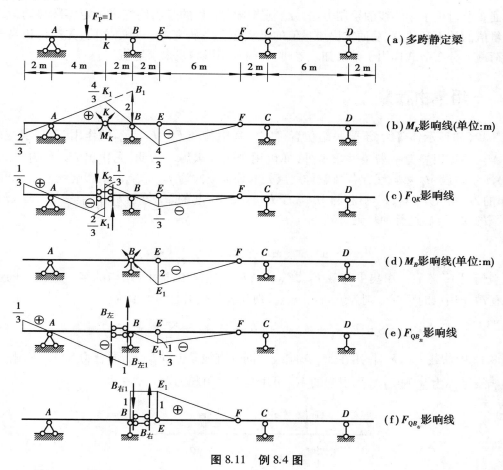

图8.11 例8.4图

(2)作 F_{QK} 的影响线

将 K 处改为定向联系,如图8.11(c)所示。AK 绕 A 转动至 AK_1,KB 绕 B 转动至 K_2B,使 $AK_1//K_2B$。令 $K_1K_2=1$,则 $KK_1=\dfrac{2}{3}$、$KK_2=\dfrac{1}{3}$。

(3)作 M_B 的影响线

将 B 处改为铰,代之以正向弯矩,如图8.11(d)所示。AB、CD 不能转动,EB 绕 B 转动,EF 绕 F 转动,令 $\angle EBE_1=1$,则 $EE_1=2$ m。

(4)作 $F_{QB左}$ 的影响线

将 B 截面左侧改为定向联系,如图8.11(e)所示。B 处有支杆,不能上下移动,令 $B_左A$ 绕 A 转动到 $B_{左1}A$,且 $B_{左1}B_左=1$,EB 绕 B 转动到 E_1B,使 $E_1B//B_{左1}A$。

（5）作 $F_{QB右}$ 的影响线

将 B 截面右侧改成定向联系，如图 8.11（f）所示。AB 不能转动，$B_右$ 截面与 B 截面不能相对转动，故 $B_右 E$ 只能向上平移到 $B_{右1}E_1$，令 $B_{右1}B = 1$。

8.5　利用影响线求量值

前面各节讨论了影响线的绘制方法。绘制影响线的目的是利用它来确定实际移动荷载对于某一量值的最不利位置，从而求出该量值的最大值。在研究这一问题之前，先来讨论当若干个集中荷载或分布荷载作用于某已知位置时，如何利用影响线来求量值。

8.5.1　一组集中荷载

图 8.12（a）所示伸臂梁，承受一组位置确定的集中荷载 F_{P1}、F_{P2}、F_{P3} 的作用，若需求截面 C 的弯矩 M_C，除可用静力平衡条件求解外，亦可用影响线求解。为此，先作出 M_C 影响线，如图 8.12（b）所示。设 M_C 影响线在各荷载作用点处的竖标依次为 y_1、y_2、y_3。由影响线的定义可知，F_{P1} 引起的 M_C 等于 $F_{P1}y_1$，F_{P2} 引起的 M_C 等于 $F_{P2}y_2$，F_{P3} 引起的 M_C 等于 $F_{P3}y_3$。在 F_{P1}、F_{P2}、F_{P3} 共同作用下的 M_C 可通过叠加得到，即

$$M_C = F_{P1}y_1 + F_{P2}y_2 + F_{P3}y_3 = \sum_{i=1}^{3} F_{Pi}y_i$$

一般情况下，若有一组集中荷载 $F_{P1}, F_{P2}, \cdots, F_{Pn}$ 作用在结构上，结构的某一量值 S 的影响线在各荷载作用点的竖标分别为 $y_1, y_2, \cdots, y_n$，则此组荷载引起的 S 值为

$$S = F_{P1}y_1 + F_{P2}y_2 + \cdots + F_{Pn}y_n = \sum_{i=1}^{n} F_{Pi}y_i \tag{8.6}$$

图 8.12 中荷载 F_{P2}、F_{P3} 作用在 M_C 影响线的同一直线段上，F_{P2}、F_{P3} 的合力为 F_R，F_R 作用点处的影响线竖标为 $\bar{y}$，则 F_{P2}、F_{P3} 引起的 M_C 可用其合力引起的 M_C 代替，即

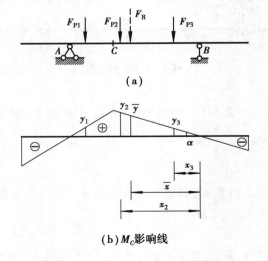

（a）

（b）M_C 影响线

图 8.12　集中荷载引起的量值

$$M_C = F_{P2}y_2 + F_{P3}y_3 = F_R \bar{y}$$

因为,由图 8.12(b)可知

$$F_{P2}y_2 + F_{P3}y_3 = F_{P2}x_2 \tan \alpha + F_{P3}x_3 \tan \alpha = (F_{P2}x_2 + F_{P3}x_3) \tan \alpha$$

括号内的值是 F_{P2}、F_{P3} 对 B 点力矩之和,它等于合力 F_R 对 B 点的矩,即

$$F_{P2}x_2 + F_{P3}x_3 = F_R \bar{x}$$

所以

$$F_{P2}y_2 + F_{P3}y_3 = F_R \bar{x} \tan \alpha = F_R \bar{y}$$

此结论可推广到一般情况:作用在 S 影响线某一直线段上的一组荷载引起的 S,等于其合力引起的 S 值。

8.5.2 分布荷载

设某量值 S 的影响线如图 8.13(b)所示,现有分布荷载 $q(x)$ 作用于区间 $[a,b]$ 上,求 $q(x)$ 引起的 S 值。如图 8.13(a)所示,将分布荷载作用范围分解为无数个微段,由微段 $\mathrm{d}x$ 上分布荷载的合力 $q(x)\mathrm{d}x$ 引起的 S 值为 $yq(x)\mathrm{d}x$,全部 AB 段内 $q(x)$ 引起的 S 值为

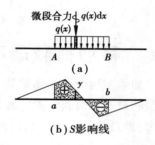

(a)

(b) S 影响线

图 8.13　均布荷载引起的量值

$$S = \int_a^b yq(x)\mathrm{d}x$$

若 $q(x)$ 等于常数 q,即为一均布荷载,则其作用在 AB 段内引起的 S 值为

$$S = \int_a^b yq\mathrm{d}x = q\int_a^b y\mathrm{d}x = qA \tag{8.7}$$

式(8.7)中,A 为影响线图形在均布荷载作用区段内的正负面积的代数和。

【例 8.5】　利用影响线求图 8.14(a)所示梁在给定荷载作用下的 F_{QC} 值。

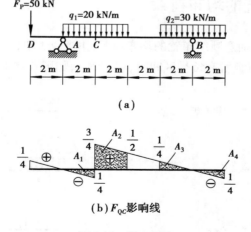

(a)

(b) F_{QC} 影响线

图 8.14　例 8.5 图

【解】　作出 F_{QC} 的影响线,如图 8.14(b)所示。

q_1 作用范围内影响线的面积为

$$A_1 = -\frac{1}{4}, \quad A_2 = \frac{5}{4}$$

q_2 作用范围内影响线的面积为

$$A_3 = \frac{1}{4}, \quad A_4 = -\frac{1}{4}$$

集中荷载 F_P 作用下的竖标为

$$y_D = \frac{1}{4}$$

由 F_P、q_1、q_2 共同作用下引起的 F_{QC} 为

$$F_{QC} = q_1(A_1 + A_2) + q_2(A_3 + A_4) + F_P y_D$$

$$= 20 \times \left(-\frac{1}{4} + \frac{5}{4}\right) + 30 \times \left(\frac{1}{4} - \frac{1}{4}\right) + 50 \times \frac{1}{4} = 32.5 \text{ kN}$$

8.6 移动荷载最不利位置的确定

如果实际荷载移动到某个位置,使结构某量值发生最大(或最小)值,则此荷载位置称为该量值的最不利荷载位置。若某量值的最不利荷载位置一经确定,便可按 8.5 节所述方法求出其最大(或最小)值。下面,讨论利用影响线确定最不利荷载位置的方法。

8.6.1 单个移动集中荷载

由 $S = F_P y$ 可知,F_P 作用于 S 影响线的最大竖标处时将引起 S_{max},F_P 作用于影响线基线下方的最低点时将引起 S_{min},如图 8.15 所示。

8.6.2 任意断续布置的均布荷载

对于人群、货物等可以随意断续布置的均布荷载,由 $S = qA$ 知,当荷载布满影响线所有正号区间时,引起 S_{max};当荷载布满所有负号区间时,引起 S_{min},如图 8.16 所示。

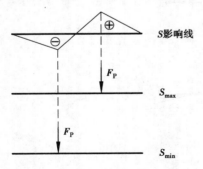

图 8.15　单个移动荷载的最不利位置

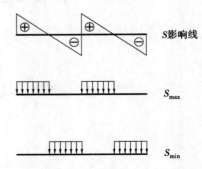

图 8.16　均布荷载的最不利位置

8.6.3 行列荷载

间距不变的一组移动集中荷载称为行列荷载,如火车、汽车及吊车的轮压荷载等。

行列荷载作用下,在最不利位置时,可以论证:必有一个集中荷载作用在影响线的顶点。

由式(8.6),即 $S = \sum_{i=1}^{n} F_{\mathrm{P}i} y_i$ 可知,只要把数值大、排列密的荷载放在影响线竖标大的位置处,并让其中一个荷载通过影响线的顶点(这可能有多种情况),分别算出 S 值,从中选出的最大值必定是 $S_{\max}$。对于集中荷载个数较少的行列荷载,用这种方法求 $S_{\max}$ 及其对应的最不利荷载位置较便捷。

【例 8.6】 图 8.17(a)所示为两台吊车的轮压和轮距,求吊车梁 AB 在截面 C 的最大剪力。

【解】 先作出 F_{QC} 的影响线,如图 8.17(c)所示。

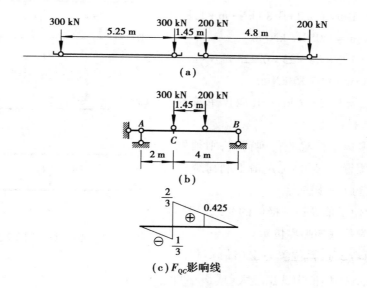

(a)

(b)

(c) F_{QC}影响线

图 8.17 例 8.6 图

要使 F_{QC} 为最大,首先,荷载应放在 F_{QC} 影响线的正号部分;其次,应将排列较密的荷载(中间两个轮压)放在影响线竖标较大的部位(荷载 300 kN 放在 C 点的右侧)。图 8.17(b)所示为最不利荷载位置。由此求得

$$F_{QC\,\max} = 300 \times \frac{2}{3} \text{ kN} + 200 \times 0.425 \text{ kN} = 285 \text{ kN}$$

【例 8.7】 如图 8.18(a)所示,简支吊车梁承受起吊能力为 20 t、10 t 的两台桥式箱梁起重机传来的最大轮压各为 195 kN、118 kN,轮距均为 4.4 m,两台吊车并行的最小间距为 1.15 m。试求 K、C 两截面的最大弯矩。$F_{\mathrm{P1}} = F_{\mathrm{P2}} = 195 \text{ kN}$,$F_{\mathrm{P3}} = F_{\mathrm{P4}} = 118 \text{ kN}$。

【解】 作出 M_K 的影响线,如图 8.18(b)所示。F_{P1}、F_{P2}、F_{P3} 分别作用在 M_K 影响线顶点上[图 8.18(b)Ⅰ、Ⅱ、Ⅲ]时,均可能产生最大 M_K。

由 $S = \sum\limits_{i=1}^{n} F_{Pi} y_i$ 分别计算 M_K 值。

情况 I：$M_K = 195 \times (1.92 + 1.04) \text{ kN} \cdot \text{m} + 118 \times 0.81 \text{ kN} \cdot \text{m} = 672.78 \text{ kN} \cdot \text{m}$

情况 II：$M_K = 195 \times 1.92 \text{ kN} \cdot \text{m} + 118 \times (1.69 + 0.81) \text{ kN} \cdot \text{m} = 669.4 \text{ kN} \cdot \text{m}$

情况 III：$M_K = 195 \times 1.0 \text{ kN} \cdot \text{m} + 118 \times (1.92 + 1.04) \text{ kN} \cdot \text{m} = 544.28 \text{ kN} \cdot \text{m}$

比较得，$M_{K\max} = 672.78 \text{ kN} \cdot \text{m}$，即情况 I 中荷载位置为 M_K 的最不利位置。

同理，作 M_C 的影响线，计算 F_{P2}、F_{P3} 分别作用在顶点上时的 M_C 值，如图 8.18(c) 所示。

情况 IV：$M_C = 195 \times (3.0 + 0.8) \text{ kN} \cdot \text{m} + 118 \times (2.425 + 0.225) \text{ kN} \cdot \text{m} = 1\,053.7 \text{ kN} \cdot \text{m}$

情况 V：$M_C = 195 \times (2.425 + 0.225) \text{ kN} \cdot \text{m} + 118 \times (3.0 + 0.8) \text{ kN} \cdot \text{m} = 965.15 \text{ kN} \cdot \text{m}$

比较得，$M_{C\max} = 1\,053.7 \text{ kN} \cdot \text{m}$，即 IV 中荷载位置为 M_C 的最不利位置。

对于包含许多集中荷载的行列荷载，则须先判定荷载的临界位置，然后再确定最不利荷载位置。此方法通常分成两步进行：

第 1 步，求出使量值 S 达到极值的荷载位置，这种荷载位置称为荷载的临界位置。

第 2 步，从荷载的临界位置中选出最不利荷载位置，也就是从 S 的极值中选出最大（或最小）值。

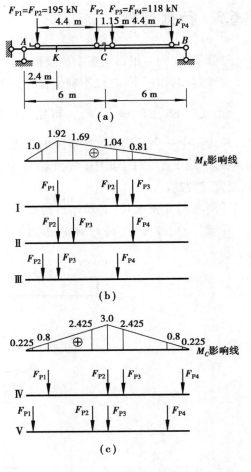

图 8.18　例 8.7 图

下面以折线形影响线为例，说明荷载临界位置的特点及其判定方法。

根据最不利荷载位置的定义可知，当荷载移动到该位置时，所求量值 S 为最大，因而荷载由该位置不论向左或向右移动到邻近位置时，S 值均将减小。因此，可以从讨论荷载移动时 S 的增量入手来解决这个问题。

设某量值 S 的影响线如图 8.19(a) 所示。各段直线的倾角为 $\alpha_1, \alpha_2, \cdots, \alpha_n$，$\alpha$ 以逆时针方向为正。现有一组集中荷载位于图 8.19(b) 所示位置，所产生的量值以 S 表示。若每一段直线范围内各荷载的合力分别为 $F_{R1}, F_{R2}, \cdots, F_{Rn}$，则有

$$S = F_{R1} \bar{y}_1 + F_{R2} \bar{y}_2 + \cdots + F_{Rn} \bar{y}_n = \sum_{i=1}^{n} F_{Ri} \bar{y}_i$$

这里，$\bar{y}_1, \bar{y}_2, \cdots, \bar{y}_n$ 分别是各段合力 $F_{R1}, F_{R2}, \cdots, F_{Rn}$ 对应的影响线竖标。

设荷载移动 Δx（向右移动时 Δx 为正），则竖标 $\bar{y}_i$ 的增量为

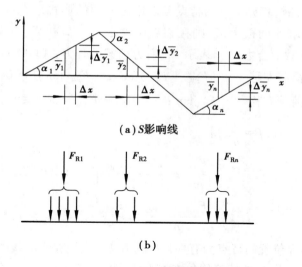

（a）S影响线

（b）

图 8.19　行列荷载临界位置的判别

$$\Delta \overline{y}_i = \Delta x \tan \alpha_i$$

而 S 的增量为

$$\Delta S = \Delta x \sum_{i=1}^{n} F_{Ri} \tan \alpha_i$$

使 S 成为极大值的条件是：荷载自该位置无论向左或向右移动微小距离，S 均将减小或不变，即 $\Delta S \leqslant 0$。由于荷载左移时 $\Delta x < 0$，而右移时 $\Delta x > 0$，故 S 为极大值时应有

$$\left.\begin{array}{ll} 荷载左移 & \sum F_{Ri} \tan \alpha_i \geqslant 0 \\ 荷载右移 & \sum F_{Ri} \tan \alpha_i \leqslant 0 \end{array}\right\} \tag{8.8}$$

也就是当荷载分别向左、右移动时，$\sum F_{Ri} \tan \alpha_i$ 必须由正变负，S 才有可能为极大值。当然，若 $\sum F_{Ri} \tan \alpha_i$ 由负变正，则 S 在该位置为极小值，即 S 为极小值时应有

$$\left.\begin{array}{ll} 荷载左移 & \sum F_{Ri} \tan \alpha_i \leqslant 0 \\ 荷载右移 & \sum F_{Ri} \tan \alpha_i \geqslant 0 \end{array}\right\} \tag{8.9}$$

总之，荷载分别向左、右移动微小距离时，$\sum F_{Ri} \tan \alpha_i$ 必须变号，S 才有可能是极值。

下面分析在什么情况下 $\sum F_{Ri} \tan \alpha_i$ 才有可能变号。首先，由于 $\tan \alpha_i$ 是影响线中各段直线的斜率，它是常数，因此要使 $\sum F_{Ri} \tan \alpha_i$ 改变符号，只有各段内的合力 F_{Ri} 改变数值才有可能。其次，整个荷载分别向左、右移动时，要使 F_{Ri} 改变数值，则在临界位置中必须有一个集中荷载正好作用在影响线的顶点上。当整个荷载稍向左移，此集中荷载移到左段；当整个荷载稍向右移，此集中荷载移到右段。只有这样，合力 F_{Ri} 才可能改变数值，$\sum F_{Ri} \tan \alpha_i$ 才可能改变符号。使 $\sum F_{Ri} \tan \alpha_i$ 变号（或者由零变为非零）而作用于影响线顶点的这个集中荷载称为临界荷载，用 F_{Pcr} 表示，相应的荷载位置即是荷载的临界位置。

当影响线为三角形时,临界位置的特点可以用更方便的形式来表示。如图 8.20 所示,设 S 的影响线为三角形,若求 S 的极大值,则在临界位置必有一荷载 F_{Pcr} 正好在影响线的顶点上。以 $F_{R左}$ 表示 F_{Pcr} 左方荷载的合力,$F_{R右}$ 表示 F_{Pcr} 右方荷载的合力,式(8.8)可写为

$$荷载左移 \qquad \left.\begin{matrix} (F_{R左} + F_{Pcr})\tan\alpha - F_{R右}\tan\beta \geqslant 0 \\ F_{R左}\tan\alpha - (F_{Pcr} + F_{R右})\tan\beta \leqslant 0 \end{matrix}\right\}$$

荷载右移

在上式中代入 $\tan\alpha = \dfrac{c}{a}$、$\tan\beta = \dfrac{c}{b}$,得

$$\left.\begin{matrix} \dfrac{F_{R左}}{a} \leqslant \dfrac{F_{Pcr} + F_{R右}}{b} \\[2mm] \dfrac{F_{R左} + F_{Pcr}}{a} \geqslant \dfrac{F_{R右}}{b} \end{matrix}\right\} \tag{8.10}$$

式(8.10)表明:临界位置的特点为有一集中荷载 F_{Pcr} 作用在影响线的顶点,将 F_{Pcr} 计入哪一边(左边或右边),则哪一边荷载的平均集度就大些。

需要指出,若某量值 S 的影响线为直角三角形(或竖标有突变),则判别式(8.8)、式(8.9)、式(8.10)均不再适用。此时的最不利荷载位置可参考例 8.6 或例 8.7 所述方法确定。

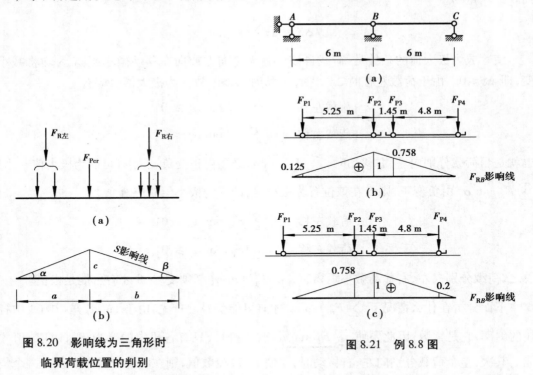

图 8.20　影响线为三角形时
临界荷载位置的判别

图 8.21　例 8.8 图

【例 8.8】　试求图 8.21(a)所示简支吊车梁在吊车垂直荷载作用下支座 B 的最大反力。已知 $F_{P1} = F_{P2} = 478.5$ kN,$F_{P3} = F_{P4} = 324.5$ kN。

【解】　作出 F_{RB} 的影响线如图 8.21(b)所示。F_{P1} 和 F_{P4} 不可能是产生 $F_{RB max}$ 的临界荷载,故只需按式(8.10)验算 F_{P2} 和 F_{P3} 位于 B 处的情况。

当 F_{P2} 在 B 点左、右侧时,如图 8.21(b)所示,有

$$\frac{2 \times 478.5}{6} > \frac{324.5}{6}$$

$$\frac{478.5}{6} < \frac{478.5 + 324.5}{6}$$

故知 F_{P2} 为一临界荷载,此时

$$F_{RB} = 478.5 \times (0.125 + 1)\,\text{kN} + 324.5 \times 0.758\,\text{kN} = 784.3\,\text{kN}$$

当 F_{P3} 在 B 点左、右侧时,如图 8.21(c)所示,有

$$\frac{478.5 + 324.5}{6} > \frac{324.5}{6}$$

$$\frac{478.5}{6} < \frac{2 \times 324.5}{6}$$

故知 F_{P3} 也是一个临界荷载,此时

$$F_{RB} = 478.5 \times 0.758\,\text{kN} + 324.5 \times (1 + 0.2)\,\text{kN} = 752.1\,\text{kN}$$

比较可知,F_{P2} 在 B 点时为最不利荷载位置,此时有 $F_{RB\,\text{max}} = 784.3\,\text{kN}$。

* 8.7　机动法作连续梁的影响线

连续梁的影响线也有静力法和机动法两种。本节只介绍用机动法作连续梁影响线的形状。

下面以作图 8.22(a)所示连续梁支座 2 的反力 F_{R2} 的影响线为例,说明此方法的原理与步骤。

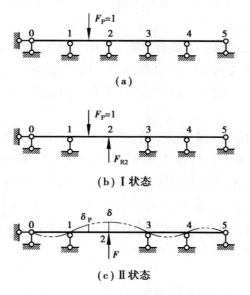

(a)

(b) Ⅰ状态

(c) Ⅱ状态

图 8.22　机动法作连续梁影响线的原理

设 $F_P = 1$ 作用在梁上某一位置，引起支杆 2 中的反力为 F_{R2}，现撤除支杆 2，代以反力 F_{R2}，则此时截面 2 处的竖向位移仍为零，结构处于平衡状态，称此状态为 I 状态，如图 8.22(b) 所示。然后设想撤去支杆 2 的同一连续梁，在 2 处受到一个与 F_{R2} 正方向同向的力 F 作用。在 F 作用下，梁发生挠曲变形，此变形状态称为 II 状态，如图 8.22(c) 所示。设引起的与 F 相应的位移为 δ，δ 与 F_{R2} 同向（即向上）为正；在 $F_P = 1$ 作用点处的挠度为 δ_P，δ_P 与 δ 同方向为正。

由功的互等定理：I 状态的外力在 II 状态对应位移上做的虚功，等于 II 状态的外力在 I 状态对应位移上所做的虚功。得

$$- 1 \times \delta_P + F_{R2}\delta = F \times 0$$

即
$$F_{R2} = \frac{\delta_P}{\delta} \tag{8.11}$$

对图 8.22(c) 所示的挠曲线，不论 $F_P = 1$ 在梁上移动到何处，式(8.11)均成立。式(8.11)表明：只要把图 8.22(c) 中的挠度图缩小 δ 倍，就得到反力 F_{R2} 的影响线。因此，解除与 F_{R2} 相应的约束后，在该反力正向产生单位位移时的挠度图，即为 F_{R2} 的影响线。由于超静定结构挠度图的计算十分复杂，故在实用上一般都用此法作出影响线的形状。

影响线的正负号规定如下：令撤去所求量值约束后的体系沿所求量值正向产生挠曲虚位移，当虚位移图在基线上方时，则量值影响线的竖标取正号，反之则取负号。

由此，可将用机动法作连续梁某量值 S 影响线形状的步骤归纳如下：

①撤去与所求量值 S 相应的约束，代以正向的 S。

②令所得体系沿 S 的正向发生相应的单位虚位移($\delta = 1$)，作出该体系的竖向位移图（亦即挠度图，可徒手勾画一条满足约束条件的平滑曲线）。基线上方为正，下方为负。这样得到的图形即为 S 影响线的大致形状。

此法与用机动法作静定多跨梁的影响线类似。区别在于：静定多跨梁撤去一个约束后，结构变为具有 1 个自由度的几何可变体系，虚位移图是机构的位移图，所以影响线由直线段组成；连续梁撤去一个约束后，一般仍为几何不变体系，其位移图是弹性体系变形图，因此连续梁的影响线是曲线图形。

图 8.23 绘出了用机动法作出的连续梁的各种影响线。F_{R5} 影响线是去掉支杆 5 后，加正向 F_{R5}，勾画出由 F_{R5} 引起的挠曲线得到的，如图 8.23(b) 所示；M_3 影响线是将截面 3 改为铰结，加正向 M_3，并勾画 M_3 引起的挠曲线得到的，如图 8.23(c) 所示；连续梁跨中任一截面 K 处的弯矩 M_K 的影响线绘制方法类似于 M_3，如图 8.23(d) 所示；F_{QK} 影响线是将截面 K 改为定向联系，加正向剪力 F_{QK}，并勾画由 F_{QK} 作用下引起的挠曲线得到的，如图 8.23(e) 所示；$F_{Q2右}$、$F_{Q2左}$ 影响线的绘制方法与 F_{QK} 类似，分别如图 8.23(f)、(g) 所示。

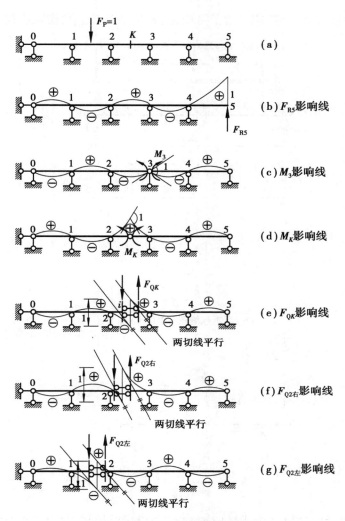

图 8.23　机动法作连续梁的影响线

8.8　内力包络图

8.8.1　简支梁的内力包络图

把图 8.24(a) 中的吊车梁分为若干等分(如图中为 10 等分),用 8.6 节中所述的方法求出吊车移动时,各等分点截面 1,2,…,9 处的最大弯矩分别为 692.2,1 182.7,…,692.2 kN·m。按同一比例量出各等分点截面的最大弯矩,并以光滑的曲线连接之,此图称为吊车梁在移动荷载(或称活载)作用下的弯矩包络图,如图 8.24(b)所示。一般称结构在恒载和活载共同作用下各截面的最大(或最小)内力的连线为内力包络图。同理,可求出此梁各截面的最大、最小剪力值,作出剪力包络图,如图 8.24(c)所示。由于每一截面都会产生最大剪力和最小剪力,因此剪力包络图有两条曲线,它们接近直线。工程上常这样简化:求出两端和跨中最大、最小剪力值,分别连以直线,作为近似剪力包络图(为了简化,图 8.24 中均未包含恒载引起的内力)。

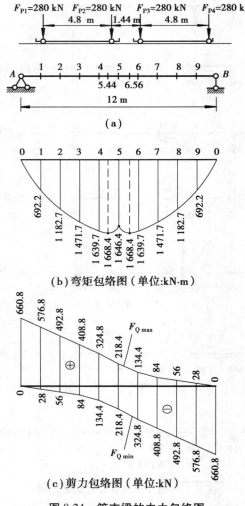

图 8.24　简支梁的内力包络图

根据内力包络图来设计截面和选用材料,就能确保荷载移动过程中的安全。所以在设计吊车梁、桥梁、楼盖的主梁时,先要作出内力包络图。

需要指出,弯矩包络图中用于截面设计的数值应为其中的最大值,该最大值称为绝对最大弯矩。如图 8.24(a)中移动荷载作用下,距跨中截面左右两侧各 0.56 m 的截面上将产生绝对最大弯矩 1 668.4 kN·m,它比跨中截面的最大弯矩 1 646.4 kN·m 稍大一些(5%以内)。工程设计时,常用跨中截面的最大弯矩近似代替绝对最大弯矩。

*8.8.2　连续梁的内力包络图

恒载引起的各截面内力可用弯矩图和剪力图表示,它是不变的。活载引起的内力随活载分布的不同而变化。只要求出活载作用下某一截面的最大、最小内力,再加上恒载作用下该截面的内力,就可求得该截面的最大、最小内力。

可以利用影响线先确定活载的最不利位置,再计算某量值的最大(或最小)值。

由 $S = qA$ 可知,只要将活载布满影响线的所有正号(或负号)区间,量值 S 就将产生最大(或最小)值。图 8.25 绘出了 5 跨连续梁某些截面的弯矩、剪力影响线和引起最大、最小内力的活载布置情况。图 8.25(e)为产生 $M_{C\min}$、$F_{QC左\min}$、$F_{QC右\max}$ 的活载分布,图 8.25(f)为产生 $M_{C\max}$、$F_{QC左\max}$、$F_{QC右\min}$ 的活载分布,图 8.25(h)为产生 $M_{K\max}$ 的活载分布,图 8.25(i)为产生 $M_{K\min}$ 的活载分布。

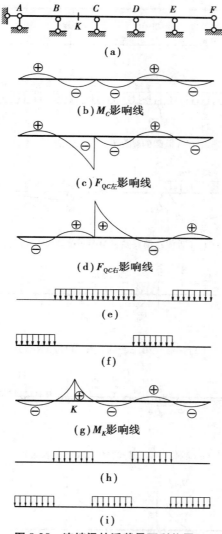

图 8.25　连续梁的活载最不利位置

由图 8.25 可以得出如下几个重要结论(以弯矩为例):

①支座截面的最大负弯矩的最不利活载分布是两个相邻跨有活载,然后每隔一跨有活载。

②跨中截面的最大弯矩的最不利活载布置是本跨布满活载,然后每隔一跨有活载。

③连续梁的弯矩影响线在各跨范围内符号相同。各截面弯矩的最不利荷载位置是在某些跨上整跨布满活载。所以,各截面弯矩的最大值、最小值均可由某几跨单独布满活载时的弯矩叠加得到。

利用第③条结论,可以得到求作连续梁弯矩包络图工作量最少的方案。以图 8.26(a)所示连续梁为例说明如下:

①作出恒载 g 作用下的弯矩图,如图 8.26(b)所示。

②逐一作出各跨单独布满活载 q 时的弯矩图,分别如图 8.26(c)、(d)、(e)所示。具体计算时可用力矩分配法或查静力计算手册。

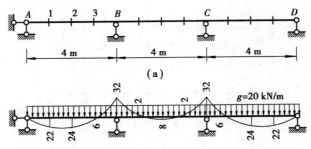

（a）

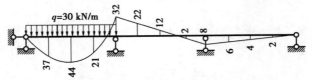

（b）恒载的 M 图（单位:kN·m）

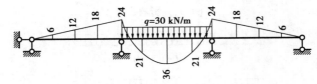

（c）活载在第一跨的 M 图（单位:kN·m）

（d）活载在第二跨的 M 图（单位:kN·m）

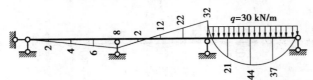

（e）活载在第三跨的 M 图（单位:kN·m）

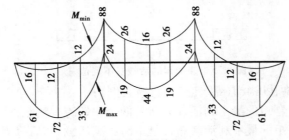

（f）弯矩包络图（单位:kN·m）

图 8.26　连续梁的弯矩包络图

③将各跨分为若干等分,对每一等分点处截面,把各活载弯矩图中此截面的所有正弯矩值加在一起,所有负弯矩值加在一起,再分别加上恒载作用下此截面的弯矩值,就得到此截面的最大和最小弯矩值。

④将各截面的最大弯矩值用一曲线相连,最小弯矩值用另一曲线相连,此二曲线构成的封闭图形即为弯矩包络图,如图 8.26(f)所示。

例如截面 1 及支座截面 B:

$$M_{1\ max} = 22\ kN \cdot m + (37 + 2)kN \cdot m = 61\ kN \cdot m$$

$$M_{1\ min} = 22\ kN \cdot m + (-6)kN \cdot m = 16\ kN \cdot m$$

$$M_{B\ max} = -32\ kN \cdot m + 8\ kN \cdot m = -24\ kN \cdot m$$

$$M_{B\ min} = -32\ kN \cdot m + (-32 - 24)kN \cdot m = -88\ kN \cdot m$$

实际工作中,有时还需要作剪力包络图。精确作连续梁剪力包络图很麻烦,一般情况下,各支座两侧截面的剪力最大,跨中较小。因此,工程中通常只求出支座两侧截面上的最大剪力值和最小剪力值,而在各跨跨中用直线相连,近似地作为剪力包络图。因活载在某些跨上也是满跨分布的,可以用与作弯矩包络图相同的方法求支座两侧截面的最大、最小剪力值。具体作法参阅例 8.9。

【例 8.9】 作图 8.26(a)所示三跨连续梁的剪力包络图。恒载 $g = 20\ kN/m$,活载 $q = 30\ kN/m$。

【解】 (1)作恒载作用下的剪力图,如图 8.27(a)所示。

(2)作各跨分别布满活载时的剪力图,如图 8.27(b)、(c)、(d)所示。

(3)求支座两侧截面的最大、最小剪力值。

例如

$$F_{QB_{左}max} = -48\ kN + 2\ kN = -46\ kN$$

$$F_{QB_{左}min} = -48\ kN + (-68 - 6)kN = -122\ kN$$

$$F_{QB_{右}max} = 40\ kN + (10 + 60)kN = 110\ kN$$

$$F_{QB_{右}min} = 40\ kN + (-10)kN = 30\ kN$$

(4)用直线连接各跨两端的最大剪力,用另一直线连接各跨两端的最小剪力,即得近似的剪力包络图,如图 8.27(e)所示。

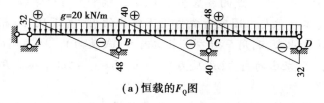

(a)恒载的 F_Q 图

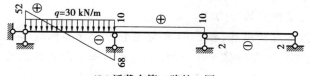

(b)活载在第一跨的 F_Q 图

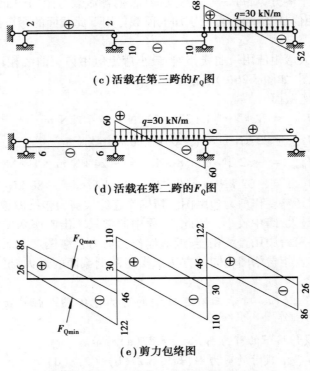

(c) 活载在第三跨的 F_Q 图

(d) 活载在第二跨的 F_Q 图

(e) 剪力包络图

图 8.27　连续梁的剪力包络图（单位：kN）

本章小结

　　（1）应深入理解影响线的定义，并分清内力影响线与内力图的区别。内力影响线是单位集中荷载 $F_P = 1$ 移动时，结构上某指定截面内力随荷载位置而变化的图形；而内力图则是固定荷载作用下，内力沿各截面的分布图形。

　　（2）作静定结构影响线的方法有静力法和机动法两种。

　　静力法是绘制静定结构影响线的最基本方法，应正确和熟练地掌握。静力法求作结构内力（或反力）影响线的基本步骤与求固定荷载作用下结构的内力（或反力）相同，即：取隔离体，把所求内力（或反力）暴露出来，利用平衡方程求该内力（或反力）。所不同的是，单位荷载 $F_P = 1$ 的作用位置 x 是变量，所求出的内力（或反力）是 x 的函数。把这个函数用图形表示出来，就是该内力（或反力）的影响线。

　　间接荷载作用下影响线的特点是，在相邻结点之间为直线。利用这个特点，可以方便地绘制间接荷载作用下静定梁内力的影响线。

　　机动法的理论依据是虚功原理，把画影响线这个静力计算问题转化为画位移图的几何问题。步骤是：先在结构中撤去与量值 S 相应的约束，代以正方向的约束力 S，此时原静定结构成为了一机构（几何可变体系）；令 S 沿其正方向发生单位位移，画出的机构位移图即为量值 S 的影响线。需要作静定梁，特别是静定多跨梁的影响线时，机动法尤其显得方便。

　　需要指出，无论用静力法或机动法，作出的静定结构的影响线都是由直线段所组成的。

（3）影响线的应用有两个方面：一是利用影响线求量值，二是确定移动荷载的最不利位置。

在影响线概念的基础上，利用叠加原理，就可求出一组集中荷载或均布荷载作用下的影响量值。

确定移动荷载的最不利位置时，应根据荷载和影响线图形的特点判定，与最大影响量值对应的荷载位置即为最不利荷载位置。

（4）超静定结构的影响线也可以用静力法绘制，但较繁琐。本章着重介绍了用机动法作连续梁的影响线形状图，其基本原理和步骤与用机动法作静定梁的影响线相同。只是连续梁撤去与量值 S 对应的约束后，通常仍为一结构（几何不变体系），其位移图为该结构的挠度图，是一曲线图。

（5）恒载与活载共同作用下各截面最大内力（或最小内力）的连线称为内力包络图，分弯矩包络图和剪力包络图两种。本章分别介绍了简支梁和连续梁内力包络图的作法。内力包络图在工程设计中是很有用处的。

思考题

8.1　试举例说明土木工程中的移动荷载和固定荷载。

8.2　按所给表格内容填表，总结归纳图 8.5 中 M_C 影响线与内力图（M 图）的区别。

比较项目	影响线	M 图
荷载性质		
横标 x_K 的意义		
纵标 y_K（或 M_K）的意义		
正负号规定		
量纲		

8.3　静力法作影响线的理论依据是什么？步骤如何？

8.4　机动法作影响线的理论依据是什么？步骤如何？

8.5　图 8.3（e）中 F_{QC} 影响线的左、右直线是平行的，在 C 点有突变，它们代表什么含义？

8.6　梁中同一截面的不同内力（如弯矩 M、剪力 F_Q 等）的最不利荷载位置是否相同？为什么？

8.7　说明为什么静定多跨梁附属部分的内力（或反力）影响线在基本部分上的线段与基线重合？

8.8　何谓内力包络图？写出绘制连续梁弯矩包络图的步骤。

习　题

8.1　判断题

（1）习题 8.1（1）图所示结构 BC 杆轴力的影响线应画在 BC 杆上。　　　　　　（　　）

（2）习题 8.1（2）图所示梁的 M_C 影响线、F_{QC} 影响线的形状如图（a）、（b）所示。

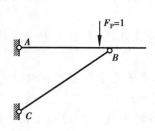

习题 8.1(1)图

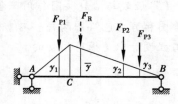

M_C影响线（　　）

(a)

F_{QC}影响线（　　）

(b)

习题 8.1(2)图

（3）习题 8.1(3)图所示结构，利用 M_C 影响线求固定荷载 F_{P1}、F_{P2}、F_{P3} 作用下 M_C 的值，可用它们的合力 F_R 来代替，即 $M_C = F_{P1}y_1 + F_{P2}y_2 + F_{P3}y_3 = F_R\bar{y}$。　　　（　　）

（4）习题 8.1(4)图(a)所示主梁 $F_{QC左}$ 的影响线如图(b)所示。　　　（　　）

（5）习题 8.1(5)图所示梁 F_{RA} 的影响线与 $F_{QA右}$ 的影响线相同。　　　（　　）

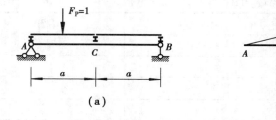

习题 8.1(3)图

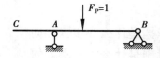

习题 8.1(4)图

（6）简支梁的弯矩包络图为活载作用下各截面最大弯矩的连线。　　　（　　）

8.2　填空题

（1）用静力法作影响线时，其影响线方程是_____。用机动法作静定结构的影响线，其形状为机构的_____。

（2）弯矩影响线竖标的量纲是_____。

（3）习题 8.2(3)图所示结构，$F_P = 1$ 沿 AB 移动，M_D 的影响线在 B 点的竖标为_____，F_{QD} 的影响线在 B 点的竖标为_____。

（4）习题 8.2(4)图所示结构，$F_P = 1$ 沿 ABC 移动，则 M_D 影响线在 B 点的竖标为_____。

（5）习题 8.2(5)图所示结构，$F_P = 1$ 沿 AC 移动，截面 B 的轴力 F_{NB} 的影响线在 C 点的竖标为_____。

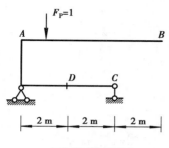

习题 8.2(3) 图

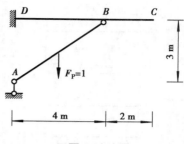

习题 8.2(4) 图

(6)习题 8.2(6)图所示结构中,竖向荷载 $F_P = 1$ 沿 ACD 移动,M_B 影响线在 D 点的竖标为_____,$F_{QC右}$ 影响线在 B 点的竖标为_____。

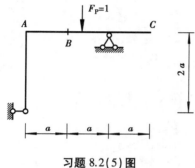

习题 8.2(5) 图

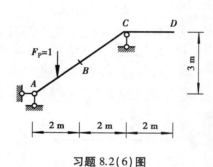

习题 8.2(6) 图

8.3　单项选择题

(1)习题 8.3(1)图所示结构中,支座 A 右侧截面剪力影响线的形状为(　　)。

(2)习题 8.3(2)图所示梁在行列荷载作用下,反力 F_{RA} 的最大值为(　　)。

A.55 kN　　　　　　　　　　B.50 kN

C.75 kN　　　　　　　　　　D.90 kN

(3)习题 8.3(3)图所示结构中,F_{QC} 影响线($F_P = 1$ 在 BE 上移动)BC、CD 段竖标为(　　)。

A.BC、CD 均不为零　　　　B.BC、CD 均为零

C.BC 为零,CD 不为零　　　D.BC 不为零,CD 为零

(4)习题 8.3(4)图所示结构中,支座 B 左侧截面剪力影响线形状为(　　)。

习题 8.3(1) 图

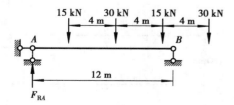

习题 8.3(2) 图

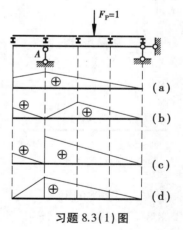

习题 8.3(3) 图

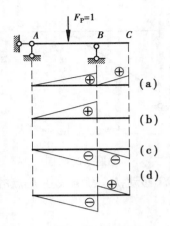

习题 8.3(4)图

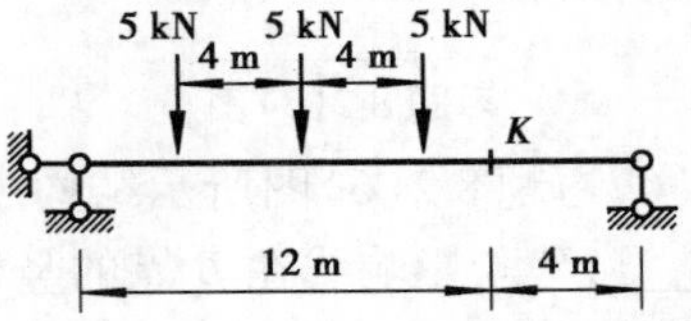

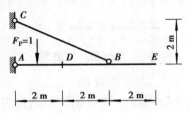

习题 8.3(5)图

(5)习题 8.3(5)图所示梁在行列荷载作用下,截面 K 的最大弯矩为(　　)。

A.15 kN·m　　　　　B.35 kN·m　　　　　C.30 kN·m　　　　　D.42.5 kN·m

8.4　作习题 8.4 图所示悬臂梁 F_{RA}、M_C、F_{QC} 的影响线。

8.5　作习题 8.5 图所示结构中 F_{NBC}、M_D 的影响线,$F_P=1$ 在 AE 上移动。

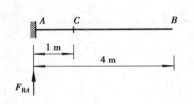

习题 8.4 图

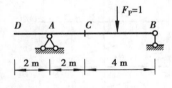

习题 8.5 图

8.6　作习题 8.6 图所示伸臂梁的 M_A、M_C、$F_{QA_{左}}$、$F_{QA_{右}}$ 的影响线。

8.7　作习题 8.7 图所示结构截面 C 的 M_C、F_{QC} 的影响线。

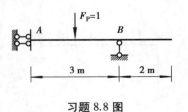

习题 8.6 图

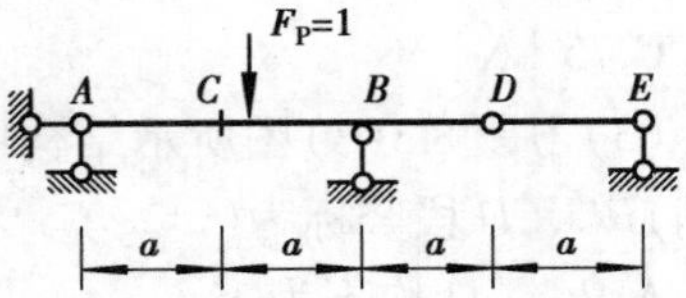

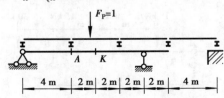

习题 8.7 图

8.8　作习题 8.8 图所示梁 M_A、F_{RB} 的影响线。

8.9　作习题 8.9 图所示主梁,在间接荷载作用下的 M_K、F_{QK} 的影响线。

习题 8.8 图

习题 8.9 图

8.10 作习题 8.10 图所示斜梁 F_{RA}、F_{RB}、M_C、F_{QC} 的影响线。

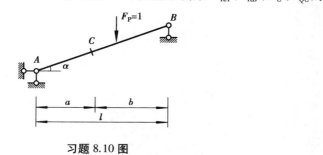

习题 8.10 图

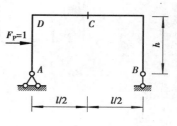

习题 8.11 图

8.11 作习题 8.11 图所示刚架 M_C（设下侧受拉为正）、F_{QC} 的影响线。$F_P = 1$ 沿柱高 AD 移动。

8.12 习题 8.12 图所示结构，$F_P = 1$ 在 AB 上移动，作 F_{QC}、M_D、F_{QD} 的影响线。

8.13 用机动法作习题 8.13 图所示静定多跨梁的 F_{RB}、M_E、$F_{QB左}$、$F_{QB右}$、F_{QC} 的影响线。

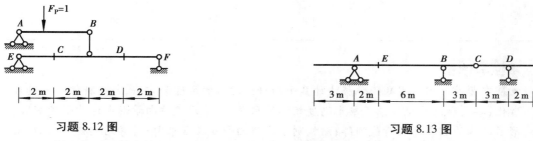

习题 8.12 图

习题 8.13 图

8.14 利用影响线，求习题 8.14 图所示固定荷载作用下截面 K 的内力 M_K 和 $F_{QK左}$ 的值。

8.15 试求习题 8.15 图所示梁在两台吊车荷载作用下支座 B 的最大反力和截面 D 的最大弯矩。

习题 8.14 图

习题 8.15 图

8.16 用机动法作习题 8.16 图所示连续梁 M_K、M_B、$F_{QB左}$、$F_{QB右}$ 影响线的形状图。若梁上有可以任意布置的均布活荷载，请画出使截面 K 产生最大弯矩时的活载布置图。

习题 8.16 图

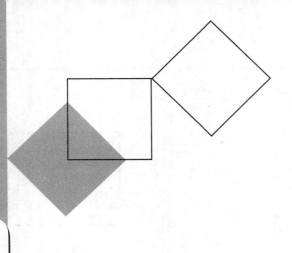

9 矩阵位移法

本章导读：

- **基本要求**　掌握用矩阵位移法计算平面杆件结构的原理和方法，包括杆件结构的离散化；单元和结构坐标系下单元刚度矩阵的形成；用单元定位向量形成结构刚度矩阵；形成结构的综合结点荷载列阵；结构刚度方程的形成及其求解；计算结构杆端内力；矩阵位移法的计算步骤。
- **重点**　用先处理法形成结构刚度矩阵和结构的综合结点荷载列阵。
- **难点**　用先处理法形成结构刚度矩阵中各步骤的物理意义；单元刚度矩阵和结构刚度矩阵中刚度系数的物理意义和求法；矩阵位移法与位移法之间的联系与区别。

9.1　概　述

随着计算机在各领域的不断深入应用，结构力学这门学科也得到了进一步发展，出现了计算机化的结构力学（即计算结构力学）这一新的分支。计算机辅助设计（CAD）将结构设计人员从繁琐的计算中解脱出来，使得大跨度、超高层、地下空间等各类复杂结构的设计得以实现。

在 CAD 中使用到的诸多结构分析软件都以有限单元法（简称有限元法）为理论依据。有限元法是 20 世纪 60 年代迅速发展起来的一种新方法，从数学角度来说，它是求解偏微分方程定解问题的数值分析方法之一；从力学角度来说，它是求取基于变分原理的近似解的方法之一；而从我们最熟识的工程结构的角度来说，它是结构力学的矩阵分析方法在连续介质力学中的合理应用。由此可见，学好结构力学的矩阵分析方法，可以为后续深入学习有限元法打好基础。

结构力学的矩阵分析方法是将矩阵数学的理论引入结构力学而得，即在进行结构矩阵分析时，仍旧沿用传统结构力学的基本假定、基本原理和基本方法，而在公式和各种表达式的表述方法上使用矩阵形式。矩阵化的表述方式具有简洁、规范、易于排错的优点，因而容易转化成计算机程序,方便计算机软件的开发。

在前面的学习中,大家已经掌握了两个基本的结构分析方法——力法和位移法,将它们同矩阵数学相结合,产生出矩阵力法和矩阵位移法。相对于力法而言,位移法具有基本结构唯一和可以求解静定结构两大优势,这些特点使得矩阵位移法更适用于进行结构分析软件的开发。因此,本章将重点介绍平面杆件结构的矩阵位移法。

矩阵位移法的基本原理同位移法一样,仍旧以结点位移为基本未知量,通过平衡方程求解这些基本未知量,然后计算结构的内力。用矩阵位移法进行结构分析的基本要点是:

1)结构离散化

结构离散化是将结构划分为有限个单元,各单元只在有限个结点处相互连接。对于杆件结构,单元常取为等截面直杆,各单元通过刚结点、铰结点等各类结点相连组成结构。这相当于位移法中获取基本结构的步骤。

2)单元分析

单元分析的任务是获取单元杆端力与单元杆端位移之间的关系,建立单元刚度矩阵。这相当于位移法中获得转角位移方程的步骤。单元杆端位移一旦求得,单元杆端力即可通过单元刚度方程求得。

3)整体分析

整体分析是将单元刚度矩阵按照刚度集成规则直接形成结构刚度矩阵,并建立结构整体的刚度方程。这相当于位移法中建立典型方程的步骤。整体分析将拆散的单元重新集成为结构,进而引入结构的边界条件(力平衡边界条件和变形协调边界条件),为求解结构刚度方程作好准备。

求解结构刚度方程得到各结点位移后,只需再返回单元分析,即可求出各单元杆端力,进而绘出结构内力图。

9.2　杆件结构的离散化

9.2.1　单元与结点的划分和编码

杆件结构离散化时,常将杆件结构中的等截面直杆作为独立单元,这就必然导致结构中杆件的转折点、汇交点、支承点、截面突变点、自由端、材料改变点等成为连接各个单元的结点。除此而外,有时为了计算方便,也可在一个单元上增加结点(如集中力的作用点处等),使原单元变为由所增加结点相连的多个独立单元。只要确定了杆件结构中的全部结点,结构中各结点间的所有单元也就随之确定了。

确定结点时,常常采用顺序编号的方法,这些编号称为结点码。在确定完结点码后,对结点间的单元也依次编号,从而获得单元码。本章约定:结点码用数字 $1,2,3,\cdots,n$ 表示,单元码用带圈数字①,②,③,$\cdots$,ⓝ表示。图 9.1(a)和(b)分别表示两个结构离散化后的结点和单元编码情况。需说明的是,结点码和单元码的编码顺序原则上是任意的,不同的编码顺序对结构分析的最终结果没有影响。

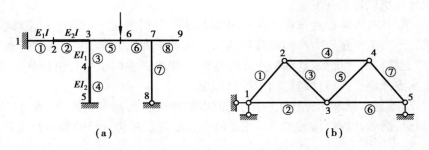

图 9.1　杆件结构的离散化示例

9.2.2　两种直角坐标系

结构离散化后,杆件单元的方向千差万别。在做整体分析时,需要在结点处建立平衡方程,为此又需要一个统一的计算基准坐标系。因此,这里引入两套直角坐标系来建立后续需要研究的力和位移等物理量之间的关系。

1) 单元坐标系

单元坐标系(又称局部坐标系)是单元分析时使用的坐标系,它只与具体的某一单元相对应。对结构中任意单元ⓔ,本章约定其坐标系用 $\bar{x}$—$\bar{y}$ 表示。坐标系原点取为该单元一端的端结点 i(称为始结点或始端)。由原点指向另一端结点 j(称为末结点或末端)的方向,为杆轴 $\bar{x}$ 坐标正向,记作 $\bar{x}^{(e)}$;以 $\bar{x}^{(e)}$ 轴沿顺时针方向旋转90°为 $\bar{y}$ 坐标轴正向,记作 $\bar{y}^{(e)}$,如图 9.2(a) 所示。

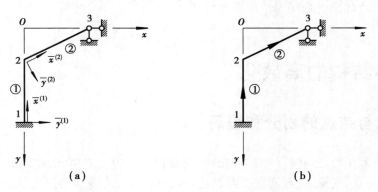

图 9.2　单元坐标系和结构坐标系

2) 结构坐标系

结构坐标系(又称整体坐标系)是整体分析时使用的坐标系,它不和任何单元直接相关。设置结构坐标系的目的是使各物理量在进行整体分析时有统一的基准系。本章约定结构坐标系使用 x—y 表示。x 轴正方向水平向右,以 x 轴沿顺时针方向旋转90°为 y 轴正向,即 y 轴正方向竖直向下,结构坐标系原点可取为任意点。

图 9.2(a)绘出了某结构的两套坐标系。为了使图形看起来简洁清爽,一般不再标出单元

坐标系,通常在各单元的杆轴上绘一箭头表明其 $\bar{x}$ 轴的正向即可,如图9.2(b)所示。

9.2.3　力和位移的正负号规定

1)外荷载和支反力

（1）结点荷载和支反力

结点荷载是指作用于结点上的荷载。本章约定结点集中力和支反力的方向与结构坐标系正向相同时为正,反之为负。结点集中力偶和支座反力偶以顺时针转向为正,反之为负。

（2）非结点荷载

非结点荷载是指作用于杆件上的荷载。本章约定非结点集中力和分布力与单元坐标系正向相同时为正,反之为负。非结点集中力偶,仍以顺时针转向为正,反之为负。

2)结点位移

由于矩阵位移法不再为了简化计算而忽略杆件的轴向变形,因此,平面刚架中的每个刚结点有3个相互独立的位移分量:水平方向的线位移分量 u,竖直方向的线位移分量 v 和结点的转角位移分量 θ。对于这3个分量,本章约定线位移与结构坐标系方向一致为正,转角以顺时针转向为正,反之为负。

3)单元杆端力和杆端位移

单元杆端截面的内力和位移分别称为单元杆端力和杆端位移。设图9.3所示为平面刚架中的单元ⓔ,其始端为 i,末端为 j。

约定单元所有杆端力和杆端位移分量分别用广义符号 f 和 δ 表示,当参照系为单元坐标系时,还需在 f 和 δ 上添加上划线,即用“$\bar{f}$”和“$\bar{\delta}$”以示区别。为区别两端结点各方向的分量,约定始端 i 沿 x 或 $\bar{x}$ 坐标方向为1号方向,沿 y 或 $\bar{y}$ 方向为2号方向,转角方向为3号方向;依此类推,末端 j 的3个方向分别用4、5、6表示。例如 $\bar{f}_4$ 代表末端 j 沿 $\bar{x}$ 方向的单元杆端力(即末端轴力),δ_3 代表始端 i 在结构坐标系中的杆端转角位移分量。

图9.3(a)和(c)标明了两套坐标系中所有24个广义分量(括号中的是广义位移分量)。约定各分量与相应坐标系正向一致时为正,力矩或转角分量以顺时针转动为正,反之为负。

单元杆端力和杆端位移分量,也可以按它们实际的物理意义表示为图9.3(b)和(d)的形式,即用轴力、剪力、弯矩和水平位移分量 u、竖直位移分量 v、转角位移分量 θ 等传统方法来表示。采取传统方法表示时,各分量用下标注明其作用的结点;同时,若参照系为单元坐标系,各分量还需添加上划线以示区别。

式(9.1)和式(9.2)给出了参照系为单元坐标系时,分别使用广义方式和传统方式表示的单元杆端力和杆端位移列阵。

单元坐标系中的单元杆端力列阵为

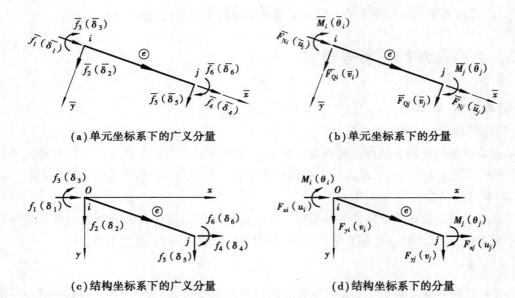

(a)单元坐标系下的广义分量　　　**(b)单元坐标系下的分量**

(c)结构坐标系下的广义分量　　　**(d)结构坐标系下的分量**

图9.3　单元杆端力和单元杆端位移

$$
\overline{\boldsymbol{F}}^e = \begin{bmatrix} \overline{\boldsymbol{F}}_i^e \\ \cdots \\ \overline{\boldsymbol{F}}_j^e \end{bmatrix} = \begin{bmatrix} \overline{f}_1 \\ \overline{f}_2 \\ \overline{f}_3 \\ \cdots \\ \overline{f}_4 \\ \overline{f}_5 \\ \overline{f}_6 \end{bmatrix}^{(e)} = \begin{bmatrix} \overline{F}_{Ni} \\ \overline{F}_{Qi} \\ \overline{M}_i \\ \cdots \\ \overline{F}_{Nj} \\ \overline{F}_{Qj} \\ \overline{M}_j \end{bmatrix}^{(e)} \tag{9.1}
$$

单元坐标系中的杆端位移列阵为

$$
\overline{\boldsymbol{\delta}}^e = \begin{bmatrix} \overline{\boldsymbol{\delta}}_i^e \\ \cdots \\ \overline{\boldsymbol{\delta}}_j^e \end{bmatrix} = \begin{bmatrix} \overline{\delta}_1 \\ \overline{\delta}_2 \\ \overline{\delta}_3 \\ \cdots \\ \overline{\delta}_4 \\ \overline{\delta}_5 \\ \overline{\delta}_6 \end{bmatrix}^{(e)} = \begin{bmatrix} \overline{u}_i \\ \overline{v}_i \\ \overline{\theta}_i \\ \cdots \\ \overline{u}_j \\ \overline{v}_j \\ \overline{\theta}_j \end{bmatrix}^{(e)} \tag{9.2}
$$

式(9.3)和式(9.4)给出参照系为结构坐标系时,分别使用广义方式和传统方式表示的单元杆端力和杆端位移列阵。

结构坐标系中的单元杆端力列阵为

$$F^e = \begin{bmatrix} F_i^e \\ \hline F_j^e \end{bmatrix} = \begin{bmatrix} f_1 \\ f_2 \\ f_3 \\ \hline f_4 \\ f_5 \\ f_6 \end{bmatrix}^{(e)} = \begin{bmatrix} F_{xi} \\ F_{yi} \\ M_i \\ \hline F_{xj} \\ F_{yj} \\ M_j \end{bmatrix}^{(e)} \tag{9.3}$$

结构坐标系中的杆端位移列阵为

$$\delta^e = \begin{bmatrix} \delta_i^e \\ \hline \delta_j^e \end{bmatrix} = \begin{bmatrix} \delta_1 \\ \delta_2 \\ \delta_3 \\ \hline \delta_4 \\ \delta_5 \\ \delta_6 \end{bmatrix}^{(e)} = \begin{bmatrix} u_i \\ v_i \\ \theta_i \\ \hline u_j \\ v_j \\ \theta_j \end{bmatrix}^{(e)} \tag{9.4}$$

以上 4 式中的列阵子块 $\overline{F}_i^e$、$\overline{F}_j^e$、F_i^e、F_j^e 和 $\overline{\delta}_i^e$、$\overline{\delta}_j^e$、δ_i^e、δ_j^e 分别代表相应坐标系中杆端 i 和 j 的力与位移。

矩阵位移法的正负号规定与位移法和材料力学中的规定不尽相同,请读者注意区分。

9.3   单元坐标系中的单元刚度矩阵

9.3.1   平面刚架单元

平面刚架的一般单元,是指其始末两端每端有 3 个,两端共有 6 个独立位移未知量的平面刚架单元,如图 9.4 所示。

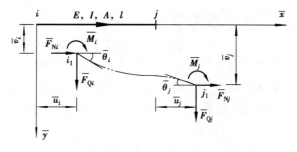

图 9.4   一般单元的杆端力和杆端位移

表示单元杆端力和杆端位移之间转换关系的方程,称为单元刚度方程。矩阵位移法不再忽略轴向变形,但在线弹性小变形的前提下,仍忽略轴向受力状态和弯曲受力状态间的相互影响。因此,可以分别推导这两种受力状态下杆端力和杆端位移之间的转换关系。

1）轴向受力状态下,轴向杆端力与轴向杆端位移之间的关系

如图 9.5(a)所示,如果杆端 i 发生轴向位移 $\bar{u}_i$ 而杆端 j 不动时,根据材料力学和平衡条件 $\sum F_{\bar{x}} = 0$,有

$$\bar{F}_{Ni} = \frac{EA}{l}\bar{u}_i, \quad \bar{F}_{Nj} = -\frac{EA}{l}\bar{u}_i \quad (a)$$

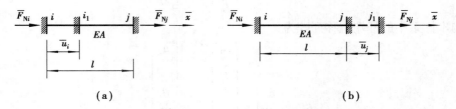

图 9.5 一般单元杆端轴力和杆端轴向位移间的关系

同理,当杆端 j 发生轴向位移 $\bar{u}_j$ 而杆端 i 不动时,有

$$\bar{F}_{Ni} = -\frac{EA}{l}\bar{u}_j, \quad \bar{F}_{Nj} = \frac{EA}{l}\bar{u}_j \quad (b)$$

如果同时在杆端 i 和 j 分别发生了轴向位移 $\bar{u}_i$ 和 $\bar{u}_j$,只需将(a)、(b)两式中对应的轴向杆端力叠加起来即可

$$\left.\begin{aligned} \bar{F}_{Ni} &= \frac{EA}{l}\bar{u}_i - \frac{EA}{l}\bar{u}_j \\ \bar{F}_{Nj} &= -\frac{EA}{l}\bar{u}_i + \frac{EA}{l}\bar{u}_j \end{aligned}\right\} \quad (c)$$

2）弯曲受力状态下,杆端剪力及杆端弯矩与杆端横向线位移及杆端转角的关系

两端固定的单跨超静定梁 AB,在无外荷载作用时,其位移法的转角位移方程为

$$\left.\begin{aligned} M_{AB} &= \frac{4EI}{l}\theta_A + \frac{2EI}{l}\theta_B - \frac{6EI}{l^2}\Delta_{AB} \\ M_{BA} &= \frac{2EI}{l}\theta_A + \frac{4EI}{l}\theta_B - \frac{6EI}{l^2}\Delta_{AB} \\ F_{QAB} &= F_{QBA} = -\frac{6EI}{l^2}\theta_A - \frac{6EI}{l^2}\theta_B + \frac{12EI}{l^3}\Delta_{AB} \end{aligned}\right\} \quad (d)$$

如果把该梁视作图 9.4 中矩阵位移法的一般单元,使其 A 和 B 两端分别同一般单元的始端 i 和末端 j 对应,使用矩阵位移法的符号表示方法和正负号规定,则式(d)中相应符号应变换为

$$\left.\begin{aligned} M_{AB} &= \bar{M}_i \\ M_{BA} &= \bar{M}_j \\ \bar{F}_{QAB} &= -\bar{F}_{Qi} \\ \bar{F}_{QBA} &= \bar{F}_{Qj} \end{aligned}\right\}, \quad \left.\begin{aligned} \Delta_{AB} &= \bar{v}_j - \bar{v}_i \\ \theta_A &= \bar{\theta}_i \\ \theta_B &= \bar{\theta}_j \end{aligned}\right\} \quad (e)$$

于是,式(d)化为

$$\left.\begin{array}{l} \overline{F}_{Qi} = \dfrac{12EI}{l^3}\overline{v}_i + \dfrac{6EI}{l^2}\overline{\theta}_i - \dfrac{12EI}{l^3}\overline{v}_j + \dfrac{6EI}{l^2}\overline{\theta}_j \\[3mm] \overline{M}_i = \dfrac{6EI}{l^2}\overline{v}_i + \dfrac{4EI}{l}\overline{\theta}_i - \dfrac{6EI}{l^2}\overline{v}_j + \dfrac{2EI}{l}\overline{\theta}_j \\[3mm] \overline{F}_{Qj} = -\dfrac{12EI}{l^3}\overline{v}_i - \dfrac{6EI}{l^2}\overline{\theta}_i + \dfrac{12EI}{l^3}\overline{v}_j - \dfrac{6EI}{l^2}\overline{\theta}_j \\[3mm] \overline{M}_j = \dfrac{6EI}{l^2}\overline{v}_i + \dfrac{2EI}{l}\overline{\theta}_i - \dfrac{6EI}{l^2}\overline{v}_j + \dfrac{4EI}{l}\overline{\theta}_j \end{array}\right\} \qquad (f)$$

3) 单元坐标系中一般单元的单元刚度方程

综合轴向受力状态下推得的式(c)和弯曲受力状态下推得的式(f),可写出一般单元全部的杆端力和杆端位移之间的转换关系,即

$$\left.\begin{array}{l} \overline{F}_{Ni} = \dfrac{EA}{l}\overline{u}_i - \dfrac{EA}{l}\overline{u}_j \\[3mm] \overline{F}_{Qi} = \dfrac{12EI}{l^3}\overline{v}_i + \dfrac{6EI}{l^2}\overline{\theta}_i - \dfrac{12EI}{l^3}\overline{v}_j + \dfrac{6EI}{l^2}\overline{\theta}_j \\[3mm] \overline{M}_i = \dfrac{6EI}{l^2}\overline{v}_i + \dfrac{4EI}{l}\overline{\theta}_i - \dfrac{6EI}{l^2}\overline{v}_j + \dfrac{2EI}{l}\overline{\theta}_j \\[3mm] \overline{F}_{Nj} = -\dfrac{EA}{l}\overline{u}_i + \dfrac{EA}{l}\overline{u}_j \\[3mm] \overline{F}_{Qj} = -\dfrac{12EI}{l^3}\overline{v}_i - \dfrac{6EI}{l^2}\overline{\theta}_i + \dfrac{12EI}{l^3}\overline{v}_j - \dfrac{6EI}{l^2}\overline{\theta}_j \\[3mm] \overline{M}_j = \dfrac{6EI}{l^2}\overline{v}_i + \dfrac{2EI}{l}\overline{\theta}_i - \dfrac{6EI}{l^2}\overline{v}_j + \dfrac{4EI}{l}\overline{\theta}_j \end{array}\right\} \qquad (9.5)$$

式中的 E、I、A、l 分别为单元的材料弹性模量、横截面惯性矩、横截面面积和单元长度。

将式(9.5)写成矩阵形式,即可得单元坐标系中一般单元的单元刚度方程。

$$\begin{bmatrix} \overline{F}_{Ni} \\ \overline{F}_{Qi} \\ \overline{M}_i \\ \hline \overline{F}_{Nj} \\ \overline{F}_{Qj} \\ \overline{M}_j \end{bmatrix}^{(e)} = \begin{bmatrix} \dfrac{EA}{l} & 0 & 0 & -\dfrac{EA}{l} & 0 & 0 \\[3mm] 0 & \dfrac{12EI}{l^3} & \dfrac{6EI}{l^2} & 0 & \dfrac{-12EI}{l^3} & \dfrac{6EI}{l^2} \\[3mm] 0 & \dfrac{6EI}{l^2} & \dfrac{4EI}{l} & 0 & \dfrac{-6EI}{l^2} & \dfrac{2EI}{l} \\[3mm] \hline -\dfrac{EA}{l} & 0 & 0 & \dfrac{EA}{l} & 0 & 0 \\[3mm] 0 & \dfrac{-12EI}{l^3} & \dfrac{-6EI}{l^2} & 0 & \dfrac{12EI}{l^3} & \dfrac{-6EI}{l^2} \\[3mm] 0 & \dfrac{6EI}{l^2} & \dfrac{2EI}{l} & 0 & \dfrac{-6EI}{l^2} & \dfrac{4EI}{l} \end{bmatrix}^{(e)} \begin{bmatrix} \overline{u}_i \\ \overline{v}_i \\ \overline{\theta}_i \\ \hline \overline{u}_j \\ \overline{v}_j \\ \overline{\theta}_j \end{bmatrix}^{(e)} \qquad (9.6)$$

式(9.6)也可简写为

$$\overline{\boldsymbol{F}}^e = \overline{\boldsymbol{K}}^e \overline{\boldsymbol{\delta}}^e \qquad (9.7)$$

其中

$$
\overline{\boldsymbol{K}}^{e} = \begin{bmatrix} \dfrac{EA}{l} & 0 & 0 & -\dfrac{EA}{l} & 0 & 0 \\ 0 & \dfrac{12EI}{l^{3}} & \dfrac{6EI}{l^{2}} & 0 & -\dfrac{12EI}{l^{3}} & \dfrac{6EI}{l^{2}} \\ 0 & \dfrac{6EI}{l^{2}} & \dfrac{4EI}{l} & 0 & -\dfrac{6EI}{l^{2}} & \dfrac{2EI}{l} \\ -\dfrac{EA}{l} & 0 & 0 & \dfrac{EA}{l} & 0 & 0 \\ 0 & -\dfrac{12EI}{l^{3}} & -\dfrac{6EI}{l^{2}} & 0 & \dfrac{12EI}{l^{3}} & -\dfrac{6EI}{l^{2}} \\ 0 & \dfrac{6EI}{l^{2}} & \dfrac{2EI}{l} & 0 & -\dfrac{6EI}{l^{2}} & \dfrac{4EI}{l} \end{bmatrix}^{(e)} \tag{9.8}
$$

$\overline{\boldsymbol{K}}^{e}$ 称为一般单元的单元刚度矩阵,简称单刚。

矩阵位移法仅采用位移法中的两端固定的单跨超静定梁来推导一般单元的刚度方程,这使得其基本单元类型归一化,更便于应用程序的开发。

9.3.2 其他结构单元

如果单元的部分杆端位移已知(例如杆端被约束),或者不独立于其他杆端位移,则称其为特殊单元。例如连续梁单元和理想桁架单元等。

1) 忽略结点线位移的连续梁单元

忽略轴向变形的连续梁或无结点线位移的刚架,经过离散化后,单元两端只有独立的杆端转角未知量 $\overline{\theta}_{i}$ 和 $\overline{\theta}_{j}$。将线位移 $\overline{u}_{i} = \overline{v}_{i} = \overline{u}_{j} = \overline{v}_{j} = 0$ 的条件代入式(9.6)中,并注意到杆端剪力 $\overline{F}_{Qi}$ 和 $\overline{F}_{Qj}$ 不独立于杆端弯矩 $\overline{M}_{i}$ 和 $\overline{M}_{j}$,则可得连续梁单元的单元刚度方程为

$$
\begin{bmatrix} \overline{M}_{i} \\ \overline{M}_{j} \end{bmatrix}^{(e)} = \begin{bmatrix} \dfrac{4EI}{l} & \dfrac{2EI}{l} \\ \dfrac{2EI}{l} & \dfrac{4EI}{l} \end{bmatrix}^{(e)} \begin{bmatrix} \overline{\theta}_{i} \\ \overline{\theta}_{j} \end{bmatrix}^{(e)} \tag{9.9}
$$

相应的单元刚度矩阵为

$$
\overline{\boldsymbol{K}}^{e} = \begin{bmatrix} \dfrac{4EI}{l} & \dfrac{2EI}{l} \\ \dfrac{2EI}{l} & \dfrac{4EI}{l} \end{bmatrix}^{(e)} \tag{9.10}
$$

可见,连续梁单元的单刚可以由一般单元单刚划去与零位移相应的行和列,即式(9.8)中的第1、2、4、5 行和列而得。

2) 理想桁架单元

理想桁架中的各杆件只有轴向变形,即 $\overline{u}_{i} \neq 0$、$\overline{u}_{j} \neq 0$。而 $\overline{v}_{i} = \overline{v}_{j} = \overline{\theta}_{i} = \overline{\theta}_{j} = 0$,将这一条件代入

式(9.6),可得理想桁架单元的单元刚度方程为

$$
\begin{bmatrix} \bar{F}_{Ni} \\ \bar{F}_{Nj} \end{bmatrix}^{(e)} = \begin{bmatrix} \dfrac{EA}{l} & -\dfrac{EA}{l} \\ -\dfrac{EA}{l} & \dfrac{EA}{l} \end{bmatrix}^{(e)} \begin{bmatrix} \bar{u}_i \\ \bar{u}_j \end{bmatrix}^{(e)} \tag{9.11}
$$

相应的单元刚度矩阵为

$$
\bar{K}^e = \begin{bmatrix} \dfrac{EA}{l} & -\dfrac{EA}{l} \\ -\dfrac{EA}{l} & \dfrac{EA}{l} \end{bmatrix}^{(e)} \tag{9.12}
$$

可见,理想桁架单元的单刚也可由一般单元单刚划去与零位移相应的行和列,即式(9.8)中的第 2、3、5、6 行和列而得。

9.3.3 单元刚度矩阵的性质

1)单元刚度系数的物理意义

单元刚度矩阵中的每个元素称为单元刚度系数,代表由单位杆端位移引起的杆端力。若以 $\bar{k}_{lm}^{(e)}$ 代表单元刚度矩阵中的某系数,则它的值等于当单元的第 m 个杆端位移方向发生正向单位位移(其他杆端位移为零)时,引起的第 l 个杆端位移方向的杆端力。图 9.6 给出了一般单元单刚系数 $\bar{k}_{23}$ 和 $\bar{k}_{62}$ 的物理意义。

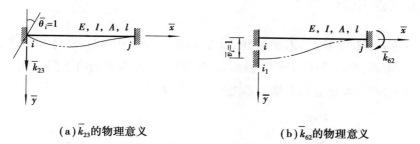

(a)$\bar{k}_{23}$的物理意义 　　　　 (b)$\bar{k}_{62}$的物理意义

图 9.6　单元坐标系中的单元刚度元素物理意义示例

根据单刚系数的物理意义可知,单刚中任一列的元素,均可通过令单元中与该列列号对应的杆端位移发生正向单位位移而求得。例如,欲求一般单元单刚第 5 列的所有元素,只需令 $\bar{v}_j = 1$,再依"始端轴、剪、弯到末端轴、剪、弯"的方向编号顺序求出这些杆端内力,就得到了这一列的 6 个刚度系数 $\bar{k}_{15} \sim \bar{k}_{65}$。

2)单元刚度矩阵是对称方阵

一般单元的单刚是 6×6 的对称方阵,特殊单元的单刚亦是对称方阵。单刚的对称性可由线弹性结构的反力互等定理证明,即

$$\bar{k}_{lm}^{(e)} = \bar{k}_{ml}^{(e)} \quad (l \neq m; l, m = 1, 2, \cdots, 6) \tag{9.13}$$

而 $\bar{\boldsymbol{K}}^e$ 对角线上的主系数 $\bar{k}_{mm}^{(e)}$ 恒大于零,这与位移法一致。

3)一般单元的单元刚度矩阵是奇异矩阵

从数学的角度来说,$\bar{\boldsymbol{K}}^e$ 的行列式 $|\bar{\boldsymbol{K}}^e|$ 之值等于零(连续梁单元例外),即 $\bar{\boldsymbol{K}}^e$ 不存在逆阵,因此奇异。

从力学的角度来说,注意到一般单元两端的 6 个杆端位移未知量并未被任何约束限制,好像单元"浮于空中",这样的单元称为自由单元。给定一组符合变形协调条件的杆端位移 $\bar{\boldsymbol{\delta}}^e$,可以通过单元刚度方程 $\bar{\boldsymbol{F}}^e = \bar{\boldsymbol{K}}^e \bar{\boldsymbol{\delta}}^e$ 求得一组杆端力 $\bar{\boldsymbol{F}}^e$;但如果给定一组平衡的杆端力 $\bar{\boldsymbol{F}}^e$,由于自由单元的刚体位移未被约束限定,所以无法得到唯一确定的一组杆端位移 $\bar{\boldsymbol{\delta}}^e$。也就是说,对于一组平衡的杆端力 $\bar{\boldsymbol{F}}^e$,可能有无限多组由弹性位移和刚体位移共同组成的杆端位移 $\bar{\boldsymbol{\delta}}^e$ 与之对应,因而一般单元的单刚奇异。

4)单元刚度矩阵 $\bar{\boldsymbol{K}}^e$ 是单元的固有性质

$\bar{\boldsymbol{K}}^e$ 只与单元的弹性模量 E、横截面面积 A、惯性矩 I 及杆长 l 有关,而与外荷载无关。

9.4　结构坐标系中的单元刚度矩阵

9.4.1　坐标变换矩阵

从单元分析进入整体分析时,需要将参照坐标系统一为结构坐标系,才便于建立结点平衡方程;整体分析结束后,需计算单元杆端力以求取单元内力,此时又需将参照坐标系重新设为各单元坐标系。因此,有必要建立两套坐标系之间的转换关系。

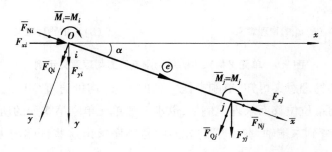

图 9.7　单元坐标系与结构坐标系的转换

图 9.7 将杆单元 ⓔ 在单元坐标系 $\bar{x}O\bar{y}$ 中的杆端力 $\bar{\boldsymbol{F}}^e$ 和结构坐标系 xOy 中的杆端力 $\boldsymbol{F}^e$ 一同绘出。若设从结构坐标系 x 轴转向单元坐标系 $\bar{x}$ 轴的夹角为 α(顺时针为正),根据投影关系,可得

$$
\left.\begin{aligned}
\overline{F}_{Ni} &= F_{xi}\cos\alpha + F_{yi}\sin\alpha \\
\overline{F}_{Qi} &= -F_{xi}\sin\alpha + F_{yi}\cos\alpha \\
\overline{M}_i &= M_i \\
\overline{F}_{Nj} &= F_{xj}\cos\alpha + F_{yj}\sin\alpha \\
\overline{F}_{Qj} &= -F_{xj}\sin\alpha + F_{yj}\cos\alpha \\
\overline{M}_j &= M_j
\end{aligned}\right\}
\tag{9.14}
$$

写成矩阵形式为

$$
\begin{bmatrix}
\overline{F}_{Ni} \\
\overline{F}_{Qi} \\
\overline{M}_i \\
\hdashline
\overline{F}_{Nj} \\
\overline{F}_{Qj} \\
\overline{M}_j
\end{bmatrix}^{(e)}
=
\left[
\begin{array}{ccc:ccc}
\cos\alpha & \sin\alpha & 0 & 0 & 0 & 0 \\
-\sin\alpha & \cos\alpha & 0 & 0 & 0 & 0 \\
0 & 0 & 1 & 0 & 0 & 0 \\
\hdashline
0 & 0 & 0 & \cos\alpha & \sin\alpha & 0 \\
0 & 0 & 0 & -\sin\alpha & \cos\alpha & 0 \\
0 & 0 & 0 & 0 & 0 & 1
\end{array}
\right]
\begin{bmatrix}
F_{xi} \\
F_{yi} \\
M_i \\
F_{xj} \\
F_{yj} \\
M_j
\end{bmatrix}^{(e)}
\tag{9.15}
$$

或简写为

$$
\overline{F}^e = TF^e
\tag{9.16}
$$

其中

$$
T =
\left[
\begin{array}{ccc:ccc}
\cos\alpha & \sin\alpha & 0 & 0 & 0 & 0 \\
-\sin\alpha & \cos\alpha & 0 & 0 & 0 & 0 \\
0 & 0 & 1 & 0 & 0 & 0 \\
\hdashline
0 & 0 & 0 & \cos\alpha & \sin\alpha & 0 \\
0 & 0 & 0 & -\sin\alpha & \cos\alpha & 0 \\
0 & 0 & 0 & 0 & 0 & 1
\end{array}
\right]
\tag{9.17}
$$

称为单元坐标转换矩阵。它是一个正交矩阵,即有

$$
T^{-1} = T^{\mathrm{T}}
\tag{9.18}
$$

如需将 $\overline{F}^e$ 转换为 F^e,则可使用式(9.19),即

$$
F^e = T^{-1}\overline{F}^e = T^{\mathrm{T}}\overline{F}^e
\tag{9.19}
$$

上述转换关系也同样适用于杆端位移 $\overline{\delta}^e$ 和 δ^e 之间的转换,即有

$$
\overline{\delta}^e = T\delta^e
\tag{9.20}
$$

$$
\delta^e = T^{\mathrm{T}}\overline{\delta}^e
\tag{9.21}
$$

9.4.2　结构坐标系中的单元刚度矩阵

类比单元坐标系中的单元刚度方程 $\overline{F}^e = \overline{K}^e\overline{\delta}^e$,可以写出结构坐标系中的单元刚度方程

$$F^e = K^e \delta^e \tag{9.22}$$

式中，K^e 就是结构坐标系中的单元刚度矩阵。

下面来推导 K^e：将 $\overline{F}^e = \overline{K}^e \overline{\delta}^e$ 左右两边先前乘 T^T，得 $T^T \overline{F}^e = T^T \overline{K}^e \overline{\delta}^e$，参考式(9.19)，左边即为 F^e，再将式(9.20)代入右边，可得

$$F^e = T^T \overline{K}^e T \delta^e$$

比对式(9.22)，可得

$$K^e = T^T \overline{K}^e T \tag{9.23}$$

将式(9.8)和式(9.17)代入式(9.23)右边进行矩阵运算，可得结构坐标系中的一般单元的单元刚度矩阵为

$$K^e = \begin{bmatrix} S_1 & S_2 & -S_3 & -S_1 & -S_2 & -S_3 \\ & S_4 & S_5 & -S_2 & -S_4 & S_5 \\ & & 2S_6 & S_3 & -S_5 & S_6 \\ & & & S_1 & S_2 & S_3 \\ & \text{对} \quad \text{称} & & & S_4 & -S_5 \\ & & & & & 2S_6 \end{bmatrix} \tag{9.24}$$

其中

$$\left. \begin{aligned} S_1 &= \frac{EA}{l} \cos^2\alpha + \frac{12EI}{l^3} \sin^2\alpha \\ S_2 &= \left(\frac{EA}{l} - \frac{12EI}{l^3} \right) \sin\alpha \cos\alpha \\ S_3 &= \frac{6EI}{l^2} \sin\alpha \\ S_4 &= \frac{EA}{l} \sin^2\alpha + \frac{12EI}{l^3} \cos^2\alpha \\ S_5 &= \frac{6EI}{l^2} \cos\alpha \\ S_6 &= \frac{2EI}{l} \end{aligned} \right\} \tag{9.25}$$

结构坐标系中的单刚 K^e 中的元素 $k_{lm}^{(e)}$，其值等于当单元的第 m 个杆端位移方向发生正向单位杆端位移 1（其他杆端位移为零）时，引起的第 l 个杆端位移方向的杆端力。图 9.8 给出了一般单元单刚系数 k_{23} 和 k_{62} 的物理意义。

K^e 仍具有类似 $\overline{K}^e$ 的一些性质：

①K^e 是对称方阵，这仍可用线弹性结构反力互等定理证明。

②一般单元的 K^e 仍是奇异的，这是因为坐标变换并未改变一般单元是自由单元的性质。

③K^e 除与单元本身属性有关外，还与两种坐标系的夹角 α 有关。这是 K^e 与 $\overline{K}^e$ 的明显区别。

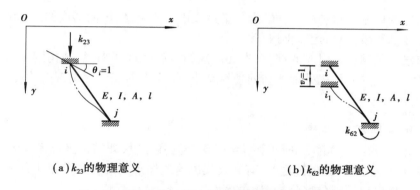

(a) k_{23} 的物理意义   (b) k_{62} 的物理意义

图 9.8 结构坐标系中的单元刚度元素物理意义示例

9.5 直接刚度法形成结构刚度矩阵

在对结构进行离散化和单元分析后,还需要将各单元重新集成为原结构,进行结构整体分析。从本节开始,将介绍结构整体分析的方法。

9.5.1 结构刚度方程

结构整体分析的目标,就是在结构坐标系中,用单元分析的结果形成结构刚度方程。结构刚度方程反映的是结构的结点位移和结点力之间的关系,同位移法中的典型方程相对应。结构刚度方程可写为

$$K\Delta = P \tag{9.26}$$

式中,K 为结构刚度矩阵,简称总刚;Δ 为结点位移未知量列阵;P 为结构的综合结点荷载列阵。

为求解结点位移未知量列阵 Δ,需要先形成 K 和 P。本节将讨论总刚 K 的形成,而下节将讨论 P 的形成。

9.5.2 结点位移分量的统一编码

经单元分析后,需要将各单元在约束的连接下重新形成原结构。因此,整体分析首先应当正确合理地反映结构各单元所受约束的情况,对结构的支承(外约束)情况和结点(内约束)情况进行描述。具体来说,就是需要对结点位移分量进行统一编码。

1) 后处理法和先处理法

形成结构刚度方程时,考虑结构约束的常用方法有两种——后处理法和先处理法。所谓"后"和"先",是指在形成结构刚度方程之后还是之前引入支承条件。

后处理法在单元分析完成以后,并不急于处理支承条件,不论单元杆端位移未知还是已知,都将其对应的单刚元素和单元杆端力分量集成进入总刚 K 和综合结点荷载列阵 P 中,从而形成一个"浮于空中"的无支承体系的刚度方程,称为结构原始刚度方程。接下来才考虑支承情况,修正结构原始刚度方程中的 K 和 P,以防止因总刚奇异而解不出结点位移 Δ。

先处理法则是在单元分析完成后,就考虑每个单元的支承情况,只让未知(而避免已知)单

元杆端位移对应的单刚元素和单元杆端力分量集成进入 $\boldsymbol{K}$ 和 $\boldsymbol{P}$，因而形成的结构刚度矩阵实际上已经包含了全部约束信息，无需再修正。

因为没有已知位移分量对应的部分，先处理法相对后处理法来说，结构刚度方程的规模会缩减，求解更加容易。同时，先处理法在处理铰结点、忽略轴向变形等情况时也更灵活。因此，本章将只介绍先处理法。

2）结点位移分量的统一编码

从 9.2 节我们知道，平面刚架的每个结点有 3 个位移分量，即结构坐标系 x 方向、y 方向和转角方向上的 u、v、θ。使用先处理法时，有必要找出这些结点全部位移分量中的未知位移分量来进行编号。下面给出结点位移分量编码的约定。

（1）基本约定

按结点编号的顺序，对每个结点，依 u、v、θ 的顺序，考查它们的位移分量是否被约束。对未被约束的结点位移分量（即结点位移未知量），按顺序对它们进行编码；对被支承约束或为已知的结点位移分量，则用编码"0"表示。位移分量编码统一标在结点码后的括号中。如图 9.9 所示的结构，结点 2 和 3 未被支座约束，因此依次给这 6 个结点位移未知量编"1~6"号，填入结点码 2 和 3 后的括号中；结点 1 和 4 被固定支座

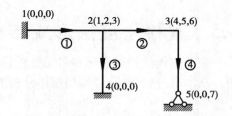

图 9.9　一般情况下结点位移分量的统一编码示例

完全约束，它们的 6 个位移分量都已知，所以结点码 1 和 4 后的括号中应分别填入 3 个"0"；结点 5 为固定铰支座约束，$u_5 = v_5 = 0$，因此结点码 5 后括号中的前两个位移分量编码应填"0"，而第 3 个位移分量编码对应转角位移 θ_5，未被约束，所以又继续前面位移分量依次编码的约定，填入"7"。

（2）铰结点的处理方法

先来定义两类铰结点：铰结的杆件全部是链杆或桁杆的全铰结点，称为全桁铰结点，简称全桁铰。铰结的杆中有梁式杆的铰结点，称为梁铰结点，简称梁铰。下面分别说明这两类结点位移分量的编码方法。

① 全桁铰结点。全桁铰结点一般出现在桁架和组合结构中，由于杆端转角对桁杆单元来说无意义，为此约定相应转角的位移分量编码都为"0"。如图 9.10（a）所示的桁架，4 个铰结点都是全桁铰，所以每个转角位移分量的编码都填入"0"。又如图 9.10（b）所示组合结构的结点 7，它所铰结的⑤、⑥、⑦ 3 个单元也都是链杆，所以结点 7 是全桁铰，它的第 3 个位移分量编码应该填"0"。

② 梁铰结点。梁铰可能既铰结了链杆又铰结了梁式杆，处理梁铰的方法是：

对梁铰所铰结的全部梁式杆，选取一个单元的铰结端作为主结点，按基本约定给主结点的位移分量编码。其他梁式杆在此铰处的杆端，则用附加的结点表示，这些附加的结点称为从结点。从结点与主结点有相同的结点线位移，因此从结点的前两个位移分量编号必然与主结点一致。

对于梁铰所铰结链杆的杆端位移，无需做特别处理。

如图 9.10（b）所示组合结构中的结点 C，铰结了②、③、⑦ 3 个单元，其中②、③是梁式杆，因此可选择单元②的结点 3 作为主结点，而单元③的结点 4 则相应为从结点。结点 3 位移分量编

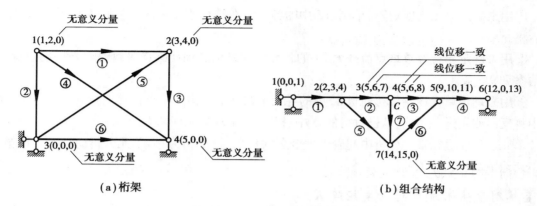

（a）桁架　　　　　　　　　　　　　　（b）组合结构

图9.10　铰结点的结点位移分量统一编码示例

码为（5,6,7），结点4与结点3有相同的线位移和不同的角位移，所以位移分量编码为（5,6,8）。当然，若选择结点4为主结点，结点3为从结点亦可。至于单元⑦，由于是链杆，因此其C端没必要设置从结点，也就无需处理了。

　　该组合结构中还有结点2和结点5也属于梁铰，但它们是半铰，加之所铰结的⑤、⑥两单元是链杆，所以也无需增设从结点作特别处理。

　　③忽略轴向变形的刚架的处理方法。忽略轴向变形时，刚架中的结点线位移分量并不完全独立，有些是相同的，因此对这些相同的位移分量应当编以同样的编码。如图9.11所示刚架，忽略轴向变形时，结点2和结点1有相同的竖向线位移，而结点1的竖向线位移被支座约束，为已知值，因此编"0"号，进而结点2的竖向线位移编号也就是"0"。而结点4与结点3有相同的水平线位移，因此二者水平线位移编号应一致，均为"3"。

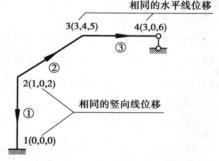

图9.11　忽略轴向变形的刚架的位移分量统一编码示例

9.5.3　用先处理法形成结构刚度矩阵

1）单元定位向量

　　将任一单元始末两端的结点位移分量统一编码，按顺序排列所组成的列向量，称为单元定位向量。单元⑥的定位向量用$\boldsymbol{\lambda}^e$表示。

　　例如，图9.10（b）中②、③、⑦3个单元的定位向量分别为

$$\boldsymbol{\lambda}^{(2)} = \begin{bmatrix} 2 & 3 & 4 & \vdots & 5 & 6 & 7 \end{bmatrix}^{\mathrm{T}}$$

$$\boldsymbol{\lambda}^{(3)} = \begin{bmatrix} 5 & 6 & 8 & \vdots & 9 & 10 & 11 \end{bmatrix}^{\mathrm{T}}$$

$$\boldsymbol{\lambda}^{(7)} = \begin{bmatrix} 5 & 6 & 7 & \vdots & 14 & 15 & 0 \end{bmatrix}^{\mathrm{T}} \text{ 或 } \boldsymbol{\lambda}^{(7)} = \begin{bmatrix} 5 & 6 & 8 & \vdots & 14 & 15 & 0 \end{bmatrix}^{\mathrm{T}}$$

　　单元定位向量有3个重要作用，即

①用来确定单元刚度矩阵(单刚)K^e 中的各元素在结构刚度矩阵(总刚)K 中的位置,本节稍后将介绍。

②用来确定单元等效结点荷载 P_E^e 中的各元素在结构的综合结点荷载列阵 P 中的位置,具体请参见 9.6 节。

③用来确定单元杆端位移向量 δ^e 中的各元素在整个结构的结点位移向量 Δ 中的位置,9.7节中将反向使用这一功能,从已解得的 Δ 中,提取 δ^e 来求单元杆端力。

单元定位向量在整体分析中起着管理全盘的作用,正是因为它,单元分析的结果才能被有条不紊地组织进入整体分析。

2)直接刚度法形成结构刚度矩阵 K

直接刚度法是利用单元定位向量 λ^e,将结构坐标系中的单元刚度系数 $k_{lm}^{(e)}$,"对号入座"放入结构刚度矩阵 K 中,从而直接形成 K 的方法。具体步骤为:

(1)准备工作

按 9.4 节的方法计算出结构所有单元在结构坐标系中的单刚 K^e,在单刚矩阵的行上方和列右边,对准行列标注单元定位向量 λ^e。

(2)"对号入座"

查询单刚元素 $k_{lm}^{(e)}$ 所对应的单元定位向量 λ^e,标在列右边的定位向量指明了 $k_{lm}^{(e)}$ 进入总刚的第几行,而标在行上方的定位向量则指明了 $k_{lm}^{(e)}$ 进入总刚的第几列。按 $k_{lm}^{(e)}$ 进入总刚的行号和列号,将 $k_{lm}^{(e)}$ 放入总刚相应的位置。如果查得进入 K 的行号或列号为零,则相应的 $k_{lm}^{(e)}$ 不必处理,它不进入总刚。

(3)"重叠相加"

如果总刚中某个元素因为先前处理单元的 $k_{lm}^{(e)}$"入座"而有值,那么后续"坐"到同一位置上的其他单元的 $k_{lm}^{(e)}$,应当与之前的值做代数叠加。

【例 9.1】 试用直接刚度法,求图 9.12 所示刚架的结构刚度矩阵 K。EI 为常数。

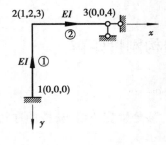

图 9.12 例 9.1 图

【解】 (1)将结构离散化,并对单元、结点和结点位移未知量进行编码,如图 9.12 所示。

(2)利用式(9.23)或式(9.24),计算各单元结构坐标系中的单元刚度矩阵 K^e。这里略去具体值的计算,用 $k_{lm}^{(e)}$ 的形式表示单刚元素。

(3)写出各单元的单元定位向量。

$$\lambda^{(1)} = \begin{bmatrix} 0 & 0 & 0 & \vdots & 1 & 2 & 3 \end{bmatrix}^{\mathrm{T}}$$

$$\boldsymbol{\lambda}^{(2)}=\begin{bmatrix}1 & 2 & 3 & \vdots & 0 & 0 & 4\end{bmatrix}^{\mathrm{T}}$$

将单元定位向量标到相应单元单刚的行上方和列右边，如图 9.13(a)、(b)所示。

(4)按照单元定位向量中的非零分量所指定的行号和列号，将各单刚 $\boldsymbol{K}^e$ 的元素"对号入座"放入总刚中，进行"重叠相加"。

以单元①为例，其单元定位向量为 $\boldsymbol{\lambda}^{(1)}=\begin{bmatrix}0 & 0 & 0 & \vdots & 1 & 2 & 3\end{bmatrix}^{\mathrm{T}}$，单刚 $\boldsymbol{K}^{(1)}$ 中第 1、2、3 行和第 1、2、3 列对应元素的"座位号"中含有"0"编码，因此这些元素不进入总刚。而如果单刚元素 $k_{lm}^{(1)}$ 在第 4 行或第 4 列，由于 $\boldsymbol{\lambda}^{(1)}$ 中第 4 个元素为 1，所以 $k_{lm}^{(1)}$ 应该进入总刚的第 1 行或第 1 列；同理，第 5 行或第 5 列的单刚元素应该进入总刚的第 2 行或第 2 列；第 6 行或第 6 列的单刚元素应该进入总刚的第 3 行或第 3 列。或者说，应该用单刚元素 $k_{lm}^{(e)}$ 的下标 l(或 m)查出 $\boldsymbol{\lambda}^e$ 中第 l(或 m)个元素的值，若该值不是零，它就是 $k_{lm}^{(e)}$ 进入总刚的行号(或列号)。

单元①的单刚进入总刚前，总刚无值，因此无需进行"重叠相加"的步骤。而单元②的单刚元素在"对号入座"时，则会出现总刚中对应"座位"已经被占的情况，例如 $k_{23}^{(2)}$ 应进入总刚第 2 行第 3 列，但是在此之前总刚第 2 行第 3 列已经有单元①的元素 $k_{56}^{(1)}$，这时就需要把两者相加。最终总刚第 2 行第 3 列元素 k_{23} 的值，应该是 $k_{56}^{(1)}+k_{23}^{(2)}$。

$$\begin{array}{c} \begin{matrix}0 & 0 & 0 & 1 & 2 & 3 \leftarrow \boldsymbol{\lambda}^{(1)}\end{matrix} \\ \boldsymbol{K}^{(1)}=\left[\begin{array}{ccc:ccc}\otimes & \otimes & \otimes & \otimes & \otimes & \otimes \\ \otimes & \otimes & \otimes & \otimes & \otimes & \otimes \\ \otimes & \otimes & \otimes & \otimes & \otimes & \otimes \\ \hdashline \otimes & \otimes & \otimes & k_{44}^{(1)} & k_{45}^{(1)} & k_{46}^{(1)} \\ \otimes & \otimes & \otimes & k_{54}^{(1)} & k_{55}^{(1)} & \boxed{k_{56}^{(1)}} \\ \otimes & \otimes & \otimes & k_{64}^{(1)} & k_{65}^{(1)} & k_{66}^{(1)}\end{array}\right]\begin{matrix}0\\0\\0\\1\\2\\3\end{matrix}\end{array}$$

(a)单元①的单刚

$$\begin{array}{c} \begin{matrix}1 & 2 & 3 & 0 & 0 & 4 \leftarrow \boldsymbol{\lambda}^{(2)}\end{matrix} \\ \boldsymbol{K}^{(2)}=\left[\begin{array}{ccc:ccc}k_{11}^{(2)} & k_{12}^{(2)} & k_{13}^{(2)} & \otimes & \otimes & k_{16}^{(2)} \\ k_{21}^{(2)} & k_{22}^{(2)} & \boxed{k_{23}^{(2)}} & \otimes & \otimes & k_{26}^{(2)} \\ k_{31}^{(2)} & k_{32}^{(2)} & k_{33}^{(2)} & \otimes & \otimes & k_{36}^{(2)} \\ \hdashline \otimes & \otimes & \otimes & \otimes & \otimes & \otimes \\ \otimes & \otimes & \otimes & \otimes & \otimes & \otimes \\ k_{61}^{(2)} & k_{62}^{(2)} & k_{63}^{(2)} & \otimes & \otimes & k_{66}^{(2)}\end{array}\right]\begin{matrix}1\\2\\3\\0\\0\\4\end{matrix}\end{array}$$

(b)单元②的单刚

$$\begin{array}{c} \begin{matrix}1 & 2 & 3 & 4\end{matrix} \\ \boldsymbol{K}=\left[\begin{array}{c:c:c:c}k_{44}^{(1)}+k_{11}^{(2)} & k_{45}^{(1)}+k_{12}^{(2)} & k_{46}^{(1)}+k_{13}^{(2)} & k_{16}^{(2)} \\ \hdashline k_{54}^{(1)}+k_{21}^{(2)} & k_{55}^{(1)}+k_{22}^{(2)} & \boxed{k_{56}^{(1)}+k_{23}^{(2)}} & k_{26}^{(2)} \\ \hdashline k_{64}^{(1)}+k_{31}^{(2)} & k_{65}^{(1)}+k_{32}^{(2)} & k_{66}^{(1)}+k_{33}^{(2)} & k_{36}^{(2)} \\ \hdashline k_{61}^{(2)} & k_{62}^{(2)} & k_{63}^{(2)} & k_{66}^{(2)}\end{array}\right]\begin{matrix}1\\2\\3\\4\end{matrix}\end{array}$$

(c)总刚

图 9.13 直接刚度法形成总刚示例

注：⊗——不进入总刚的单刚元素

3)结构刚度矩阵 K 的性质

①先处理法形成的结构刚度矩阵 $\boldsymbol{K}$ 的阶数与结点位移未知量个数 N 相关，是 $N\times N$ 阶的方阵。譬如，例 9.1 中的结构有 4 个结点位移未知量，因此总刚是 4×4 的方阵。

②结构刚度矩阵 **K** 的元素 k_{lm} 的物理意义为:当结点位移分量 $\Delta_m = 1$,而其他各结点位移分量均为零时,在结点位移分量 Δ_l 方向产生的结点力。譬如,例 9.1 中总刚元素 k_{23} 和 k_{34} 的物理意义可用图 9.14 表示。为使结点位移分量的值可控,该图采用类似位移法附加刚臂和链杆后的基本结构来表述。

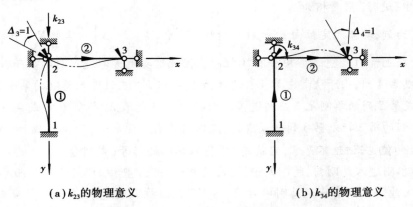

(a) k_{23} 的物理意义   (b) k_{34} 的物理意义

图 9.14　总刚元素的物理意义示例

从总刚元素的物理意义,还可以直接求得总刚元素和单刚元素的关系。例如,将图 9.14(a) 中结点位移分量 $\Delta_3 = 1$ 依照变形协调条件,对应成单元①和②在结构坐标系中的杆端位移 $\delta_6^{(1)} = 1$ 和 $\delta_3^{(2)} = 1$,如图 9.15 所示。接着将原结构拆成单元①和②,再分析它们与结点 2 相连处的杆端沿 y 方向的杆端力,并将这些杆端力反作用到结点 2 上。由结点 2 的平衡方程 $\sum F_y = 0$,容易得到 $k_{23} = k_{56}^{(1)} + k_{23}^{(2)}$,这与直接刚度法所得的结果相同。推而广之,对总刚中其他元素,同样可以用其物理意义证明直接刚度法的正确性。

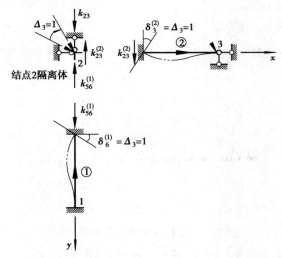

图 9.15　利用平衡条件直接求得例 9.1 中总刚元素 k_{23}

③结构刚度矩阵 **K** 是对称正定矩阵,即总刚元素 $k_{lm} = k_{ml}$,同时行列式 $|K| > 0$,**K** 的任意一主对角线元素 $k_{ll} > 0$。

④结构刚度矩阵 **K** 是稀疏带状矩阵。合理的结点位移分量统一编码会使 **K** 成为一个带状

矩阵,即靠近主对角线的一定范围内为非零元素,而此范围外的元素均为零元素。工程结构总刚 K 的规模一般都很大,所以总刚容易形成零元素很多而非零元素很少的稀疏矩阵。

⑤结构刚度矩阵 K 中副系数的性质。

若结点位移分量统一编码中的非零编号 l 和 m 同属于结构中的某一个单元,或者说编号 l 和 m 同时存在于一个或数个单元的定位向量 $\boldsymbol{\lambda}^e$ 中,那么称位移分量 Δ_l 和 Δ_m 是相关位移分量。对先处理法而言,也就是相关位移未知量。反之,则称它们不相关。那么,对于总刚中的副系数 $k_{lm}(l \neq m)$,有如下性质:

a.若 Δ_l 和 Δ_m 相关,则 $k_{lm} = k_{ml} \neq 0$;

b.若 Δ_l 和 Δ_m 不相关,则 $k_{lm} = k_{ml} = 0$ 。

9.6　结构的综合结点荷载列阵

结构刚度方程关注的是结点上的力和位移,但结构一般不仅承受结点荷载,还会承受非结点荷载。因此,综合结点荷载列阵 P 中除了包含直接结点荷载外,还应包含非结点荷载的影响。

按照结点位移相等的原则,可以将非结点荷载转换成等效结点荷载。如图 9.16(a)所示刚架,先添加附加约束,将结点 2 和 3 固定起来,按照两端固定的超静定梁求出单元上荷载引起的固端反力,亦称单元固端力,即附加约束中的力,如图 9.16(b)所示。再拆除附加约束,相当于反方向施加单元固端力,如图 9.16(c)所示。这样,不论位移状态还是力状态,图(a)都等于图(b)和图(c)的叠加。而图(b)中结点位移已被附加约束限制,所以图(a)和图(c)有相同的结点位移。因此,图(c)所示结点荷载就是图(a)所示非结点荷载的等效结点荷载。

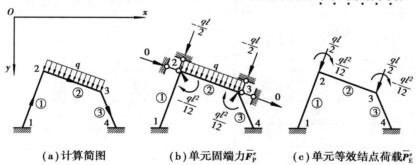

(a)计算简图　　　　(b)单元固端力 $\overline{F}_P^e$ 　　　　(c)单元等效结点荷载 $\overline{P}_E^e$

图 9.16　单元坐标系中的等效结点荷载 $\overline{P}_E^e$

9.6.1　单元的等效结点荷载列阵

1)单元坐标系中的单元固端约束力

如图 9.16(b)所示,单元②在均布荷载作用下的单元固端约束力 $\overline{F}_P^e$ 为

$$\overline{F}_P^{(2)} = \left[0 \quad -\frac{1}{2}ql \quad -\frac{1}{12}ql^2 \ \vdots \ 0 \quad -\frac{1}{2}ql \quad \frac{1}{12}ql^2 \right]^T$$

表 9.1 列出了一些常见荷载作用下的单元固端约束力 $\overline{\boldsymbol{F}}_P^e$。

表 9.1 单元坐标系中的单元固端约束力 $\overline{\boldsymbol{F}}_P^e$

类型码	荷载简图	$\overline{\boldsymbol{F}}_P^e$	始端(i)	末端(j)
1	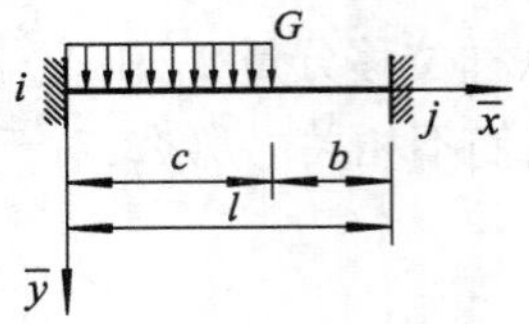	$\overline{F}_N$	0	0
		$\overline{F}_Q$	$-Gc\left(1-\dfrac{c^2}{l^2}+\dfrac{c^3}{2l^3}\right)$	$-G\dfrac{c^3}{l^2}\left(1-\dfrac{c}{2l}\right)$
		$\overline{M}$	$-G\dfrac{c^2}{12}\left(6-8\dfrac{c}{l}+3\dfrac{c^2}{l^2}\right)$	$G\dfrac{c^3}{12l}\left(4-3\dfrac{c}{l}\right)$
2	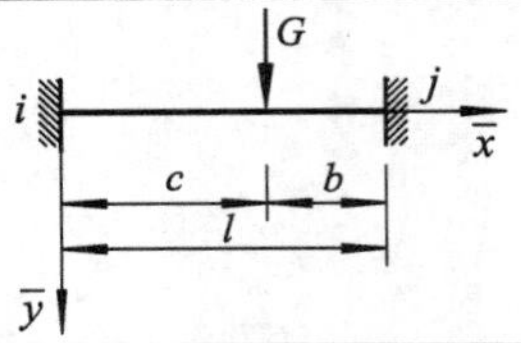	$\overline{F}_N$	0	0
		$\overline{F}_Q$	$-G\dfrac{b^2}{l^2}\left(1+2\dfrac{c}{l}\right)$	$-G\dfrac{c^2}{l^2}\left(1+2\dfrac{b}{l}\right)$
		$\overline{M}$	$-G\dfrac{cb^2}{l^2}$	$G\dfrac{c^2b}{l^2}$
3	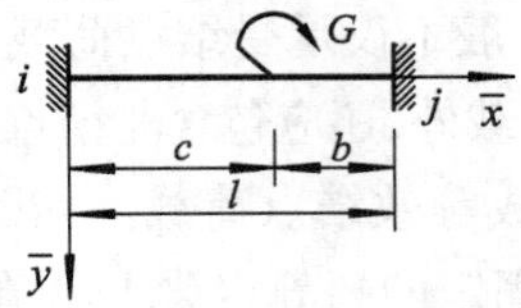	$\overline{F}_N$	0	0
		$\overline{F}_Q$	$G\dfrac{6cb}{l^3}$	$-G\dfrac{6cb}{l^3}$
		$\overline{M}$	$G\dfrac{b}{l}\left(2-3\dfrac{b}{l}\right)$	$G\dfrac{c}{l}\left(2-3\dfrac{c}{l}\right)$
4	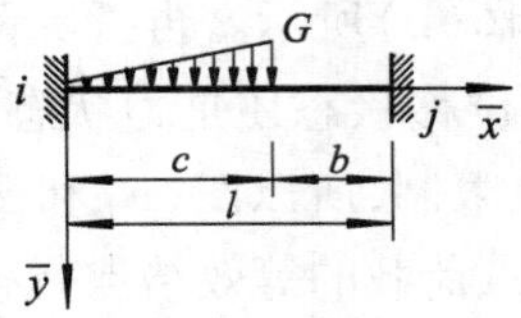	$\overline{F}_N$	0	0
		$\overline{F}_Q$	$-G\dfrac{c}{4}\left(2-3\dfrac{c^2}{l^2}+1.6\dfrac{c^3}{l^3}\right)$	$-G\dfrac{c^3}{4l^2}\left(3-1.6\dfrac{c}{l}\right)$
		$\overline{M}$	$-G\dfrac{c^2}{6}\left(2-3\dfrac{c}{l}+1.2\dfrac{c^2}{l^2}\right)$	$G\dfrac{c^3}{4l^2}\left(1-0.8\dfrac{c}{l}\right)$
5	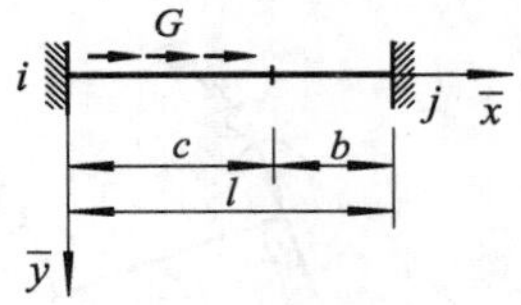	$\overline{F}_N$	$-Gc\left(1-\dfrac{c}{2l}\right)$	$-G\dfrac{c^2}{2l}$
		$\overline{F}_Q$	0	0
		$\overline{M}$	0	0
6	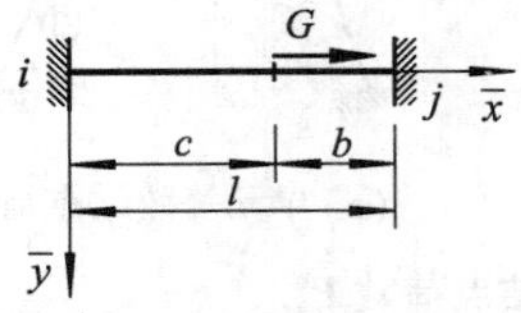	$\overline{F}_N$	$-G\dfrac{b}{l}$	$-G\dfrac{c}{l}$
		$\overline{F}_Q$	0	0
		$\overline{M}$	0	0

2)单元坐标系中的单元等效结点荷载

将 $\overline{\boldsymbol{F}}_P^e$ 反号,得到单元坐标系中的单元等效结点荷载 $\overline{\boldsymbol{P}}_E^e$,即

$$\overline{\boldsymbol{P}}_E^e = -\overline{\boldsymbol{F}}_P^e$$

如图 9.16(c)中

$$\overline{\boldsymbol{P}}_E^{(2)} = \begin{bmatrix} 0 & \dfrac{1}{2}ql & \dfrac{1}{12}ql^2 & \vdots & 0 & \dfrac{1}{2}ql & -\dfrac{1}{12}ql^2 \end{bmatrix}^T$$

这时,单元上的非结点荷载已被转换成单元等效结点荷载。

3) 结构坐标系中的单元等效结点荷载

各单元坐标系下不同指向的等效结点荷载 $\overline{\boldsymbol{P}}_{\mathrm{E}}^{e}$，需要统一到结构坐标系中，才能进行叠加。为此，需求出结构坐标系中的单元等效结点荷载。

$$\boldsymbol{P}_{\mathrm{E}}^{e} = \boldsymbol{T}^{\mathrm{T}} \overline{\boldsymbol{P}}_{\mathrm{E}}^{e} = -\boldsymbol{T}^{\mathrm{T}} \overline{\boldsymbol{F}}_{\mathrm{P}}^{e} \tag{9.27}$$

9.6.2 结构的综合结点荷载列阵

1) 结构的等效结点荷载列阵

与单刚集成总刚的方法相同，把非结点荷载形成的各单元 $\boldsymbol{P}_{\mathrm{E}}^{e}$ 中的元素，按其单元定位向量 $\boldsymbol{\lambda}^{e}$，以"对号入座，重叠相加"的方式集成到结构的等效结点荷载列阵 $\boldsymbol{P}_{\mathrm{E}}$ 中。

2) 结构的综合结点荷载列阵

按照结点位移分量统一编码的顺序，将直接作用在结点上的荷载依次填入直接结点荷载列阵 $\boldsymbol{P}_{\mathrm{J}}$ 中。再将 $\boldsymbol{P}_{\mathrm{J}}$ 与结构的等效结点荷载列阵 $\boldsymbol{P}_{\mathrm{E}}$ 进行叠加，可得结构的综合结点荷载列阵。

$$\boldsymbol{P} = \boldsymbol{P}_{\mathrm{J}} + \boldsymbol{P}_{\mathrm{E}} \tag{9.28}$$

【例 9.2】 试求图 9.17(a)所示结构的综合结点荷载列阵 $\boldsymbol{P}$。

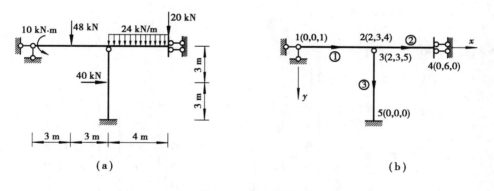

图 9.17 例 9.2 图

【解】 结点编号、单元编号、结点位移未知量编码及单元坐标系、结构坐标系如图 9.17(b)所示。

(1) 计算单元固端约束力 $\overline{\boldsymbol{F}}_{\mathrm{P}}^{e}$

按表 9.1 所列公式，可求得

$$\overline{\boldsymbol{F}}_{\mathrm{P}}^{(1)} = \begin{bmatrix} 0 \\ -24 \\ -36 \\ \hline 0 \\ -24 \\ 36 \end{bmatrix}, \overline{\boldsymbol{F}}_{\mathrm{P}}^{(2)} = \begin{bmatrix} 0 \\ -48 \\ -32 \\ \hline 0 \\ -48 \\ 32 \end{bmatrix}, \overline{\boldsymbol{F}}_{\mathrm{P}}^{(3)} = \begin{bmatrix} 0 \\ 20 \\ 30 \\ \hline 0 \\ 20 \\ -30 \end{bmatrix}$$

(2) 计算单元等效结点荷载 $\boldsymbol{P}_{\mathrm{E}}^{e}$，并将单元定位向量写在 $\boldsymbol{P}_{\mathrm{E}}^{e}$ 的右侧

单元①:$\alpha = 0°$

$$T^{(1)} = I$$

$$\lambda^{(1)} = \begin{bmatrix} 0 & 0 & 1 & \vdots & 2 & 3 & 4 \end{bmatrix}^T$$

$$P_E^{(1)} = -T^{(1)T}\overline{F}_P^{(1)} = -\overline{F}_P^{(1)} = \begin{bmatrix} 0 \\ 24 \\ 36 \\ \hdashline 0 \\ 24 \\ -36 \end{bmatrix} \begin{matrix} 0 \\ 0 \\ 1 \\ 2 \\ 3 \\ 4 \end{matrix}$$

单元②:$\alpha = 0°$

$$T^{(2)} = I$$

$$\lambda^{(2)} = \begin{bmatrix} 2 & 3 & 4 & \vdots & 0 & 6 & 0 \end{bmatrix}^T$$

$$P_E^{(2)} = -T^{(2)T}\overline{F}_P^{(2)} = -\overline{F}_P^{(2)} = \begin{bmatrix} 0 \\ 48 \\ 32 \\ \hdashline 0 \\ 48 \\ -32 \end{bmatrix} \begin{matrix} 2 \\ 3 \\ 4 \\ 0 \\ 6 \\ 0 \end{matrix}$$

单元③:$\alpha = 90°$

$$\lambda^{(3)} = \begin{bmatrix} 2 & 3 & 5 & \vdots & 0 & 0 & 0 \end{bmatrix}^T$$

$$P_E^{(3)} = -T^{(3)T}\overline{F}_P^{(3)} = -\begin{bmatrix} 0 & -1 & 0 & \vdots & 0 & 0 & 0 \\ 1 & 0 & 0 & \vdots & 0 & 0 & 0 \\ 0 & 0 & 1 & \vdots & 0 & 0 & 0 \\ \hdashline 0 & 0 & 0 & \vdots & 0 & -1 & 0 \\ 0 & 0 & 0 & \vdots & 1 & 0 & 0 \\ 0 & 0 & 0 & \vdots & 0 & 0 & 1 \end{bmatrix} \begin{bmatrix} 0 \\ 20 \\ 30 \\ \hdashline 0 \\ 20 \\ -30 \end{bmatrix} = \begin{bmatrix} 20 \\ 0 \\ -30 \\ 20 \\ 0 \\ 30 \end{bmatrix} \begin{matrix} 2 \\ 3 \\ 5 \\ 0 \\ 0 \\ 0 \end{matrix}$$

(3)利用单元定位向量形成结构的等效结点荷载列阵 P_E

按单元定位向量"对号入座,重叠相加",得结构的等效结点荷载列阵为

$$P_E = \begin{bmatrix} 36 \\ 0+0+20 \\ 24+48+0 \\ -36+32 \\ -30 \\ 48 \end{bmatrix} \begin{matrix} 1 \\ 2 \\ 3 \\ 4 \\ 5 \\ 6 \end{matrix} = \begin{bmatrix} 36 \\ 20 \\ 72 \\ -4 \\ -30 \\ 48 \end{bmatrix}$$

(4)形成结构的综合结点荷载列阵 P

通过以上计算,已将非结点荷载转化为结构的等效结点荷载 P_E,再与直接结点荷载 P_J 叠加,即得

$$P = P_J + P_E = \begin{bmatrix} -10 \\ 0 \\ 0 \\ 0 \\ 0 \\ 20 \end{bmatrix} + \begin{bmatrix} 36 \\ 20 \\ 72 \\ -4 \\ -30 \\ 48 \end{bmatrix} = \begin{bmatrix} 26 \\ 20 \\ 72 \\ -4 \\ -30 \\ 68 \end{bmatrix} \begin{matrix} 1 \\ 2 \\ 3 \\ 4 \\ 5 \\ 6 \end{matrix}$$

9.7 求解结点位移和单元杆端力

9.7.1 求解结点位移列阵

通过 9.5 节和 9.6 节的介绍,求得结构刚度矩阵 K 和综合结点荷载列阵 P 后,就可以利用数学方程解法解出结构刚度方程 $K\Delta = P$ 中的结点位移列阵 Δ。

9.7.2 求出单元坐标系下的单元杆端位移

单元的 6 个杆端位移分量(即结构坐标系下的单元杆端位移列阵 δ^e 中的元素),正好等于和该单元始、末两端相连的两个结点的共 6 个结点位移分量,可利用单元定位向量 λ^e 从 Δ 中求出。

具体作法是:将 δ^e 中的 6 个元素与 λ^e 中的 6 个元素一一对应,若 λ^e 中的元素为非零,根据这一非零元素在结点位移分量统一编码中的位置,从 Δ 中取出一个位移分量,再填入 δ^e 中的对应位置即可;若 λ^e 中的元素为零,则 δ^e 中与其对应的杆端位移分量是不需求解的位移,直接填入零。

获得 δ^e 后,再利用坐标转换公式

$$\bar{\delta}^e = T\delta^e$$

即可求出单元坐标系下的杆端位移列阵 $\bar{\delta}^e$。

9.7.3 求单元杆端内力

以图 9.16(a)所示单元②为例,由于图 9.16(a)中原结构的受力等效于图 9.16(b)和图9.16(c)两种情况的叠加,因此原结构单元②的杆端内力也应该由图 9.16(b)中的单元固端力 $\bar{F}_P^{(2)}$ 和图 9.16(c)中结点位移引起的单元杆端力(记作 $\bar{F}_\delta^{(2)}$)叠加而成。

考虑式(9.7),单元②的杆端内力 $\bar{F}^{(2)}$ 应为

$$\bar{F}^{(2)} = \bar{F}_\delta^{(2)} + \bar{F}_P^{(2)} = \bar{K}^{(2)}\bar{\delta}^{(2)} + \bar{F}_P^{(2)}$$

将这一结论一般化,可得单元杆端内力 $\bar{F}^e$ 为

$$\bar{F}^e = \bar{F}_\delta^e + \bar{F}_P^e = \bar{K}^e\bar{\delta}^e + \bar{F}_P^e \tag{9.29}$$

式中

$$\overline{F}_\delta^e = \overline{K}^e \overline{\delta}^e \tag{9.30}$$

$\overline{F}_\delta^e$ 为由结点位移引起的单元杆端力；$\overline{F}_P^e$ 为非结点荷载引起的单元固端力。

注意到

$$\overline{F}_\delta^e = T^e F_\delta^e = T^e (K^e \delta^e) \tag{9.31}$$

将之代入式(9.29)，得到单元杆端内力 $\overline{F}^e$ 的另外一种计算方法

$$\overline{F}^e = \overline{F}_\delta^e + \overline{F}_P^e = T^e (K^e \delta^e) + \overline{F}_P^e \tag{9.32}$$

使用式(9.29)或式(9.32)计算出的 $\overline{F}^e$，是按照单元始端轴力、剪力、弯矩到末端轴力、剪力、弯矩的顺序排列的列阵，与单元坐标系同向的分量为正，反之为负，这与位移法中习惯的轴力和剪力的正负号规定不同。

9.8 矩阵位移法的计算步骤

经过以上学习，我们已经掌握了矩阵位移法(先处理法)的全部知识，本节将归纳矩阵位移法(先处理法)的计算步骤，并应用于几种平面杆件结构的算例中。

9.8.1 矩阵位移法(先处理法)的计算步骤

1)结构离散化

①对结构中的结点用数字 $1,2,\cdots,n$ 进行编码。

②确定单元的始末结点，即单元坐标系，在单元上用箭头表示，对单元用①，②，$\cdots$，ⓝ进行编码。

③对各结点的位移分量进行统一编码，进一步形成各单元定位向量 $\boldsymbol{\lambda}^e$。

2)形成结构坐标系中的单元刚度矩阵 $\boldsymbol{K}^e$

①计算单元坐标系中的单元刚度矩阵 $\overline{\boldsymbol{K}}^e$，参见式(9.8)。

②计算结构坐标系中的单元刚度矩阵 $\boldsymbol{K}^e$，可用式(9.23)

$$\boldsymbol{K}^e = \boldsymbol{T}^{\mathrm{T}} \overline{\boldsymbol{K}}^e \boldsymbol{T}$$

或者，直接用式(9.24)和式(9.25)求出 $\boldsymbol{K}^e$。

3)直接刚度法集成总刚

按照单元定位向量 $\boldsymbol{\lambda}^e$ 的指引，将 $\boldsymbol{K}^e$ 中元素"对号入座，重叠相加"，集成结构刚度矩阵 $\boldsymbol{K}$。

4)计算结构的综合结点荷载列阵 $\boldsymbol{P}$

①计算结构坐标系中的单元等效结点荷载 $\boldsymbol{P}_E^e$，即用式(9.27)

$$\boldsymbol{P}_E^e = - \boldsymbol{T}^{\mathrm{T}} \overline{\boldsymbol{F}}_P^e$$

求出 P_E^e。

②利用单元定位向量 λ^e 集成结构的等效结点荷载列阵 P_E。

③求结构的综合结点荷载列阵 P，即利用式(9.28)

$$P = P_J + P_E$$

求出 P。

5)解总刚方程

解结构刚度方程 $K\Delta = P$，求出结点位移列阵 Δ。

6)计算单元杆端内力 $\overline{F}^e$

如果计算单刚时，先计算单元坐标系中的单刚 $\overline{K}^e$，可用式(9.29)求单元杆端内力，即

$$\overline{F}^e = \overline{F}_\delta^e + \overline{F}_P^e = \overline{K}^e \overline{\delta}^e + \overline{F}_P^e$$

如果是直接使用式(9.24)和式(9.25)求出结构坐标系中的单刚 K^e，则用式(9.32)求单元杆端内力，即

$$\overline{F}^e = \overline{F}_\delta^e + \overline{F}_P^e = T^e(K^e\delta^e) + \overline{F}_P^e$$

9.8.2　平面杆件结构算例

1)连续梁

连续梁的每跨内一般为等截面直杆。忽略轴向变形的连续梁各结点，只有转角位移分量，因此，只需对该角位移进行结点位移分量统一编码。各跨的单元坐标系与结构坐标系一致，因此坐标转换矩阵 T 为单位阵，无需作坐标变换。结点荷载只考虑集中力偶。

【例9.3】　试用先处理法计算图9.18(a)所示连续梁的内力，并作弯矩图。不计各杆轴向变形，EI 为常数。

【解】　(1)结构离散化

结构坐标系、单元坐标系、结点编码、单元编码及结点位移未知量统一编码(注于括号中的数字)，如图9.18(b)所示。

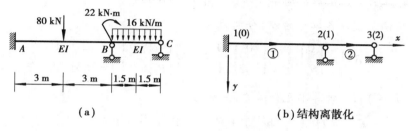

(a)　　　　　　　　　　　　　　(b)结构离散化

图9.18　例9.3图

(2)形成结构坐标系中的单元刚度矩阵 K^e

设单元①的线刚度为 i，则单元②的线刚度为 $2i$。用式(9.10)计算 K^e，分别为

$$\overset{0 \quad 1}{\mathbf{K}^{(1)} = i \begin{bmatrix} 4 & 2 \\ 2 & 4 \end{bmatrix} \begin{matrix} 0 \\ 1 \end{matrix}}, \quad \overset{1 \quad 2}{\mathbf{K}^{(2)} = i \begin{bmatrix} 8 & 4 \\ 4 & 8 \end{bmatrix} \begin{matrix} 1 \\ 2 \end{matrix}}$$

(3)利用单元定位向量 $\boldsymbol{\lambda}^e$ 集成结构刚度矩阵 $\mathbf{K}$

$$\overset{1 \quad \ 2}{\mathbf{K} = i \begin{bmatrix} 4+8 & 4 \\ 4 & 8 \end{bmatrix} \begin{matrix} 1 \\ 2 \end{matrix}} = \overset{1 \quad 2}{i \begin{bmatrix} 12 & 4 \\ 4 & 8 \end{bmatrix} \begin{matrix} 1 \\ 2 \end{matrix}}$$

(4)计算结构的综合结点荷载列阵 $\mathbf{P}$

先计算各单元等效结点荷载列阵 $\mathbf{P}_E^e$,分别为

$$\mathbf{P}_E^{(1)} = -\mathbf{T}^{\mathrm{T}}\overline{\mathbf{F}}_P^{(1)} = -\overline{\mathbf{F}}_P^{(1)} = -\begin{bmatrix} -\dfrac{1}{8} \times 80 \times 6 \\ \dfrac{1}{8} \times 80 \times 6 \end{bmatrix} \begin{matrix} 0 \\ 1 \end{matrix} = \begin{bmatrix} 60 \\ -60 \end{bmatrix} \begin{matrix} 0 \\ 1 \end{matrix} (\mathrm{kN \cdot m})$$

$$\mathbf{P}_E^{(2)} = -\mathbf{T}^{\mathrm{T}}\overline{\mathbf{F}}_P^{(2)} = -\overline{\mathbf{F}}_P^{(2)} = -\begin{bmatrix} -\dfrac{1}{12} \times 16 \times 3^2 \\ \dfrac{1}{12} \times 16 \times 3^2 \end{bmatrix} \begin{matrix} 1 \\ 2 \end{matrix} = \begin{bmatrix} 12 \\ -12 \end{bmatrix} \begin{matrix} 1 \\ 2 \end{matrix} (\mathrm{kN \cdot m})$$

将 $\mathbf{P}_E^e$ 的元素,按 $\boldsymbol{\lambda}^e$ 的指引集成结构的等效结点荷载列阵 $\mathbf{P}_E$

$$\mathbf{P}_E = \begin{bmatrix} -60+12 \\ -12 \end{bmatrix} \begin{matrix} 1 \\ 2 \end{matrix} = \begin{bmatrix} -48 \\ -12 \end{bmatrix} \begin{matrix} 1 \\ 2 \end{matrix}$$

计算结构的综合结点荷载列阵 $\mathbf{P}$

$$\mathbf{P} = \mathbf{P}_J + \mathbf{P}_E = \begin{bmatrix} 22 \\ 0 \end{bmatrix} \begin{matrix} 1 \\ 2 \end{matrix} + \begin{bmatrix} -48 \\ -12 \end{bmatrix} \begin{matrix} 1 \\ 2 \end{matrix} = \begin{bmatrix} -26 \\ -12 \end{bmatrix} \begin{matrix} 1 \\ 2 \end{matrix}$$

(5)解结构刚度方程 $\mathbf{K\Delta} = \mathbf{P}$,求出结点位移列阵 $\boldsymbol{\Delta}$

$$\boldsymbol{\Delta} = \begin{bmatrix} \theta_1 \\ \theta_2 \end{bmatrix} = \frac{1}{i} \begin{bmatrix} -2 \\ -0.5 \end{bmatrix} \begin{matrix} 1 \\ 2 \end{matrix}$$

(6)计算单元杆端内力 $\overline{\mathbf{F}}^e$

按单元定位向量获取各单元的 $\boldsymbol{\delta}^e$,分别为

$$\boldsymbol{\delta}^{(1)} = \begin{bmatrix} 0 \\ \theta_1 \end{bmatrix} = \frac{1}{i} \begin{bmatrix} 0 \\ -2 \end{bmatrix} \begin{matrix} 0 \\ 1 \end{matrix}, \boldsymbol{\delta}^{(2)} = \begin{bmatrix} \theta_1 \\ \theta_2 \end{bmatrix} = \frac{1}{i} \begin{bmatrix} -2 \\ -0.5 \end{bmatrix} \begin{matrix} 1 \\ 2 \end{matrix}$$

按 $\overline{\mathbf{F}}^e = \mathbf{T}^e(\mathbf{K}^e \boldsymbol{\delta}^e) + \overline{\mathbf{F}}_P^e$ 计算单元杆端力,分别为

$$\overline{\mathbf{F}}^{(1)} = \mathbf{T}^{(1)}(\mathbf{K}^{(1)} \boldsymbol{\delta}^{(1)}) + \overline{\mathbf{F}}_P^{(1)} = \mathbf{K}^{(1)} \boldsymbol{\delta}^{(1)} + \overline{\mathbf{F}}_P^{(1)}$$

$$= i \begin{bmatrix} 4 & 2 \\ 2 & 4 \end{bmatrix} \begin{bmatrix} 0 \\ -2 \end{bmatrix} \frac{1}{i} + \begin{bmatrix} -60 \\ 60 \end{bmatrix} = \begin{bmatrix} -64 \\ 52 \end{bmatrix} (\mathrm{kN \cdot m})$$

$$\overline{\mathbf{F}}^{(2)} = \mathbf{T}^{(2)}(\mathbf{K}^{(2)} \boldsymbol{\delta}^{(2)}) + \overline{\mathbf{F}}_P^{(2)} = \mathbf{K}^{(2)} \boldsymbol{\delta}^{(2)} + \overline{\mathbf{F}}_P^{(2)}$$

$$= i \begin{bmatrix} 8 & 4 \\ 4 & 8 \end{bmatrix} \begin{bmatrix} -2 \\ -0.5 \end{bmatrix} \frac{1}{i} + \begin{bmatrix} -12 \\ 12 \end{bmatrix} = \begin{bmatrix} -30 \\ 0 \end{bmatrix} (\text{kN} \cdot \text{m})$$

（7）绘制弯矩图

根据求得的 $\overline{F}^{(1)}$ 和 $\overline{F}^{(2)}$，作出弯矩图，如图 9.19 所示。

2）平面桁架

平面桁架的每个结点有两个独立的位移分量，即沿结构坐标系的 x 轴方向的线位移 u 和沿 y 轴方向的线位移 v。在单元坐标系中的单元刚度矩阵 $\overline{K}^e$ 按式（9.12）计算，即

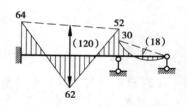

图 9.19　例 9.3 弯矩图（单位：kN·m）

$$\overline{K}^e = \begin{bmatrix} \dfrac{EA}{l} & -\dfrac{EA}{l} \\ -\dfrac{EA}{l} & \dfrac{EA}{l} \end{bmatrix}^{(e)}$$

而单元坐标转换矩阵可将式（9.17）中的第 2、3、5、6 行和第 3、6 列的各元素划去，即得

$$T = \left[\begin{array}{cc:cc} \cos\alpha & \sin\alpha & 0 & 0 \\ \hdashline 0 & 0 & \cos\alpha & \sin\alpha \end{array}\right] \tag{9.33}$$

将 $\overline{K}^e$、T 代入式（9.23），可得结构坐标系中的单元刚度矩阵

$$K^e = T^{\mathrm{T}} \overline{K}^e T = \frac{EA}{l} \begin{bmatrix} \cos^2\alpha & \sin\alpha\cos\alpha & -\cos^2\alpha & -\sin\alpha\cos\alpha \\ & \sin^2\alpha & -\sin\alpha\cos\alpha & -\sin^2\alpha \\ & & \cos^2\alpha & \sin\alpha\cos\alpha \\ \text{对} & \text{称} & & \sin^2\alpha \end{bmatrix} \tag{9.34}$$

桁架无固端弯矩和剪力，展开单元杆端内力计算式 $\overline{F}^e = \overline{K}^e \overline{\delta}^e + \overline{F}_P^e = \overline{K}^e \overline{\delta}^e$，并将矩阵位移法轴力的符号规定转为受拉为正的传统规定，可得桁架杆件轴力的计算公式

$$F_N = \frac{EA}{l} \big[(u_j - u_i)\cos\alpha + (v_j - v_i)\sin\alpha \big] \tag{9.35}$$

【例 9.4】　试用先处理法计算图 9.20（a）所示平面桁架的内力。已知各杆 $EA = 42\ 000$ kN。

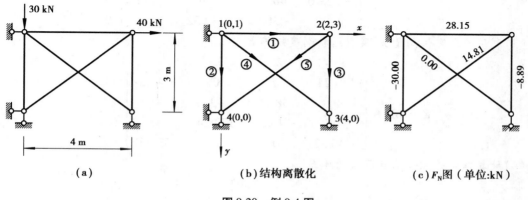

图 9.20　例 9.4 图

【解】　（1）结构离散化

结构坐标系、单元坐标系、结点编码、单元编码及结点位移未知量统一编码，如图 9.20（b）

所示。

各单元定位向量为

$$\boldsymbol{\lambda}^{(1)} = \begin{bmatrix} 0 & 1 & 2 & 3 \end{bmatrix}^T, \boldsymbol{\lambda}^{(2)} = \begin{bmatrix} 0 & 1 & 0 & 0 \end{bmatrix}^T, \boldsymbol{\lambda}^{(3)} = \begin{bmatrix} 2 & 3 & 4 & 0 \end{bmatrix}^T$$

$$\boldsymbol{\lambda}^{(4)} = \begin{bmatrix} 0 & 1 & 4 & 0 \end{bmatrix}^T, \boldsymbol{\lambda}^{(5)} = \begin{bmatrix} 2 & 3 & 0 & 0 \end{bmatrix}^T$$

(2)形成结构坐标系中的单元刚度矩阵 $\boldsymbol{K}^e$

采用式(9.34)直接形成,分别为

$$\boldsymbol{K}^{(1)} = 10^2 \times \begin{matrix} & \begin{matrix} 0 & \ \ 1 & \ \ 2 & \ \ 3 \end{matrix} & \\ \begin{bmatrix} 105 & 0 & -105 & 0 \\ 0 & 0 & 0 & 0 \\ -105 & 0 & 105 & 0 \\ 0 & 0 & 0 & 0 \end{bmatrix} & \begin{matrix} 0 \\ 1 \\ 2 \\ 3 \end{matrix} \end{matrix}$$

$$\boldsymbol{K}^{(2)} = 10^2 \times \begin{matrix} \begin{matrix} 0 & \ 1 & \ 0 & \ \ \ 0 \end{matrix} \\ \begin{bmatrix} 0 & 0 & 0 & 0 \\ 0 & 140 & 0 & -140 \\ 0 & 0 & 0 & 0 \\ 0 & -140 & 0 & 140 \end{bmatrix} \begin{matrix} 0 \\ 1 \\ 0 \\ 0 \end{matrix} \end{matrix}, \boldsymbol{K}^{(3)} = 10^2 \times \begin{matrix} \begin{matrix} 2 & \ 3 & \ 4 & \ \ \ 0 \end{matrix} \\ \begin{bmatrix} 0 & 0 & 0 & 0 \\ 0 & 140 & 0 & -140 \\ 0 & 0 & 0 & 0 \\ 0 & -140 & 0 & 140 \end{bmatrix} \begin{matrix} 2 \\ 3 \\ 4 \\ 0 \end{matrix} \end{matrix}$$

$$\boldsymbol{K}^{(4)} = 10^2 \times \begin{matrix} \begin{matrix} 0 & \ \ \ \ 1 & \ \ \ \ 4 & \ \ \ \ 0 \end{matrix} \\ \begin{bmatrix} 53.76 & 40.32 & -53.76 & -40.32 \\ 40.32 & 30.24 & -40.32 & -30.24 \\ -53.76 & -40.32 & 53.76 & 40.32 \\ -40.32 & -30.24 & 40.32 & 30.24 \end{bmatrix} \begin{matrix} 0 \\ 1 \\ 4 \\ 0 \end{matrix} \end{matrix}$$

$$\boldsymbol{K}^{(5)} = 10^2 \times \begin{matrix} \begin{matrix} 2 & \ \ \ \ 3 & \ \ \ \ 0 & \ \ \ \ 0 \end{matrix} \\ \begin{bmatrix} 53.76 & -40.32 & -53.76 & 40.32 \\ -40.32 & 30.24 & 40.32 & -30.24 \\ -53.76 & 40.32 & 53.76 & -40.32 \\ 40.32 & -30.24 & -40.32 & 30.24 \end{bmatrix} \begin{matrix} 2 \\ 3 \\ 0 \\ 0 \end{matrix} \end{matrix}$$

(3)利用单元定位向量 $\boldsymbol{\lambda}^e$ 集成结构刚度矩阵 $\boldsymbol{K}$

$$\boldsymbol{K} = 10^2 \times \begin{matrix} \begin{matrix} 1 & \ \ \ \ 2 & \ \ \ \ \ 3 & \ \ \ \ \ 4 \end{matrix} \\ \begin{bmatrix} 170.24 & 0 & 0 & -40.32 \\ 0 & 158.76 & -40.32 & 0 \\ 0 & -40.32 & 170.24 & 0 \\ -40.32 & 0 & 0 & 53.76 \end{bmatrix} \begin{matrix} 1 \\ 2 \\ 3 \\ 4 \end{matrix} \end{matrix}$$

(4)计算结构的综合结点荷载列阵 $\boldsymbol{P}$

$$\boldsymbol{P} = \boldsymbol{P}_J = \begin{bmatrix} 30 \\ 40 \\ 0 \\ 0 \end{bmatrix}$$

（5）解结构刚度方程 $K\Delta = P$，求出结点位移列阵 Δ

$$\Delta = \begin{bmatrix} v_1 \\ u_2 \\ v_2 \\ u_3 \end{bmatrix} \begin{matrix} 1 \\ 2 \\ 3 \\ 4 \end{matrix} = \begin{bmatrix} 0.214\,3 \\ 0.268\,1 \\ 0.063\,5 \\ 0.160\,7 \end{bmatrix} \times 10^{-2}\,(\text{m})$$

（6）计算单元杆端内力 $\bar{F}^e$

以单元①为例，利用单元定位向量 $\lambda^{(1)}$，从 Δ 中取出单元①的杆端位移为

$$\delta^{(1)} = \begin{bmatrix} u_1 \\ v_1 \\ u_2 \\ v_2 \end{bmatrix} \begin{matrix} 0 \\ 1 \\ 2 \\ 3 \end{matrix} = \begin{bmatrix} 0 \\ 0.214\,3 \\ 0.268\,1 \\ 0.063\,5 \end{bmatrix} \times 10^{-2}\,(\text{m})$$

代入式（9.35），求得单元①的轴力为

$$F_{N1} = \frac{EA}{l_1} \left[(u_2 - u_1)\cos\alpha + (v_2 - v_1)\sin\alpha \right] = 28.15 \text{ kN}$$

同理，可求出其他单元轴力，分别为

$$F_{N2} = -30.00 \text{ kN}, F_{N3} = -8.89 \text{ kN}, F_{N4} = 0.00 \text{ kN}, F_{N5} = 14.81 \text{ kN}$$

绘出轴力图，如图9.20（c）所示。

3）平面刚架

【例9.5】　试用先处理法计算例9.2中图9.17（a）所示刚架的内力，原结构重绘于图9.21（a）中。已知各杆 $EA = 4.8 \times 10^6$ kN，$EI = 0.9 \times 10^5$ kN·m²。

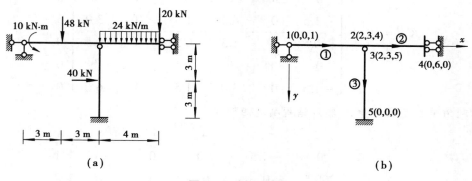

图9.21　例9.5图

【解】　（1）结构离散化

结构坐标系、单元坐标系、结点编码、单元编码及结点位移未知量统一编码，如图9.21（b）所示。

各单元定位向量为

$$\lambda^{(1)} = \begin{bmatrix} 0 & 0 & 1 & 2 & 3 & 4 \end{bmatrix}^T, \lambda^{(2)} = \begin{bmatrix} 2 & 3 & 4 & 0 & 6 & 0 \end{bmatrix}^T, \lambda^{(3)} = \begin{bmatrix} 2 & 3 & 5 & 0 & 0 & 0 \end{bmatrix}^T$$

（2）形成结构坐标系中的单元刚度矩阵 K^e

按式（9.24）和式（9.25）直接计算，分别为

单元①

$$\boldsymbol{K}^{(1)} = 10^4 \times \begin{array}{c} \begin{array}{cccccc} 0 & \quad 0 & \quad 1 & \quad 2 & \quad 3 & \quad 4 \end{array} \\ \left[\begin{array}{cccc|cc} 80 & 0 & 0 & -80 & 0 & 0 \\ 0 & 0.5 & 1.5 & 0 & -0.5 & 1.5 \\ 0 & 1.5 & 6.0 & 0 & -1.5 & 3.0 \\ \hline -80 & 0 & 0 & 80 & 0 & 0 \\ 0 & -0.5 & -1.5 & 0 & 0.5 & -1.5 \\ 0 & 1.5 & 3.0 & 0 & -1.5 & 6.0 \end{array}\right] \begin{array}{c} 0 \\ 0 \\ 1 \\ 2 \\ 3 \\ 4 \end{array} \end{array}$$

单元②

$$\boldsymbol{K}^{(2)} = 10^4 \times \begin{array}{c} \begin{array}{cccccc} 2 & \quad 3 & \quad 4 & \quad 0 & \quad 6 & \quad 0 \end{array} \\ \left[\begin{array}{cccc|cc} 120 & 0 & 0 & -120 & 0 & 0 \\ 0 & 1.688 & 3.375 & 0 & -1.688 & 3.375 \\ 0 & 3.375 & 9.0 & 0 & -3.375 & 4.5 \\ \hline -120 & 0 & 0 & 120 & 0 & 0 \\ 0 & -1.688 & -3.375 & 0 & 1.688 & -3.375 \\ 0 & 3.375 & 4.5 & 0 & -3.375 & 9.0 \end{array}\right] \begin{array}{c} 2 \\ 3 \\ 4 \\ 0 \\ 6 \\ 0 \end{array} \end{array}$$

单元③

$$\boldsymbol{K}^{(3)} = 10^4 \times \begin{array}{c} \begin{array}{cccccc} 2 & \quad 3 & \quad 5 & \quad 0 & \quad 0 & \quad 0 \end{array} \\ \left[\begin{array}{ccc|ccc} 0.5 & 0 & -1.5 & -0.5 & 0 & -1.5 \\ 0 & 80 & 0 & 0 & -80 & 0 \\ -1.5 & 0 & 6.0 & 1.5 & 0 & 3.0 \\ \hline -0.5 & 0 & 1.5 & 0.5 & 0 & 1.5 \\ 0 & -80 & 0 & 0 & 80 & 0 \\ -1.5 & 0 & 3.0 & 1.5 & 0 & 6.0 \end{array}\right] \begin{array}{c} 2 \\ 3 \\ 5 \\ 0 \\ 0 \\ 0 \end{array} \end{array}$$

（3）利用单元定位向量 $\boldsymbol{\lambda}^e$ 集成结构刚度矩阵 $\boldsymbol{K}$

$$\boldsymbol{K} = 10^4 \times \begin{array}{c} \begin{array}{cccccc} 1 & \quad 2 & \quad 3 & \quad 4 & \quad 5 & \quad 6 \end{array} \\ \left[\begin{array}{cccccc} 6.0 & 0 & -1.5 & 3.0 & 0 & 0 \\ 0 & 200.5 & 0 & 0 & -1.5 & 0 \\ -1.5 & 0 & 82.188 & 1.875 & 0 & -1.688 \\ 3.0 & 0 & 1.875 & 15.0 & 0 & -3.375 \\ 0 & -1.5 & 0 & 0 & 6.0 & 0 \\ 0 & 0 & -1.688 & -3.375 & 0 & 1.688 \end{array}\right] \begin{array}{c} 1 \\ 2 \\ 3 \\ 4 \\ 5 \\ 6 \end{array} \end{array}$$

（4）计算结构的综合结点荷载列阵 $\boldsymbol{P}$

已在例 9.2 中求得，为

$$\boldsymbol{P} = \begin{bmatrix} 26 & 20 & 72 & -4 & -30 & 68 \end{bmatrix}^{\mathrm{T}}$$

（5）解结构刚度方程 $K\Delta = P$，求出结点位移列阵 Δ

由

$$
10^4 \times
\begin{bmatrix}
6.0 & 0 & -1.5 & 3.0 & 0 & 0 \\
0 & 200.5 & 0 & 0 & -1.5 & 0 \\
-1.5 & 0 & 82.188 & 1.875 & 0 & -1.688 \\
3.0 & 0 & 1.875 & 15.0 & 0 & -3.375 \\
0 & -1.5 & 0 & 0 & 6.0 & 0 \\
0 & 0 & -1.688 & -3.375 & 0 & 1.688
\end{bmatrix}
\begin{bmatrix}
\theta_1 \\ u_2 \\ v_2 \\ \theta_2 \\ \theta_3 \\ v_4
\end{bmatrix}
=
\begin{bmatrix}
26 \\ 20 \\ 72 \\ -4 \\ -30 \\ 68
\end{bmatrix}
$$

得结点位移 Δ 为

$$
\Delta =
\begin{bmatrix}
\theta_1 \\ u_2 \\ v_2 \\ \theta_2 \\ \theta_3 \\ v_4
\end{bmatrix}
= 10^{-4} \times
\begin{bmatrix}
-4.093\,47 & \text{rad} \\
0.062\,46 & \text{m} \\
1.995\,49 & \text{m} \\
17.851\,30 & \text{rad} \\
-4.984\,38 & \text{rad} \\
77.994\,50 & \text{m}
\end{bmatrix}
\begin{matrix}
1 \\ 2 \\ 3 \\ 4 \\ 5 \\ 6
\end{matrix}
$$

（6）计算单元杆端内力 $\overline{F}^e$

按式（9.32），即 $\overline{F}^e = T^e(K^e \delta^e) + \overline{F}_P^e$ 计算各单元杆端内力，分别为

单元①：$\alpha = 0°$

单元定位向量

$$
\overline{F}^{(1)} = K^{(1)} \delta^{(1)} + \overline{F}_P^{(1)}
$$

$$
=
\begin{bmatrix}
80 & 0 & 0 & -80 & 0 & 0 \\
0 & 0.5 & 1.5 & 0 & -0.5 & 1.5 \\
0 & 1.5 & 6.0 & 0 & -1.5 & 3.0 \\
-80 & 0 & 0 & 80 & 0 & 0 \\
0 & -0.5 & -1.5 & 0 & 0.5 & -1.5 \\
0 & 1.5 & 3.0 & 0 & -1.5 & 6.0
\end{bmatrix}
\begin{bmatrix}
0 \\ 0 \\ -4.093\,43 \\ 0.062\,46 \\ 1.995\,49 \\ 17.851\,30
\end{bmatrix}
\begin{matrix}
0 \\ 0 \\ 1 \\ 2 \\ 3 \\ 4
\end{matrix}
+
\begin{bmatrix}
0 \\ -24 \\ -36 \\ 0 \\ -24 \\ 36
\end{bmatrix}
=
\begin{bmatrix}
-4.996\,9 \\ -4.360\,9 \\ -10.000\,0 \\ 4.996\,9 \\ -43.639\,1 \\ 127.834\,5
\end{bmatrix}
$$

单元②：$\alpha = 0°$

单元定位向量

$$
\overline{F}^{(2)} = K^{(2)} \delta^{(2)} + \overline{F}_P^{(2)}
$$

$$
=
\begin{bmatrix}
120 & 0 & 0 & -120 & 0 & 0 \\
0 & 1.688 & 3.375 & 0 & -1.688 & 3.375 \\
0 & 3.375 & 9.0 & 0 & -3.375 & 4.5 \\
-120 & 0 & 0 & 120 & 0 & 0 \\
0 & -1.688 & -3.375 & 0 & 1.688 & -3.375 \\
0 & 3.375 & 4.5 & 0 & -3.375 & 9.0
\end{bmatrix}
\begin{bmatrix}
0.062\,46 \\ 1.995\,49 \\ 17.851\,30 \\ 0 \\ 77.994\,50 \\ 0
\end{bmatrix}
\begin{matrix}
2 \\ 3 \\ 4 \\ 0 \\ 6 \\ 0
\end{matrix}
+
$$

$$\begin{bmatrix} 0 \\ -48 \\ -32 \\ \hline 0 \\ -48 \\ 32 \end{bmatrix} = \begin{bmatrix} 7.495\ 3 \\ -116.000\ 0 \\ -127.834\ 5 \\ \hline -7.495\ 3 \\ 20.000\ 0 \\ -144.165\ 5 \end{bmatrix}$$

单元③：$\alpha = \pi/2$

$$\overline{F}^{(3)} = T^{(3)}(K^{(3)}\delta^{(3)}) + \overline{F}_P^{(3)}$$

$$
= \begin{bmatrix} 0 & 1 & 0 & 0 & 0 & 0 \\ -1 & 0 & 0 & 0 & 0 & 0 \\ 0 & 0 & 1 & 0 & 0 & 0 \\ \hline 0 & 0 & 0 & 0 & 1 & 0 \\ 0 & 0 & 0 & -1 & 0 & 0 \\ 0 & 0 & 0 & 0 & 0 & 1 \end{bmatrix}
\begin{bmatrix} 0.5 & 0 & -1.5 & -0.5 & 0 & -1.5 \\ 0 & 80 & 0 & 0 & -80 & 0 \\ -1.5 & 0 & 6.0 & 1.5 & 0 & 3.0 \\ \hline -0.5 & 0 & 1.5 & 0.5 & 0 & 1.5 \\ 0 & -80 & 0 & 0 & 80 & 0 \\ -1.5 & 0 & 3.0 & 1.5 & 0 & 6.0 \end{bmatrix}
\begin{bmatrix} 0.062\ 46 \\ 1.995\ 49 \\ -4.984\ 38 \\ \hline 0 \\ 0 \\ 0 \end{bmatrix}
\begin{matrix} 2 \\ 3 \\ 5 \\ 0 \\ 0 \\ 0 \end{matrix}
+
$$

单元定位向量 →

$$
\begin{bmatrix} 0 \\ 20 \\ 30 \\ \hline 0 \\ 20 \\ -30 \end{bmatrix} = \begin{bmatrix} 159.639\ 1 \\ 12.492\ 2 \\ 0.000\ 0 \\ \hline -159.639\ 1 \\ 27.507\ 8 \\ -45.046\ 8 \end{bmatrix}
$$

（7）绘制内力图

3个内力图如图9.22所示。

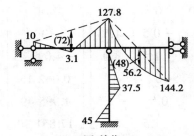

（a）M图（单位:kN·m）

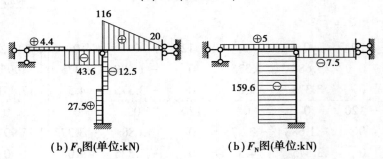

（b）F_Q图（单位:kN） （b）F_N图（单位:kN）

图9.22 例9.5 内力图

9.9 平面杆件结构先处理法静力分析程序

9.9.1 程序说明及总框图

依据前述矩阵位移法原理,这里使用 Visual C ++ 6.0 编译器编制了平面刚架先处理法计算程序 PFF,该程序未使用 C ++面向对象的编程方法,而仍沿用兼容 C 的结构化程序设计方法,以便和本科生先修课程 C 语言相容。本程序不建议使用 TC ++3.0 及更低版本的编译器编译。

1)PFF 的主要功能和特点

①输入单元编码、结点编码、结点位移分量统一编码和单元的材料信息。
②用先处理法形成结构刚度矩阵和综合结点荷载列阵。
③用 Gauss 消元法解线性代数方程组。
④计算并输出结点位移和单元杆端力。

2)PFF 的使用方法

(1)输入输出数据文件

PFF 从原始数据文件中读取结构的离散化信息,经计算后,将结果输出到结果数据文件中。运行编译好的 PFF 可执行程序,会提示"请输入原始数据文件名:",此时输入事先准备好的原始数据文件名。回车后,提示"请输入结果数据文件名:",此时输入结果数据文件名,再回车后,程序会进行计算,并生成结果数据文件。

原始数据文件最好同 PFF 可执行程序放置在同一文件夹中。在输入文件名时,应包含后缀。

C 语言以 0 作为数组各维的开始下标,称为 0 基数组;而一般习惯以 1 作为数组各维的开始下标,称为 1 基数组。PFF 源程序编制时,仍以 C 语言为标准,使用 0 基数组,即 PFF 程序内部处理机制是 0 基的。但是为方便读者,原始数据文件和输出数据文件则按一般习惯,使用 1 基数组对结点、单元、结点位移分量、结点荷载和非结点荷载进行编号,即 PFF 程序外部表现是 1 基的。

(2)原始数据文件的准备

下面按程序 PFF 所要求的输入数据的顺序说明各符号的含义及对应数据的准备方法。

①结构信息 ne,nj,n,np,nf,e

ne——单元总数;nj——结点总数;n——结点位移未知量总数;np——结点荷载总数;nf——非结点荷载总数;e——弹性模量。

②结点坐标 $(x[i],y[i])(i=0;i<nj;i++)$

x 和 y 分别为一维数组。用于存放各结点(按照 1 到 nj 的顺序)的 x 和 y 坐标,每个结点占一行。

③单元信息 $(ij[i][0],ij[i][1],a[i],zi[i])(i=0;i<ne;i++)$

ij 为二维数组,a 和 zi 分别为一维数组。

ij[ ][0]——单元的始端结点码;ij[ ][1]——单元的末端结点码;a[ ]——单元的截面积;

299

zi[ ]——单元的惯性矩。依单元编号顺序(从 1 到 ne)依次输入,每个单元占一行。

④结点位移分量统一编码 (jn[i][j](j=0;j<3;j ++))(i=0;i<nj;i ++)

jn 为二维数组。

按结点编码顺序(从 1 到 nj)依次输入各结点的 u,v 和 θ 位移分量编号,每个结点占一行。

⑤结点荷载信息 (pj[i][j](j=0;j<3;j ++))(i=0;i<np;i ++)

pj 为二维数组。对每个结点荷载(输入时占一行)需存放以下 3 个信息:

pj[ ][0]——荷载作用的结点编号;pj[ ][1]——荷载的方向代码,整体坐标系 x,y 和转角方向分别用 1.0,2.0 和 3.0 表示;pj[ ][2]——荷载值(含正负号),与整体坐标系一致(力偶顺时针)为正,反之为负。

⑥非结点荷载信息 (pf[i][j](j=0;j<4;j ++))(i=0;i<nf;i ++)

pf 为二维数组。对每个非结点荷载(输入时占一行)需存放以下 4 个信息:

pf[ ][0]——非结点荷载作用的单元编号;pf[ ][1]——非结点荷载的类型代码,即表9.1 中的 6 类;pf[ ][2]——非结点荷载的大小(含正负号),与单元坐标系一致(力偶顺时针)为正,反之为负;pf[ ][3]——非结点荷载的位置参数 c,即表 9.1 各图中的 c。

3)PFF 程序的总框图

PFF 的总框图如图 9.23 所示,其中主程序直接调用的一级子程序使用 $1,2,\cdots,n$ 编号;被一级子程序调用的二级子程序使用 $01,02,\cdots,0n$ 编号;在一级子程序右侧,使用箭头表示一级子程序所调用到的二级子程序。

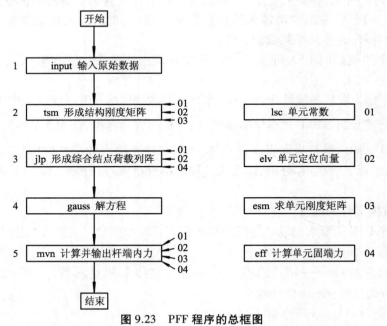

图 9.23 PFF 程序的总框图

9.9.2 子程序流程图

这里列出 3 个重要的一级子程序 tsm,jlp 和 mvn 的流程图,分别如图 9.24、图 9.25 和图9.26 所示。

9.9.3　算例

1) 算例

　　下面以一个例子,先说明原始数据文件的输入方法,再说明结果数据文件的含义。

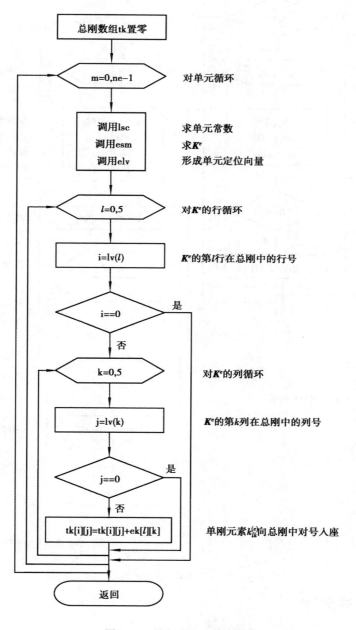

图 9.24　子程序 tsm 的流程图

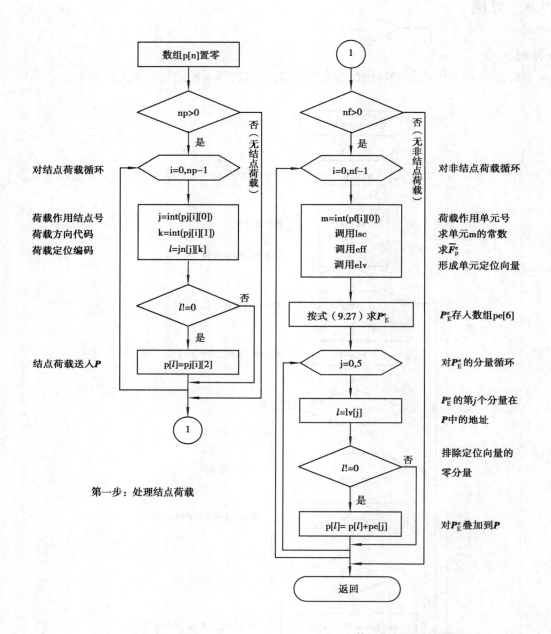

图 9.25　子程序 jlp 的流程图

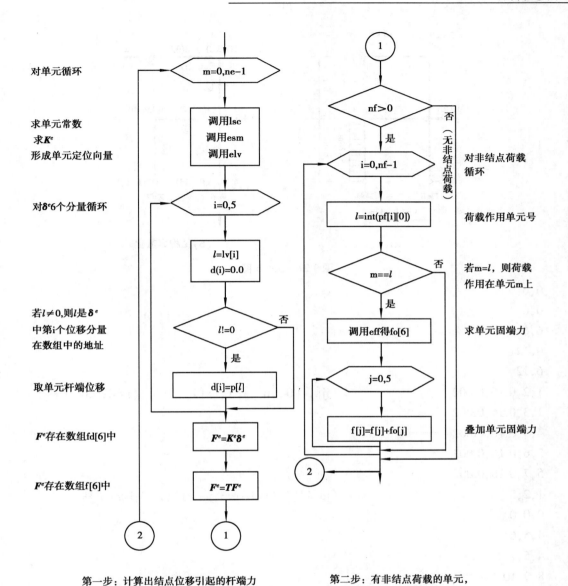

图 9.26 子程序 mvn 的流程图（计算杆端力部分）

左侧流程图标注（对单元循环部分）：

对单元循环

求单元常数
  求K^e
形成单元定位向量

对$\delta^e 6$个分量循环

若$l \neq 0$,则l是δ^e
中第i个位移分量
在数组中的地址

取单元杆端位移

F^e存在数组fd[6]中

F^e存在数组f[6]中

右侧流程图标注（非结点荷载部分）：

（无非结点荷载）

对非结点荷载
循环

荷载作用单元号

若m=l,则荷载
作用在单元m上

求单元固端力

叠加单元固端力

第一步：计算出结点位移引起的杆端力   第二步：有非结点荷载的单元，
                                         还需叠加单元固端力

（1）原始数据文件的准备

【**例 9.6**】 如图 9.27（a）所示的刚架，各杆 $E = 3 \times 10^7$ kN/m², $A = 0.16$ m², $I = 0.002$ m⁴。为该刚架准备 PFF 程序使用的原始数据文件。

【**解**】 首先进行离散化,对单元、结点和结点位移未知量进行编码,如图 9.27（b）所示。然后,建立一个文本文件,按上述原始数据文件的格式,输入原始数据如下（右侧为注释,不输入）

5,7,13,2,2,3.0e7   ne,nj,n,np,nf,e

0,0   (x[i],y[i])(i=0;i<nj;i++)

6,0

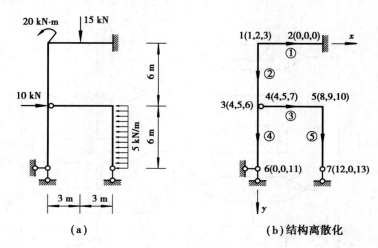

(a)   (b)结构离散化

图 9.27   例 9.6 图

```
0,6
0,6
6,6
0,12
6,12
1,2,0.16,0.002            (ij[i][0],ij[i][1],a[i],zi[i])(i=0;i<ne;i++)
1,3,0.16,0.002
4,5,0.16,0.002
3,6,0.16,0.002
5,7,0.16,0.002
1,2,3                     (jn[i][j](j=0;j<3;j++))(i=0;i<nj;i++)
0,0,0
4,5,6
4,5,7
8,9,10
0,0,11
12,0,13
1,3.0,-20.0               (pj[i][j](j=0;j<3;j++))(i=0;i<np;i++)
3,1.0,10.0
1,2,15.0,3.0              (pf[i][j](j=0;j<4;j++))(i=0;i<nf;i++)
5,1,5.0,6.0
```

（2）结果数据文件的含义

仍以例 9.6 为例，PFF 输出的结果数据文件如下（括号中为说明，不会输出）：

平面刚架静力分析程序

总体信息

NE= 5，NJ= 7，N= 13，NP= 2，NF= 2，E= 3e+007

结点坐标信息表

结点号	x	y
1	0	0
2	6	0
3	0	6
4	0	6
5	6	6
6	0	12
7	6	12

单元信息表

单元号	始结点号 i	末结点号 j	横截面积 A	截面惯性矩 ZI
1	1	2	0.16	0.002
2	1	3	0.16	0.002
3	4	5	0.16	0.002
4	3	6	0.16	0.002
5	5	7	0.16	0.002

结点位移分量统一编码表

结点号	u 方向	v 方向	ceta 方向
1	1	2	3
2	0	0	0
3	4	5	6
4	4	5	7
5	8	9	10
6	0	0	11
7	12	0	13

结点荷载表

结点号	方向代码 XYM	荷载大小
1	3	-20
3	1	10

非结点荷载表

单元号	荷载类型	荷载大小	荷载位置参数 c
1	2	15	3
5	1	5	6

（以上的总体信息和五张表直接来自原始数据文件，可作校核用）

（以下两表为计算结果）

结点位移表

结点号	u	v	ceta
1	−1.615 1e−005	−1.640 6e−005	6.617 1e−004
2	0.000 0e+000	0.000 0e+000	0.000 0e+000
3	−6.749 9e−003	−1.757 8e−005	2.907 7e−004
4	−6.749 9e−003	−1.757 8e−005	−1.493 9e−003
5	−6.787 4e−003	1.875 0e−005	3.006 1e−003
6	0.000 0e+000	0.000 0e+000	−1.832 9e−003
7	−3.832 4e−002	0.000 0e+000	6.006 1e−003

单元杆端内力表

（注意正符号规定不同于传统位移法，轴力和剪力与单元坐标系一致时为正）

单元号	杆端轴力 FN	杆端剪力 FQ	杆端弯矩 M
1（始端）	−12.921 2	−0.937 619	15.054 2
（末端）	12.921 2	−14.062 4	24.320 1
2（始端）	0.937 619	−12.921 2	−35.054 2
（末端）	−0.937 619	12.921 2	−42.472 9
3（始端）	30	15	0
（末端）	−30	−15	90
4（始端）	−14.062 4	7.0788 2	42.472 9
（末端）	14.062 4	−7.078 82	0
5（始端）	15	−30	−90
（末端）	−15	0	0

根据结果数据文件，可绘出结构的内力图，如图 9.28 所示。

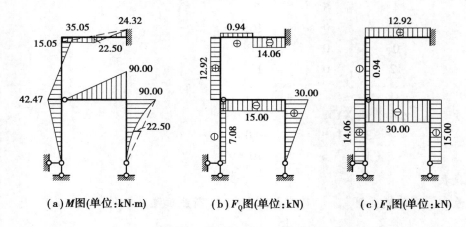

(a) M 图（单位：kN·m）　　(b) F_Q 图（单位：kN）　　(c) F_N 图（单位：kN）

图 9.28　例 9.6 所示结构内力图

2）PFF 的源程序

PFF 源程序中，凡是"／＊"和"＊／"之间，以及同一行内"／／"之后的内容，均为注释内容，不会被编译、执行。

PFF 的源程序(文件名为 pff.cpp)及可执行程序(文件名为 pff.exe),详见本书提供的教学资源(在重庆大学出版社教育资源网下载)。此外,教学资源中还有例 9.6 的原始数据文件和结果数据文件。

本章小结

(1)矩阵位移法是位移法和矩阵数学结合的产物,比对位移法来学习本章,更容易理清两者的联系与区别,加深对矩阵位移法的理解。

矩阵位移法和位移法的原理相同,都以结点位移分量为基本未知量,通过平衡条件(刚度方程)来求解这些未知量。但二者又在物理量表述方式、基本单元的类型、符号约定、刚度方程的形式等方面有着明显区别。

(2)矩阵位移法有三大基本要点:结构离散化、单元分析、整体分析。可以理解为先将结构"拆散",再重新"装配"还原的过程。

结构离散化是根据编码约定对结构中的结点、单元和结点位移分量进行编码和划分,并确定结构坐标系和各单元坐标系。

单元分析的任务,是建立单元刚度方程,该方程表述了单元杆端力和单元杆端位移之间的关系。一般单元的单刚方程可以根据转角位移方程及轴向杆端力与轴向杆端位移间的关系得到,其他特殊单元的单刚方程又可根据一般单元的单刚方程推得。单元刚度矩阵是单刚方程的核心,应充分理解它的性质及其元素的物理意义。

整体分析的任务,是建立结构刚度方程 $K\Delta = P$,包含形成结构刚度矩阵 K 和结构的综合结点荷载列阵 P 两步。形成总刚 K 的方法是直接刚度法,也就是将结构坐标系下各单元的单刚元素 $k_{lm}^{(e)}$,按照单元定位向量 λ^e 的指引,依"对号入座,重叠相加"的原则,全部集成进入总刚中。利用刚度矩阵元素的物理意义,以及结点位移和杆端位移间的变形协调关系,可以证明直接刚度法的正确性。形成结构的综合结点荷载列阵 P 的方法是:先分析作用有非结点荷载的单元,求得其单元等效结点荷载 P_E^e,然后按照与集成总刚类似的方法,形成结构的等效结点荷载列阵 P_E,最后再叠加上直接结点荷载列阵 P_J,即可得到 P。

(3)单元定位向量 λ^e 是联系单元分析和整体分析的至关重要的组织者,在集成总刚 K 和结构的等效结点荷载列阵 P_E,以及从求解出的结点位移 Δ 中取出各单元杆端位移 δ^e 的过程中,反复被使用。

思考题

9.1　什么是结构的离散化? 单元划分应注意些什么?

9.2　为什么自由单元(一般单元)的单元刚度矩阵是奇异矩阵?

9.3　单元刚度矩阵各元素的物理意义是什么? 试说明一般单元刚度矩阵中第 2 行及第 6 列元素的物理意义。

9.4　自由单元的单元刚度矩阵是奇异的,由它们集成的先处理法结构刚度矩阵是不是也是奇异的? 为什么?

9.5　刚架中的铰结点是如何处理的？为什么其铰结点的角位移在矩阵位移法中作为基本未知量,而在位移法中却不作为基本未知量？

9.6　在矩阵位移法中,为什么要将非结点荷载转化为等效结点荷载？

9.7　矩阵位移法中的结构刚度方程 $\boldsymbol{K\Delta}=\boldsymbol{P}$ 与位移法基本方程有何异同？

9.8　矩阵位移法计算出的单元在结构坐标系中的杆端力是否是该单元的内力？为什么？

9.9　什么是单元定位向量？它的用处是什么？

9.10　什么是等效结点荷载？矩阵位移法的等效结点荷载与位移法基本体系中附加约束的约束反力相同吗？

9.11　当忽略轴向变形时,刚架结构的单元定位向量会有何改变？试举例说明。

习　题

9.1　判断题

(1)矩阵位移法既可计算超静定结构,又可以计算静定结构。　　　　　　　　　（　　）

(2)矩阵位移法基本未知量的数目与位移法基本未知量的数目总是相等的。　　（　　）

(3)单元刚度矩阵都具有对称性和奇异性。　　　　　　　　　　　　　　　　（　　）

(4)在矩阵位移法中,整体分析的实质是建立各结点的平衡方程。　　　　　　（　　）

(5)结构刚度矩阵与单元的编号方式有关。　　　　　　　　　　　　　　　　（　　）

(6)原荷载与对应的等效结点荷载使结构产生相同的内力和变形。　　　　　　（　　）

9.2　填空题

(1)矩阵位移法分析包含3个基本环节,其一是结构的_____,其二是_____分析,其三是_____分析。

(2)已知某单元ⓔ的定位向量为 $[3\quad5\quad6\quad7\quad8\quad9]^{\mathrm{T}}$,则单元刚度系数 k_{35}^{e} 应叠加到结构刚度矩阵的元素____中去。

(3)将非结点荷载转换为等效结点荷载,等效的原则是_____。

(4)矩阵位移法中,在求解结点位移之前,主要工作是形成_____矩阵和_____列阵。

(5)用矩阵位移法求得某结构结点 2 的位移为 $\boldsymbol{\Delta}_2=[\,u_2\quad v_2\quad\theta_2\,]^{\mathrm{T}}=[\,0.8\quad0.3\quad0.5\,]^{\mathrm{T}}$,单元①的始、末端结点码为3、2,单元定位向量为 $\boldsymbol{\lambda}^{(1)}=[\,0\quad0\quad0\quad3\quad4\quad5\,]^{\mathrm{T}}$,设单元与 x 轴之间的夹角为 $\alpha=\dfrac{\pi}{2}$,则 $\overline{\delta}^{(1)}=$_____。

(6)用矩阵位移法求得平面刚架某单元在单元坐标系中的杆端力为 $\overline{\boldsymbol{F}^e}=[\,7.5\quad-48\quad-70.9\quad-7.5\quad48\quad-121.09\,]^{\mathrm{T}}$,则该单元的轴力 $F_{\mathrm{N}}=$_____ kN。

9.3　根据单元刚度矩阵元素的物理意义,直接求出习题 9.3 图所示刚架的 $\overline{\boldsymbol{K}}^{(1)}$ 中元素 $\overline{k}_{11}^{(1)}$、$\overline{k}_{23}^{(1)}$、$\overline{k}_{35}^{(1)}$ 的值以及 $\boldsymbol{K}^{(1)}$ 中元素 $k_{11}^{(1)}$、$k_{23}^{(1)}$、$k_{35}^{(1)}$ 的值。

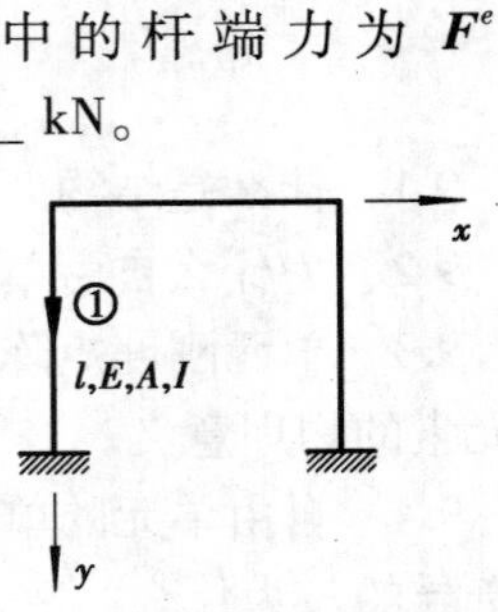

9.4　根据结构刚度矩阵元素的物理意义,直接求出习题 9.4 图所示刚架结构刚度矩阵中的元素 k_{11}、k_{21}、k_{32} 的值。各杆 E、A、I 相同。

习题 9.3 图

9.5 用简图表示习题 9.5 图所示刚架的单元刚度矩阵 $\bar{K}^{(1)}$ 中元素 $\bar{k}_{23}^{(1)}$、$K^{(2)}$ 中元素 $k_{44}^{(2)}$ 的物理意义。

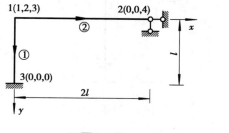

习题 9.4 图

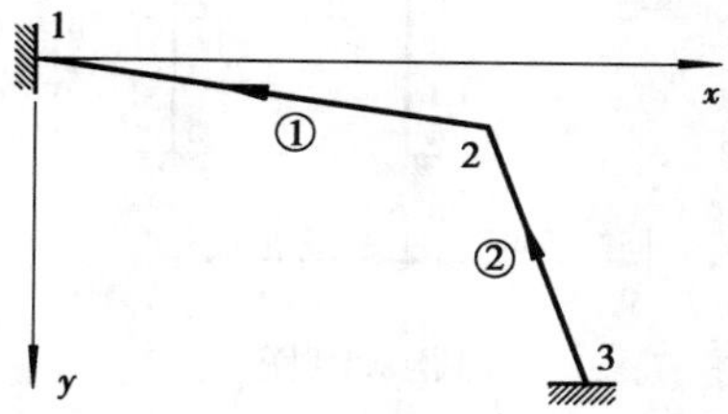

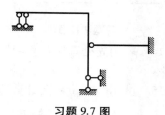

习题 9.5 图

9.6 习题 9.6 图所示刚架各单元杆长为 l，EA、EI 为常数。根据单元刚度矩阵元素的物理意义，写出单元刚度矩阵 $K^{(1)}$、$K^{(2)}$ 的第 3 列和第 5 列元素。

9.7 用先处理法，对习题 9.7 图所示结构进行单元编号、结点编号和结点位移分量编码，并写出各单元的定位向量。

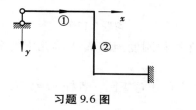

习题 9.6 图

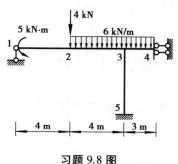

习题 9.7 图

9.8 用先处理法形成习题 9.8 图所示结构的综合结点荷载列阵。

9.9 用先处理法求习题 9.9 图所示连续梁的结构刚度矩阵和结构的综合结点荷载列阵。已知：$EI = 2.4 \times 10^4 \ \mathrm{kN \cdot m^2}$。

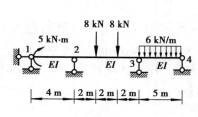

习题 9.8 图

习题 9.9 图

9.10 用先处理法求习题 9.10 图所示结构刚度矩阵。忽略杆件的轴向变形。各杆 $EI = 5 \times 10^5 \ \mathrm{kN \cdot m^2}$。

9.11 用先处理法建立习题 9.11 图所示结构的矩阵位移法方程。已知：各杆 $EA = 4 \times 10^5 \ \mathrm{kN}$，$EI = 5 \times 10^4 \ \mathrm{kN \cdot m^2}$。

9.12 用先处理法计算习题 9.12 图所示刚架的结构刚度矩阵。已知：$EA = 3.2 \times 10^5 \ \mathrm{kN}$，$EI = 4.8 \times 10^4 \ \mathrm{kN \cdot m^2}$。

9.13 用先处理法计算习题 9.13 图所示组合结构的刚度矩阵 K。已知：梁杆单元的 $EA = 3.2 \times 10^5 \ \mathrm{kN}$，$EI = 4.8 \times 10^4 \ \mathrm{kN \cdot m^2}$，链杆单元的 $EA = 2.4 \times 10^5 \ \mathrm{kN}$。

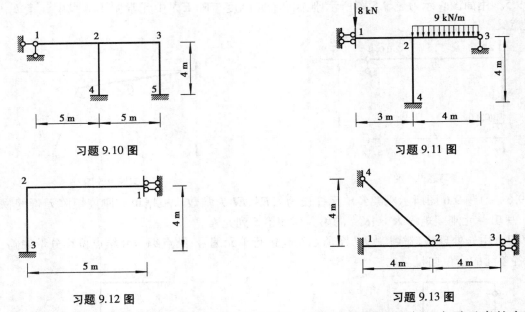

习题 9.10 图

习题 9.11 图

习题 9.12 图

习题 9.13 图

9.14 若用先处理法计算习题 9.14 图所示结构,则在结构刚度矩阵 K 中零元素的个数至少有多少个?

9.15 试用矩阵位移法计算习题 9.15 图所示连续梁,并画出弯矩图。各杆 $EI=$ 常数。

习题 9.14 图

习题 9.15 图

9.16 用先处理法计算习题 9.16 图所示刚架的内力,并绘内力图。已知:各杆 $E=3\times10^7 \text{ kN/m}^2$, $A=0.16 \text{ m}^2$, $I=0.002 \text{ m}^4$。

9.17 用矩阵位移法计算习题 9.17 图所示平面桁架的内力。已知:$E=3\times10^7 \text{ kN/m}^2$,各杆 $A=0.1 \text{ m}^2$。

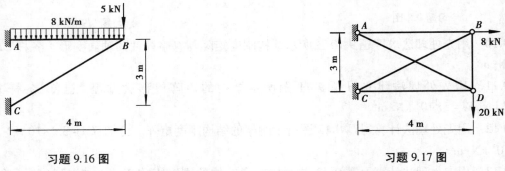

习题 9.16 图

习题 9.17 图

9.18 用 PFF 程序计算习题 9.9、习题 9.11、习题 9.17,并绘出内力图。

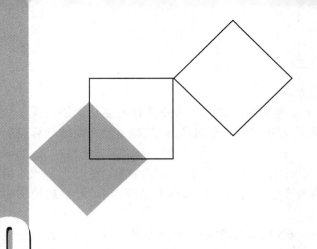

10 结构的动力计算

本章导读：

●**基本要求**　掌握结构动力计算的基本方法和动力自由度数的判别方法；掌握单自由度体系的自由振动和在简谐荷载作用下的受迫振动的计算方法；了解单自由度体系在一般动荷载作用下的动力反应的计算方法；掌握两个自由度体系自由振动的计算方法；了解两个自由度体系在简谐荷载作用下的受迫振动的计算方法；了解阻尼对振动的影响；了解振型分解法；了解计算频率的能量法。

●**重点**　结构动力分析的基本方法及动力自由度的概念；无阻尼单自由度体系的自由振动及其在简谐荷载作用下的受迫振动；阻尼对振动的影响；无阻尼两个自由度体系的自由振动及其在简谐荷载作用下的受迫振动。

●**难点**　单自由度体系和两个自由度体系运动方程的建立与求解；无阻尼单自由度体系在一般动荷载作用下的动力反应；有阻尼单自由度体系在简谐荷载作用下的动力反应；振型分解法；计算频率的能量法。

10.1　概　述

10.1.1　结构动力计算的特点

土木工程结构中经常遇到以下两种不同性质的荷载：

一是荷载的大小、方向和作用位置不随时间而变化，或者变化非常缓慢，由它所引起的结构上各质点的加速度可以忽略不计，这类荷载通常称为静力荷载。

二是荷载的大小、方向和作用位置随时间而迅速变化，由此引起各质点的加速度以及结构的惯性力不能忽略,这类荷载通常称为动力荷载。

严格地说,所有的荷载均是变化的,是动力荷载。其中一部分荷载的变化周期若大于结构的自振周期(用 T 表示)的 5 倍以上时,可认为其变化非常缓慢,将其视为静力荷载计算而引起的误差可忽略不计。

静力荷载作用下的结构计算问题已在前面各章进行了讨论,本章则将讨论动力荷载作用下的结构计算问题。动力荷载作用下,结构所产生的内力和位移称为动内力和动位移,统称为动力反应。

在结构的动力计算中,动荷载、动力反应等均是时间的函数,这是动力计算要注意的特点之一。根据达朗伯(d'Alembert)原理,在考虑惯性力以后,可以将动力问题转化为静力平衡问题来进行处理,这是动力计算时要考虑的另一个特点。需要注意:此时的平衡是引进惯性力以后的一种动平衡,是瞬间的平衡。

学习结构动力计算的目的在于,掌握动力荷载作用下动力反应的计算原理和计算方法,确定动力反应随时间而变化的规律,从而作为结构设计的依据。

10.1.2 动荷载的分类

动力荷载按其随时间变化的规律来分,主要有周期荷载、冲击荷载和随机荷载等几类。

1)周期荷载

随时间按周期变化的荷载称为周期荷载,具体又分简谐周期荷载和非简谐周期荷载两种。

简谐周期荷载是指按正弦或余弦函数规律变化的一种荷载。如图 10.1(a)所示,具有偏心质量块的机器以角速度 θ 作匀速运转时,其离心力 F_P 在水平或竖直方向的分量对机器基础的作用即是简谐周期荷载。图 10.1(b)表示竖向分量 $F_P(t) = F_P \sin \theta t$ 的变化规律。

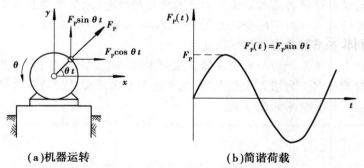

（a)机器运转   （b)简谐荷载

图 10.1 简谐周期荷载

不按正弦或余弦函数规律变化的周期荷载则是非简谐周期荷载。具有曲柄连杆的机器(如活塞式空气压缩机、柴油机等)在匀速运转时会产生这种荷载。图 10.2 所示为船舶匀速行进时,螺旋桨产生的作用于船体的推力。

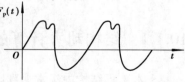

图 10.2 非简谐周期荷载

2)冲击荷载

在很短的时间内急剧增大或减小的荷载,称为冲击荷载,如图 10.3(a)、(b)所示。例如,锻锤对机器基础的冲击、爆炸产生的冲击波等即属于这一类荷载。当图 10.3(a)中荷载的升载时间趋于零时,就是突加荷载,如图 10.3(c)所示。

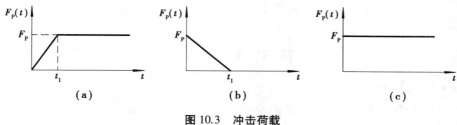

图 10.3　冲击荷载

3)随机荷载

随机荷载是指随时间的变化极不规则、在将来任一时刻 t 的值无法事先确定的荷载。如图 10.4 所示,地震时产生的地面加速度是随机变化的,引起的结构惯性力(地震作用)即属于随机荷载。脉动风压对建筑物的作用也属于这种荷载。随机荷载与时间的关系不能简单地用函数式来表达,需通过记录和统计得到其规律和计算数值。

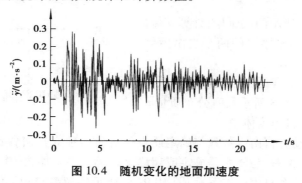

图 10.4　随机变化的地面加速度

10.1.3　结构体系的动力自由度

与结构静力计算一样,在作结构动力计算时也需要选取一个合理的计算简图,选取计算简图的原则与静力计算基本相同。但由于动力计算中要考虑惯性力的作用,因此需要研究结构体系中质量的分布情况以及质量在运动过程中的自由度等问题。

体系的动力自由度是指,为了确定其在运动过程中任一时刻全部质点的位置所需要的独立几何参数的数目。具有一个自由度的体系称为单自由度体系,自由度大于 1 的体系为多自由度体系或无限自由度体系。

实际结构体系的质量一般是连续分布的,本质上具有无限多个自由度。但在具体计算中,很多情况都可以简化为有限个集中质量的有限自由度体系。

例如,图 10.5(a)所示为一简支梁,跨中放有重物 W。当梁本身质量远小于重物的质量时,可以不考虑梁的质量,取图 10.5(b)为计算简图,这是一个典型的单自由度体系。

图 10.6(a)所示铰结排架,当计算水平力作用下结构的水平振动时,因厂房的屋盖、屋架的质量较大,柱的质量相对较小,可将柱的质量集中于两端。在水平振动时,排架的质量都集中于柱的顶部,可取图 10.6(b)为计算简图。

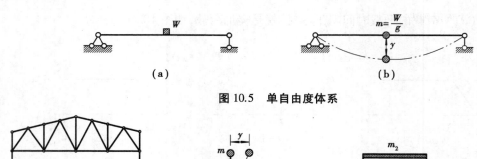

(a)　　　　　　　　　　　　　　(b)

图 10.5　单自由度体系

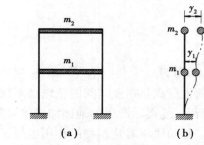

（a）　　　　　　　　（b）

图 10.6　单自由度体系(排架)

（a）　　　　　　　（b）

图 10.7　两个自由度体系(刚架)

类似地,图 10.7(a)所示两层刚架,计算其侧向振动时,可简化为质量集中于楼层的两个自由度体系。计算简图如图 10.7(b)所示。

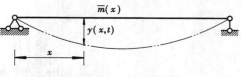

图 10.8　无限自由度体系

对于必须考虑杆件本身的分布质量的体系,则是无限自由度体系。如图 10.8 所示具有分布质量$\overline{m}(x)$的简支梁就是一个无限自由度体系。

需要注意:体系的动力自由度数只与确定质点位置所需独立几何参数的数目有关,而与结构质点的数目并无直接关系,与体系是静定或超静定也无关系。如图 10.9(a)所示的静定刚架上只有一个质点,但为两个自由度体系;而图 10.9(b)所示的超静定刚架柱顶上有两个质点,但却是单自由度体系。另外,分析自由度时,对梁式杆仍采用 6.1 节中"受弯直杆"的简化假定。

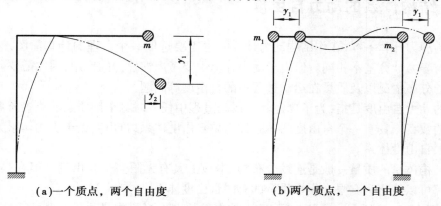

（a）一个质点,两个自由度　　　　　　（b）两个质点,一个自由度

图 10.9　质点数不等于自由度数

以上是直接根据定义确定动力自由度的方法。对于较为复杂的质点系,还可以用限制集中质量运动(即在质点处增设支承链杆)的方法来确定体系的动力自由度。为使质点系的所有质点不能运动所需增设的最少链杆数即等于该质点系的动力自由度。如图 10.10(a)所示刚架,最少需增设 4 根链杆才能固定全部质点的位置,故其动力自由度为 4,如图 10.10(b)所示。同

理可知,10.11(a)所示刚架的动力自由度为 2,如图 10.11(b)所示。

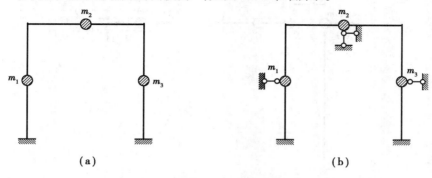

图 10.10　增设链杆法确定动力自由度

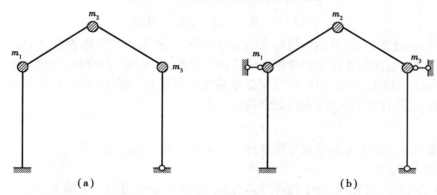

图 10.11　增设链杆法确定动力自由度

10.2　单自由度体系的运动方程

描述体系振动时质点动位移的数学方程,称为体系的运动方程(或振动方程)。建立运动方程常用的方法是动静法,即根据达朗伯原理,将惯性力假想地作用在质点上,在振动的每一瞬时,惯性力与结构受到的动荷载、阻尼力、约束反力等在形式上组成一平衡力系(动平衡),于是就可以用静力学中的方法建立运动方程。

用动静法建立运动方程,可分别采用刚度法和柔度法两种方式。

10.2.1　刚度法

图 10.12(a)所示为单自由度体系的运动模型。图中 m 为集中质量;C 为阻尼器;$F_P(t)$ 为动力荷载;$F_I(t)$ 和 $F_C(t)$ 分别为在振动过程中,任一时刻质量上的惯性力和阻尼力;$y(t)$ 为质量的水平位移。

为了建立动力平衡方程,取质量 m 为隔离体,其在振动方向上受到 4 种力的作用,如图 10.12(b)所示。

(1)动力荷载 $F_P(t)$

(2)阻尼力 $F_C(t)$

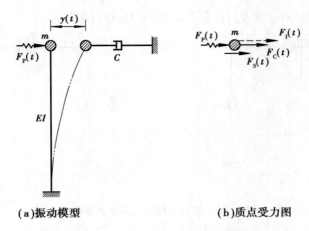

（a）振动模型　　　　　　　　　（b）质点受力图

图 10.12　单自由度体系的振动模型

体系在振动过程中,会遇到不同程度的阻力作用,这种阻力通常称为阻尼力。产生阻尼的因素是多种多样的,如构件在变形过程中材料的内摩擦、支承部分的摩擦、空气和液体介质的阻尼等。关于阻尼的理论有很多种,本章只介绍粘滞阻尼理论。按照这种理论,阻尼力 $F_C(t)$ 的大小和质量运动的速度成正比,它的数学表达式为

$$F_C(t) = -c\dot{y}(t) \tag{10.1}$$

式中,负号表示阻尼力的方向总是与质量速度的方向相反;c 为阻尼系数。

（3）弹性力 $F_S(t)$

弹性力是在振动过程中,由于杆件的弹性变形所产生的恢复力。它的大小与质量的位移成正比,但方向相反,可表示为

$$F_S(t) = -k_{11}y(t) \tag{10.2}$$

式中,k_{11} 为结构的刚度系数,它的意义是使结构沿质量的运动方向产生单位位移时,在该方向上所需施加的力,如图 10.13（a）所示。

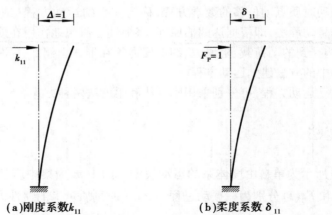

（a）刚度系数 k_{11}　　　　　　　（b）柔度系数 δ_{11}

图 10.13　刚度系数与柔度系数

（4）惯性力 $F_I(t)$

惯性力的大小等于质量 m 与其位移加速度的乘积,而方向与加速度方向相反,可表示为

$$F_{\mathrm{I}}(t) = -m\ddot{y}(t) \tag{10.3}$$

根据达朗伯原理,对于图 10.12(b)所示受力图,可列出隔离体的平衡方程为

$$F_{\mathrm{I}}(t) + F_{\mathrm{C}}(t) + F_{\mathrm{S}}(t) + F_{\mathrm{P}}(t) = 0 \tag{10.4}$$

将式(10.1)~式(10.3)代入式(10.4),即得

$$m\ddot{y} + c\dot{y} + k_{11}y = F_{\mathrm{P}}(t) \tag{10.5}$$

式(10.5)是根据平衡条件建立的单自由度体系运动方程,它是一个二阶常系数线性微分方程。这种推导运动方程的方法用到了体系的刚度系数,所以又称为刚度法。

为了表述简明,从式(10.5)开始,在以后的方程和图形中的 $y(t)$、$\dot{y}(t)$、$\ddot{y}(t)$ 以及除动力荷载 $F_{\mathrm{P}}(t)$ 之外的各力,均省去自变量(t)。

10.2.2　柔度法

运动方程也可以根据位移协调条件来推导。质点的位移 y,可以视为由于动力荷载$F_{\mathrm{P}}(t)$、惯性力 F_{I} 和阻尼力 F_{C} 共同作用下产生的。根据叠加原理,位移 y 可表示为

$$y = \delta_{11}F_{\mathrm{I}} + \delta_{11}F_{\mathrm{C}} + \delta_{11}F_{\mathrm{P}}(t) \tag{10.6}$$

式中,δ_{11}表示在结构沿质量的运动方向上,施加单位力所引起的该方向上的位移,称为柔度系数,如图 10.13(b)所示。将式(10.1)~式(10.3)代入式(10.6),即得

$$m\ddot{y} + c\dot{y} + \frac{1}{\delta_{11}}y = F_{\mathrm{P}}(t) \tag{10.7}$$

根据位移协调条件建立的运动方程,用到了体系的柔度系数,所以又称为柔度法。

比较图 10.13(a)、(b)可知,柔度系数δ_{11}与刚度系数k_{11}互为倒数,即$\delta_{11} = 1/k_{11}$。将此结果代入式(10.7),即可得出与刚度法相同的式(10.5)。

对于 $F_{\mathrm{P}}(t)$、F_{I}、F_{C} 三力不全作用于质点上的情况,用柔度法建立运动方程较为方便,详见例 10.3。

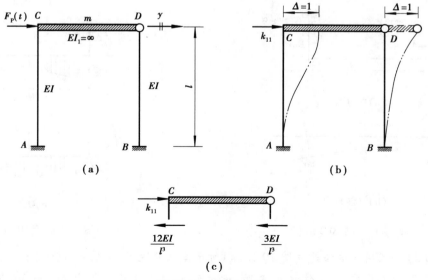

图 10.14　例 10.1 图

【例 10.1】 如图 10.14(a)所示,质量 m 集中于横梁上,不计阻尼,试建立体系的运动方程。设柱的抗弯刚度 EI 为常数。

【解】 设质量 m 的位移 y 向右为正,如图 10.14(a)所示。由式(10.5) 得运动方程为

$$m\ddot{y} + k_{11}y = F_P(t) \tag{a}$$

令 m 沿其正方向发生单位位移 $\Delta=1$ 所需施加的力为 k_{11},如图 10.14(b)所示。将横梁取出作受力分析,如图 10.14(c)所示,k_{11} 可由柱端剪力求出

$$k_{11} = \frac{12EI}{l^3} + \frac{3EI}{l^3} = \frac{15EI}{l^3} \tag{b}$$

将式(b)代入式(a),即得运动方程为

$$m\ddot{y} + \frac{15EI}{l^3}y = F_P(t)$$

【例 10.2】 试用刚度法建立图 10.15(a)所示静定梁的运动方程。

【解】 设取梁 A 端转角 α 为参考坐标,相应位移图如图 10.15(b)所示,受力图如图 10.15(a)所示。

由 $\sum M_A=0$,得

$$m_1a^2\ddot{\alpha} + m_2l^2\ddot{\alpha} + kb^2\alpha = 0$$

整理后得运动方程为

$$(m_1a^2 + m_2l^2)\ddot{\alpha} + kb^2\alpha = 0$$

(a)受力图

(b)位移图

图 10.15 例 10.2 图

(a)原图

(b)$\overline{M}_1$图

(c)$\overline{M}_P$图

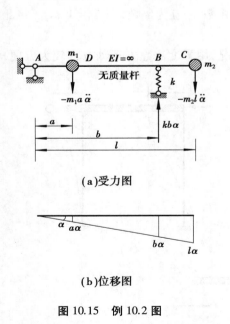

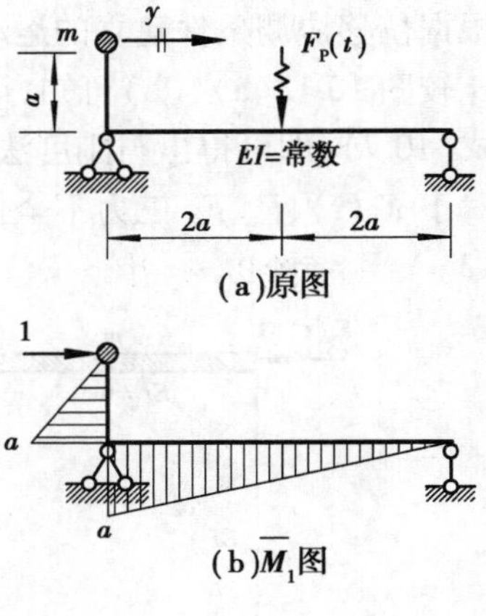

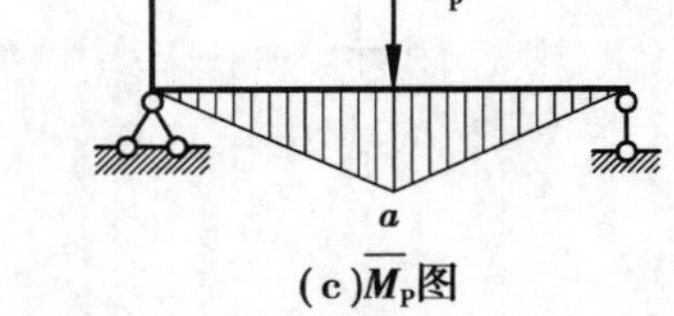

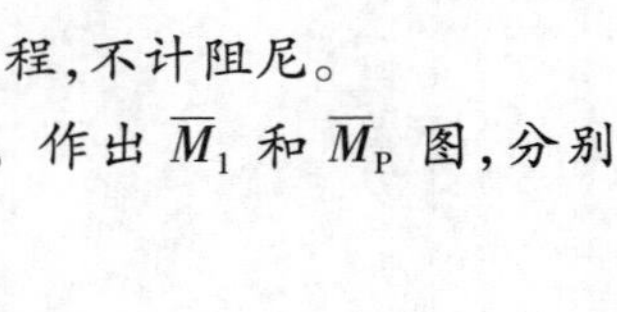

图 10.16 例 10.3 图

【例 10.3】 试用柔度法建立图 10.16(a)所示体系的运动方程,不计阻尼。

【解】 图示体系质点 m 作水平振动,设位移 y 向右为正。作出 $\overline{M}_1$ 和 $\overline{M}_P$ 图,分别如图

10.16（b）、（c）所示。求得柔度系数为

$$\delta_{11} = \frac{5a^3}{3EI}, \quad \delta_{1P} = \frac{a^3}{EI}$$

质点 m 在任一时刻的位移 y 为

$$y = \delta_{11}(-m\ddot{y}) + \delta_{1P}F_P(t)$$

将 δ_{11}、δ_{1P} 代入上式，即得

$$y = \frac{5a^3}{3EI}(-m\ddot{y}) + \frac{a^3}{EI}F_P(t)$$

整理后得运动方程为

$$\ddot{y} + \frac{3EI}{5ma^3}y = \frac{3}{5m}F_P(t)$$

10.3　单自由度体系的无阻尼自由振动

在没有动力荷载[即 $F_P(t)=0$]作用时所发生的振动称为自由振动。体系的自由振动是由初位移或初速度或两者共同激发产生的，通过自由振动的分析能揭示体系本身的动力特性。自由振动又分为无阻尼和有阻尼自由振动两种情况。这里先介绍无阻尼自由振动，有阻尼自由振动将在 10.5 节中介绍。

10.3.1　自由振动反应

在式（10.5）中，令 $F_P(t)=0$ 并去除阻尼一项，即得体系的无阻尼自由振动方程为

$$m\ddot{y} + k_{11}y = 0 \tag{10.8}$$

将式（10.8）各项除以 m，并令

$$\omega^2 = \frac{k_{11}}{m} \tag{10.9}$$

于是，式（10.8）可改写成

$$\ddot{y} + \omega^2 y = 0 \tag{10.10}$$

式（10.10）是一个二阶常系数线性齐次微分方程，其通解为

$$y(t) = C_1\sin \omega t + C_2\cos \omega t \tag{10.11a}$$

式中的系数 C_1 和 C_2 可由初始条件确定。

设在初始时刻 $t=0$ 时，质点有初位移 y_0 和初速度 v_0，即

$$y(0) = y_0, \quad \dot{y}(0) = v_0$$

由此解得

$$C_1 = \frac{v_0}{\omega}, \quad C_2 = y_0$$

代入式（10.11a）中，即得

$$y(t) = y_0 \cos \omega t + \frac{v_0}{\omega} \sin \omega t \qquad (10.11b)$$

式(10.11b)就是单自由度体系无阻尼自由振动反应。

可以看出,振动由两部分组成:一部分是由初位移 y_0 引起的,质点按 $y_0 \cos \omega t$ 的规律振动,如图 10.17(a)所示;另一部分是由初速度 v_0 引起的,质点按 $\dfrac{v_0}{\omega} \sin \omega t$ 的规律振动,如图10.17(b)所示。

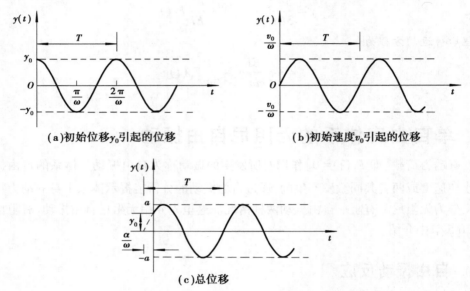

(a)初始位移y_0引起的位移   (b)初始速度v_0引起的位移

(c)总位移

图 10.17　自由振动反应

式(10.11b)还可改写为单项三角函数表示,即

$$y(t) = a \sin(\omega t + \alpha) \qquad (10.11c)$$

其中,参数 a 称为振幅,表示质点的最大位移;α 为初相角。式(10.11c)所示 y-t 曲线如图 10.17(c)所示。

振幅 a 及初相角 α 取决于质量的初始位移 y_0 及初始速度 v_0。它们与 y_0、v_0 之间的关系可导出如下:

将式(10.11c)右边展开,得

$$y(t) = a \sin \alpha \cos \omega t + a \cos \alpha \sin \omega t$$

再与式(10.11b)比较,即得

$$y_0 = a \sin \alpha, \qquad \frac{v_0}{\omega} = a \cos \alpha$$

由此可求出

$$\left. \begin{aligned} a &= \sqrt{y_0^2 + \frac{v_0^2}{\omega^2}} \\ \alpha &= \tan^{-1} \frac{y_0 \omega}{v_0} \end{aligned} \right\} \qquad (10.12)$$

10.3.2 自振周期和自振频率

由式(10.11b)或式(10.11c)可以看出,自由振动中位移、速度和加速度等物理量都是按正弦或余弦规律变化的,而正弦和余弦函数都是周期函数,每隔一段时间(称为周期),这些物理量就回到原来的状态。

式(10.11c)中周期函数的周期(用 T 表示)为

$$T = \frac{2\pi}{\omega} \tag{10.13}$$

容易验证,式(10.11c)中的位移 y 确实满足周期运动的下列条件

$$y(t + T) = y(t)$$

这就表明,在自由振动中,质点每隔一个周期 T 又回到原来的位置。

自振周期 T 表示结构出现前后同一运动状态(包括位移、速度)所需的时间间隔,也就是振动一次所需的时间,单位为秒(s)。

自振周期的倒数称为频率 f,即

$$f = \frac{1}{T} = \frac{\omega}{2\pi} \tag{10.14}$$

频率 f 表示单位时间内的振动次数,单位为 1/秒(1/s),或称为赫兹(Hz)。

由式(10.14)得

$$\omega = \frac{2\pi}{T} = 2\pi f \tag{10.15}$$

式中,ω 称为圆频率(习惯上也称为频率),表示在 2π s 内的振动次数。

体系的自振周期是动力学分析的基本参数,反映体系振动的基本性质,下面给出自振周期 T 的计算公式的几种形式:

①将式(10.9)代入式(10.13),得

$$T = 2\pi \sqrt{\frac{m}{k_{11}}} \tag{10.16a}$$

②将 $\dfrac{1}{k_{11}} = \delta_{11}$ 代入上式,得

$$T = 2\pi \sqrt{m\delta_{11}} \tag{10.16b}$$

③将 $m = \dfrac{W}{g}$(W 为质点的重量)代入上式,得

$$T = 2\pi \sqrt{\frac{W\delta_{11}}{g}} \tag{10.16c}$$

④令 $\Delta_{\text{st}} = W\delta_{11}$ 并代入上式,得

$$T = 2\pi \sqrt{\frac{\Delta_{\text{st}}}{g}} \tag{10.16d}$$

式中,$\Delta_{\text{st}} = W\delta_{11}$ 表示在质点上沿振动方向施加数值为 W 的静力荷载时,质点在振动方向所产生的静位移。

利用式(10.15)和式(10.16)中周期的几种计算形式,可得圆频率 ω 对应的几种计算形式:

$$①\omega = \sqrt{\frac{k_{11}}{m}} \tag{10.17a}$$

$$②\omega = \sqrt{\frac{1}{m\delta_{11}}} \tag{10.17b}$$

$$③\omega = \sqrt{\frac{g}{W\delta_{11}}} \tag{10.17c}$$

$$④\omega = \sqrt{\frac{g}{\Delta_{st}}} \tag{10.17d}$$

由以上分析,可以看出结构自振周期 T 和自振频率 ω 的一些重要特性:

①自振周期 T 和自振频率 ω 只与结构的刚度(k_{11})和质量(m)有关,与外界的干扰因素无关。因此,自振周期和自振频率反映了结构的固有性质,有时也称为固有周期和固有频率。

②自振周期与质量的平方根成正比,质量越大,则周期越大,频率越小;自振周期与刚度的平方根成反比,刚度越大,则周期越小,频率越大。因此,若要改变结构的动力性能,也就是改变自振周期或自振频率,应从改变结构的质量或刚度着手。

③结构的 T、ω 是反映其动力性能的很重要的数量标志。两个外表相似的结构,如果 T、ω 相差很大,则动力性能相差很大;反之,两个外表看起来并不相同的结构,如果 T、ω 很接近,则动力性能基本一致。地震中常发现这样的现象。

【例 10.4】 图 10.18(a)所示为一等截面简支梁,截面 EI = 常数,跨度为 l。在梁的跨度中点有一个集中质量 m,试求梁的自振周期 T 和自振频率 ω。梁的质量不计。

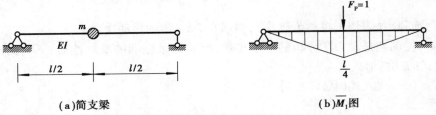

(a)简支梁　　　　　　　　　(b)$\overline{M}_1$图

图 10.18　例 10.4 图

【解】 质量 m 沿竖向振动。为计算柔度系数 δ_{11},在简支梁跨中质量 m 处施加一竖向单位力 $F_P = 1$,作 $\overline{M}_1$ 图,如图 10.18(b)所示。由单位荷载法可得

$$\delta_{11} = \frac{l^3}{48EI}$$

由式(10.16b)和式(10.17b),得自振周期 T 和自振频率 ω 分别为

$$T = 2\pi\sqrt{m\delta_{11}} = 2\pi\sqrt{\frac{ml^3}{48EI}}$$

$$\omega = \frac{1}{\sqrt{m\delta_{11}}} = \sqrt{\frac{48EI}{ml^3}}$$

【例 10.5】 图 10.19(a)所示为一等截面悬臂柱,截面面积为 A,抗弯刚度为 EI。柱顶有重物,重量为 W。设柱本身质量忽略不计,试分别求重物作水平振动和竖向振动的自振周期。

【解】 (1)水平振动

在柱顶 W 处加一水平单位力 $F_P = 1$,并绘 $\overline{M}_1$ 图,如图 10.19(b)所示。求得

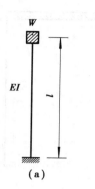

| (a) | (b) | (c) |

图 10.19　例 10.5 图

$$\delta_{11} = \frac{l^3}{3EI}$$

当柱顶作用水平力 W 时,柱顶的水平位移为

$$\Delta_{st} = \frac{Wl^3}{3EI}$$

由式(10.16d)得

$$T = 2\pi\sqrt{\frac{\Delta_{st}}{g}} = 2\pi\sqrt{\frac{Wl^3}{3EIg}}$$

(2)竖向振动

在柱顶施加一竖向单位力 $F_P = 1$,如图 10.19(c)所示。求得

$$\delta_{11} = \frac{l}{EA}$$

当柱顶作用竖向力 W 时,柱顶的竖向位移为

$$\Delta_{st} = \frac{Wl}{EA}$$

所以,由式(10.16d)得

$$T = 2\pi\sqrt{\frac{\Delta_{st}}{g}} = 2\pi\sqrt{\frac{Wl}{EAg}}$$

【**例 10.6**】　图 10.20(a)所示为一单层刚架,横梁抗弯刚度 $EI_b = \infty$,柱的截面抗弯刚度 EI 为常数。横梁上总质量为 m ,柱的质量可以忽略不计。求刚架的自振频率。

【**解**】　横梁作水平振动。体系的刚度系数 k_{11}(令横梁产生单位水平位移所需施加的力),如图 10.20(b)所示。

以横梁为隔离体,根据柱顶剪力,由图 10.20(c)可求得

$$k_{11} = 2 \times \frac{12EI}{h^3} = \frac{24EI}{h^3}$$

由式(10.17a),体系的自振频率为

$$\omega = \sqrt{\frac{k_{11}}{m}} = \sqrt{\frac{24EI}{mh^3}}$$

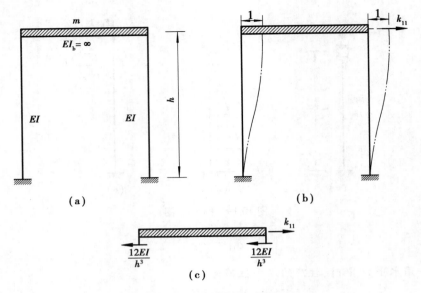

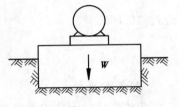

图 10.20 例 10.6 图

【例 10.7】 图 10.21 所示为一机器基础,机器与基础的总重量 $W = 60$ kN,基础下土壤的抗压刚度系数(即单位面积产生单位沉陷时所需施加的压力)为 $k = 0.6$ N/cm$^3 = 0.6 \times 10^6$ N/m^3,基础的底面积 $A = 20$ m^2。试求机器连同基础作竖向振动时的自振频率。

【解】 体系的刚度系数 k_{11},为基底总面积 A 产生单位沉陷时所需施加的压力。即

$$k_{11} = kA = 0.6 \times 10^6 \times 20 = 12 \times 10^3 \text{ kN/m}$$

由式(10.17a),自振频率为

$$\omega = \sqrt{\frac{k_{11}}{m}} = \sqrt{\frac{k_{11}g}{W}} = \sqrt{\frac{12 \times 10^3 \times 9.8}{60}} = 44.27 \text{ s}^{-1}$$

需要指出:对于有多个质点且各质点的位移均不相同的单自由度体系,式(10.16)或式(10.17)不能直接使用。此时可重新建立体系的运动方程,并将其与式(10.10)类比,即可求得体系的自振频率。具体做法见例 10.8。

【例 10.8】 图 10.22(a)所示具有两个集中质量的体系,杆 AB 的抗弯刚度 $EI_1 = \infty$,杆 AC 的抗弯刚度 EI 为有限值,试求体系的自振周期,不计阻尼。

【解】 无限刚杆 AB 发生一转角 θ 时,体系的变形及位移如图 10.22(a)中双点画线所示。该体系可等效为图 10.22(b)所示,其中的抗转动弹性约束由 AC 杆提供。

抗转动弹簧刚度系数 k,可根据其物理意义由图 10.22(c)求得,为

$$k = \frac{3EI}{2l}$$

当 AB 杆发生一转角 θ 时,弹簧反力矩及质点的惯性力如图 10.22(b)所示。由 $\sum M_A = 0$,即

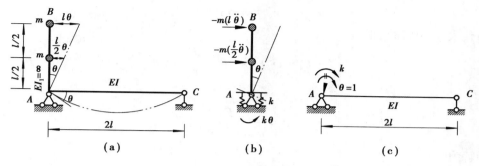

图 10.22　例 10.8 图

$$m\left(\frac{l}{2}\ddot{\theta}\right)\frac{l}{2} + m(l\ddot{\theta})l + k\theta = 0$$

整理后,得

$$\ddot{\theta} + \frac{6EI}{5ml^3}\theta = 0$$

与式 $\ddot{y} + \omega^2 y = 0$ 比较可知,θ 前面的系数即为 ω^2。由此得自振周期 T 为

$$T = \frac{2\pi}{\omega} = 2\pi\sqrt{\frac{5ml^3}{6EI}}$$

10.4　单自由度体系的无阻尼受迫振动及共振

受迫振动是指体系在动力荷载(也称干扰力)作用下所产生的振动,可分为无阻尼受迫振动和有阻尼受迫振动两种情况。本节讨论单自由度体系的无阻尼受迫振动,有阻尼受迫振动将在 10.5 节中讨论。

10.4.1　简谐荷载

1)简谐荷载的动力反应

在式(10.5)中不计阻尼一项,并令 $F_p(t) = F\sin\theta t$,即得体系的无阻尼受迫振动方程为

$$\ddot{y} + \omega^2 y = \frac{F}{m}\sin\theta t \tag{10.18}$$

其中,$\omega = \sqrt{\dfrac{k_{11}}{m}}$;$\theta$ 为简谐荷载的频率;F 为荷载的最大值,也称为荷载的幅值。

式(10.18)是二阶常系数线性非齐次微分方程,其通解由两部分组成:一部分为齐次解 $\bar{y}$,另一部分为特解 y^*,即

$$y = \bar{y} + y^* \tag{a}$$

齐次解 $\bar{y}$,已在 10.3 节中求出为

$$\bar{y} = C_1\sin\omega t + C_2\cos\omega t \tag{b}$$

设特解 y^* 为

$$y^* = A \sin \theta t \tag{c}$$

将式(c)代入式(10.18),得

$$(-\theta^2 + \omega^2)A \sin \theta t = \frac{F}{m} \sin \theta t$$

由此得

$$A = \frac{F}{m(\omega^2 - \theta^2)} \tag{d}$$

因此,特解为

$$y^* = \frac{F}{m(\omega^2 - \theta^2)} \sin \theta t \tag{e}$$

将式(b)、式(e)代入式(a),于是微分方程式(10.18)的通解为

$$y = C_1 \sin \omega t + C_2 \cos \omega t + \frac{F}{m(\omega^2 - \theta^2)} \sin \theta t \tag{10.19}$$

其中的待定常数 C_1、C_2 由初始条件确定。

设 $t=0$ 时,初始位移 $y(0)$ 与初始速度 $\dot{y}(0)$ 均为零,可求出

$$\left. \begin{array}{l} C_2 = 0 \\ C_1 = -\dfrac{F\theta}{m(\omega^2 - \theta^2)\omega} \end{array} \right\} \tag{f}$$

将式(f)代入式(10.19),得

$$y = -\frac{F\theta}{m\omega(\omega^2 - \theta^2)} \sin \omega t + \frac{F}{m(\omega^2 - \theta^2)} \sin \theta t \tag{10.20}$$

由式(10.20)可以看出,振动是由两部分组成的。第一部分是按自振频率 ω 进行的振动,第二部分是按荷载频率 θ 进行的振动。由于在实际振动过程中存在阻尼,按自振频率 ω 振动的那一部分将会很快消失(详见下一节的介绍),最后只剩下按荷载频率 θ 振动的部分。把刚开始时两部分振动同时存在的阶段称为过渡阶段,而把后来只按荷载频率振动的阶段(第二部分)称为平稳阶段。由于过渡阶段持续的时间较短,因此,以后主要讨论平稳阶段的振动,或称稳态受迫振动。

2) 简谐荷载的动力系数

平稳阶段任一时刻质点的位移 y,即式(10.20)中的第二部分,为特解 y^*。由式(c)得

$$y = y^* = A \sin \theta t \tag{10.21}$$

其中,质点的最大动位移(亦称振幅)A(或 $[y(t)]_{\max}$)可直接由式(d)确定,为

$$A = \frac{F}{m(\omega^2 - \theta^2)} = \frac{F}{m\omega^2\left(1 - \dfrac{\theta^2}{\omega^2}\right)} = y_{\mathrm{st}} \frac{1}{1 - \dfrac{\theta^2}{\omega^2}} \tag{g}$$

式(g)中

$$y_{\mathrm{st}} = \frac{F}{m\omega^2} = F\delta_{11} \tag{h}$$

为荷载幅值 F 作为静力荷载作用在结构上时,质点处产生的位移,称为最大静位移。

最大动位移与最大静位移的比值称为动力系数,用 β 表示。则

$$\beta = \frac{A}{y_{st}} = \frac{1}{1 - \dfrac{\theta^2}{\omega^2}} \qquad (10.22)$$

由此,式(g)中质点的振幅也可表示为

$$A = \beta y_{st} \qquad (10.23)$$

由式(10.22)可以看出,动力系数 β 与频率比值 θ/ω 有关,β 随 θ/ω 变化的规律如图 10.23 所示。其中横坐标为 θ/ω,纵坐标为 β 的绝对值(注意:当 $\theta/\omega>1$ 时,β 为负值)。图 10.23 可说明体系在简谐荷载作用下无阻尼稳态振动的一些性质。

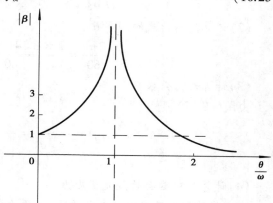

图 10.23　不计阻尼时简谐荷载的动力系数

① $\theta/\omega \ll 1(\theta/\omega \rightarrow 0)$ 时,动力系数 $\beta \rightarrow 1$。此时,简谐荷载的变化很缓慢,动力效应不明显,因而可当作静荷载处理。

② $0<\theta/\omega<1$ 时,动力系数 $\beta>0$。此时,简谐荷载与其引起的动力位移方向一致,β 随 θ/ω 的增大而增大。

③ $\theta/\omega \rightarrow 1$ 时,动力系数 $\beta \rightarrow \infty$。即当荷载频率 θ 接近于结构自振频率 ω 时,振幅会无限增大,这种现象称为共振。实际上,由于阻尼的存在,共振时并不会出现无限大的振幅,但共振时的振幅比静位移大很多倍的情况是会出现的。

④ $\theta/\omega>1$ 时,动力系数 $\beta<0$。此时,简谐荷载与其引起的动力位移方向相反。动力系数绝对值 $|\beta|$ 随 θ/ω 的增大而减小。当 $\theta/\omega \gg 1$ 时,$|\beta| \rightarrow 0$,此时,体系基本上处于静止状态,即相当于没有干扰作用。

当简谐荷载作用在质点上时,结构的最大动内力(如最大动弯矩等)与最大动位移的计算类似,动力系数 β 也相同。最大动弯矩 M_d 可按式(10.24)计算

$$M_d = \beta M_{st} \qquad (10.24)$$

其中,M_{st} 为简谐荷载的幅值单独作用下引起的静力弯矩。

【例 10.9】　设有一简支钢梁,如图 10.24 所示,跨度 $l=5$ m,型号为 I32b,惯性矩 $I=11\ 626$ cm^4,截面抵抗矩 $W=726.7$ cm^3,弹性模量 $E=2.1\times10^8$ kPa。在跨度中点有一电动机,重量 $Q=40$ kN,转速 $n=400$ r/min。由于具有偏心,转动时产生离心力 $F=20$ kN,离心力的竖向分力为 $F\sin\theta t$。忽略梁本身的质量,试求钢梁在上述竖向简谐荷载作用下受迫振动的动力系数和最大正应力。

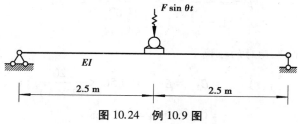

图 10.24　例 10.9 图

【解】 （1）计算简支钢梁的自振频率 ω

$$\omega = \sqrt{\frac{g}{\Delta_{\mathrm{st}}}} = \sqrt{\frac{g}{Q\delta_{11}}} = \sqrt{\frac{48gEI}{Ql^3}}$$

$$= \sqrt{\frac{9.80 \times 48 \times 2.1 \times 10^8 \times 11\,626 \times 10^{-8}}{40 \times 5.0^3}}\ \mathrm{s}^{-1}$$

$$= 47.93\ \mathrm{s}^{-1}$$

（2）计算简谐荷载的频率 θ

$$\theta = \frac{2\pi n}{60} = \frac{2 \times 3.141\,6 \times 400}{60}\ \mathrm{s}^{-1} = 41.89\ \mathrm{s}^{-1}$$

（3）计算动力系数 β

由式（10.22），得

$$\beta = \frac{1}{1 - \dfrac{\theta^2}{\omega^2}} = \frac{1}{1 - \left(\dfrac{41.89}{47.93}\right)^2} = 4.23$$

（4）计算跨中截面的最大正应力

跨中截面最大正应力应包含两项：一项为电机重量所产生的最大正应力，另一项为简谐荷载 $F\sin\theta t$ 所产生的最大动应力；第二项为简谐荷载幅值 F 作为静力荷载，引起的最大正应力的 β 倍，即 4.23 倍。故

$$\sigma = \frac{Ql}{4W} + \frac{\beta Fl}{4W} = (Q + \beta F)\frac{l}{4W}$$

$$= (40 + 4.23 \times 20) \times \frac{5.0}{4 \times 726.7 \times 10^{-6}}\ \mathrm{kPa}$$

$$= 21.43 \times 10^4\ \mathrm{kPa}$$

【例 10.10】 图 10.25 所示的机器重量 $W = 60\ \mathrm{kN}$，底面积 $A = 20\ \mathrm{m}^2$。机器运转产生简谐荷载 $F\sin\theta t$，$F = 20\ \mathrm{kN}$，机器每分钟转速 400 转。求机器连同基础做竖向振动时的振幅及地基最大压应力。（在例 10.7 中已求出 $\omega = 44.27\ \mathrm{s}^{-1}$，$k_{11} = 12 \times 10^3\ \mathrm{kN/m}$）

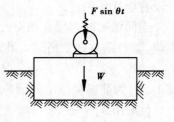

图 10.25　例 10.10 图

【解】 （1）求简谐荷载的频率 θ

$$\theta = \frac{2\pi n}{60} = \frac{2\pi \times 400}{60}\ \mathrm{s}^{-1} = 41.89\ \mathrm{s}^{-1}$$

（2）计算动力系数 β

由式（10.22），得

$$\beta = \frac{1}{1 - \dfrac{\theta^2}{\omega^2}} = \frac{1}{1 - \left(\dfrac{41.89}{44.27}\right)^2} = 9.56$$

（3）计算基础做竖向振动时的振幅

$$[y(t)]_{\max} = \beta y_{\mathrm{st}} = \beta \frac{F}{k_{11}} = 9.56 \times \frac{20}{12 \times 10^3}\ \mathrm{m}$$

$$= 0.015\,9\ \mathrm{m} = 1.59\ \mathrm{cm}$$

（4）计算地基最大压应力

$$\sigma_{\text{压max}} = \frac{W}{A} + \frac{\beta F}{A} = \frac{60}{20}\,\text{kPa} + \frac{9.56 \times 20}{20}\,\text{kPa} = 12.56\,\text{kPa}$$

有必要指出：当简谐荷载不是作用在质点上时，质点动位移和结构动内力的动力系数不再相同。动位移的动力系数和最大动位移仍可分别按式（10.22）和式（10.23）计算，但最大动弯矩不能再按式（10.24）计算，可根据下面介绍的幅值法计算。设简谐荷载为

$$F_{\text{p}}(t) = F\sin\theta t \tag{i}$$

所引起的动位移为式（10.21）。此时，惯性力的变化规律为

$$- m\ddot{y} = m\theta^2 A \sin\theta t \tag{j}$$

由式（i）和式（j）可看出，当动荷载达到幅值 F 时，惯性力也同时达到其幅值 $m\theta^2 A$。幅值法即是根据这一特点，将动荷载幅值和惯性力幅值同时施加在结构上来绘内力图的。需注意，若按式（10.22）算出的 $\beta < 0$，惯性力幅值应反方向施加。

【例 10.11】 设例 10.3 中动荷载为简谐荷载，即 $F_{\text{p}}(t) = F\sin\theta t$，荷载频率为 $\theta = \sqrt{\dfrac{3EI}{4ma^3}}$。试求质点的振幅，并绘最大动弯矩图。原图 10.16（a）重绘于图 10.26（a）中。

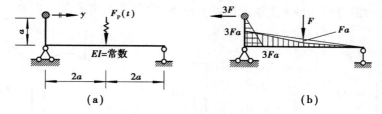

图 10.26 例 10.11 图

【解】 （1）求质点的振幅 A

在例 10.3 中，已求出柔度系数

$$\delta_{11} = \frac{5a^3}{3EI}, \qquad \delta_{1P} = \frac{a^3}{EI}$$

则体系的自振频率为

$$\omega = \sqrt{\frac{1}{m\delta_{11}}} = \sqrt{\frac{3EI}{5ma^3}}$$

质点的最大静位移为

$$y_{\text{st}} = F\delta_{1P} = \frac{Fa^3}{EI}$$

由式（10.22）可求得动力系数为

$$\beta = \frac{1}{1 - \dfrac{\theta^2}{\omega^2}} = -4$$

则质点振幅的绝对值可由式（10.23）求得，为

$$|A| = |\beta|\, y_{\text{st}} = \frac{4Fa^3}{EI}$$

（2）绘最大动弯矩图

质点的惯性力幅值为

$$m\theta^2 A = m\theta^2 \beta y_{st} = -3F$$

因其为负值，则应将惯性力幅值沿质点位移 y 的反方向施加在结构上，与简谐荷载的幅值 F 共同作用下，绘出最大动弯矩图，如图 10.26(b) 所示。

10.4.2　一般动荷载

一般动荷载 $F_P(t)$ 作用下的动力反应，可看成由一系列瞬时冲量引起的动力反应的叠加。

1) 瞬时冲量引起的动力反应

设体系开始时处于静止，然后作用瞬时冲量 S，即在 Δt 时间内作用荷载 F，冲量 S 为 $F\Delta t$，如图 10.27(a) 所示。根据动量定理，冲量使体系产生初始速度 $v_0 = S/m$，但初始位移 y_0 仍为零。体系以此时的 y_0、v_0 做自由振动。由式(10.11b)，有

$$y = \frac{S}{m\omega} \sin \omega t \tag{10.25a}$$

上式为在 $t=0$ 时作用瞬时冲量 S 所引起的动力反应。

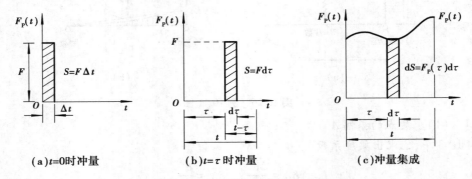

图 10.27　一般动荷载的动力反应

如果在 $t=\tau$ 时作用瞬时冲量 S，如图 10.27(b) 所示，则在任一时刻 $t(t>\tau)$ 的位移为

$$y = \frac{S}{m\omega} \sin \omega (t - \tau) \tag{10.25b}$$

2) 一般动荷载引起的动力反应

一般动荷载 $F_P(t)$ 可看作由一系列瞬时冲量组成。如图 10.27(c) 所示，在 $t=\tau$ 时刻，作用荷载为 $F_P(\tau)$，其在时间微分段 $d\tau$ 内的冲量为 $dS = F_P(\tau)d\tau$。由式(10.25b)可知，此微分冲量引起的 $t(t>\tau)$ 时刻的微分动力反应为

$$dy = \frac{F_P(\tau) d\tau}{m\omega} \sin \omega (t - \tau) \tag{k}$$

对加载过程中产生的所有微分动力反应进行叠加，即对式(k)进行积分，可得总动力反应为

$$y = \frac{1}{m\omega} \int_0^t F_P(\tau) \sin \omega(t - \tau) d\tau \qquad (10.26)$$

此式称为杜哈梅(J. M. C. Duhamal)积分,这就是初始处于静止状态的单自由度体系在任意动荷载 $F_P(t)$ 作用下的动位移计算公式。

如果 $t = 0$ 时初位移 y_0 和初速度 v_0 不为零,则总位移还应叠加式(10.11b)的结果。

下面应用式(10.26)讨论突加荷载引起的动力反应。

设体系开始时处于静止状态。在 $t = 0$ 时,突然加上荷载 F_0,并一直作用在结构上(吊装重物时的吊装荷载即为此种荷载),其表达式为

$$\left.\begin{array}{ll} F_P(t) = 0 & t < 0 \\ F_P(t) = F_0 & t > 0 \end{array}\right\} \qquad (1)$$

将式(1)中的荷载表达式代入式(10.26),得到动位移为

$$\begin{aligned} y &= \frac{1}{m\omega} \int_0^t F_0 \sin \omega(t - \tau) d\tau \\ &= \frac{F_0}{m\omega^2} (1 - \cos \omega t) \\ &= y_{st} (1 - \cos \omega t) \end{aligned} \qquad (10.27)$$

式中,$y_{st} = \dfrac{F_0}{m\omega^2} = F_0 \delta_{11}$,为 F_0 作用下产生的静力位移。

根据式(10.27)作出的动力位移如图 10.28所示。可以看出,当 $t > 0$ 时,质点围绕其静力平衡位置(新的基线)$y = y_{st}$ 做简谐运动,振幅 $A = 2y_{st}$,动力系数为

$$\beta = \frac{A}{y_{st}} = 2 \qquad (10.28)$$

由此看出,突加荷载引起的最大动位移 A 比相应的最大静位移 y_{st} 增大 1 倍。

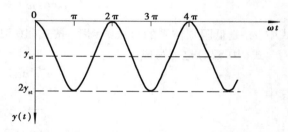

图 10.28　突加荷载的动力反应

10.5　阻尼对振动的影响

10.5.1　有阻尼自由振动

实际结构的振动,总是有阻尼的。由于阻尼的存在,在振动过程中能量不断耗散,以至体系的自由振动在经过一段时间之后,最终会衰减至零。

根据式(10.5),令 $F_P(t) = 0$,即得体系的有阻尼自由振动微分方程为

$$m\ddot{y} + c\dot{y} + k_{11}y = 0 \qquad (10.29)$$

用质量 m 除以式(10.29)各项,引入 $\omega = \sqrt{\dfrac{k_{11}}{m}}$,并令 $\xi = \dfrac{c}{2m\omega}$,得

$$\ddot{y} + 2\xi\omega\dot{y} + \omega^2 y = 0 \qquad (10.30)$$

式中,ξ 称为阻尼比。

设微分方程式(10.30)的解为

$$y(t) = Ce^{\lambda t} \tag{a}$$

将式(a)代入式(10.30),可得确定特征值 λ 的方程

$$\lambda^2 + 2\xi\omega\lambda + \omega^2 = 0 \tag{b}$$

式(b)的解为

$$\lambda = \omega\left(-\xi \pm \sqrt{\xi^2 - 1}\right) \tag{c}$$

下面,分别对 $\xi<1$、$\xi=1$ 和 $\xi>1$ 三种情况进行讨论。

1)$\xi<1$(低阻尼)的情况

令

$$\omega_r = \omega\sqrt{1 - \xi^2} \tag{10.31}$$

则式(c)可写为

$$\lambda_{1,2} = -\xi\omega \pm i\omega_r \tag{d}$$

此时,微分方程式(10.30)的解为

$$y = e^{-\xi\omega t}(C_1\cos\omega_r t + C_2\sin\omega_r t)$$

再引入初始条件确定积分常数后,可得

$$y = e^{-\xi\omega t}\left(y_0\cos\omega_r t + \frac{v_0 + \xi\omega y_0}{\omega_r}\sin\omega_r t\right) \tag{10.32a}$$

式中,ω_r 是低阻尼体系的自振圆频率,按式(10.31)计算。

式(10.32a)也可写成

$$y = e^{-\xi\omega t}a\sin(\omega_r t + \alpha) \tag{10.32b}$$

其中

$$\left.\begin{aligned} a &= \sqrt{y_0^2 + \frac{(v_0 + \xi\omega y_0)^2}{\omega_r^2}} \\ \alpha &= \tan^{-1}\frac{y_0\omega_r}{v_0 + \xi\omega y_0} \end{aligned}\right\} \tag{e}$$

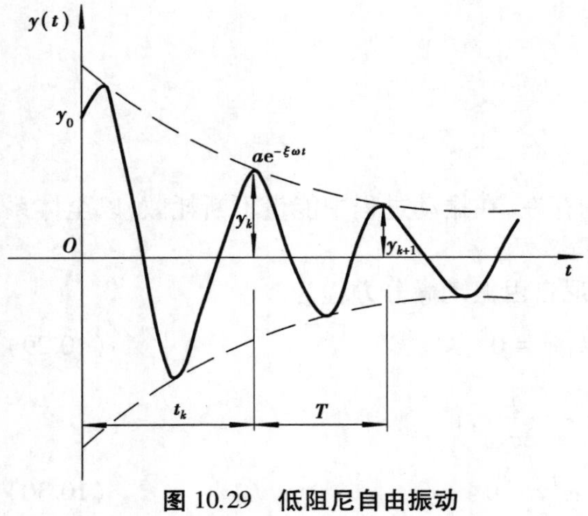

图 10.29 低阻尼自由振动

下面讨论低阻尼对自由振动频率和振幅的影响。

①低阻尼对自由振动频率的影响很小。由式(10.31)可知,因 $\xi<1$,因此 $\omega_r<\omega$。当 $0<\xi<0.2$ 时,$0.98<\omega_r/\omega<1.0$,即 ω_r 与 ω 很接近。因此,当 $\xi<0.2$ 时,阻尼对自振频率的影响很小,可以忽略。一般建筑物的 ξ 在 $0.01\sim0.1$,即属于这种情况。

②低阻尼对振幅的影响较大。由式(10.32b)可绘出低阻尼体系自由振动的 y-t 曲线,如图 10.29 所示。这是一条衰减曲线。

在式(10.32b)中,振幅为 $ae^{-\xi\omega t}$。可以看出,由于阻尼的影响,振幅随时间按对数规律衰减。

经过一个周期 $T(T=2\pi/\omega_r)$ 后,前后两个振幅之比为

$$\frac{y_k}{y_{k+1}} = \frac{a\mathrm{e}^{-\xi\omega t_k}}{a\mathrm{e}^{-\xi\omega(t_k+T)}} = \mathrm{e}^{\xi\omega T}$$

由上式取对数,得

$$\ln\frac{y_k}{y_{k+1}} = \xi\omega T = \xi\omega\frac{2\pi}{\omega_r} \tag{f}$$

当 $\xi<0.2$ 时,$\dfrac{\omega_r}{\omega}\approx1$,式(f)则为

$$\xi \approx \frac{1}{2\pi}\ln\frac{y_k}{y_{k+1}} \tag{10.33a}$$

式(10.33a)中,$\ln\dfrac{y_k}{y_{k+1}}$ 称为振幅的对数递减率。

同理,用 y_k 和 y_{k+n} 表示两个相隔 n 个周期的振幅,可得

$$\xi \approx \frac{1}{2\pi n}\ln\frac{y_k}{y_{k+n}} \tag{10.33b}$$

因此,在测得了相隔 n 个周期的两个振幅 y_k 和 y_{k+n} 后,则由式(10.33b)可推算出 ξ 的值。

2)$\xi=1$(临界阻尼)的情况

此时,由式(c)得 λ 的两个重根为

$$\lambda_{1,2} = -\omega$$

因此,微分方程式(10.30)的解为

$$y = (C_1 + C_2 t)\mathrm{e}^{-\omega t}$$

再引入初始条件,得

$$y = [y_0(1 + \omega t) + v_0 t]\mathrm{e}^{-\omega t} \tag{10.34}$$

由此绘出的 y-t 曲线如图 10.30 所示,它表示体系从初始位移 y_0 出发,逐渐回到静平衡位置而无振动发生。

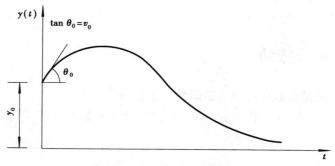

图 10.30　临界阻尼状态

因此,当 $\xi=1$ 时体系不再振动,这时的阻尼常数称为临界阻尼常数,用 c_r 表示。

在式 $\xi=\dfrac{c}{2m\omega}$ 中,令 $\xi=1$,则临界阻尼常数为

$$c_r = 2m\omega = 2\sqrt{mk_{11}} \tag{10.35}$$

所以，一般情况下的阻尼比 ξ 可表示为

$$\xi = \frac{c}{c_{\mathrm{r}}} \qquad (10.36)$$

3）$\xi > 1$（强阻尼）的情况

由式（c）可知，此时特征值 λ_1、λ_2 为两个负实数。式（10.30）的通解为

$$y = C_1 e^{(-\xi+\sqrt{\xi^2-1})\omega t} + C_2 e^{(-\xi-\sqrt{\xi^2-1})\omega t}$$

上式不含简谐振动的因子，体系将不产生振动。此时，体系受干扰后偏离平衡位置，由于弹性恢复力和阻尼的作用回到平衡位置并保持下去，所积蓄起来的初始能量在恢复平衡位置的过程中全部消耗于克服阻尼，不足以引起体系的振动。

【例 10.12】 如图 10.31 所示排架，横杆 $EA = \infty$，横杆质量及柱的部分质量集中在横杆处。为进行振动实验，在横杆处加一水平力 F，柱顶产生侧移 $y_0 = 0.6$ cm，这时突然卸除荷载 F，排架做自由振动。振动一周后，柱顶侧移为 0.54 cm。试求排架的阻尼比 ξ 及振动 10 周后柱顶的振幅 y_{10}。

【解】 （1）求 ξ

假设阻尼比 $\xi < 0.2$，则 $\omega_{\mathrm{r}} \approx \omega$。因此，可用式（10.33a）计算 ξ

$$\xi \approx \frac{1}{2\pi} \ln \frac{y_0}{y_1} = \frac{1}{2\pi} \ln \frac{0.6}{0.54} = 0.016\,8$$

（2）求振动 10 周后的振幅 y_{10}

在式（10.33b）中，$n = 10$，则有

$$\ln \frac{y_0}{y_{10}} = 2\pi n \xi$$

$$\ln y_{10} = \ln y_0 - 2\pi n \xi$$

$$= \ln 0.6 - 20\pi \times 0.016\,8$$

$$y_{10} = 0.21 \text{ cm}$$

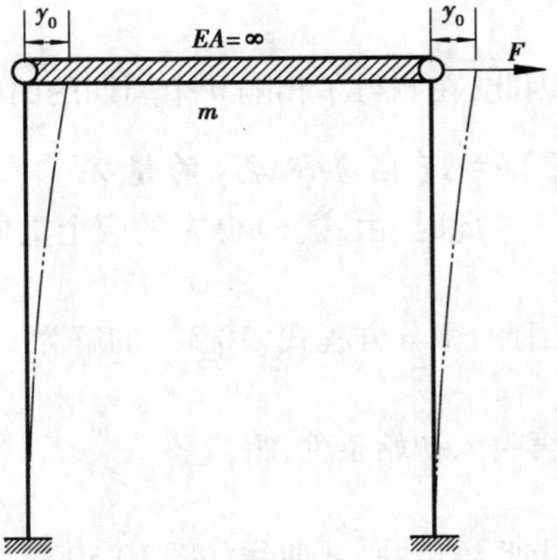

图 10.31 例 10.12 图

即振动 10 周后的振幅为 0.21 cm。

10.5.2 有阻尼受迫振动

这里讨论质点在简谐荷载作用下的有阻尼受迫振动。

将简谐荷载 $F_{\mathrm{P}}(t) = F \sin \theta t$ 代入式（10.5），即得简谐荷载作用下有阻尼受迫振动微分方程为

$$\ddot{y} + 2\xi\omega\dot{y} + \omega^2 y = \frac{F}{m} \sin \theta t \qquad (10.37)$$

式中，$\xi = \dfrac{c}{2m\omega}$，$\omega = \sqrt{\dfrac{k_{11}}{m}}$。

方程式（10.37）的解仍然由齐次解和特解组成，也就是体系的振动是由具有 ω 的频率和具有 θ 的频率的两部分振动组成。由于阻尼的影响，频率为 ω 的自由振动（即齐次解）将逐渐衰减而最

后消失;只剩下荷载引起的特解、频率为 θ 的振动不衰减,这部分振动即为稳态受迫振动。

稳态受迫振动任一时刻的动力位移可用式(10.38)表示

$$y = A\sin(\theta t - \alpha) \tag{10.38}$$

式中,A 为振幅;α 为动力位移与简谐荷载之间的相位差。

将式(10.38)代入式(10.37),可求得

$$A = y_{st} \cfrac{1}{\sqrt{\left(1 - \cfrac{\theta^2}{\omega^2}\right)^2 + 4\xi^2 \cfrac{\theta^2}{\omega^2}}} \tag{10.39}$$

$$\alpha = \tan^{-1} \cfrac{2\xi \cfrac{\theta}{\omega}}{\left(1 - \cfrac{\theta^2}{\omega^2}\right)} \tag{10.40}$$

式(10.39)中,y_{st} 为动载幅值 F 作用下的静力位移,即 $y_{st} = F\delta_{11}$。

由式(10.39),可得动力系数为

$$\beta = \frac{A}{y_{st}} = \cfrac{1}{\sqrt{\left(1 - \cfrac{\theta^2}{\omega^2}\right)^2 + 4\xi^2 \cfrac{\theta^2}{\omega^2}}} \tag{10.41}$$

对于不同的 ξ 值,可画出相应的 β 与 $\cfrac{\theta}{\omega}$ 之间的关系曲线,如图10.32所示。

下面对动力系数 β 和相位差 α 作进一步的讨论。

1)动力系数 β

由式(10.41)可以看出,动力系数 β 不仅与频率比值 $\cfrac{\theta}{\omega}$ 有关,而且与阻尼比 ξ 有关。

①当 $\cfrac{\theta}{\omega} \ll 1$ 时,$\beta \to 1$,$F_P(t)$ 可作为静力荷载看待。此时 ξ 对 β 的影响很小。

②当 $\cfrac{\theta}{\omega} \gg 1$ 时,$\beta \to 0$,相当于无动荷载的作用。此时 ξ 对 β 的影响也很小。

③在 $\cfrac{\theta}{\omega} = 1$ 附近,阻尼对 β 有很大影响。随着 ξ 的增大,β 会迅速减小。

当 $\cfrac{\theta}{\omega} = 1$(即共振)时,由式(10.41)可得动力系数 β 为

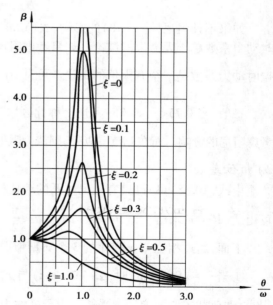

图 10.32　考虑阻尼时简谐荷载的动力系数

$$\beta \Big|_{\frac{\theta}{\omega} = 1} = \frac{1}{2\xi} \tag{10.42}$$

值得指出,在有阻尼体系中,共振$\left(\dfrac{\theta}{\omega}=1\right)$时的动力系数并不等于最大的动力系数$\beta_{\max}$,但二者的数值比较接近。

利用式(10.41),求β对参数$\dfrac{\theta}{\omega}$的一阶导数,并令其为零,可求出β为峰值时相应的频率比$\dfrac{\theta}{\omega}$。对于$\xi<\dfrac{1}{\sqrt{2}}$的结构,可得

$$\left(\frac{\theta}{\omega}\right)_{\text{峰}}=\sqrt{1-2\xi^2} \tag{g}$$

可见,与$\beta_{\max}$对应的频率比$\left(\dfrac{\theta}{\omega}\right)_{\text{峰}}$,在$\dfrac{\theta}{\omega}=1$的左侧,且$\xi$越大,则偏左侧越多。

将式(g)代入式(10.41)即得

$$\beta_{\max}=\frac{1}{2\xi\sqrt{1-\xi^2}} \tag{10.43}$$

由此看出,对于$\xi\neq0$的有阻尼体系,当$\dfrac{\theta}{\omega}=1$时,有

$$\beta_{\max}\neq\beta\mid_{\frac{\theta}{\omega}=1}$$

但是,由于实际结构的ξ值一般很小,因此可近似地认为,当$\dfrac{\theta}{\omega}=1$时,有

$$\beta_{\max}\approx\beta\mid_{\frac{\theta}{\omega}=1} \tag{h}$$

如果不计阻尼(令$\xi\to0$)的影响,式(10.41)即成为式(10.22),此时可得出无阻尼体系共振时动力系数趋于无穷大的结论。如果考虑阻尼的影响,则式(10.41)中的ξ不为零,因而得出共振时动力系数是一个有限值的结论。可见,在$\dfrac{\theta}{\omega}=1$附近,阻尼比ξ的影响是不容忽视的。

一般,当$0.75<\dfrac{\theta}{\omega}<1.25$(习惯上称此区域为共振区)时,阻尼将大大减少受迫振动的振幅,应考虑阻尼的影响。而在此范围以外,则认为阻尼对β的影响很小,可按无阻尼的情况进行计算。

2)相位差α

由式(10.38)可看出,有阻尼体系的动位移$y(t)$比动荷载$F_P(t)$滞后一个相位角α,α的值可由式(10.40)求出。当$0<\dfrac{\theta}{\omega}<1$时,$0<\alpha<\dfrac{\pi}{2}$;当$\dfrac{\theta}{\omega}>1$时,$\dfrac{\pi}{2}<\alpha<\pi$。

下面,通过相位差α变化的3个典型情况来分析振动时相应诸力的平衡关系。

①当$\dfrac{\theta}{\omega}\to0(\theta\ll\omega)$时,$\alpha\to0°$,$y(t)$与$F_P(t)$同步。此时体系振动很慢,惯性力、阻尼力都很小,动荷载主要由弹性力平衡。由于弹性力与$y(t)$方向相反,所以,动荷载与$y(t)$同步。

②当$\dfrac{\theta}{\omega}\to1$(即$\theta\approx\omega$)时,$\alpha\to90°$,$y(t)$落后于$F_P(t)$约$90°$。此时,当动荷载达最大值($\theta t=90°$)时,由式(10.38)可知,位移和加速度都接近于零,即弹性力和惯性力都接近于零,动荷载主要由阻尼力来平衡。由此再次看出,在共振时,阻尼力起着重要作用,它的影响是不容忽视的。

③当$\dfrac{\theta}{\omega}\to\infty$($\theta\gg\omega$)时,$\alpha\to180°$,$y(t)$与$F_P(t)$方向相反。此时体系振动很快,惯性力很

大,弹性力和阻尼力相对比较小。动荷载主要由惯性力平衡,而惯性力与位移是同相位的,因此,动荷载 $F_P(t)$ 与位移 $y(t)$ 必须方向相反,即相位差为 180°。

【例 10.13】 已知条件同例 10.10,即 $W=60$ kN,$F=20$ kN,$A=20$ m²。已求得 $\theta=41.89$ s⁻¹,$\omega=44.27$ s⁻¹,$k_{11}=12\times10^3$ kN/m。现在考虑阻尼的影响,设阻尼比 $\xi=0.15$,计算机器及基础做竖向振动时的振幅及地基最大压应力。

【解】 (1)求动力系数 β

由式(10.41)得

$$\beta = \frac{1}{\sqrt{\left(1-\dfrac{\theta^2}{\omega^2}\right)^2 + 4\xi^2\dfrac{\theta^2}{\omega^2}}} = \frac{1}{\sqrt{\left(1-\dfrac{41.89^2}{44.27^2}\right)^2 + 4\times0.15^2\times\left(\dfrac{41.89^2}{44.27^2}\right)}} = 3.31$$

因 $\dfrac{\theta}{\omega}=\dfrac{41.89}{44.27}=0.946$,也可用式(10.42)近似计算

$$\beta \approx \frac{1}{2\xi} = \frac{1}{2\times0.15} = 3.33$$

即两者很接近。

(2)计算振幅 $[y(t)]_{max}$

$$[y(t)]_{max} = \beta y_{st} = \beta\frac{F}{k_{11}} = 3.31\times\frac{20}{12\times10^3}\ \text{m} = 0.005\,5\ \text{m} = 5.5\ \text{mm}$$

(3)计算最大压应力

$$\sigma_{压max} = \frac{W}{A} + \frac{\beta F}{A} = \frac{60}{20}\ \text{kPa} + \frac{3.31\times20}{20}\ \text{kPa} = 6.31\ \text{kPa}$$

由以上结果可见,因为本题 $\dfrac{\theta}{\omega}$(=0.946)在共振区附近,阻尼对动力系数 β、振幅 $[y(t)]_{max}$ 及基底压应力 $\sigma_{压max}$ 均有相当大的影响。

* 10.6 两个自由度体系的自由振动

实际工程中,多层房屋的侧向振动、不等高厂房排架的振动、块式基础的水平回转振动、高耸结构(如烟囱)在地震作用下的振动、桥梁的振动、拱坝和水闸的振动等,均是多自由度体系的动力问题。两个自由度体系是最简单的多自由度体系,无论是其体系模型的简化,振动微分方程的建立和求解,还是体系响应所表现出来的动力特性等,两个自由度体系和多自由度体系并无原则的区别,而数学求解时,两个自由度体系又比较简便,因此,它可作为多自由度体系动力计算的基础。

下面,分别用刚度法和柔度法分析两个自由度体系的自由振动,并计算体系的自振频率和主振型。由于阻尼对自振频率的影响很小,因此,在分析过程中一般均略去阻尼的影响。

10.6.1 刚度法

1)运动方程的建立

图 10.33(a)所示两个自由度体系,质点 m_1 和 m_2 做自由振动时,任一时刻的位移分别为 y_1

和 y_2。取质点 m_1 和 m_2 为隔离体，其受力如图 10.33(b) 所示的两种：

①惯性力 $-m_1\ddot{y}_1$ 和 $-m_2\ddot{y}_2$，分别与加速度 $\ddot{y}_1$ 和 $\ddot{y}_2$ 的方向相反；

②弹性力 K_1 和 K_2，分别与位移 y_1 和 y_2 的方向相反。

根据达朗伯原理，可列出动平衡方程如下：

$$\left.\begin{array}{r} m_1\ddot{y}_1 + K_1 = 0 \\ m_2\ddot{y}_2 + K_2 = 0 \end{array}\right\} \tag{a}$$

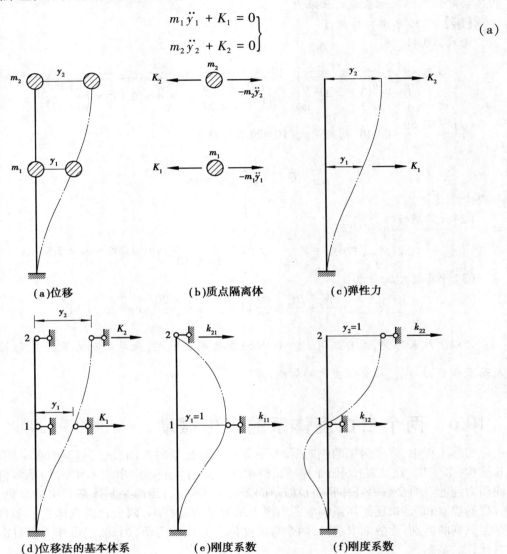

图 10.33　两个自由度体系的刚度法模型

质点所受弹性力 K_1、K_2 的反作用力如图 10.33(c) 所示。按位移法原理，图 10.33(c) 所示结构的基本体系如图 10.33(d) 所示。由此可求出 K_1、K_2 与 y_1、y_2 之间的关系如下：

$$\left.\begin{array}{r} K_1 = k_{11}y_1 + k_{12}y_2 \\ K_2 = k_{21}y_1 + k_{22}y_2 \end{array}\right\} \tag{b}$$

式(b)中，k_{ij} 是结构的刚度系数，表示当使结构在 y_j 方向发生单位位移 $y_j=1$（其余 y 为零）时，在结构的 y_i 方向上需施加的作用力，如图 10.33(e)、(f) 所示。

将式(b)代入式(a),可得

$$m_1 \ddot{y}_1 + k_{11} y_1 + k_{12} y_2 = 0 \left.\right\}$$
$$m_2 \ddot{y}_2 + k_{21} y_1 + k_{22} y_2 = 0$$

$$(10.44)$$

这就是按刚度法建立的两个自由度体系的无阻尼自由振动微分方程。

2)运动方程的求解

参照单自由度体系的自由振动为简谐振动的结论,式(10.44)的解答可直接设为

$$y_1 = Y_1 \sin(\omega t + \alpha) \left.\right\}$$
$$y_2 = Y_2 \sin(\omega t + \alpha)$$

$$(10.45)$$

式中,Y_1、Y_2 分别为 m_1 和 m_2 处的位移幅值。

式(10.45)所表示的运动具有以下特点:

①在振动过程中,两个质点同频率(ω)、同相位(α)。

②在振动过程中,两个质点的位移在数值上随时间而变化,但它们的比值始终保持不变,即

$$\frac{y_1}{y_2} = \frac{Y_1}{Y_2} = 常数$$

这种结构位移形状保持不变的振动形式,称为主振型或振型。这样的振动称为按振型自振(单频振动,具有不变的振动形式),而实际的多自由度体系的振动是多频振动,振动形状随时间而变化,但可化为各个振型振动的叠加。

3)自振频率的计算

将式(10.45)代入式(10.44),并消去公因子 $\sin(\omega t + \alpha)$,得关于 Y_1、Y_2 的齐次代数方程组

$$(k_{11} - \omega^2 m_1) Y_1 + k_{12} Y_2 = 0 \left.\right\}$$
$$k_{21} Y_1 + (k_{22} - \omega^2 m_2) Y_2 = 0$$

$$(10.46)$$

式(10.46)称为振型方程或特征向量方程。虽然 $Y_1 = 0$、$Y_2 = 0$ 是方程组的解答,但它代表的是没有发生振动的静止状态。为了得到 Y_1、Y_2 不全为零的解答,应使式(10.46)的系数行列式等于零,即

$$D = \begin{vmatrix} k_{11} - \omega^2 m_1 & k_{12} \\ k_{21} & k_{22} - \omega^2 m_2 \end{vmatrix} = 0$$

$$(10.47)$$

式(10.47)表示振动频率所要满足的代数方程,称为频率方程或特征方程。

展开上述频率方程,可求出两个圆频率为

$$\omega_{1,2}^2 = \frac{1}{2} \left[\left(\frac{k_{11}}{m_1} + \frac{k_{22}}{m_2} \right) \mp \sqrt{ \left(\frac{k_{11}}{m_1} + \frac{k_{22}}{m_2} \right)^2 - \frac{4(k_{11}k_{22} - k_{12}k_{21})}{m_1 m_2} } \right]$$

$$(10.48)$$

其中,较小的 ω_1 称为第一圆频率或基本圆频率,较大的 ω_2 称为第二圆频率。多自由度体系频率的个数与自由度的数目相等。

可以看出:ω 只与体系的刚度系数及其质量分布有关,而与外部干扰无关。

4)主振型的计算

求出自振圆频率 ω_1 和 ω_2 之后,就可确定它们各自相应的主振型。

将第一圆频率 ω_1 代入式(10.46),由于行列式 $D = 0$,说明方程组中的两个方程是线性相关

的,其中只有一个独立的方程。由式(10.46)的任一个方程可求出比值 Y_1/Y_2,称为第一主振型,用 Y_{11}/Y_{21} 表示。同理,可确定与第二圆频率 ω_2 相对应的第二主振型 Y_{12}/Y_{22}。

由式(10.46)的第一个方程,得主振型的表达式为

$$\left.\begin{array}{l} \rho_1 = \dfrac{Y_{11}}{Y_{21}} = -\dfrac{k_{12}}{k_{11} - \omega_1^2 m_1} \\[4mm] \rho_2 = \dfrac{Y_{12}}{Y_{22}} = -\dfrac{k_{12}}{k_{11} - \omega_2^2 m_1} \end{array}\right\} \tag{10.49}$$

一般情况下,各质点的振动由不同频率对应的主振型分量叠加而成。只有当各质点的初始位移和初始速度之比正好等于 ρ_1(或 ρ_2)时,体系才会按第一(或第二)主振型做自由振动。

与自振频率一样,主振型也是体系所固有的动力特性,只与体系的刚度系数及其质量分布有关,而与外部干扰无关。

【例10.14】 图10.34所示为一两层刚架,柱高 h,各柱 $EI=$ 常数,设横梁 $EI_1=\infty$,质量集中在横梁上,且 $m_1=m_2=m$,求刚架水平振动时的自振频率和主振型,并绘主振型图。

【解】 水平振动时,两层刚架可看作两个自由度体系。

(1)计算刚度系数

如图10.35(a)所示,当 m_1 沿振动方向发生单位位移 $y_1=1$ 时,在质量 m_1 和 m_2 的附加约束处需施加的力——即结构的刚度系数 k_{11} 和 k_{21},可由位移法中的形常数求得。分别取质量 m_1、m_2 为隔离体,如图10.35(c)所示,利用平衡条件求得

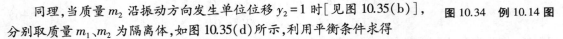

图 10.34　例 10.14 图

$$k_{11} = \frac{48EI}{h^3}, \quad k_{21} = -\frac{24EI}{h^3}$$

同理,当质量 m_2 沿振动方向发生单位位移 $y_2=1$ 时[见图10.35(b)],分别取质量 m_1、m_2 为隔离体,如图10.35(d)所示,利用平衡条件求得

$$k_{12} = -\frac{24EI}{h^3}, \quad k_{22} = \frac{24EI}{h^3}$$

(2)计算自振频率

令 $k = \dfrac{24EI}{h^3}$,则 $k_{11}=2k$,$k_{12}=k_{21}=-k$,$k_{22}=k$。将刚度系数代入频率方程式(10.48),得

$$\omega_{1,2}^2 = \frac{1}{2m}\left[3k \mp \sqrt{(3k)^2 - 4(2k^2 - k^2)}\right]$$

$$\omega_1^2 = \frac{(3-\sqrt{5})}{2m}k = 0.382\frac{k}{m}$$

$$\omega_2^2 = \frac{(3+\sqrt{5})}{2m}k = 2.618\frac{k}{m}$$

所以,两个频率为

$$\omega_1 = 0.618\sqrt{\frac{k}{m}} = 0.618\sqrt{\frac{24EI}{mh^3}} = 3.028\sqrt{\frac{EI}{mh^3}}$$

$$\omega_2 = 1.618\sqrt{\frac{k}{m}} = 1.618\sqrt{\frac{24EI}{mh^3}} = 7.927\sqrt{\frac{EI}{mh^3}}$$

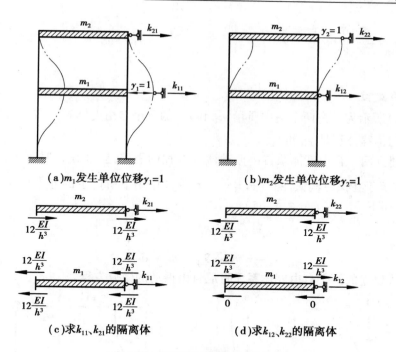

(a)m_1发生单位位移$y_1=1$ (b)m_2发生单位位移$y_2=1$

(c)求k_{11}、k_{21}的隔离体   (d)求k_{12}、k_{22}的隔离体

图10.35 两层刚架刚度系数的计算

（3）计算主振型

将 ω_1、ω_2 代入式（10.49），得对应的两个主振型分别为

$$\rho_1 = \frac{Y_{11}}{Y_{12}} = -\frac{k_{12}}{k_{11} - \omega_1^2 m_1} = -\frac{-k}{2k - 0.382k} = \frac{1}{1.618}$$

$$\rho_2 = \frac{Y_{21}}{Y_{22}} = -\frac{k_{12}}{k_{11} - \omega_2^2 m_1} = -\frac{-k}{2k - 2.618k} = -\frac{1}{0.618}$$

两个主振型形状图，分别如图10.36（a）、（b）所示。

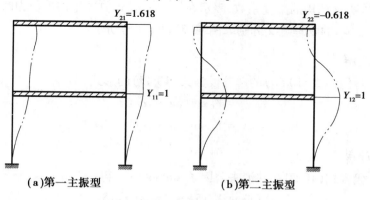

(a)第一主振型   (b)第二主振型

图10.36 两层刚架自由振动振型

    需要指出：为使主振型的振幅具有确定值，需要另外补充条件，这样得到的主振型称为标准化主振型。一般可令某一个 y 方向上的位移为1，然后求出其他 y 方向上的位移（如本例所表示的形式）。主振型的标准化还有其他做法，请参阅相关教材。

10.6.2 柔度法

1)运动方程的建立

图 10.37(a)所示为具有两个集中质量 m_1 和 m_2 的两个自由度体系。在自由振动任一时刻 t,质量 m_1、m_2 的位移分别是 y_1 和 y_2。

按柔度法建立两个自由度体系自由振动微分方程的思路是:在任一时刻 t,质量 m_1、m_2 的位移 y_1 和 y_2 应等于在该时刻惯性力($-m_1\ddot{y}_1$、$-m_2\ddot{y}_2$)作用下所产生的静力位移。根据叠加原理,可列出方程如下

$$\left.\begin{array}{l} y_1 = -m_1\ddot{y}_1\delta_{11} - m_2\ddot{y}_2\delta_{12} \\ y_2 = -m_1\ddot{y}_1\delta_{21} - m_2\ddot{y}_2\delta_{22} \end{array}\right\} \tag{10.50}$$

这就是用柔度法建立的两个自由度体系无阻尼自由振动的微分方程。

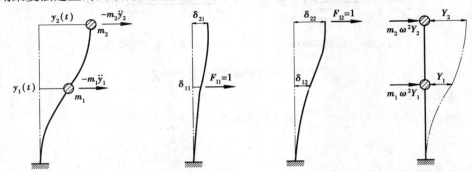

(a)惯性力产生的位移　(b)柔度系数 δ_{11}、δ_{21}　(c)柔度系数 δ_{12}、δ_{22}　(d)位移及惯性力幅值

图 10.37　两个自由度体系柔度法模型

式(10.50)中,δ_{ij} 是结构的柔度系数,表示在结构上沿 y_j 方向施加单位力时,在 y_i 方向引起的位移。δ_{11}、δ_{12}、δ_{21}、δ_{22} 的物理意义分别如图 10.37(b)、(c)所示。

2)运动方程的求解

与刚度法类似,仍将式(10.50)的解答设为式(10.45)的形式,即

$$\left.\begin{array}{l} y_1 = Y_1 \sin(\omega t + \alpha) \\ y_2 = Y_2 \sin(\omega t + \alpha) \end{array}\right\}$$

3)自振频率的计算

将式(10.45)代入式(10.50),并消去公因子 $\sin(\omega t+\alpha)$,得

$$\left.\begin{array}{l} Y_1 = (m_1\omega^2 Y_1)\delta_{11} + (m_2\omega^2 Y_2)\delta_{12} \\ Y_2 = (m_1\omega^2 Y_1)\delta_{21} + (m_2\omega^2 Y_2)\delta_{22} \end{array}\right\} \tag{10.51}$$

式(10.51)表明,主振型的位移幅值(Y_1 及 Y_2),就是体系在此主振型惯性力幅值($m_1\omega^2 Y_1$ 和 $m_2\omega^2 Y_2$)作用下引起的静力位移,如图 10.37(d)所示。

将式(10.51)两边除以 ω^2,可写成

$$\left.\begin{array}{r}\left(\delta_{11}m_1 - \dfrac{1}{\omega^2}\right)Y_1 + \delta_{12}m_2Y_2 = 0 \\[4mm] \delta_{21}m_1Y_1 + \left(\delta_{22}m_2 - \dfrac{1}{\omega^2}\right)Y_2 = 0\end{array}\right\} \tag{10.52}$$

式(10.52)称为振型方程。

为了得到 Y_1、Y_2 不全为零的解答,要求式(10.52)的系数行列式等于零,即

$$D = \begin{vmatrix} \delta_{11}m_1 - \dfrac{1}{\omega^2} & \delta_{12}m_2 \\[4mm] \delta_{21}m_1 & \delta_{22}m_2 - \dfrac{1}{\omega^2} \end{vmatrix} = 0 \tag{10.53}$$

式(10.53)称为频率方程。

令 $\lambda = \dfrac{1}{\omega^2}$,并将式(10.53)展开

$$(\delta_{11}m_1 - \lambda)(\delta_{22}m_2 - \lambda) - \delta_{12}m_2\delta_{21}m_1 = 0$$

整理后,得到一个关于 λ 的一元二次方程

$$\lambda^2 - (\delta_{11}m_1 + \delta_{22}m_2)\lambda + m_1m_2(\delta_{11}\delta_{22} - \delta_{12}\delta_{21}) = 0$$

由此,可解出 λ 的两个根

$$\lambda_{1,2} = \frac{1}{2}\left[(\delta_{11}m_1 + \delta_{22}m_2) \pm \sqrt{(\delta_{11}m_1 + \delta_{22}m_2)^2 - 4(\delta_{11}\delta_{22} - \delta_{12}\delta_{21})m_1m_2}\right] \tag{10.54}$$

约定 $\lambda_1 > \lambda_2$,于是第一圆频率 ω_1 和第二圆频率 ω_2 分别为

$$\left.\begin{array}{l}\omega_1 = \dfrac{1}{\sqrt{\lambda_1}} \\[4mm] \omega_2 = \dfrac{1}{\sqrt{\lambda_2}}\end{array}\right\} \tag{10.55}$$

4)主振型的计算

由式(10.52)得用柔度法计算的主振型如下

$$\left.\begin{array}{l}\rho_1 = \dfrac{Y_{11}}{Y_{21}} = -\dfrac{\delta_{12}m_2}{\delta_{11}m_1 - \lambda_1} \\[4mm] \rho_2 = \dfrac{Y_{12}}{Y_{22}} = -\dfrac{\delta_{12}m_2}{\delta_{11}m_1 - \lambda_2}\end{array}\right\} \tag{10.56}$$

【例 10.15】 试求图 10.38(a)所示体系的自振频率和主振型。不计梁的质量,EI 为常数。

【解】 该体系有两个自由度。

(1)计算柔度系数

分别绘 $\overline{M}_1$、$\overline{M}_2$ 图,如图 10.38(b)、(c)所示,可求得

$$\delta_{11} = \delta_{22} = \frac{4l^3}{243EI}$$

$$\delta_{12} = \delta_{21} = \frac{7l^3}{486EI}$$

（2）计算自振频率

将柔度系数代入式（10.54），并注意 $m_1 = m_2 = m$，可求得

$$\lambda_1 = (\delta_{11} + \delta_{12})m = \frac{15ml^3}{486EI}$$

$$\lambda_2 = (\delta_{11} - \delta_{12})m = \frac{ml^3}{486EI}$$

于是，由式（10.55）得到

$$\omega_1 = \sqrt{\frac{1}{\lambda_1}} = \sqrt{\frac{486EI}{15ml^3}} = 5.69\sqrt{\frac{EI}{ml^3}}$$

$$\omega_2 = \sqrt{\frac{1}{\lambda_2}} = \sqrt{\frac{486EI}{ml^3}} = 22.05\sqrt{\frac{EI}{ml^3}}$$

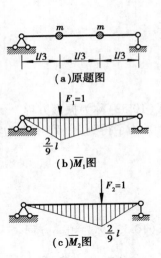

（a）原题图

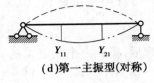

（b）$\overline{M}_1$ 图

（c）$\overline{M}_2$ 图

（3）计算主振型

由式（10.56）可求得第一主振型为

$$\rho_1 = \frac{Y_{11}}{Y_{21}} = -\frac{\delta_{12}m_2}{\delta_{11}m_1 - \lambda_1} = -\frac{\delta_{12}m}{\delta_{11}m - (\delta_{11} + \delta_{12})m} = 1 = \frac{1}{1}$$

第二主振型为

$$\rho_2 = \frac{Y_{12}}{Y_{22}} = -\frac{\delta_{12}m_2}{\delta_{11}m_1 - \lambda_2} = -\frac{\delta_{12}m}{\delta_{11}m - (\delta_{11} - \delta_{12})m} = -1 = -\frac{1}{1}$$

这表明：体系按第一频率振动时，两质点始终保持同向且相等的位移，即振型是正对称的，如图 10.38（d）所示；按第二频率振动时，两质点的位移是等值而反向的，即振型是反对称的，如图 10.38（e）所示。

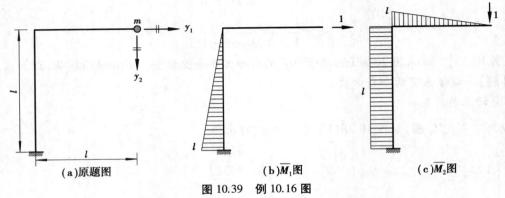

（d）第一主振型（对称）

（e）第二主振型（反对称）

图 10.38　例 10.15 图

此例中的结论可以推广：若体系的刚度和质量分布都是对称的，则其主振型为正对称或反对称的。因此，求自振频率时，可以就正、反对称两种情况各取一半结构来进行计算，这样就将原体系简化成两个单自由度体系分别进行计算。将计算出的频率加以比较，小的即为 ω_1，大的则为 ω_2。

【例 10.16】　试求图 10.39（a）所示体系的自振频率和主振型。各杆的 EI 为相同的常数，质量不计。

图 10.39　例 10.16 图

【解】　此题虽只有一个质点，但有两个自由度，如图 10.39（a）所示。

（1）计算柔度系数

分别绘 $\overline{M}_1$ 和 $\overline{M}_2$ 图，如图 10.39（b）、（c）所示。由图乘法得

$$\delta_{11} = \frac{l^3}{3EI}, \quad \delta_{12} = \delta_{21} = \frac{l^3}{2EI}, \quad \delta_{22} = \frac{4l^3}{3EI}$$

令 $\delta = \dfrac{l^3}{6EI}$，则有

$$\delta_{11} = 2\delta, \quad \delta_{12} = \delta_{21} = 3\delta, \quad \delta_{22} = 8\delta$$

（2）计算自振频率

将柔度系数代入式（10.54），并注意到 $m_1 = m_2 = m$，则可求得

$$\lambda_1 = 9.242\delta m, \quad \lambda_2 = 0.758\delta m$$

于是由式（10.55），得到

$$\omega_1 = \sqrt{\frac{1}{\lambda_1}} = 0.806\sqrt{\frac{EI}{ml^3}}, \quad \omega_2 = \sqrt{\frac{1}{\lambda_2}} = 2.813\sqrt{\frac{EI}{ml^3}}$$

（3）计算主振型

由式（10.56），可求得两个主振型分别为

$$\rho_1 = \frac{Y_{11}}{Y_{21}} = -\frac{\delta_{12}m_2}{\delta_{11}m_1 - \lambda_1} = \frac{1}{2.414}$$

$$\rho_2 = \frac{Y_{12}}{Y_{22}} = -\frac{\delta_{12}m_2}{\delta_{11}m_1 - \lambda_2} = -\frac{1}{0.414}$$

10.6.3　主振型的正交性

对于多自由度体系，各个主振型之间存在着正交性，这是多自由度体系的重要动力特性。正交性有第一正交性和第二正交性两个，下面分别予以说明。

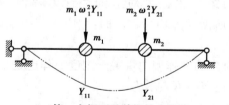

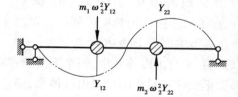

（a）第一主振型及其惯性力幅值　　　　（b）第二主振型及其惯性力幅值

图 10.40　主振型及其惯性力幅值

图 10.40（a）、（b）分别表示了同一体系的两个主振型及其对应的惯性力幅值。根据式（10.51）所示的主振型与惯性力幅值之间的关系，对于图 10.40（a）所示体系，可以写出

$$\left.\begin{array}{l} Y_{11} = (m_1\omega_1^2 Y_{11})\delta_{11} + (m_2\omega_1^2 Y_{21})\delta_{12} \\ Y_{21} = (m_1\omega_1^2 Y_{11})\delta_{21} + (m_2\omega_1^2 Y_{21})\delta_{22} \end{array}\right\} \qquad (c)$$

对于图 10.40（b）所示体系，可以写出

$$\left.\begin{array}{l} Y_{12} = (m_1\omega_2^2 Y_{12})\delta_{11} + (m_2\omega_2^2 Y_{22})\delta_{12} \\ Y_{22} = (m_1\omega_2^2 Y_{12})\delta_{21} + (m_2\omega_2^2 Y_{22})\delta_{22} \end{array}\right\} \qquad (d)$$

根据虚功互等定理：第一主振型中的惯性力幅值在第二主振型的相应位移上所做的虚功，

应当等于第二主振型中的惯性力幅值在第一主振型的相应位移上所做的虚功。即

$$(m_1\omega_1^2 Y_{11})Y_{12} + (m_2\omega_1^2 Y_{21})Y_{22} = (m_1\omega_2^2 Y_{12})Y_{11} + (m_2\omega_2^2 Y_{22})Y_{21} \tag{e}$$

将式(e)整理后,可得

$$(\omega_1^2 - \omega_2^2)(m_1 Y_{11}Y_{12} + m_2 Y_{21}Y_{22}) = 0 \tag{f}$$

因 $\omega_1 \neq \omega_2$,则由式(f),必有

$$m_1 Y_{11}Y_{12} + m_2 Y_{21}Y_{22} = 0 \tag{10.57}$$

这就是两个主振型 $\boldsymbol{Y}_1 = \begin{bmatrix} Y_{11} \\ Y_{21} \end{bmatrix}$、$\boldsymbol{Y}_2 = \begin{bmatrix} Y_{12} \\ Y_{22} \end{bmatrix}$ 应满足的第一正交性。

式(10.57)也可写成如下矩阵形式

$$\begin{bmatrix} Y_{11} \\ Y_{21} \end{bmatrix}^{\mathrm{T}} \begin{bmatrix} m_1 & 0 \\ 0 & m_2 \end{bmatrix} \begin{bmatrix} Y_{12} \\ Y_{22} \end{bmatrix} = 0 \tag{10.58a}$$

或

$$\boldsymbol{Y}_1^{\mathrm{T}} \boldsymbol{M} \boldsymbol{Y}_2 = 0 \tag{10.58b}$$

式(10.58b)中

$$\boldsymbol{M} = \begin{bmatrix} m_1 & 0 \\ 0 & m_2 \end{bmatrix}$$

称为体系的质量矩阵。

第一正交性可以表述为:多自由度体系中,两个不同频率对应的主振型向量(如此处的 $\boldsymbol{Y}_1$、$\boldsymbol{Y}_2$)关于质量矩阵 $\boldsymbol{M}$ 正交。

现在说明第一正交性的物理意义。在式(10.57)中分别乘以 ω_1^2 与 ω_2^2,可得如下两式

$$(m_1\omega_1^2 Y_{11})Y_{12} + (m_2\omega_1^2 Y_{21})Y_{22} = 0 \tag{g}$$

$$(m_1\omega_2^2 Y_{12})Y_{11} + (m_2\omega_2^2 Y_{22})Y_{21} = 0 \tag{h}$$

式(g)说明:与第一主振型对应的惯性力幅值($m_1\omega_1^2 Y_{11}$、$m_2\omega_1^2 Y_{21}$),在第二主振型的相应位移(Y_{12}、Y_{22})上所做的虚功为零;式(h)说明:与第二主振型对应的惯性力幅值($m_1\omega_2^2 Y_{12}$、$m_2\omega_2^2 Y_{22}$),在第一主振型的相应位移(Y_{11}、Y_{21})上所做的虚功为零。即:相应于某一主振型的惯性力不会在其他主振型上做功。

可以证明,多自由度体系中,两个不同频率对应的主阵型向量关于刚度矩阵也是正交的,即应满足第二正交性。对于两个自由度体系,第二正交性可表示为

$$\begin{bmatrix} Y_{11} \\ Y_{21} \end{bmatrix}^{\mathrm{T}} \begin{bmatrix} k_{11} & k_{12} \\ k_{21} & k_{22} \end{bmatrix} \begin{bmatrix} Y_{12} \\ Y_{22} \end{bmatrix} = 0 \tag{10.59a}$$

或

$$\boldsymbol{Y}_1^{\mathrm{T}} \boldsymbol{K} \boldsymbol{Y}_2 = 0 \tag{10.59b}$$

式(10.59b)中

$$\boldsymbol{K} = \begin{bmatrix} k_{11} & k_{12} \\ k_{21} & k_{22} \end{bmatrix}$$

称为体系的刚度矩阵。

主振型的正交性可理解为:相应于某一振型做简谐振动的能量不会转移到其他振型上去,也就不会引起其他振型的振动,因此,各主振型可单独存在而不互相干扰。

*10.7　两个自由度体系在简谐荷载作用下的受迫振动

在 10.4 节讨论单自由度体系在简谐荷载作用下的受迫振动时已经知道,如果简谐荷载的频率处于共振区以外,则阻尼的影响较小;而在共振区范围内,不考虑阻尼,也能反映共振现象。因此,本节不考虑阻尼的影响。

如图 10.41 所示的两个自由度体系,作用在质点 m_1、m_2 上的简谐荷载分别为 $F_1 \sin \theta t$、$F_2 \sin \theta t$。根据刚度法,分别取两个质点为隔离体,可列出两个动力平衡方程如下

$$\left. \begin{array}{l} m_1 \ddot{y}_1 + k_{11} y_1 + k_{12} y_2 = F_1 \sin \theta t \\ m_2 \ddot{y}_2 + k_{21} y_1 + k_{22} y_2 = F_2 \sin \theta t \end{array} \right\} \qquad (10.60)$$

设质点在平稳阶段的动力反应为简谐振动,式(10.60)的解答为

$$\left. \begin{array}{l} y_1(t) = Y_1 \sin \theta t \\ y_2(t) = Y_2 \sin \theta t \end{array} \right\} \qquad (10.61)$$

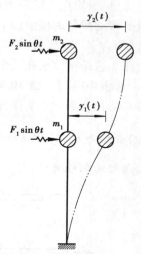

图 10.41　两个自由度体系的受迫振动

式(10.61)中,Y_1、Y_2 为两个质点的振幅(即最大动位移)。

将式(10.61)代入式(10.60),并消去公因子 $\sin \theta t$,可得

$$\left. \begin{array}{l} (k_{11} - m_1 \theta^2) Y_1 + k_{12} Y_2 = F_1 \\ k_{21} Y_1 + (k_{22} - m_2 \theta^2) Y_2 = F_2 \end{array} \right\} \qquad (a)$$

式(a)的解答可用行列式表示为

$$\left. \begin{array}{l} Y_1 = \dfrac{D_1}{D_0} \\[2mm] Y_2 = \dfrac{D_2}{D_0} \end{array} \right\} \qquad (10.62)$$

其中

$$D_0 = \begin{vmatrix} k_{11} - \theta^2 m_1 & k_{12} \\ k_{21} & k_{22} - \theta^2 m_2 \end{vmatrix} \qquad (10.63a)$$

$$D_1 = \begin{vmatrix} F_1 & k_{12} \\ F_2 & k_{22} - \theta^2 m_2 \end{vmatrix} \qquad (10.63b)$$

$$D_2 = \begin{vmatrix} k_{11} - \theta^2 m_1 & F_1 \\ k_{21} & F_2 \end{vmatrix} \qquad (10.63c)$$

若简谐荷载的频率 θ 等于体系的自振频率 ω 时,则式(10.63a)中的 D_0 即为式(10.47)中的 D,因此 $D_0 = 0$。由式(10.62)可知,此时 $Y_1 \to \infty$、$Y_2 \to \infty$,即多自由度体系发生共振。多自由度体系有多个共振点。譬如,对于两个自由度体系,当 θ 分别等于 ω_1 和 ω_2 时,体系均会发生共振。

由式(10.61)求出加速度后,可得两个质点上的惯性力分别为

$$-m_1\ddot{y}_1 = m_1\theta^2 Y_1 \sin\theta t \Bigg\}$$
$$-m_2\ddot{y}_2 = m_2\theta^2 Y_2 \sin\theta t \Bigg\} \tag{b}$$

可见,质点上的简谐荷载、动位移以及惯性力均按 $\sin\theta t$ 变化,且同时达到各自的最大值。只要将动荷载的幅值(F_1、F_2)和惯性力的幅值($m_1\theta^2 Y_1$、$m_2\theta^2 Y_2$)沿 y 坐标方向同时作用在结构上(所含 Y_1、Y_2 要自带本身正负号),按静力计算方法即可求得动内力的幅值,并可绘最大动内力图。这是幅值法在两个自由度体系中的运用。

【例 10.17】 图 10.42(a)所示刚架,横梁为无限刚性,质量集中在横梁上,且 $m_1 = m_2 = m$。各层间侧移刚度(亦称抗剪刚度,为该层上下两端发生单位水平相对位移时该层各柱剪力之和)分别为 k_1、k_2,且 $k_1 = k_2 = k$。在一层楼面作用有动荷载 $F\sin\theta t$,$\theta = 2\sqrt{\dfrac{k}{m}}$。试计算第一、二层楼面处的侧移幅值,并绘最大动弯矩图。

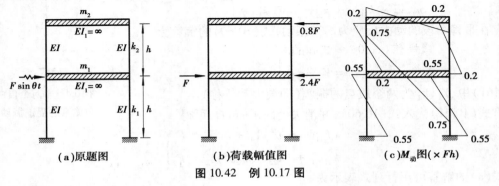

(a)原题图   (b)荷载幅值图   (c)$M_{动}$图($\times Fh$)

图 10.42 例 10.17 图

【解】 (1)计算刚度系数
根据刚度系数的物理意义,可求得

$$\left.\begin{array}{l} k_{11} = k_1 + k_2 = 2k \\ k_{12} = k_{21} = -k_2 = -k \\ k_{22} = k_2 = k \end{array}\right\} \tag{c}$$

(2)计算侧移幅值(即质点的振幅)
由式(10.63)展开,得行列式 D_0、D_1、D_2 分别为

$$D_0 = \begin{vmatrix} k_{11} - \theta^2 m_1 & k_{12} \\ k_{21} & k_{22} - \theta^2 m_2 \end{vmatrix} = (k_{11} - \theta^2 m_1)(k_{22} - \theta^2 m_2) - k_{12}k_{21} \tag{d}$$

$$D_1 = \begin{vmatrix} F & k_{12} \\ 0 & k_{22} - \theta^2 m_2 \end{vmatrix} = F(k_{22} - \theta^2 m_2) \tag{e}$$

$$D_2 = \begin{vmatrix} k_{11} - \theta^2 m_1 & F \\ k_{21} & 0 \end{vmatrix} = -k_{21}F \tag{f}$$

将 $\theta^2 m_1 = \theta^2 m_2 = m\left(2\sqrt{\dfrac{k}{m}}\right)^2 = 4k$ 及式(c)代入 式(d)、式(e)和式(f),得

$$\begin{cases} D_0 = 5k^2 \\ D_1 = -3kF \\ D_2 = -kF \end{cases}$$

由式(10.62)得两个质点的振幅分别为

$$\begin{cases} Y_1 = \dfrac{D_1}{D_0} = \dfrac{-3kF}{5k^2} = -\dfrac{3F}{5k} \\ Y_2 = \dfrac{D_2}{D_0} = \dfrac{-kF}{5k^2} = -\dfrac{F}{5k} \end{cases}$$

Y_1、Y_2 均为负值,说明质点的动位移与动荷载的方向相反。

(3)绘最大动弯矩图

两个质点上惯性力的幅值分别为

$$\begin{cases} m_1\theta^2 Y_1 = -2.4F \\ m_2\theta^2 Y_2 = -0.8F \end{cases}$$

将质点上的动荷载幅值(F、0)和惯性力幅值($-2.4F$、$-0.8F$)沿运动方向施加在结构上[图 10.42(b)],可绘出最大动弯矩图,如图 10.42(c)所示。

下面,根据例 10.17 的有关计算结果,讨论动力吸振器的基本原理。对于图 10.43(a)所示体系,质量 m_1 集中于横梁上,楼层侧移刚度为 k_1。体系在简谐荷载 $F\sin\theta t$ 作用下,横梁必会发生侧向振动。若要消除梁的振动,可附加一弹性质量系统,如图 10.43(b)所示。

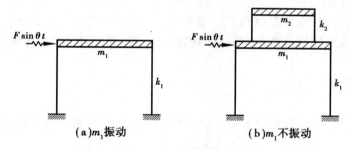

图 10.43　动力吸振器基本原理

图 10.43(b)所示即为例 10.17 中图 10.42(a)所示体系。为了消除横梁(即 m_1)的振动,可在式(10.62)中令 $Y_1 = \dfrac{D_1}{D_0} = 0$,亦即 $D_1 = 0$。由式(e)并考虑式(c),可得

$$k_{22} - \theta^2 m_2 = k_2 - \theta^2 m_2 = 0 \tag{g}$$

将式(g)代入式(d),得 $D_0 = -k_2^2$。再由式(f)和式(10.62)可知质量 m_2 的振幅为

$$Y_2 = -\frac{F}{k_2} \tag{h}$$

故此,根据附加的弹性质量系统的允许振幅 Y_2,可先由式(h)求出其侧移刚度为 $k_2 = \left| \dfrac{F}{Y_2} \right|$,然后由式(g)可定出其质量 $m_2 = \dfrac{k_2}{\theta^2}$。这就是动力吸振(或减振)器的基本原理。

* 10.8 振型分解法

利用式(10.60)可得,两个自由度体系(不计阻尼)在任意动荷载作用下的运动方程为

$$\left.\begin{array}{c} m_1\ddot{y}_1 + k_{11}y_1 + k_{12}y_2 = F_{P1}(t) \\ m_2\ddot{y}_2 + k_{21}y_1 + k_{22}y_2 = F_{P2}(t) \end{array}\right\} \tag{10.64}$$

式中,$F_{P1}(t)$、$F_{P2}(t)$ 为作用在质点上的任意动荷载。

式(10.64)可写成矩阵形式,即为

$$\begin{bmatrix} m_1 & 0 \\ 0 & m_2 \end{bmatrix}\begin{bmatrix} \ddot{y}_1 \\ \ddot{y}_2 \end{bmatrix} + \begin{bmatrix} k_{11} & k_{12} \\ k_{21} & k_{22} \end{bmatrix}\begin{bmatrix} y_1 \\ y_2 \end{bmatrix} = \begin{bmatrix} F_{P1}(t) \\ F_{P2}(t) \end{bmatrix} \tag{10.65a}$$

进一步可写成

$$M\ddot{y} + Ky = F_P(t) \tag{10.65b}$$

其中,$M = \begin{bmatrix} m_1 & 0 \\ 0 & m_2 \end{bmatrix}$ 为质量矩阵,$K = \begin{bmatrix} k_{11} & k_{12} \\ k_{21} & k_{22} \end{bmatrix}$ 为刚度矩阵,$y = \begin{bmatrix} y_1 \\ y_2 \end{bmatrix}$ 为位移向量,$\ddot{y} = \begin{bmatrix} \ddot{y}_1 \\ \ddot{y}_2 \end{bmatrix}$ 为加

速度向量,$F_P(t) = \begin{bmatrix} F_{P1}(t) \\ F_{P2}(t) \end{bmatrix}$ 为荷载向量。

由式(10.64)可看出:微分方程组关于变量 y_1、y_2 是耦合的,当承受任意动力荷载作用时,直接求解很困难。通常需设法解除方程组的耦合再求解,这可通过坐标变换来实现。

10.8.1 坐标变换

运动微分方程式(10.64)或式(10.65)中,质点的位移 y_1、y_2 称为几何坐标。

为了解除方程组的耦合,可进行如下坐标变换:以结构的两个主振型向量 $Y_1 = \begin{bmatrix} Y_{11} \\ Y_{21} \end{bmatrix}$、$Y_2 = \begin{bmatrix} Y_{12} \\ Y_{22} \end{bmatrix}$ 为基底,将几何坐标 y 向量表示为主振型向量的线性组合,即

$$\begin{bmatrix} y_1 \\ y_2 \end{bmatrix} = \eta_1 \begin{bmatrix} Y_{11} \\ Y_{21} \end{bmatrix} + \eta_2 \begin{bmatrix} Y_{12} \\ Y_{22} \end{bmatrix} \tag{10.66}$$

式(10.66)也可认为是将位移向量 y 按主振型进行分解。

式(10.66)也可写为

$$y = \begin{bmatrix} Y_1 & Y_2 \end{bmatrix}\begin{bmatrix} \eta_1 \\ \eta_2 \end{bmatrix} = \begin{bmatrix} Y_{11} & Y_{21} \\ Y_{12} & Y_{22} \end{bmatrix}\begin{bmatrix} \eta_1 \\ \eta_2 \end{bmatrix} \tag{10.67a}$$

简记为

$$y = Y\eta \tag{10.67b}$$

其中，$\boldsymbol{Y} = [\boldsymbol{Y}_1 \quad \boldsymbol{Y}_2]$ 称为主振型矩阵。

式(10.66)、式(10.67a)及式(10.67b)，均为将几何坐标(y_1, y_2)变换成数目相同的另一组新坐标(η_1, η_2)的坐标变换关系，新坐标$\boldsymbol{\eta} = [\eta_1 \quad \eta_2]^T$称为正则坐标。

10.8.2 解耦形式的微分方程

将式(10.67b)代入式(10.65b)，并左乘以$\boldsymbol{Y}^T$，得到

$$\boldsymbol{Y}^T \boldsymbol{M} \boldsymbol{Y} \ddot{\boldsymbol{\eta}} + \boldsymbol{Y}^T \boldsymbol{K} \boldsymbol{Y} \boldsymbol{\eta} = \boldsymbol{Y}^T \boldsymbol{F}_P(t) \tag{a}$$

利用主振型的正交性，很容易证明式(a)中的$\boldsymbol{Y}^T \boldsymbol{M} \boldsymbol{Y}$和$\boldsymbol{Y}^T \boldsymbol{K} \boldsymbol{Y}$都是对角矩阵。由矩阵的乘法运算，有

$$\boldsymbol{Y}^T \boldsymbol{M} \boldsymbol{Y} = \begin{bmatrix} \boldsymbol{Y}_1^T \\ \boldsymbol{Y}_2^T \end{bmatrix} \boldsymbol{M} [\boldsymbol{Y}_1 \quad \boldsymbol{Y}_2] = \begin{bmatrix} \boldsymbol{Y}_1^T \boldsymbol{M} \boldsymbol{Y}_1 & \boldsymbol{Y}_1^T \boldsymbol{M} \boldsymbol{Y}_2 \\ \boldsymbol{Y}_2^T \boldsymbol{M} \boldsymbol{Y}_1 & \boldsymbol{Y}_2^T \boldsymbol{M} \boldsymbol{Y}_2 \end{bmatrix} \tag{b}$$

根据主振型的第一正交性可知，式(b)右端矩阵中，所有非主对角线上的元素均为零。因而只剩下主对角线上的元素不为零。

令

$$M_i^* = \boldsymbol{Y}_i^T \boldsymbol{M} \boldsymbol{Y}_i \quad (i = 1, 2) \tag{10.68}$$

M_i^*称为相应于第i个主振型的广义质量。于是式(b)可写为

$$\boldsymbol{Y}^T \boldsymbol{M} \boldsymbol{Y} = \begin{bmatrix} M_1^* & 0 \\ 0 & M_2^* \end{bmatrix} = \boldsymbol{M}^* \tag{c}$$

$\boldsymbol{M}^*$称为广义质量矩阵，它是一个对角矩阵。

同理，利用主振型的第二正交性，可以证明$\boldsymbol{Y}^T \boldsymbol{K} \boldsymbol{Y}$也是对角矩阵，并可表示为

$$\boldsymbol{Y}^T \boldsymbol{K} \boldsymbol{Y} = \begin{bmatrix} K_1^* & 0 \\ 0 & K_2^* \end{bmatrix} = \boldsymbol{K}^* \tag{d}$$

式(d)中，$\boldsymbol{K}^*$称为广义刚度矩阵。$\boldsymbol{K}^*$中的非零元素为

$$K_i^* = \boldsymbol{Y}_i^T \boldsymbol{K} \boldsymbol{Y}_i \quad (i = 1, 2) \tag{10.69}$$

K_i^*称为相应于第i个主振型的广义刚度。

式(a)的右端记为$\boldsymbol{F}(t)$，即

$$\boldsymbol{F}(t) = \boldsymbol{Y}^T \boldsymbol{F}_P(t) = \begin{bmatrix} \boldsymbol{Y}_1^T \\ \boldsymbol{Y}_2^T \end{bmatrix} \boldsymbol{F}_P(t) = \begin{bmatrix} F_1(t) \\ F_2(t) \end{bmatrix} \tag{e}$$

其中任一元素

$$F_i(t) = \boldsymbol{Y}_i^T \boldsymbol{F}_P(t) \quad (i = 1, 2) \tag{10.70}$$

称为相应于第i个主振型的广义荷载，$\boldsymbol{F}(t)$称为广义荷载向量。

将式(c)、式(d)及式(e)代入式(a)，则得解耦形式的微分方程为

$$\boldsymbol{M}^* \ddot{\boldsymbol{\eta}} + \boldsymbol{K}^* \boldsymbol{\eta} = \boldsymbol{F}(t) \tag{10.71a}$$

其展开形式为

$$M_i^* \ddot{\eta}_i + K_i^* \eta_i = F_i(t) \quad (i = 1, 2) \tag{10.71b}$$

或

$$\ddot{\eta}_i + \omega_i^2 \eta_i = \frac{1}{M_i^*} F_i(t) \quad (i = 1,2) \tag{10.71c}$$

式(10.71c)中

$$\omega_i = \sqrt{\frac{K_i^*}{M_i^*}} \quad (i = 1,2) \tag{10.72}$$

为体系的自振频率。

式(10.71c)与无阻尼单自由度体系的受迫振动微分方程式

$$\ddot{y} + \omega^2 y = \frac{1}{m} F_P(t)$$

具有相同的形式,因而也可用杜哈梅积分进行求解。

在初位移和初速度为零的情况下,式(10.71c)的解为

$$\eta_i = \frac{1}{M_i^* \omega_i} \int_0^t F_i(\tau) \sin \omega_i(t - \tau) d\tau \quad (i = 1,2) \tag{10.73}$$

这样,就将两个自由度体系的受迫振动问题,简化为两个单自由度体系的受迫振动问题进行计算。在分别求得了各正则坐标(η_1, η_2)之后,再代入式(10.66)或式(10.67),即可求得各几何坐标(y_1, y_2)。以上解法的关键之处就在于将位移向量 y 分解为各主振型的叠加,故称为振型分解法或振型叠加法。

10.8.3 振型分解法的计算步骤

综上所述,可将振型分解法的计算步骤归纳如下:

(1)求自振频率和主振型

根据 10.6 节,可选用刚度法或柔度法计算 ω_i 和 $Y_i (i = 1,2)$。

(2)计算广义质量和广义荷载

分别按式(10.68)和式(10.70)计算,即

$$\left. \begin{array}{l} M_i^* = Y_i^T M Y_i \\ F_i(t) = Y_i^T F_P(t) \end{array} \right\} \quad (i = 1,2)$$

(3)计算正则坐标

若 $F_i(t)$ 为任意动荷载,可按式(10.73)计算正则坐标 $\eta_i(i = 1,2)$;若 $F_i(t)$ 为简谐荷载,即 $F_i(t) = F_i \sin \theta t$,可按 10.4.1 中所述直接解微分方程的方法求解正则坐标,此时

$$\eta_i = \frac{F_i}{M_i^*(\omega_i^2 - \theta^2)} \sin \theta t \quad (i = 1,2) \tag{f}$$

(4)计算几何坐标

由坐标变换式(10.66)或式(10.67),可计算几何坐标 y_1、y_2。

进一步还可计算其他动力反应,如加速度、惯性力和动内力等。

【例 10.18】 例 10.15 中图 10.38(a)所示体系,在质点 m_1 处受有突加荷载

$$F_P(t) = \begin{cases} 0 & (t < 0) \\ F & (t > 0) \end{cases}$$

作用,如图 10.44(a)所示。试求两质点的位移和梁的动弯矩。

【解】 (1)例 10.15 中已求出体系的两个自振频率及振型分别为

$$\omega_1 = 5.69\sqrt{\frac{EI}{ml^3}} \qquad \omega_2 = 22.05\sqrt{\frac{EI}{ml^3}}$$

$$Y_1 = \begin{bmatrix} 1 \\ 1 \end{bmatrix} \qquad Y_2 = \begin{bmatrix} 1 \\ -1 \end{bmatrix}$$

两个主振型图分别如图 10.44(b)、(c)所示。

(2)计算广义质量和广义荷载

由式(10.68),得

$$M_1^* = Y_1^T M Y_1 = \begin{bmatrix} 1 & 1 \end{bmatrix} \begin{bmatrix} m & 0 \\ 0 & m \end{bmatrix} \begin{bmatrix} 1 \\ 1 \end{bmatrix} = 2m$$

$$M_2^* = Y_2^T M Y_2 = \begin{bmatrix} 1 & -1 \end{bmatrix} \begin{bmatrix} m & 0 \\ 0 & m \end{bmatrix} \begin{bmatrix} 1 \\ -1 \end{bmatrix} = 2m$$

由式(10.70),得

$$F_1(t) = Y_1^T F_P(t) = \begin{bmatrix} 1 & 1 \end{bmatrix} \begin{bmatrix} F_P(t) \\ 0 \end{bmatrix} = F_P(t)$$

$$F_2(t) = Y_2^T F_P(t) = \begin{bmatrix} 1 & -1 \end{bmatrix} \begin{bmatrix} F_P(t) \\ 0 \end{bmatrix} = F_P(t)$$

(3)求正则坐标

由式(10.73)有

$$\eta_1(t) = \frac{1}{M_1^* \omega_1} \int_0^t F_1(\tau) \sin\omega_1(t-\tau)d\tau$$

$$= \frac{1}{2m\omega_1} \int_0^t F \sin\omega_1(t-\tau)d\tau$$

$$= \frac{F}{2m\omega_1^2}(1 - \cos\omega_1 t)$$

$$\eta_2(t) = \frac{1}{M_2^* \omega_2} \int_0^t F_2(\tau) \sin\omega_2(t-\tau)d\tau$$

$$= \frac{1}{2m\omega_2} \int_0^t F \sin\omega_2(t-\tau)d\tau$$

$$= \frac{F}{2m\omega_2^2}(1 - \cos\omega_2 t)$$

(4)求质点位移(即几何坐标)

根据式(10.66),得

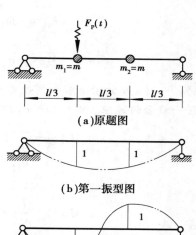

(a)原题图

(b)第一振型图

(c)第二振型图

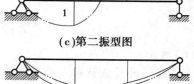

(d)位移图

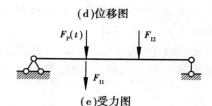

(e)受力图

图 10.44 例 10.18 图

$$\begin{bmatrix} y_1 \\ y_2 \end{bmatrix} = \eta_1 \begin{bmatrix} 1 \\ 1 \end{bmatrix} + \eta_2 \begin{bmatrix} 1 \\ -1 \end{bmatrix}$$

$$y_1 = \eta_1 + \eta_2$$

$$= \frac{F}{2m\omega_1^2}\left[(1 - \cos\omega_1 t) + \left(\frac{\omega_1}{\omega_2}\right)^2(1 - \cos\omega_2 t)\right]$$

$$= \frac{F}{2m\omega_1^2}\left[(1 - \cos\omega_1 t) + 0.066\,7(1 - \cos\omega_2 t)\right]$$

$$y_2 = \eta_1 - \eta_2$$

$$= \frac{F}{2m\omega_1^2}\left[(1 - \cos\omega_1 t) - 0.066\,7(1 - \cos\omega_2 t)\right]$$

两质点的位移 y_1、y_2 如图 10.44(d)所示。

(5)求动弯矩

两质点的惯性力分别为

$$F_{I1} = -m_1\ddot{y}_1 = -\frac{F}{2}(\cos\omega_1 t + \cos\omega_2 t)$$

$$F_{I2} = -m_2\ddot{y}_2 = -\frac{F}{2}(\cos\omega_1 t - \cos\omega_2 t)$$

将任一时刻 t 的动荷载和惯性力作用于梁上,如图 10.44(e)所示,根据平衡条件便可求出梁上任一截面的弯矩。例如 m_1、m_2 所在截面的弯矩分别为

$$M_1(t) = \frac{2l}{9}[F_{I1} + F_P(t)] + \frac{l}{9}F_{I2}$$

$$= \frac{Fl}{6}\left[(1 - \cos\omega_1 t) + \frac{1}{3}(1 - \cos\omega_2 t)\right]$$

$$M_2(t) = \frac{l}{9}[F_{I1} + F_P(t)] + \frac{2l}{9}F_{I2}$$

$$= \frac{Fl}{6}\left[(1 - \cos\omega_1 t) - \frac{1}{3}(1 - \cos\omega_2 t)\right]$$

(6)讨论

上面求得的质点位移和截面弯矩的算式中均包括两项,前一项是第一振型分量的影响,后一项是第二振型分量的影响。可以看出:第一振型分量的影响比第二振型分量的影响要大得多。一般地说,多自由度体系的动力反应可以只取前几个较低频率的振型分量叠加,高振型的影响很小,可略去不计。

还应注意:由于 ω_1 与 ω_2 不相等,第一和第二主振型分量并不是同时达到最大值,因此求位移或弯矩的最大值时,不能简单地把两个分量的最大值相加。

*10.9 能量法计算自振频率

对于多自由度体系和无限自由度体系,精确计算其自振频率较困难,常采用一些计算简单又具有一定精度的近似方法。本节介绍的瑞利(Rayleigh)能量法即是一种近似法,它根据能量守恒原理求体系的第一自振频率 ω_1 的近似值。

设图 10.45 所示简支梁具有分布质量 $\overline{m}(x)$ 和若干个质点 m_i。体系按某一自振频率 ω 做自由振动,以 $Y(x)$ 表示梁上任意一点 x 处的振幅(即振型函数),则位移可表示为

$$y(x,t) = Y(x)\sin(\omega t + \alpha) \qquad (a)$$

速度为

$$\dot{y}(x,t) = \omega Y(x)\cos(\omega t + \alpha) \qquad (b)$$

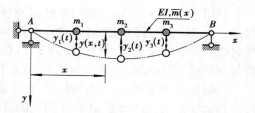

图 10.45 无限自由度体系的自由振动

体系在自由振动时具有两种形式的能量,一种是由于具有质量和速度而构成的动能,另一种是由于杆件变形而存储的应变能。如果不考虑阻尼的影响,则体系的能量既无输入也无耗散。根据能量守恒原理,体系在任一时刻 t 的动能 $T(t)$ 与应变能 $U(t)$ 之和应当保持不变,即

$$T(t) + U(t) = 常数 \qquad (c)$$

现在考虑两个特殊时刻的总能量。由式(a)、式(b)可知,当体系通过静平衡位置时,各质点位移为零而速度达到最大,即应变能 $U(t) = 0$ 而动能 $T(t)$ 达其最大值 T_{max},总能量为

$$T_{max} + 0 \qquad (d)$$

当体系达到振幅位置时,各质点位移达到最大而速度为零,因此动能 $T(t) = 0$ 而应变能 $U(t)$ 达到其最大值 U_{max}。总能量为

$$0 + U_{max} \qquad (e)$$

对这两个特定时刻,按照式(c)可知,式(d)和式(e)中的总能量应相等,即有

$$T_{max} + 0 = 0 + U_{max}$$

或

$$T_{max} = U_{max} \qquad (f)$$

利用式(f)可以得到确定体系自振频率的公式。

体系在任一时刻的动能为

$$T(t) = \int_0^l \frac{1}{2}(\overline{m}(x)\,dx)[\dot{y}(x,t)]^2 + \sum \frac{1}{2}m_i[\dot{y}_i(t)]^2$$

$$= \frac{1}{2}\omega^2\cos^2(\omega t + \alpha)\int_0^l \overline{m}(x)[Y(x)]^2 dx + \frac{1}{2}\omega^2\cos^2(\omega t + \alpha)\sum m_i Y_i^2$$

式中 Y_i 为质点 m_i 的振幅。

当 $\cos^2(\omega t + \alpha) = 1$ 时,动能 $T(t)$ 即达其最大值 T_{max},为

$$T_{max} = \frac{1}{2}\omega^2\int_0^l \overline{m}(x)[Y(x)]^2 dx + \frac{1}{2}\omega^2\sum m_i Y_i^2 \qquad (g)$$

式(g)中,$\sum$ 表示对所有的质点 m_i 求和。

受弯体系的应变能可只考虑弯曲应变能,为

$$U(t) = \frac{1}{2}\int_0^l \frac{M^2}{EI}dx = \frac{1}{2}\int_0^l EI[y''(x,t)]^2 dx = \frac{1}{2}\sin^2(\omega t + \alpha)\int_0^l EI[Y''(x)]^2 dx$$

当 $\sin^2(\omega t + \alpha) = 1$ 时,应变能 $U(t)$ 即达其最大值 U_{max},为

$$U_{max} = \frac{1}{2}\int_0^l EI[Y''(x)]^2 dx \qquad (h)$$

由 $T_{max} = U_{max}$ 得

$$\omega^2 = \frac{\displaystyle\int_0^l EI[Y''(x)]^2 dx}{\displaystyle\int_0^l \overline{m}(x)[Y(x)]^2 dx + \sum m_i Y_i^2} \qquad (10.74)$$

利用式(10.74)计算自振频率时,必须知道振型函数 $Y(x)$,但 $Y(x)$ 事先通常未知,故只能假设一个 $Y(x)$ 的近似值来进行计算。若所假设的 $Y(x)$ 恰好与某一振型吻合,则可求得与该振型对应的频率的精确值。但假设的 $Y(x)$ 往往是近似的,故求得的频率亦为近似值。由于假设高频率的振型较困难,常使误差很大,故这种方法更适宜于计算第一频率 ω_1。

在假设振幅曲线 $Y(x)$ 时,至少应使它满足位移边界条件,并尽可能满足力的边界条件。通常可取结构在某种静荷载 $q(x)$ 作用下的挠曲线作为 $Y(x)$,此时应变能 U_{max} 可以更简便地用静荷载 $q(x)$ 所做的实功来代替,即

$$U_{max} = \frac{1}{2} \int_0^l q(x) Y(x) \, \mathrm{d}x$$

而式(10.74)可改写为

$$\omega^2 = \frac{\int_0^l q(x) Y(x) \, \mathrm{d}x}{\int_0^l \overline{m}(x) [Y(x)]^2 \, \mathrm{d}x + \sum m_i Y_i^2} \tag{10.75}$$

如果取结构在自重荷载(当质量水平振动时,自重荷载则应沿水平方向施加)作用下的变形曲线作为 $Y(x)$,则式(10.74)可改写为

$$\omega^2 = \frac{\int_0^l \overline{m}(x) g Y(x) \, \mathrm{d}x + \sum m_i g Y_i}{\int_0^l \overline{m}(x) [Y(x)]^2 \, \mathrm{d}x + \sum m_i Y_i^2} \tag{10.76}$$

【例 10.19】 试用能量法求图 10.8 所示等截面简支梁的第一频率,设分布质量 $\overline{m}(x)$ 为常数 $\overline{m}$,梁的 EI = 常数。

【解】 (1)首先,假设振幅曲线 $Y(x)$ 为抛物线

$$Y(x) = \frac{4a}{l^2} x(l - x)$$

其对 x 的二阶导数为

$$Y''(x) = -\frac{8a}{l^2}$$

该振幅曲线满足位移边界条件:$Y(0) = 0$,$Y(l) = 0$;但简支梁端弯矩不等于零 $[EIY''(0) \neq 0$,$EIY''(l) \neq 0]$ 却与实际情况不符。

将 $Y(x)$ 及 $Y''(x)$ 代入式(10.74),得

$$\omega_1^2 = \frac{EI \int_0^l \left(-\frac{8a}{l^2}\right)^2 \mathrm{d}x}{\overline{m} \int_0^l \left(\frac{4a}{l^2} x(l-x)\right)^2 \mathrm{d}x} = \frac{\dfrac{64EIa^2}{l^3}}{\dfrac{8}{15} \overline{m} a^2 l} = \frac{120EI}{\overline{m} l^4}$$

$$\omega_1 = \frac{10.954}{l^2} \sqrt{\frac{EI}{\overline{m}}}$$

与精确解 $\left(\dfrac{\pi^2}{l^2} \sqrt{\dfrac{EI}{\overline{m}}}\right)$ 比较,误差偏大,为 +11.0%。

(2)其次,取均布荷载 q 作用下的挠曲线作为 $Y(x)$,即

$$Y(x) = \frac{q}{24EI}(l^3 x - 2l x^3 + x^4)$$

读者可自行检验它既满足位移边界条件,也满足力的边界条件。代入式(10.75),得

$$\omega_1^2 = \frac{\dfrac{q^2}{24EI}\displaystyle\int_0^l (l^3 x - 2lx^3 + x^4)\,\mathrm{d}x}{\overline{m}\left(\dfrac{q}{24EI}\right)^2 \displaystyle\int_0^l (l^3 x - 2lx^3 + x^4)^2\,\mathrm{d}x}$$

$$= \frac{\dfrac{q l^5}{5}}{\dfrac{\overline{m}q}{24EI}\cdot\dfrac{31 l^9}{630}} = \frac{97.548\,4EI}{\overline{m}l^4}$$

$$\omega_1 = \frac{9.877}{l^2}\sqrt{\frac{EI}{\overline{m}}}$$

与精确解比较,误差仅为+0.075%,很小。

(3)最后,设振幅曲线 $Y(x)$ 为正弦曲线,即

$$Y(x) = a \sin \frac{\pi x}{l}$$

$$Y''(x) = -\frac{a\pi^2}{l^2}\sin\frac{\pi x}{l}$$

代入式(10.74),得

$$\omega_1^2 = \frac{EIa^2\dfrac{\pi^4}{l^4}\displaystyle\int_0^l\left(\sin\frac{\pi x}{l}\right)^2\mathrm{d}x}{\overline{m}a^2\displaystyle\int_0^l\left(\sin\frac{\pi x}{l}\right)^2\mathrm{d}x} = \frac{\dfrac{\pi^4 EIa^2}{2l^3}}{\dfrac{\overline{m}a^2 l}{2}} = \frac{\pi^4 EI}{\overline{m}l^4}$$

$$\omega_1 = \frac{\pi^2}{l^2}\sqrt{\frac{EI}{\overline{m}}} = \frac{9.869\,6}{l^2}\sqrt{\frac{EI}{\overline{m}}}$$

为精确解。

(4)讨论

正弦曲线是第一主振型的精确解,因此由它求得的 ω_1 是第一频率的精确值。取均布荷载 q 作用下的挠曲线作为 $Y(x)$ 求得的 ω_1 具有很高的精度(本例的误差仅为 0.075%),足以满足工程要求。假设 $Y(x)$ 为抛物线时,由于其与第一主振型的精确解相差太大,且未满足所有的边界条件,故误差也太大。

需要指出,用能量法求得的频率的近似值比精确值大,这是因为用近似的振幅曲线去代替真实的振幅曲线时,相当于在体系上增加了约束,使体系的刚度增大,因此求得的频率高于精确值。

【例10.20】 用能量法求图10.46(a)所示三层刚架的第一自振频率。

【解】 选择自重作用下的弹性曲线作为振型曲线。将各层重量 $m_i g$ 作为水平力作用于各横梁上,如图10.46(b)所示,以此水平力作用下各横梁产生的水平位移作为 m_i 的振幅 Y_i ,分别求得如下:

$$Y_1 = \frac{\displaystyle\sum_{i=1}^{3} m_i g}{k_1} = \frac{(270 + 270 + 180)\times 10^3 \times 9.8}{245 \times 10^6}\,\mathrm{m} = 0.028\,8\,\mathrm{m}$$

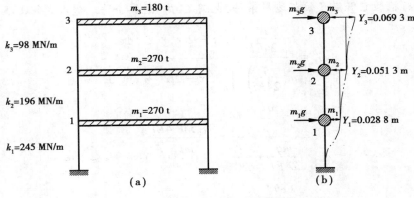

图 10.46 例 10.20 图

$$Y_2 = Y_1 + \frac{\sum\limits_{i=2}^{3} m_i g}{k_2} = 0.028\ 8\ \text{m} + \frac{(270 + 180) \times 10^3 \times 9.8}{196 \times 10^6}\ \text{m}$$

$$= 0.028\ 8\ \text{m} + 0.022\ 5\ \text{m} = 0.051\ 3\ \text{m}$$

$$Y_3 = Y_2 + \frac{m_3 g}{k_3} = 0.051\ 3\ \text{m} + \frac{180 \times 10^3 \times 9.8}{98 \times 10^6}\ \text{m} = 0.051\ 3\ \text{m} + 0.018\ \text{m} = 0.069\ 3\ \text{m}$$

由式(10.76),可得

$$\omega_1^2 = \frac{\sum m_i g Y_i}{\sum m_i Y_i^2}$$

$$= \frac{270 \times 10^3 \times 9.8 \times (0.028\ 8 + 0.051\ 3) + 180 \times 10^3 \times 9.8 \times 0.069\ 3}{270 \times 10^3 \times (0.028\ 8^2 + 0.051\ 3^2) + 180 \times 10^3 \times 0.069\ 3^2}$$

$$= 185.769$$

$$\omega_1 = 13.63\ \text{s}^{-1}$$

与精确值($\omega_1 = 13.46\ \text{s}^{-1}$)比较,误差为+1.3%。

本章小结

结构动力计算与静力计算的主要区别是,动力计算要考虑惯性力(有时也包括阻尼力)和时间因素。动力计算包括自由振动和受迫振动两部分内容。

(1)动力计算的基本未知量是质点的位移。确定体系在振动过程中任一时刻所有质点的位置所需的独立几何参数的数目,称为体系的动力自由度,也就是动力计算基本未知量的个数。

(2)进行动力计算要建立体系的运动方程。建立运动方程的基本方法是动静法,它是根据达朗伯原理,在运动体系的质点上,通过"引入假想惯性力,考虑瞬间动平衡"建立运动方程。用动静法建立运动方程有两种方式:若体系的柔度系数比较容易求得,就列写位移方程(柔度法);若体系的刚度系数比较容易求得,就列写动力平衡方程(刚度法)。

(3)熟练掌握单自由度体系自振频率和周期的计算方法。自振频率为

$$\omega = \sqrt{\frac{k_{11}}{m}} = \sqrt{\frac{1}{m\delta_{11}}} = \sqrt{\frac{g}{W\delta_{11}}} = \sqrt{\frac{g}{\Delta_{\text{st}}}}$$

自振周期为

$$T = \frac{2\pi}{\omega} = 2\pi\sqrt{\frac{m}{k_{11}}} = 2\pi\sqrt{m\delta_{11}}$$

对于具有多个质点且各质点的位移均不相同的单自由度体系,需重新建立体系的运动方程,再求体系的自振频率或自振周期。

体系的自振频率和周期只与体系的刚度和质量有关,而与引起自由振动的初始条件(初位移或初速度)无关,是体系的固有特性。

(4)阻尼对一般土木工程结构的自振频率和周期的影响很小,通常忽略不计。

(5)对于简谐荷载作用于质点的单自由度体系,熟练掌握用动力系数法计算动位移和动内力(以动弯矩为例)的最大值

$$A = \beta y_{st}, M_d = \beta M_{st}$$

在共振区外可不考虑阻尼,动力系数 β 按式(10.22)计算

$$\beta = \frac{1}{1 - \frac{\theta^2}{\omega^2}}$$

必须注意:上述动力系数法只适用于单自由度体系在质点处受简谐荷载作用的情况。对于干扰力不是简谐荷载,或简谐荷载不作用于质点的单自由度体系,以及多自由度体系(不论何种荷载),均不能采用这一方法。因为在这些情况下没有统一的动力系数。

(6)对于任意动荷载作用于质点的单自由度体系,质点的动位移用杜哈梅积分计算。应理解杜哈梅积分中各参数的含义。

(7)掌握两个自由度体系自振频率和主振型的计算。具体做法有柔度法和刚度法两种。

两个自由度体系的各质点按某一个自振频率做自由振动时,任一时刻各质点位移之间的比例保持不变,这种特殊的振动形式称为主振型。所谓确定主振型,就是求出每一振型情况下各质点位移之间的比值。

(8)掌握两个自由度体系在简谐荷载作用下(不考虑阻尼)的振幅及最大动内力的计算方法(幅值法)。

(9)两个自由度体系中,当干扰力为任意动荷载或为简谐荷载需考虑阻尼时,宜采用振型分解法(或振型叠加法)计算动力反应。理解振型分解法(或振型叠加法)的基本原理。

(10)瑞利能量法是适宜于求体系第一频率的近似方法(计算结果大于精确值),其关键是所假设的振型函数 $Y(x)$ 必须满足体系的位移边界条件,并尽可能满足力的边界条件。

思考题

10.1 结构动力计算中的自由度概念与结构几何组成分析中的自由度概念有何异同?

10.2 在动力计算中,为什么要确定体系的动力自由度?

10.3 为什么说单自由度体系的自振频率和周期是体系的固有性质?它们与体系的哪些固有量有关?

10.4 式(10.16)中的 Δ_{st} 与式(10.23)中的 y_{st} 有什么区别?

10.5 低阻尼对自由振动频率和振幅的影响如何?

10.6 若运动方程为 $\ddot{y}+\omega^2 y=\dfrac{F}{m}\cos\theta t$，试推导此时稳态受迫振动质点位移 $y(t)$ 的表达式及动力系数 β 的计算公式。

10.7 利用式(10.22)求得的动力系数计算结构最大动力反应,需满足什么条件?

10.8 为了减小图10.24所示简支梁的动力系数,可以采取哪些措施(θ 值不能改变)?

10.9 杜哈梅积分中的时间变量 τ 与 t 有何区别?

10.10 初始处于静止状态的单自由度体系,在质点上受思考题10.10图所示突加短期荷载,荷载的表达式为

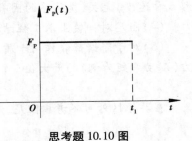

思考题 10.10 图

$$F_P(t)=\begin{cases} F_P & (0\le t\le t_1) \\ 0 & (t>t_1) \end{cases}$$

若不考虑阻尼,可以用哪几种方法求质点的动位移 $y(t)$ ($t>t_1$)?

10.11 求两个自由度体系的自振频率,在什么情况下用柔度法较好? 在什么情况下用刚度法较好?

10.12 两个自由度体系的自振频率和主振型由哪些因素决定?

10.13 什么叫主振型? 在何种条件下两个自由度体系才按某一主振型做自由振动?

10.14 两个自由度体系发生共振的可能性有几个? 为什么?

10.15 两个自由度体系各质点处的动位移、动内力有没有统一的动力系数?

10.16 振型叠加法中用到了叠加原理,在结构动力计算中,什么情况下能用这个方法? 什么情况下不能应用?

10.17 用能量法求得的体系的第一频率,是否一定大于精确值?

习　题

10.1 判断题

(1)引起单自由度体系自由振动的初速度值越大,则体系的自振频率越大。　　　　　(　　)

(2)如果单自由度体系的阻尼增大,将会使体系的自振周期变短。　　　　　(　　)

(3)在土木工程结构中,阻尼对自振周期的影响很小。　　　　　(　　)

(4)由于各个质点之间存在几何约束,质点体系的动力自由度数总是小于其质点个数。

(　　)

(5)多自由度体系的自振频率与引起自由振动的初始条件无关。　　　　　(　　)

(6)n 个自由度体系有 n 个自振周期,其中第一周期是最长的。　　　　　(　　)

10.2 填空题

(1)单自由度体系运动方程为 $m\ddot{y}+c\dot{y}+k_{11}y=F_P(t)$,其中未考虑重力,这是因为_____ _____。

(2)单自由度体系自由振动的振幅取决于_____。

(3)若要改变单自由度体系的自振周期,应从改变体系的_____或_____着手。

(4)若由式(10.22)求得的动力系数 β 为负值,则表示_____。

（5）习题 10.2(5) 图所示体系发生共振时,干扰力与 _____ 平衡。

（6）习题 10.2(6) 图所示体系的质量矩阵 $M =$ _____。

（7）习题 10.2(7) 图所示体系不考虑阻尼,$EI =$ 常数。已知 $\theta = 0.6\omega$（ω 为自振频率）,其动力系数 $\beta =$ _____。

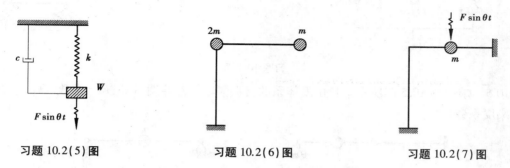

习题 10.2(5) 图　　　　习题 10.2(6) 图　　　　习题 10.2(7) 图

（8）已知习题 10.2(8) 图所示体系的第一主振型为 $Y_1 = \begin{bmatrix} 1 \\ 2 \end{bmatrix}$,利用主振型的正交性可求得第二主振型 $Y_2 =$ _____。

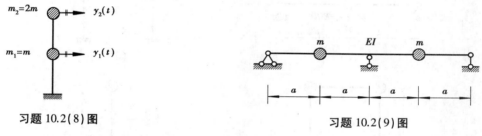

习题 10.2(8) 图　　　　　　　习题 10.2(9) 图

（9）习题 10.2(9) 图所示对称体系的第一主振型 $Y_1 =$ _____,第二主振型 $Y_2 =$ _____。

10.3　确定习题 10.3 图所示质点体系的动力自由度。除注明者外各受弯杆 $EI =$ 常数,各链杆 $EA =$ 常数。

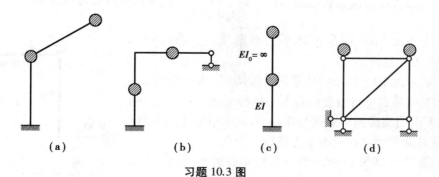

（a）　　　　（b）　　　　（c）　　　　（d）

习题 10.3 图

10.4　不考虑阻尼,列出习题 10.4 图所示体系的运动方程。

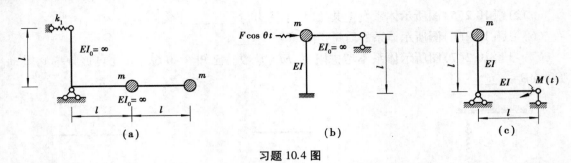

习题 10.4 图

10.5　求习题 10.5 图所示单自由度体系的自振频率。除注明者外，EI = 常数。k_1 为弹性支座的刚度系数。

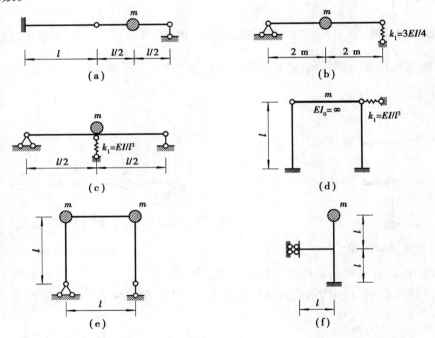

习题 10.5 图

10.6　求习题 10.6 图所示体系的自振频率。除杆件 AB 外，其余杆件为刚性杆。

10.7　求习题 10.7 图所示体系的自振周期。EI = 常数。

10.8　某单质点单自由度体系由初位移 $y_0 = 2$ cm 产生自由振动，经过 8 个周期后测得振幅为 0.2 cm，试求阻尼比及在质点上作用简谐荷载发生共振时的动力系数。

10.9　求习题 10.9 图所示梁稳态振动时的最大动力弯矩图和质点的振幅。已知：质点的重量 $W = 24.5$ kN，$F = 10$ kN，$\theta = 52.3$ s^{-1}，$EI = 3.2 \times 10^7$ N·m^2。不计梁的重量和阻尼。

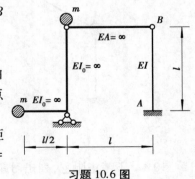

习题 10.6 图

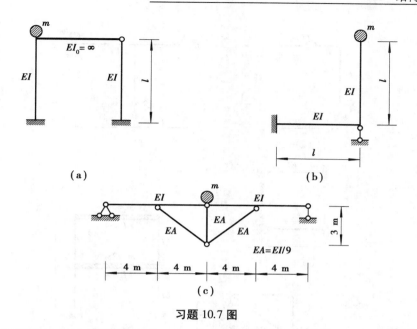

（a）　　　　　　　　　　　（b）

（c）

习题 10.7 图

10.10　求习题 10.10 图所示刚架稳态振动时的最大动力弯矩图和质点的振幅。已知：$F = 2.5$ kN，$\theta = \sqrt{\dfrac{4}{3}}\,\omega$，$EI = 2.8 \times 10^4$ kN·m²。不考虑阻尼。

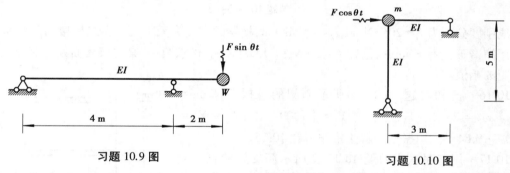

习题 10.9 图

习题 10.10 图

10.11　习题 10.2（5）图中，一个重量 $W = 500$ N 的重物悬挂在刚度 $k = 4 \times 10^3$ N/m 的弹簧上，假定它在简谐荷载 $F\sin\theta t$（$F = 50$ N）作用下做竖向振动，已知阻尼系数 $c = 50$（N·s）/m。试求：（1）发生共振时的频率 θ；（2）共振时的振幅；（3）共振时的相位差。

10.12　在习题 10.9 图所示梁的质点上受到竖直向下的突加荷载 $F_P(t) = 20$ kN 作用，求质点的最大动位移值。

10.13　求习题 10.13 图所示单自由度体系做无阻尼受迫振动时质点的振幅。已知 $\theta = \sqrt{\dfrac{24EI}{ml^3}}$。

10.14　求习题 10.14 图所示体系的自振频率和主振型，绘出主振型图。$EI = $ 常数。

10.15　习题 10.15 图所示两层刚架的楼面质量分别为 $m_1 = 120$ t，$m_2 = 100$ t，柱的质量已集中于楼面；

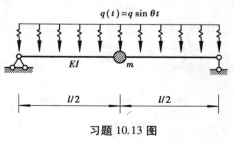

习题 10.13 图

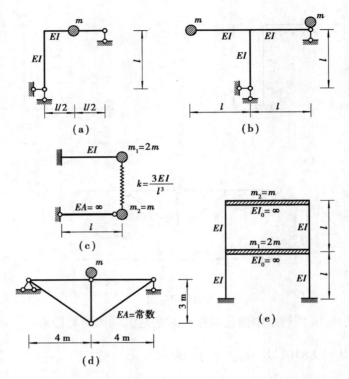

习题 10.14 图

柱的线刚度分别为 $i_1 = 20$ MN·m, $i_2 = 14$ MN·m,横梁的刚度为无限大。在二层楼面处沿水平方向作用简谐干扰力 $F\sin\theta t$,已知 $F = 5$ kN,$\theta = 15.71$ s^{-1}。试求第一、第二层楼面处的振幅值和柱端弯矩的幅值。

10.16 已知习题 10.15 图所示刚架的自振频率 $\omega_1 = 9.9$ s^{-1},$\omega_2 = 23.2$ s^{-1},主振型 $Y_1 = \begin{bmatrix} 1.00 & 1.87 \end{bmatrix}^T$,$Y_2 = \begin{bmatrix} 1.00 & -0.64 \end{bmatrix}^T$。用振型分解法重作习题 10.15。

10.17 用能量法求习题 10.17 图所示简支梁的第一频率。已知 $m = 2\overline{m}l$,$\overline{m}$ 为梁单位长度的质量。

(1) 设 $Y(x) = a\sin\dfrac{\pi x}{l}$(无集中质量时简支梁的第一振型曲线);

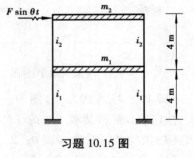

习题 10.15 图

(2) 设 $Y(x) = \dfrac{F_P}{48EI}(3l^2x - 4x^3)$ $\left(0 \leqslant x \leqslant \dfrac{l}{2}\right)$(跨中作用集中力 F_P 时的弹性曲线)。

10.18 用能量法求习题 10.18 图所示具有均布质量 $\overline{m}$ 的两跨连续梁的第一频率。

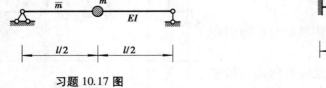

习题 10.17 图

习题 10.18 图

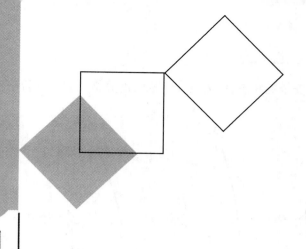

11 结构的稳定计算

本章导读：

- **基本要求**　了解结构的 3 种平衡状态及两类稳定问题，了解稳定计算的核心内容是计算临界荷载；掌握用静力法和能量法确定压杆临界荷载的基本原理，并能应用于计算理想压杆第一类稳定问题的临界力。
- **重点**　准确理解稳定问题的基本概念，应用静力法和能量法确定压杆的临界荷载。
- **难点**　稳定问题的实质；临界状态的静力特征和能量特征；可化为弹性支座问题中弹簧刚度的计算；稳定方程的建立和求解。

11.1　概　述

为了保证结构的安全和正常使用，除了进行强度计算和刚度验算外，还必须计算其稳定性。也就是说，杆件除了应有足够的横截面面积，使其所产生的最大应力不超过强度要求外，杆件还不能过分细长，以致变形过大，不满足使用上对刚度的要求。特别是在受压杆件中，变形会引起压力作用位置的偏移，形成附加弯矩，进而引起附加弯曲变形，两者互相促进的结果也可能导致某截面强度不足而破坏。

在结构的常规强度和刚度分析中，通常假定结构在受力前后力学模型不会发生改变，无需考虑结构受力过程中位形（即位移和变形）对计算模型的影响。对于大部分结构体系而言，这样的计算结果足够满足工程设计的需要。

在某些受力体系中，因受力变形（或外界挠动）导致结构可能处于某一与原始位形不同的受力状态，受力过程中体系的局部或整体的平衡状态与初始受力状态相比发生了变化。平衡状态的变化可能是质变，即参与平衡的力的性质发生了改变，如图 11.1（a）所示；也可能是量变，即平衡状态不变，但各个力之间的数量大小发生了改变，如图 11.1（b）所示。如果基于位形改变后的强度分析结果令结构处于明显不安全的状态,就需要在常规强度分析的同时进行稳定性分析。

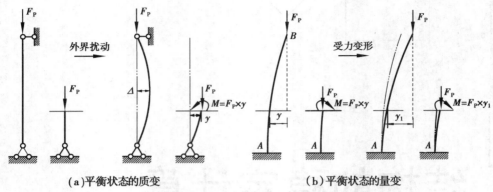

(a)平衡状态的质变   (b)平衡状态的量变

图 11.1 受力变形(外界扰动)对平衡状态的影响

一般来说,对于细长压杆(柱)以及某些情况下的梁、桁架、拱和板壳来说,即使其具有足够的强度,但在稳定性方面仍可能是不够安全的。

在工程史上,就曾因为人们对稳定性问题认识不足,而发生过一些因结构失稳而造成的重大工程事故,至今对人们仍有警示作用。

例如,在 1907 年,加拿大魁北克一座长 548 m 的钢桥,在施工中因其桁架的压杆失稳而突然坠毁;1922 年,美国华盛顿一座剧院,在一场特大暴风雪中,因其屋顶结构中一根梁丧失稳定,而导致该建筑物倒塌等。

与现代科学技术的飞速发展相应的是,新型材料(高强度钢、复合材料等)和新型结构(大跨度结构、高层结构、薄壁结构等)在工程中广泛应用,这使结构的稳定性问题更加突出,逐渐上升为控制设计的主要因素之一。

11.1.1 几个基本概念

所谓失稳,指的是随着荷载增大到一定数值时,体系原始平衡状态形式丧失其稳定性的过程。

从稳定分析的角度出发,对体系的受力状态施加微小外界干扰(即令体系发生任意可能的微小位形)后,根据体系响应的不同,其平衡状态可分为 3 种不同的类型。

1)稳定平衡状态

若对体系的某一受力平衡状态施加任意的微小干扰,干扰消失后体系能够回复到原有的平衡状态,则此时体系处于稳定平衡状态。

2)不稳定平衡状态

若对体系的某一受力平衡状态施加任意的微小干扰,干扰消失后体系不能回复到原有的平衡状态,则体系处于不稳定平衡状态。

3)临界状态

若对体系的某一受力平衡状态施加任意的微小干扰,干扰撤除后体系将在干扰引起的新平衡状态上平衡,这是一种由稳定平衡向不稳定平衡过渡的中间状态。则原来的平衡状态称为临界状态。

临界状态亦称为随遇平衡状态(或中性平衡状态),此状态中使杆件处于临界状态的外力称为临界荷载,以 F_{Pcr} 表示。它既是使杆件保持稳定平衡的最大荷载,也是使杆件产生不稳定平衡的最小荷载。

结构稳定分析过程中,均以变形后的位形为计算依据,属于几何非线性范畴(叠加原理不再适用),有小挠度和大挠度两种理论。其中小挠度理论的曲率采用近似表达式,而大挠度理论的曲率采用精确表达式;大挠度理论更为准确,但计算复杂,而小挠度理论可以用比较简单的方法得到能满足工程需要的基本正确的结论。

11.1.2　两类稳定问题

1)第一类失稳——分支点失稳(质变失稳)

图 11.2(a)所示为简支压杆的理想体系("理想柱"),杆轴线无初曲率,荷载也无初偏心。其 $F_P\text{-}\Delta$ 曲线(亦称平衡路径),如图 11.2(b)所示。

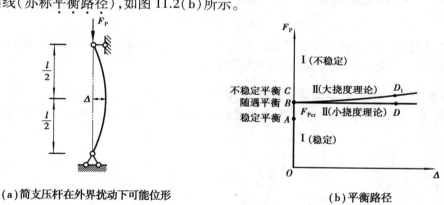

(a)简支压杆在外界扰动下可能位形　　　　　　(b)平衡路径

图 11.2　简支压杆的分支点失稳

该简支压杆可能的平衡状态,根据所受荷载 F_P 与欧拉临界荷载 Euler-F_{Pcr} 的大小关系可分为以下 3 种类型:

①当 $F_P < F_{Pcr} = \dfrac{\pi^2 EI}{l^2}$ 时:体系处于稳定平衡状态,压杆单纯受压,不发生弯曲变形(侧向挠度 $\Delta = 0$)。体系仅有唯一平衡形式,对应于直线位形的原始平衡状态,是稳定的,即使因其他干扰发生了微小位移,但干扰撤除后体系仍会恢复直线形式的原始平衡状态,即如图11.2(b)所示的原始平衡路径 I(OAB 表示)。

②当 $F_P > F_{Pcr}$ 时:体系将具有两种不同的平衡形式,一是直线形式的原始平衡状态,是不稳定的,对应于图 11.2(b)所示的平衡路径 I(用 BC 表示);二是弯曲形式的新的平衡状态,对应于图11.2(b)所示平衡路径 II(对大挠度理论,用曲线 BD_1 表示;对于小挠度理论,曲线 BD_1 退化为直线 BD)。

有必要指出,解析分析的精确结果表明,按照大挠度理论计算对提高结构承载能力的贡献是很小的。因此,在实际土建工程中,一般都不考虑大挠度的影响,而按小挠度理论计算。

③当 $F_P = F_{Pcr}$ 时：B 点是路径 Ⅰ 与 Ⅱ 的分支点。该分支点处，两平衡路径同时并存，出现平衡形式的二重性（体系既可以在原始直线形式下保持平衡，也可以在新的微弯形式下保持平衡）。原始平衡路径 Ⅰ 通过该分支点后，将由稳定平衡转变为不稳定平衡。因此，这种形式的失稳称为分支点失稳，对应的荷载称为第一类失稳的临界荷载，对应的状态即为临界状态。

图 11.3 所示为分支点失稳的几个实例。在分支点 $F_P = F_{Pcr}$ 或 $q = q_{cr}$ 处，结构的原始平衡形式由稳定转为不稳定，并可能出现新的平衡形式。

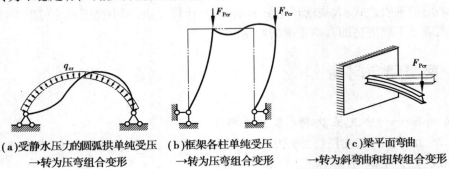

（a）受静水压力的圆弧拱单纯受压　　（b）框架各柱单纯受压　　　　　（c）梁平面弯曲
→转为压弯组合变形　　　　　　　　→转为压弯组合变形　　　　　　→转为斜弯曲和扭转组合变形

图 11.3　分支点失稳的几种实例

理想体系的失稳形式是分支点失稳。其特征是：丧失稳定时，结构的内力状态和平衡形式均发生质的变化。因此，为质变失稳（属屈曲问题）。

2) 第二类失稳——极值点失稳（量变失稳）

图 11.4（a）、（b）分别为具有初弯曲和初偏心的实际压杆（"工程柱"），为压杆的非理想体系。

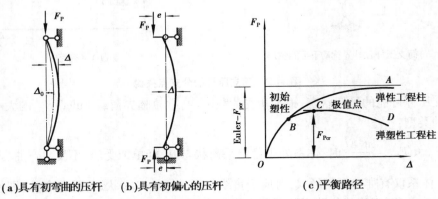

（a）具有初弯曲的压杆　　　（b）具有初偏心的压杆　　　　　（c）平衡路径

图 11.4　非理想体系的极值点失稳

对于图 11.4（b）所示具有荷载初偏心的假设的无限弹性压杆（弹性工程柱）来说，其 F_P-Δ（平衡路径）曲线用图 11.4（c）中曲线 OBA 表示。从一开始加载，压杆就处于压弯复合受力状态，无直线阶段。在初始阶段，其挠度增加较慢，随着荷载增到一定程度以后逐渐加快，当接近压杆理想体系的欧拉临界荷载值 Euler-F_{Pcr} 时，挠度趋于无穷大。

对于图 11.4（b）所示具有初偏心的弹塑性实际压杆（弹塑性工程柱）来说，其 F_P-Δ 曲线由图 11.4（c）中上升曲线 OBC 和下降段曲线 CD 组成。其中，初始的 OB 段，表示压杆仍处于弹性阶段工作;B 点,标志着某截面最外纤维处的应力开始达到屈服点 σ_s;此后的 BCD 段,则表示压杆已进入弹塑性阶段工作。C 点为极值点,荷载 F_P 达到极限值 F_{Pcr}。在 F_P 达到 C 点之前,每个 F_P 值都对应着一定的变形挠度;当 F_P 达到 C 点后,即使荷载减小,挠度仍继续迅速增大,即失去平衡的稳定性。这种形式的失稳,称为极值点失稳。与极值点对应的荷载,称为第二类失稳的临界荷载。

非理想体系的失稳形式是极值点失稳。其特征是:丧失稳定时,结构的平衡状态没有内力分布和平衡形式上质的变化,而只有二者量相对关系的渐变,即为量变失稳(属压溃问题)。

第一类稳定(分支点失稳)问题只是一种理想情况,实际结构或构件总是存在着一些初始缺陷。因而,第一类稳定问题在实际工程中并不存在。尽管如此,由于解决具有极值点失稳的第二类稳定问题,通常要涉及几何和材料上的非线性关系,要取得精确的解析解较为困难,至今也只能解决一些比较简单的问题;而对于具有分支点失稳的第一类稳定问题,使用解析解则相对方便,理论也比较成熟,因而目前在工程计算中仍然按照第一类稳定求解临界荷载,对于初始缺陷的影响,则采用安全系数加以考虑。所以在本章学习中,只研究弹性压杆的第一类稳定问题,并根据小挠度理论,求临界荷载;对于刚架等结构的第一类稳定问题以及第二类稳定问题,读者可以参阅有关的专著和最新的研究成果。

11.1.3　稳定分析的自由度

在稳定分析时,需要描述体系失稳时的位形。确定体系所有可能的位移状态所需的独立几何参数(位移参数)的数目称为稳定分析中的自由度,用 W 表示。例如:

图 11.5(a)所示体系,描述体系任意变形状态,对应位移参数为 θ ,$W = 1$。

图 11.5(b)所示体系,描述体系任意变形状态,对应位移参数为 y_1 和 y_2,$W = 2$。

图 11.5(c)所示体系,描述体系变形状态,其位移参数为 $y(x)$,$W = \infty$ 。

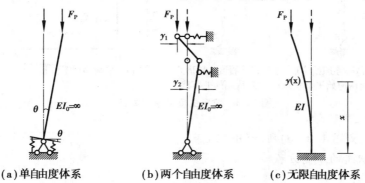

(a)单自由度体系　　　(b)两个自由度体系　　　(c)无限自由度体系

图 11.5　稳定问题的自由度

11.2　确定临界荷载的静力法

确定临界荷载的方法有两种,即静力法和能量法。本节先介绍静力法,下节介绍能量法。

11.2.1　静力法及其计算步骤

确定临界荷载的静力法是根据临界状态时体系的静力特征而提出的。

在分支点失稳问题中,临界状态的静力特征是:平衡形式具有二重性。因此静力法的要点即为:在原始平衡路径 I 之外,寻找新的平衡路径 II,并确定两条路径交叉的分支点,从而求出临界荷载。

静力法计算临界荷载,可按以下步骤进行:

①假设临界状态时体系的新的平衡形式(以下简称失稳形式)。

②根据静力平衡条件,建立临界状态平衡方程。

③根据平衡形式具有二重性的静力特征(位移有零解时,对应于体系原始平衡状态;位移有非零解时,对应于新的平衡状态),建立特征方程,即稳定方程。

④解稳定方程,求特征根,即特征荷载值。

⑤由最小的特征荷载值,确定临界荷载。

11.2.2　有限自由度体系的稳定计算

【例 11.1】　图 11.6(a)所示压杆为单自由度体系,试以静力法计算临界荷载。

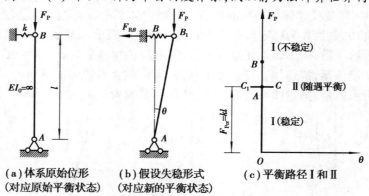

(a)体系原始位形　　(b)假设失稳形式　　(c)平衡路径 I 和 II
(对应原始平衡状态)　(对应新的平衡状态)

图 11.6　单自由度体系的稳定

【解】　(1)假设失稳形式,

假设失稳形式,如图 11.6(b)所示($\theta \ll 1$)。

(2)建立临界状态的平衡方程

由 $\sum M_A = 0$,得

$$F_p l\theta - F_{RB} l = 0 \tag{a}$$

式中,弹簧反力 $F_{RB} = kl\theta$,于是有

$$(F_p l - kl^2)\theta = 0 \tag{b}$$

(3)建立稳定方程

方程(b)有两个解,其一为零解,$\theta = 0$,对应于原始平衡路径 I ,如图 11.6(c)中 *OAB* 所示;其二为非零解,$\theta \neq 0$,对应于新的平衡路径 II,如图 11.6(c)中 *AC* 或 *AC$_1$* 所示。

为了得到非零解,该齐次方程(b)的系数应为零,即

$$F_P l - k l^2 = 0 \tag{c}$$

上式称为稳定方程。由此方程知,平衡路径Ⅱ为水平直线。

(4)解稳定方程,求特征荷载值

$$F_P = kl \tag{d}$$

(5)确定临界荷载

对于单自由度体系,该唯一的特征荷载值即为临界荷载,因此

$$F_{Pcr} = kl \tag{e}$$

【例11.2】 图11.7(a)所示是具有两个自由度的体系。各杆均为刚性杆,在铰结点 B 和 C 处为弹簧支承,其刚度系数均为 k。体系在 A、D 两端有压力 F_P 作用。试用静力法求其临界荷载。

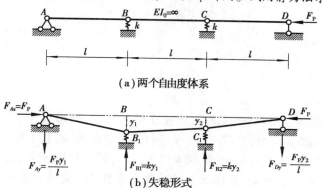

(a)两个自由度体系

(b)失稳形式

图11.7 两个自由度体系的稳定计算

【解】 (1)假设失稳形式

根据约束条件,设定体系可能发生的失稳形式,如图11.7(b)所示。该体系具有两个自由度,位移参数分别为 y_1 和 y_2。

各支座反力分别为

$$F_{R1} = k y_1(\uparrow) \qquad F_{R2} = k y_2(\uparrow)$$

$$F_{Ax} = F_P(\rightarrow) \quad F_{Ay} = \frac{F_P y_1}{l}(\downarrow) \quad F_{Dy} = \frac{F_P y_2}{l}(\downarrow)$$

(2)建立临界状态平衡方程

在图11.7(b)中,分别取 A-B_1-C_1 部分和 B_1-C_1-D 部分为隔离体,则有

$$\begin{cases} \sum M_{C_1} = 0 \\ (C_1\text{ 以左部分}) \end{cases} \quad k y_1 l - \left(\frac{F_P y_1}{l} \right) 2l + F_P y_2 = 0$$

$$\begin{cases} \sum M_{B_1} = 0 \\ (B_1\text{ 以右部分}) \end{cases} \quad k y_2 l - \left(\frac{F_P y_2}{l} \right) 2l + F_P y_1 = 0$$

即

$$\left. \begin{array}{c} (kl - 2F_P) y_1 + F_P y_2 = 0 \\ F_P y_1 + (kl - 2F_P) y_2 = 0 \end{array} \right\} \tag{a}$$

这是关于 y_1 和 y_2 的齐次线性代数方程组。

(3)建立稳定方程

如果 $y_1 = y_2 = 0$,则对应于原始平衡形式,相应于没有丧失稳定的情况。如果 y_1 和 y_2 不全

为零,则对应于新的平衡形式。为了求此非零解,式(a)的系数行列式应为零,即

$$D = \begin{vmatrix} kl - 2F_P & F_P \\ F_P & kl - 2F_P \end{vmatrix} = 0 \qquad \text{(b)}$$

此方程就是稳定方程。

(4)解稳定方程,求特征荷载值

展开式(b),得

$$(kl - 2F_P)^2 - F_P^2 = 0$$

由此解得两个特征荷载值,即

$$F_{P1} = kl/3$$
$$F_{P2} = kl$$

(5)确定临界荷载值

取两个特征荷载值中最小者,得

$$F_{Pcr} = kl/3$$

【讨论】

将以上两个特征荷载值分别代回式(a),可求得 y_1 和 y_2 的比值。

如将 $F_{P1} = F_{Pcr} = kl/3$ 代回,则得 $y_1 = -y_2$,相应位形曲线如图 11.8(a)所示,为反对称形式失稳;如将 $F_{P2} = kl$ 代回,则得 $y_1 = y_2$,相应位形曲线如图 11.8(b)所示,为正对称形式失稳。根据特征荷载之间的大小关系可知,此体系在反对称变形情况下更易于丧失稳定。

由于外来干扰的不确定,因此,计算中会以最小的特征荷载作为临界荷载值。

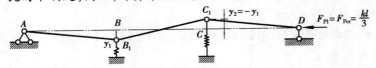

(a)反对称失稳(临界荷载作用下)

(b)正对称失稳

图 11.8　对称结构丧失稳定的形式

11.2.3　无限自由度体系的稳定计算

用静力法计算无限自由度体系稳定问题的步骤仍同前述,但要注意其有两个特点:

第一,位移参数为无穷多个;

第二,临界状态平衡方程为微分方程,即 $EIy'' = \pm M$。

微分方程右端正负号的取值说明,如图 11.9 所示。

【例 11.3】　用静力法计算图 11.10(a)所示弹性理想压杆的临界荷载。

【解】　(1)假设失稳形式

假设失稳形式,如图 11.10(a)中实线所示。

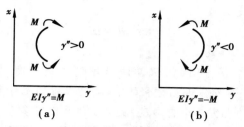

图 11.9 曲率正负与坐标系选择之间的关系

(2)建立临界状态平衡方程

按小挠度理论,压杆弹性曲线的近似微分方程为

$$EIy'' = -M$$

上式中的 M 可由图 11.10(b)所示隔离体的平衡方程 $\sum M_K = 0$ 求出,为

$$M = F_P y + F_R x$$

代入微分方程,得

$$EIy'' + F_P y = -F_R x$$

整理得

$$y'' + \frac{F_P}{EI} y = -\frac{F_R}{EI} x$$

令 $\alpha^2 = \dfrac{F_P}{EI}$,则有

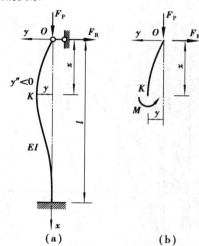

图 11.10 无限自由度体系的稳定

$$y'' + \alpha^2 y = -\frac{F_R}{EI} x \tag{a}$$

上式为关于位移参数 y 的非齐次线性常微分方程。

(3)建立稳定方程

式(a)的通解为

$$y = A \cos \alpha x + B \sin \alpha x - \frac{F_R}{F_P} x \tag{b}$$

常数 A、B 和未知力 F_R/F_P 可由边界条件确定:

当 $x = 0$ 时,$y = 0$,由此求得 $A = 0$。

当 $x = l$ 时,$y = 0$ 和 $y' = 0$,由此得

$$\left. \begin{array}{r} B \sin \alpha l - \dfrac{F_R}{F_P} l = 0 \\[2mm] B\alpha \cos \alpha l - \dfrac{F_R}{F_P} = 0 \end{array} \right\} \tag{c}$$

因为对应于弯曲的新的平衡形式的 $y(x)$ 不恒等于零,所以 A、B 和 F_R/F_P 不全为零。由此可知,式(c)中的系数行列式应等于零。即

$$D = \begin{vmatrix} \sin \alpha l & -l \\ \alpha \cos \alpha l & -1 \end{vmatrix} = 0 \tag{d}$$

将式(d)展开,得到稳定方程

$$\tan \alpha l = \alpha l \qquad\qquad (e)$$

(4)解稳定方程,求特征荷载值

式(e)的精确解不易求得,可改用试算法或图解法进行数值解。当采用图解法时,作 $y_1 = \tan \alpha l$ 和 $y_2 = \alpha l$ 两组线,其交点即为方程的解答,结果得到无穷多个解,如图11.11所示。弹性压杆在稳定计算中具有的无穷多个自由度,决定了体系无穷多个特征荷载值。

由非零最小特征荷载值,可确定临界荷载。由于 $(\alpha l)_{\min} = 4.493$,故得

$$F_{\mathrm{Pcr}} = \alpha^2 EI = (4.493)^2 \frac{EI}{l^2} = 20.19 \frac{EI}{l^2} \approx \frac{\pi^2 EI}{(0.7l)^2}$$

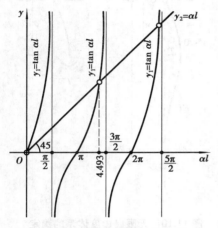

图 11.11　图解法解稳定方程

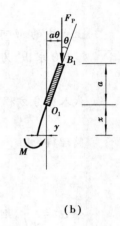

图 11.12　例 11.4 图

【例 11.4】　图 11.12(a)所示为一底端固定、顶端一段有着无穷大刚度的直杆,试用静力法求其临界荷载。

【解】　(1)假设失稳形式

假设失稳形式,如图11.12(a)中实线所示。

(2)建立临界状态平衡方程

底段 AO_1 的平衡微分方程为

$$EIy'' = -M$$

其中,$M = F_{\mathrm{P}}(a\theta + y)$ 可由图11.12(b)求出。代入上式,得

$$EIy'' = -F_{\mathrm{P}}(a\theta + y)$$

整理得

$$y'' + \frac{F_{\mathrm{P}}}{EI}y = -\frac{F_{\mathrm{P}}}{EI}a\theta$$

令 $\alpha^2 = \dfrac{F_{\mathrm{P}}}{EI}$,则有

$$y'' + \alpha^2 y = -\alpha^2 a\theta \qquad\qquad (a)$$

(3)建立稳定方程

式(a)的通解为

$$y = A\cos \alpha x + B\sin \alpha x - a\theta \qquad\qquad (b)$$

引入边界条件：

当 $x = 0$ 时，$y = 0$，$y' = \tan \theta \approx \theta$；

当 $x = l$ 时，$y' = 0$。

由此可得如下关于未知常数 A、B 和位移参数 θ 的线性齐次方程组

$$\left.\begin{array}{c} A + 0 - a\theta = 0 \\ 0 + \alpha B - \theta = 0 \\ -\alpha A \sin \alpha l + \alpha B \cos \alpha l = 0 \end{array}\right\} \tag{c}$$

令式(c)的系数行列式等于零,即得稳定方程

$$D = \begin{vmatrix} 1 & 0 & -a \\ 0 & \alpha & -1 \\ -\sin \alpha l & \cos \alpha l & 0 \end{vmatrix} = 0 \tag{d}$$

将式(d)展开,得

$$-a\alpha \sin \alpha l + \cos \alpha l = 0$$

即

$$\tan \alpha l = \frac{1}{\alpha a} \tag{e}$$

(4)解稳定方程,求特征荷载值

由试算法或图解法,可解得各特征荷载值,此处略。

(5)确定临界荷载

取各 α 值中的最小者 $\alpha_{\min}$,代入 $\alpha^2 = F_P/EI$,便可得到所求的临界荷载值。

11.3　确定临界荷载的能量法

如 11.2 节所描述,在较为复杂的情况下,如某些无限自由度体系的稳定计算时,用静力法确定临界荷载将会遇到数学上求解微分方程的困难。本节将介绍确定临界荷载的能量法,它是根据临界状态时体系的能量特征而提出的。由于能量法在计算过程中可以通过一定的简化方式,将微分方程转换成代数方程计算,因此,是一种适于求解复杂问题的实用近似方法。

11.3.1　势能驻值原理

体系总势能 E_P 定义为体系的应变能 U 与荷载势能 U_P 之和。势能驻值原理的表述为:在弹性体系的所有几何可能位移状态中,其真实的位移状态使体系总势能的一阶变分为零,或者说使总势能为驻值。

$$\delta E_P = \delta U + \delta U_P = 0 \tag{11.1}$$

由此得到的驻值条件等价于平衡条件。但是,仅驻值条件还不能保证体系变形状态的稳定性,因为体系的平衡状态有稳定的、不稳定的和随遇平衡 3 种,要最终判别体系平衡状态究竟属于哪一种,还必须对总势能函数作更进一步的分析。

现以例 11.1 所示体系进行能量法稳定分析,简要说明能量法的计算过程,并介绍势能在满足驻值条件时,函数 E_P 的变化与体系平衡状态之间的联系。

第 1 步,根据自由度设定体系可能位形,如图 11.13 所示。

第 2 步,在当前自由度的可能位形上,体系的应变能为

$$U = \frac{1}{2}k(\theta l)^2 \qquad (a)$$

荷载势能为(以未变形状态为势能零点)为

$$U_P = -F_P \Delta = -F_P \frac{l\theta^2}{2} \qquad (b)$$

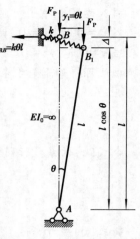

**图 11.13 单自由度体系
稳定计算的能量法**

第 3 步,体系的总势能为

$$E_P = \frac{1}{2}k(\theta l)^2 - F_P \frac{l\theta^2}{2} = \frac{1}{2}\theta^2(kl^2 - F_p l) \qquad (c)$$

第 4 步,本例为单自由度体系,势能的一阶变分等于零,即

$$\delta E_P = \frac{dE_P}{d\theta}\delta\theta = 0$$

因 $\delta\theta \neq 0$,故有

$$\frac{dE_P}{d\theta} = 0 \qquad (d)$$

亦即

$$\frac{dE_P}{d\theta} = \theta(kl^2 - F_P l) = 0$$

上式与例 11.1 中用静力法推导得出的式(b)完全相同。

由式(c)可知,势能函数与体系平衡状态之间的关系,如图 11.14 所示。

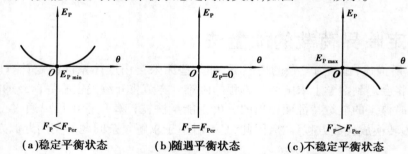

(a)稳定平衡状态　　　　(b)随遇平衡状态　　　　(c)不稳定平衡状态

图 11.14 势能函数和体系稳定状态的关系

根据图 11.14 描述的关系可知,势能函数取驻值时,势能二阶变分取值与体系 3 种平衡状态的关系为

$$\delta E_P = 0,且\begin{cases} \delta^2 E_P > 0,该变形状态使 E_P 最小,稳定平衡 \\ \delta^2 E_P = 0,该变形状态附近使 E_P 不变,随遇平衡 \\ \delta^2 E_P < 0,该变形状态使 E_P 最大,不稳定平衡 \end{cases}$$

由以上分析表明,体系总势能的一阶变分 $\delta E_P = 0$,且二阶变分 $\delta^2 E_P = 0$,才是严格的平衡稳定性的能量准则。

那么,在用能量法计算临界荷载时,为什么可以更简便地将其能量特征表述为“总势能为驻值(即 $\delta E_P = 0$),且位移有非零解”呢?

这是因为对于具有轴压构件的弹性结构来说,稳定分析的关键在于确定使随遇平衡成为可能的那个临界荷载值。所以,若在一个全新的又是可能实现的变形状态中,该荷载的作用是可

以达成平衡的,这时,无需检查结构的平衡稳定条件。

上述结论虽然是根据单自由度体系作出的,但它同样适用于多自由度体系和无限自由度体系。

11.3.2　用能量法求有限自由度体系的临界荷载

【例11.5】　试用能量法重解上节图11.7(a)所示具有两个自由度体系的临界荷载。

【解】　(1)假设失稳形式

假设失稳形式,根据体系约束和位移自由度,设定体系位形如图11.15所示。

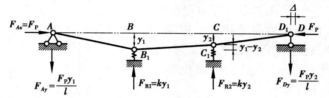

图11.15　两自由度体系的可能位形

(2)建立势能函数

应变能

$$U = \frac{1}{2}ky_1^2 + \frac{1}{2}ky_2^2 = \frac{1}{2}k(y_1^2 + y_2^2)$$

荷载势能

$$U_P = -F_P\Delta = -F_P \times \frac{1}{2l}[y_1^2 + (y_2 - y_1)^2 + y_2^2]$$

$$= -\frac{F_P}{l}(y_1^2 - y_1y_2 + y_2^2)$$

由总势能 $E_P = U + U_P$,有

$$E_P = \frac{1}{2}k(y_1^2 + y_2^2) - \frac{F_P}{l}(y_1^2 - y_1y_2 + y_2^2)$$

(3)列写势能驻值条件

两个自由度体系的势能驻值条件为

$$\begin{cases} \dfrac{\partial E_P}{\partial y_1} = 0 \\ \dfrac{\partial E_P}{\partial y_2} = 0 \end{cases}$$

即

$$\begin{cases} \dfrac{\partial E_P}{\partial y_1} = ky_1 - \dfrac{F_P}{l}(2y_1 - y_2) = 0 \\ \dfrac{\partial E_P}{\partial y_2} = ky_2 - \dfrac{F_P}{l}(2y_2 - y_1) = 0 \end{cases}$$

经整理,可得

$$\begin{cases} (kl - 2F_P)y_1 + F_Py_2 = 0 \\ F_Py_1 + (kl - 2F_P)y_1 = 0 \end{cases}$$

上式就是例 11.2 中导出的平衡方程式(a),能量法余下的计算步骤与静力法完全相同(这里从略),最后得

$$F_{Pcr} = F_{P(min)} = \frac{F_P l}{3}$$

其结果与静力法相同。

11.3.3　用能量法求无限自由度体系的临界荷载

现以图 11.16(a)所示弹性中心压杆为例说明。

取压杆直线平衡位置作为参考状态。根据边界条件和位移协调条件,设定体系可能位形,如图 11.16(a)中实线所示,$y(x)$ 即为满足位移边界条件的任一可能位形状态。

首先,确定体系应变能,若只考虑弯曲变形的影响,则

$$U = \frac{1}{2}\int_0^l \frac{M^2}{EI}dx = \frac{1}{2}\int_0^l EI(y'')^2 dx \qquad (11.2)$$

其次,求荷载势能。如图 11.16(b)所示,先取微段 dx 进行分析,微段两端点竖向位移的差值为

$$d\Delta = (1 - \cos\theta)dx$$

在小变形时,可取 $\theta = \tan\theta = y'$,上式改写为

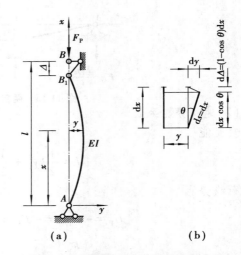

图 11.16　无限自由度体系的稳定分析

$$d\Delta = \frac{1}{2}\theta^2 dx = \frac{1}{2}(y')^2 dx$$

因此,压杆顶点的竖向位移

$$\Delta = \int_0^l d\Delta = \frac{1}{2}\int_0^l (y')^2 dx$$

由此可得荷载势能为

$$U_P = -F_P\Delta = -\frac{F_P}{2}\int_0^l (y')^2 dx \qquad (11.3)$$

可得势能泛函

$$E_P = \frac{1}{2}\int_0^l \left[EI(y'')^2 - F_P(y')^2 \right] dx \qquad (11.4)$$

有必要指出:将势能驻值条件应用于无限自由度体系时,是一个泛函的变分问题,计算过程复杂。下面介绍的李兹法,可有效地使问题得到简化。

从静力法和能量法的求解思路中,可以理解到体系的可能位形决定着对应的临界荷载。因此,在李兹法求解过程中,采用线性无关函数序列的线性组合来代替真实的微弯失稳的曲线函数。即令

$$y(x) = a_1\varphi_1(x) + a_2\varphi_2(x) + \cdots + a_n\varphi_n(x) = \sum_{i=1}^{n} a_i\varphi_i(x) \tag{11.5}$$

式中,$\varphi_i(x)(i = 1,2,\cdots,n)$ 是满足位移边界条件的已知函数,也称为李兹基函数;a_i 是待定的参数,共有 n 个。这样,无限自由度体系被近似地看成具有 n 个自由度的体系。因而,只需要使用一般微分计算,最后用代数方程,即可求出无限自由度体系的临界荷载。几类常见边界约束情形下的函数序列如表 11.1 所示。

表 11.1 满足位移边界条件的几种常用的级数形式

	(a) $\quad y = a_1 \sin \dfrac{\pi x}{l} + a_2 \sin \dfrac{2\pi x}{l} + a_3 \dfrac{3\pi x}{l} + \cdots$
	(b) $\quad y = a_1 x(l-x) + a_2 x^2(l-x) + a_3 x(l-x)^2 + a_4 x^2(l-x)^2 + \cdots$
	(a) $\quad y = a_1\left(1 - \cos\dfrac{2\pi x}{l}\right) + a_2\left(1 - \cos\dfrac{6\pi x}{l}\right) + a_3\left(1 - \cos\dfrac{10\pi x}{l}\right) + \cdots$
	(b) $\quad y = a_1 x^2(l-x)^2 + a_2 x^3(l-x)^3 + \cdots$
	(a) $\quad y = a_1\left(1 - \cos\dfrac{\pi x}{2l}\right) + a_2\left(1 - \cos\dfrac{3\pi x}{2l}\right) + a_3\left(1 - \cos\dfrac{5\pi x}{2l}\right) + \cdots$
	(b) $\quad y = a_1\left(x^2 - \dfrac{1}{6l^2}x^4\right) + a_2\left(x^6 - \dfrac{15}{28l^2}x^8\right) + \cdots$
	$y = a_1 x^2(l-x) + a_2 x^3(l-x) + \cdots$

【例 11.6】 试用能量法求解图 11.16(a)所示简支弹性压杆的临界荷载。

【解 1】 (1)按表 11.1,假定位形曲线为抛物线,即

$$y(x) = ax(l-x)$$

相当于在式(11.5)中只取一项,容易看出,此曲线满足简支压杆的边界条件。由于曲线形状已定,只要给定 a 的数值,就可以唯一确定位形,即是以单自由度体系(变量 a)的二次曲线来近似表示原无限自由度体系的失稳曲线。

（2）计算势能函数

$$E_P = \frac{1}{2}\int_0^l \left[EI(y'')^2 - F_P(y')^2 \right] dx$$

$$= \frac{1}{2}\int_0^l EI(-2a)^2 - F_P(al - 2ax)^2 dx$$

$$= 2a^2 lEI - \frac{1}{6}F_P a^2 l^3$$

（3）应用势能驻值条件

$$\frac{dE_P}{da} = 4alEI - \frac{1}{3}F_P al^3 = al\left(4EI - \frac{1}{3}F_P l^2\right) = 0$$

（4）计算临界荷载

$$F_{Pcr} = \frac{12EI}{l^2}$$

与精确解 $F_{Pcr} = \dfrac{\pi^2 EI}{l^2}$ 相比，误差为 +21.6%。

【解 2】 （1）假定位移曲线为横向均布荷载 q 作用下的挠曲线

$$y(x) = \frac{q}{24EI}(l^3 x - 2lx^3 + x^4)$$

即以单自由度体系（变量 q）的四次曲线来近似表示原无限自由度体系的失稳曲线。

（2）计算势能函数

$$E_P = \frac{1}{2}\int_0^l \left[EI(y'')^2 - F_P(y')^2 \right] dx$$

$$= \frac{1}{2}\int_0^l \left[\frac{q^2}{576EI}(12x^2 - 12lx)^2 - \frac{F_P q^2}{576E^2 I^2}(l^3 - 6lx^2 + 4x^3)^2 \right] dx$$

$$= \frac{q^2 l^5}{240EI} - \frac{17F_P q^2 l^7}{40\,320E^2 I^2}$$

（3）应用势能驻值条件

$$\frac{dE_P}{dq} = \frac{ql^5}{120EI} - \frac{17F_P q l^7}{20\,160E^2 I^2} = \frac{ql^5}{120EI}\left(1 - \frac{17F_P l^2}{168EI}\right) = 0$$

（4）计算临界荷载

$$F_{Pcr} = \frac{168EI}{17l^2} = \frac{9.882EI}{l^2}$$

与精确解 $F_{Pcr} = \dfrac{\pi^2 EI}{l^2}$ 相比，误差为 +0.125 6%。

【解 3】 （1）假定位移曲线为正弦曲线

$$y(x) = a\sin\frac{\pi x}{l}$$

同样以单自由度体系（变量 a）的正弦曲线来表示原无限自由度体系的失稳曲线。

（2）计算势能函数

$$E_P = \frac{1}{2}\int_0^l \left[EI(y'')^2 - F_P(y')^2 \right] dx$$

$$= \frac{1}{2} \int_0^l \left[EI \left(\frac{a\pi^2}{l^2} \sin \frac{\pi x}{l} \right)^2 - F_P \left(\frac{a\pi}{l} \cos \frac{\pi x}{l} \right)^2 \right] \mathrm{d}x$$

$$= \frac{EIa^2\pi^4}{4l^3} - \frac{F_P a^2 \pi^2}{4l}$$

（3）应用势能驻值条件

$$\frac{\mathrm{d}E_P}{\mathrm{d}a} = \frac{EIa\pi^4}{2l^3} - \frac{F_P a\pi^2}{2l} = \frac{EIa\pi^4}{2l^3} \left(1 - \frac{F_P l^2}{\pi^2 EI} \right) = 0$$

（4）计算临界荷载

$$F_{Pcr} = \frac{\pi^2 EI}{l^2}$$

与精确解完全一致。

变形曲线的假设，是利用有限个自由度来近似描述无限自由度体系的位形曲线，这相当于减少了体系自由度的数目，在压杆中加入了某些附加约束，从而提高了压杆的刚度。简化后体系刚度被增加，必然造成计算所得的临界荷载会高于体系的真实临界荷载值，所以在上例前两种解法中得到的误差都是正偏差。

从所设定的 3 个不同曲线求解过程中，可以知道：

①很显然，变形曲线拟合得越接近实际，所得临界荷载就越准确。如果假设的失稳曲线方程正好是真正的失稳曲线方程，则可求得对应临界荷载的精确解，如解法 3 所示。

②在比较简单的情况下，可取某一横向荷载作用下的变形曲线作为丧失稳定后的变形曲线，由于此曲线满足结构的边界条件，受力变形曲线与结构的失稳曲线也往往较为接近，一般可以得到较好的结果，如解法 2 所示。

③在实际工程中，失稳的真实位形曲线往往是未知的，横向荷载作用的变形曲线也不易确定，因此，解法 1 是最为实用的方法之一。尽管在上例中解法 1 得到的精度较低，但这是由于简化后自由度数目太少的原因造成的。如果能够取更多项次的函数去拟合位形曲线，则可迅速提高到足够的解答精度。

在使用式（11.5）多个函数拟合位形曲线时，可使用矩阵方法进行表达和计算。此时的体系势能可表示为

$$E_P = \frac{1}{2} \int_0^l \left[EI \left(\sum_{i=1}^n a_i \varphi_i'' \right)^2 - F_P \left(\sum_{i=1}^n a_i \varphi_i' \right)^2 \right] \mathrm{d}x$$

应用势能驻值条件 $\delta E_P = 0$，有

$$\frac{\partial E_P}{\partial a_i} = 0 \quad (i = 1, 2, \cdots, n)$$

可得

$$\sum_{j=1}^n a_j \int_0^l \left(EI\varphi_i'' \varphi_j'' - F_P \varphi_i' \varphi_j' \right) \mathrm{d}x = 0 \quad (i = 1, 2, \cdots, n) \tag{11.6}$$

令

$$K_{ij} = \int_0^l EI\varphi_i'' \varphi_j'' \mathrm{d}x \tag{11.7}$$

$$S_{ij} = \int_0^l F_P \varphi_i' \varphi_j' \mathrm{d}x \tag{11.8}$$

则式（11.6）的矩形形式为

$$\left(\begin{bmatrix} K_{11} & K_{12} & \cdots & K_{1n} \\ K_{21} & K_{22} & \cdots & K_{2n} \\ \vdots & \vdots & \vdots & \vdots \\ K_{n1} & K_{n2} & \cdots & K_{nn} \end{bmatrix} - \begin{bmatrix} S_{11} & S_{12} & \cdots & S_{1n} \\ S_{21} & S_{22} & \cdots & S_{2n} \\ \vdots & \vdots & \vdots & \vdots \\ S_{n1} & S_{n2} & \cdots & S_{nn} \end{bmatrix}\right) \begin{bmatrix} a_1 \\ a_2 \\ \vdots \\ a_n \end{bmatrix} = \begin{bmatrix} 0 \\ 0 \\ \vdots \\ 0 \end{bmatrix} \tag{11.9a}$$

或简写为

$$(\boldsymbol{K} - \boldsymbol{S})\boldsymbol{a} = 0 \tag{11.9b}$$

上式即为临界状态的能量方程,它是对于待定系数 $a_1, a_2, \cdots, a_n$ 的 n 个线性齐次方程组。

待定参数 a_i 有非零解的条件是,其系数行列式应为零。于是得稳定方程

$$D = |\boldsymbol{K} - \boldsymbol{S}| = 0 \tag{11.10}$$

其展开式是关于 F_P 的 n 次代数方程,可求出 n 个根,由其中的最小根可确定临界荷载。

【例 11.7】 试用李兹法重解图 11.10(a)所示下端固定、上端铰支等截面压杆的临界荷载。

【解】 (1)假设失稳形式

由表 11.1,取变形曲线为两项形式(设图 11.10(a)中坐标系与表 11.1 一致),即

$$\begin{aligned} y &= a_1\varphi_1(x) + a_2\varphi_2(x) \\ &= a_1 x^2(l-x) + a_2 x^3(l-x) \end{aligned}$$

它能满足几何边界条件:当 $x = 0$ 时,$y = 0$,且 $y' = 0$;及 $x = l$ 时,$y = 0$。

(2)计算稳定方程的系数 K_{ij} 和 S_{ij}

$$\varphi_1'(x) = x(2l - 3x), \quad \varphi_1''(x) = 2(l - 3x)$$
$$\varphi_2'(x) = x^2(3l - 4x), \quad \varphi_2''(x) = 6x(l - 2x)$$

代入式(11.7)和式(11.8),即可求得 K_{ij} 和 S_{ij} 各个值。

(3)建立稳定方程

将 K_{ij} 和 S_{ij} 代入式(11.10),则得稳定方程

$$D = \begin{vmatrix} K_{11} - S_{11} & K_{12} - S_{12} \\ K_{21} - S_{21} & K_{22} - S_{22} \end{vmatrix} = 0$$

即

$$D = \begin{vmatrix} 4EI - \dfrac{2}{15}F_P l^2 & 4EIl - \dfrac{1}{10}F_P l^3 \\ 4EIl - \dfrac{1}{10}F_P l^3 & \dfrac{24}{5}EIl^2 - \dfrac{3}{35}F_P l^4 \end{vmatrix} = 0$$

展开并化简,得

$$F_P^2 - 128\left(\frac{EI}{l^2}\right)F_P + 2\,240\left(\frac{EI}{l^2}\right)^2 = 0$$

(4)解稳定方程,其中最小特征荷载即为所求临界荷载

$$F_{Pcr} = \frac{20.918\,7EI}{l^2}$$

它与精确值 $F_{Pcr} = \dfrac{20.190\,6EI}{l^2}$ 相比,其误差为 3.61%。

11.4　直杆的稳定

前面两节中,结合约束和受力都比较简单的压杆,讨论了用静力法和能量法确定临界荷载的原理和方法。下面,将用这些方法进一步讨论略为复杂,但杆的轴线在变形前仍为直线情况的压杆稳定问题。

11.4.1　刚性支承等截面直杆的稳定

归纳起来,主要有以下 5 种形式,如图 11.17 所示。

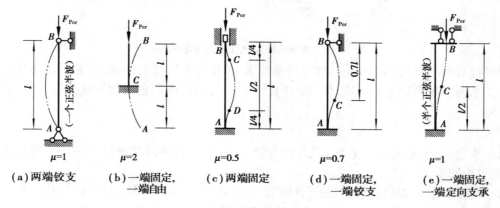

(a) 两端铰支	(b) 一端固定,一端自由	(c) 两端固定	(d) 一端固定,一端铰支	(e) 一端固定,一端定向支承
$\mu=1$	$\mu=2$	$\mu=0.5$	$\mu=0.7$	$\mu=1$

图 11.17　具有刚性支承的压杆

如图 11.17(a)所示两端铰支压杆临界荷载的计算公式,又称为欧拉公式

$$F_{\mathrm{Pcr}} = \frac{\pi^2 EI}{l^2}$$

实际上,各种不同约束条件下的压杆在临界状态时的微弯变形曲线特征,可与两端铰支压杆的临界微弯变形曲线(一个正弦半波)相比较,进而可确定各种压杆微弯时与一个正弦半波相当部分的长度,用 μl 表示。然后,用 μl 代替上式中的 l,便得到计算各种约束条件下压杆临界荷载计算的通用公式,即

$$F_{\mathrm{Pcr}} = \frac{\pi^2 EI}{(\mu l)^2} \tag{11.11}$$

式中,μ 称为计算长度系数,它反映杆端约束对压杆临界荷载的影响;μl 称为计算长度。

11.4.2　弹性支承等截面直杆的稳定

有许多刚架和排架都可简化为单根压杆的稳定问题,而把其余部分的作用化为该杆的某种弹性支承(即将除该杆之外的其余部分视为一个或几个子结构),问题在于这些弹性支承的弹簧刚度可能会因体系过于复杂、耦合因素太多而不易于确定。

因此,如欲将刚架或排架结构简化成单根带弹性支承的压杆模型,一般来说,应同时满足以下两个条件:

①除所选压杆外,结构的其余杆件中无压杆(包括对称结构取一半之后,除所选压杆外,其余部分无压杆;或其余部分虽有压杆,但为两端铰结构)。

②组成各弹性支承的杆件互不重复,否则,各弹簧间相互影响,计算不方便,而且不能用相互独立的弹簧刚度来表示。

例如,图 11.18(a)所示刚架可简化为图 11.18(b)所示单根压杆。

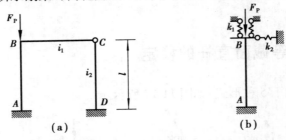

图 11.18　将图示刚架化作弹性支承的压杆

其中,BC 杆对结点 B 的约束作用化作抗转动弹簧,根据转动刚度的概念,容易确定转化后所得的弹性支承的刚度系数为 $k_1 = 3i_1$;而 CD 杆对结点 B 的约束作用也可化作抗移动弹簧,其刚度为 $k_2 = \dfrac{3i_2}{l^2}$。

需要指出:对于不满足上述条件的刚架等结构,则需要按矩阵位移法等方法计算其稳定问题,读者可参阅有关教材。

将结构转换为单根压杆后得到的计算模型,常见的有如图 11.19 所示的 3 种基本形式。当然,若压杆两端位移受到的约束更复杂时,也可能会形成其他组合类型,但分析方式是相通的。

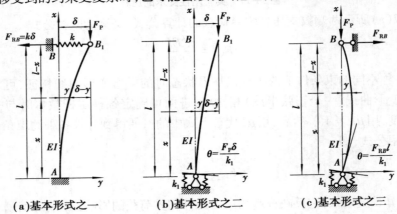

(a)基本形式之一　　　(b)基本形式之二　　　(c)基本形式之三

图 11.19　具有弹性支承的压杆的几种基本形式

1)基本形式之一:一端固定、另一端弹性支座

①假定可能位形,如图 11.19(a)所示。

②建立临界状态平衡方程:任一截面的弯矩为

$$M = F_P(\delta - y) - k\delta(l - x) \tag{a}$$

将式(a)代入弹性曲线的微分方程得

$$EIy'' = M = F_P(\delta - y) - k\delta(l - x)$$

或

$$EIy'' + F_P y = F_P \delta - k\delta(l - x) \tag{b}$$

③根据平衡形式具有二重性的静力特征,建立稳定方程。

微分方程式(b)的通解为

$$y = A\cos\alpha x + B\sin\alpha x + \delta\left[1 - \frac{k}{F_P}(l - x)\right] \tag{c}$$

式中

$$\alpha = \sqrt{F_P/EI} \tag{d}$$

引入边界条件:当 $x = 0$ 时, $y = y' = 0$;当 $x = l$ 时, $y = \delta$,即可得到关于未知量 A, B 和 δ 的线性方程组

$$\left. \begin{aligned} A + \left(1 - \frac{kl}{F_P}\right)\delta &= 0 \\ B\alpha + \frac{k}{F_P}\delta &= 0 \\ A\cos\alpha l + B\sin\alpha l &= 0 \end{aligned} \right\} \tag{e}$$

由于 A 、 B 和 δ 不能全为零,故方程组(e)的系数行列式应等于零,即

$$D = \begin{vmatrix} 1 & 0 & 1 - \dfrac{kl}{\alpha^2 EI} \\ 0 & \alpha & \dfrac{k}{\alpha^2 EI} \\ \cos\alpha l & \sin\alpha l & 0 \end{vmatrix} = 0 \tag{f}$$

④解稳定方程,求特征荷载值

将式(f)展开,得超越方程

$$\tan\alpha l = \alpha l - \frac{(\alpha l)^3 EI}{kl^3} \tag{11.12}$$

由式(11.12)用试算法或作图法解得 αl 的最小值后,根据式(d)不难求出临界荷载值。

2)基本形式之二:一端自由、另一端弹性抗转动支座

基本形式之二,如图 11.19(b)所示。

在临界状态下,任一截面的弯矩为

$$M = F_P(\delta - y)$$

相应的边界条件为:当 $x = 0$ 时, $y = 0$ 和 $y' = \theta$;当 $x = l$ 时, $y = \delta$ 。

与前述推导类似,将弯矩表达式代入 $EIy'' = M$,解此微分方程,在引入以上边界条件后,再根据位移有非零解的条件,可得到稳定方程

$$\alpha l \tan\alpha l = \frac{k_1 l}{EI} \tag{11.13}$$

采用作图法或试算法求得 $(\alpha l)_{\min}$ 后,即可用式(d)求出 F_{Pcr} 。

3)基本形式之三:一端铰支、另一端为弹性抗转动支座

基本形式之三,如图 11.19(c)所示。

在临界状态下,任一截面的弯矩为

$$M = F_P y - F_{RB}(l - x)$$

将其代入微分方程 $EIy'' = - M$ 中,并引入以下边界条件:

当 $x = 0$ 时,$y = 0$ 和 $y' = \dfrac{F_{RB}l}{k_1}$;当 $x = l$ 时,$y = 0$。

经推导,可得稳定方程

$$\tan \alpha l = \alpha l \, \frac{1}{1 + (\alpha l)^2 \dfrac{EI}{k_1 l}} \tag{11.14}$$

采用作图法或试算法求得 $(\alpha l)_{\min}$ 后,即可用 $\alpha = \sqrt{F_P/EI}$ 求出 F_{Pcr}。

【**例** 11.8】 试将图 11.20(a)所示刚架简化成具有弹性支承端的压杆,并求其稳定方程。

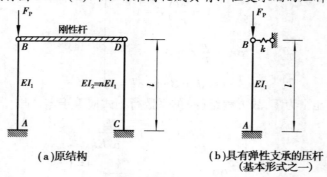

(a)原结构   (b)具有弹性支承的压杆
(基本形式之一)

图 11.20   例 11.8 图

【**解**】 图 11.20(a)所示刚架可等效地简化为如图 11.20(b)所示的上端具有弹性支承、下端固定的压杆(属基本形式之一)。其弹簧刚度系数

$$k = \frac{3EI_2}{l^3}$$

将其代入式(11.12),得稳定方程

$$\tan \alpha l = \alpha l - \frac{(\alpha l)^3 EI_1}{kl^3}$$

【**例** 11.9】 试将图 11.21(a)所示刚架简化成具有弹性支承端的压杆,并求其稳定方程。

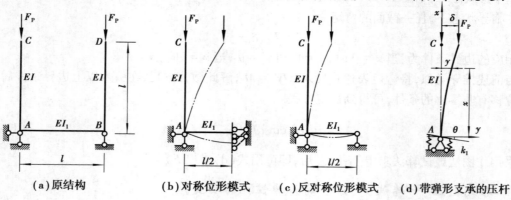

(a)原结构   (b)对称位形模式   (c)反对称位形模式   (d)带弹形支承的压杆

图 11.21   例 11.9 图

【解】 图 11.21（a）所示为对称结构,可能出现正对称失稳和反对称失稳两种失稳形式。因此,可对应地取等效半刚架如图 11.21（b）、（c）所示。

为进一步简化计算,还可将图 11.21（b）和图 11.21（c）统一化为如图 11.21（d）所示的上端自由、下端具有抗转动弹性支承的压杆（属基本形式之二）。

（1）对称失稳时

如图 11.21（b）所示,其抗转动刚度系数为

$$k_1 = \frac{EI_1}{\dfrac{l}{2}} = \frac{2EI_1}{l}$$

将其代入式（11.13）,得稳定方程

$$\alpha l \tan \alpha l = \frac{2EI_1}{EI} \tag{g}$$

（2）反对称失稳时

如图 11.21（c）所示,其转动刚度系数为

$$k_1 = 3\frac{EI_1}{\dfrac{l}{2}} = \frac{6EI_1}{l}$$

将其代入式（11.13）,得稳定方程

$$\alpha l \tan \alpha l = \frac{6EI_1}{EI}$$

由于对称失稳时的抗转动刚度系数较小,则求原结构临界荷载的稳定方程将由对称失稳时所确定,因此稳定方程可取为对称失稳模式下的式（g）。

【例 11.10】 试求图 11.22（a）所示结构的稳定方程。

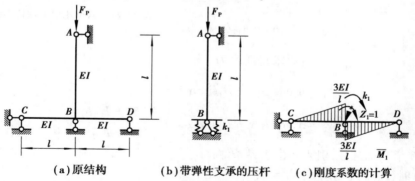

（a）原结构　　　　（b）带弹性支承的压杆　　　（c）刚度系数的计算

图 11.22 例 11.10 图

【解】 考察 AB 杆的可能失稳形式,当其发生弯曲失稳时,将引起刚结点 B 产生转动。此时,结构中的其余部分（如 CB,BD 杆等）,会对结点 B 的转动形成约束。因此,可将图 11.22（a）所示结构简化为图 11.22（b）所示的压杆,而 CB 杆和 BD 杆则转化为 B 支承处的弹性约束。

求弹性约束处的刚度系数 k_1 时,可将结构中除 AB 压杆外的其余部分取出,由 k_1 的物理意义计算,如图 11.22（c）所示。

在本例中,由于 k_1 即等于连续梁的中点 B 发生单位转角时所需的力矩,故根据图 11.22（c）所

示 $\overline{M}_1$ 图,可知

$$k_1 = \frac{3EI}{l} + \frac{3EI}{l} = \frac{6EI}{l}$$

将求得的 k_1 值代入式(11.14),便可得到稳定方程

$$\tan \alpha l = \alpha l \frac{1}{1 + \frac{(\alpha l)^2}{6}}$$

【讨论】对于某些结构,若求柔度系数更方便时,可将除压杆外的其余部分取出,在弹性支承的对应位置处,施加单位力或单位力偶,并求出相应的位移(即柔度系数),然后取其倒数即可求得弹性支承刚度系数。

11.4.3　组合压力作用下等截面直杆的稳定

1)两个集中力作用下

采用静力法,如图 11.23 所示。按 F_{P1} 和 F_{P2} 作用点,将 AC 分为上、下两段,长 l_1 和 l_2。设定结构任意可能位形,建立临界状态平衡方程如下:

上段:

$$EIy''_1 = F_{P1}(\delta_1 - y_1)$$

下段:

$$EIy''_2 = F_{P1}(\delta_1 - y_2) + F_{P2}(\delta_2 - y_2)$$

整理得

$$EIy''_1 + F_{P1}y_1 = F_{P1}\delta_1$$

$$EIy''_2 + (F_{P1} + F_{P2})y_2 = F_{P1}\delta_1 + F_{P2}\delta_2$$

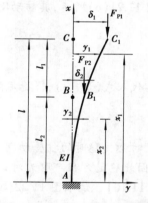

图 11.23　两个集中力作用下的稳定分析

令 $\alpha_1^2 = \dfrac{F_{P1}}{EI}$,$\alpha_2^2 = \dfrac{F_{P1} + F_{P2}}{EI}$,可以求得通解为

$$y_1 = A_1\cos \alpha_1 x + B_1\sin \alpha_1 x + \delta_1$$

$$y_2 = A_2\cos \alpha_2 x + B_2\sin \alpha_2 x + \frac{F_{P1}\delta_1 + F_{P2}\delta_2}{F_{P1} + F_{P2}}$$

为确定 6 个未知常数,引入 6 个边界条件:

当 $x = 0$ 时(A 点),$y_2 = 0$,$y'_2 = 0$;

当 $x = l_2$ 时(B 点),$y_1 = y_2$,$y'_1 = y'_2$,$y''_1 = y''_2$;

当 $x = l$ 时(C 点),$y_1 = \delta_1$。

由此,可得

$$A_1\cos \alpha_1 l + B_1\sin \alpha_1 l = 0$$
$$-A_1\alpha_1\sin \alpha_1 l_2 + B_1\alpha_1\cos \alpha_1 l_2 + A_2\alpha_2\sin \alpha_2 l_2 = 0 \Big\}$$
$$-A_1\alpha_1^2\cos \alpha_1 l_2 - B_1\alpha_1^2\sin \alpha_1 l_2 + A_2\alpha_2^2\cos \alpha_2 l_2 = 0$$

待定常数 A_1、B_1 和 A_2 不全为零的条件是行列式 $D = 0$,即

$$D = \begin{vmatrix} \cos \alpha_1 l & \sin \alpha_1 l & 0 \\ -\alpha_1 \sin \alpha_1 l_2 & \alpha_1 \cos \alpha_1 l_2 & \alpha_2 \sin \alpha_2 l_2 \\ -\alpha_1^2 \cos \alpha_1 l_2 & -\alpha_1^2 \sin \alpha_1 l_2 & \alpha_2^2 \cos \alpha_2 l_2 \end{vmatrix} = 0$$

将上式展开并整理后,得稳定方程

$$\tan \alpha_1 l_1 \tan \alpha_2 l_2 = \frac{\alpha_2}{\alpha_1}$$

当给定 $\frac{F_{P1}}{F_{P2}}$, $\frac{l_1}{l_2}$ 各比值后,代入上式,即可得出临界荷载值。例如,当 $F_{P1} = F_P$, $F_{P2} = 3F_P$, $l_1 = l_2 = \frac{l}{2}$ 时,有

$$\tan \alpha_1 \left(\frac{l}{2} \right) \tan \alpha_2 \left(\frac{l}{2} \right) = 2$$

由此,可解得

$$\alpha_1 = \frac{1.231}{l}$$

故

$$F_{P1} = \frac{1.515EI}{l^2}, \quad F_{P2} = 3F_{P1} = \frac{4.545EI}{l^2}$$

即临界荷载为

$$F_{Pcr} = \frac{1.515EI}{l^2}$$

2) 自重作用下

采用能量法。图 11.24 所示为一等截面柱,下端固定、上端自由,求在均匀分布竖直荷载作用下的临界荷载。

选取坐标系,如图 11.24 所示。两端边界条件为:当 $x = 0$ 时,$y = 0$;当 $x = l$ 时,$y' = 0$。

根据上述边界条件,可设定结构近似变形曲线为

$$y = a \sin \frac{\pi x}{2l}$$

在只考虑弯曲变形时,结构的应变能为

$$U = \frac{1}{2} \int_0^l EI(y'')^2 \mathrm{d}x = \frac{EI\pi^4 a^2}{32l^4} \int_0^l \sin^2 \frac{\pi x}{2l} \mathrm{d}x = \frac{EI\pi^4 a^2}{64l^3}$$

再求荷载势能 U_P。由于微段 $\mathrm{d}x$ 倾斜而使微段以上部分荷载 qx 向下移动,下降距离 $\mathrm{d}\Delta \approx \frac{1}{2}(y')^2 \mathrm{d}x$,由式(11.3),可知微段上重力的荷载势能为

$$-qx\mathrm{d}\Delta = -qx \times \frac{1}{2}(y')^2 \mathrm{d}x$$

因此,所有全杆自重在结构变形中势能为

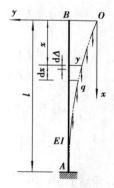

图 11.24　均布竖向荷载
作用下结构的稳定分析

$$U_P = -\frac{1}{2}\int_0^l qx(y')^2 dx = -\frac{qa^2\pi^2}{8l^2}\int_0^l x\cos^2\frac{\pi x}{2l}dx = -\frac{0.149}{8}q\pi^2 a^2$$

将 U 和 U_P 代入 $E_P = U + U_P$ 中,再应用势能驻值条件,即可求得临界荷载 q_{cr} 的近似解为

$$q_{cr} = \frac{\pi^2 EI}{8\times0.149l^3} = 8.27\frac{EI}{l^3}$$

与精确解 $7.837\frac{EI}{l^3}$ 相比,误差为+5.5%,稍偏大。

若将近似变形曲线取为二项,即

$$y = a_1\sin\frac{\pi x}{2l} + a_2\sin\frac{3\pi x}{2l}$$

可求得 $q_{cr} = 7.839\frac{EI}{l^3}$,误差仅为+0.02%。

11.4.4 变截面杆件的稳定

在工程实际中,为充分发挥构件的受力特性或满足构造、使用等方面的要求,常采用变截面杆件。这里只讨论建筑结构中经常遇到的阶形柱的稳定问题。

图 11.25(a)所示为一变截面直杆。

采用静力法。令 y_1,y_2 分别表示上段和下段各点的任意可能位移。这两杆段的微分方程为

$$EI_1y_1'' = F_P(\delta - y_1)$$
$$EI_2y_2'' = F_P(\delta - y_2)$$

即

$$EI_1y_1'' + F_Py_1 = F_P\delta$$
$$EI_2y_2'' + F_Py_2 = F_P\delta$$

令 $\alpha_1^2 = \dfrac{F_P}{EI_1}$、$\alpha_2^2 = \dfrac{F_P}{EI_2}$,可得通解为

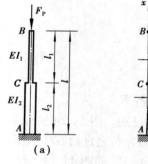

图 11.25 阶形柱的稳定(1)

$$y_1 = A_1\cos\alpha_1 x + B_1\sin\alpha_1 x + \delta \qquad (a)$$
$$y_2 = A_2\cos\alpha_2 x + B_2\sin\alpha_2 x + \delta \qquad (b)$$

这里,共含有 A_1,B_1,A_2,B_2 和 δ 5 个未知常数。已知边界条件为:

当 $x=0$ 时,$y_2=0$、$y_2'=0$,由此得 $A_2=-\delta$、$B_2=0$。则由式(b),有

$$y_2 = \delta(1 - \cos\alpha_2 x) \qquad (c)$$

当 $x=l$ 时,$y_1=\delta$;当 $x=l_2$ 时,$y_1=y_2$、$y_1'=y_2'$。将这 3 个条件代入式(a)和式(c),可得如下齐次方程组

$$\left.\begin{array}{l} A_1\cos\alpha_1 l + B_1\sin\alpha_1 l = 0 \\[2mm] A_1\cos\alpha_1 l_2 + B_1\sin\alpha_1 l_2 + \delta\cos\alpha_2 l_2 = 0 \\[2mm] A_1\alpha_1\sin\alpha_1 l_2 - B_1\alpha_1\cos\alpha_1 l_2 + \delta\alpha_2\sin\alpha_2 l_2 = 0 \end{array}\right\}$$

与此相应的稳定方程为

$$D = \begin{vmatrix} \cos \alpha_1 l & \sin \alpha_1 l & 0 \\ \cos \alpha_1 l_2 & \sin \alpha_1 l_2 & \cos \alpha_2 l_2 \\ \sin \alpha_1 l_2 & -\cos \alpha_1 l_2 & \dfrac{\alpha_2}{\alpha_1} \sin \alpha_2 l_2 \end{vmatrix} = 0$$

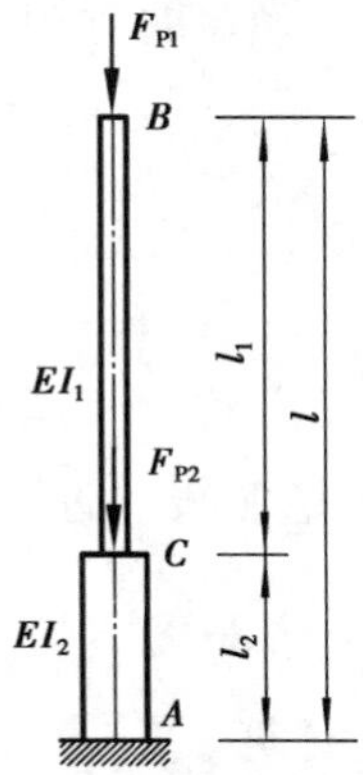

将上面的行列式展开,得

$$\tan \alpha_1 l_1 \cdot \tan \alpha_2 l_2 = \frac{\alpha_1}{\alpha_2}$$

上式只有当给出比值 I_1/I_2、l_1/l_2 时才能求解。

对于在柱顶承受 F_{P1} 而且在截面突变处承受 F_{P2} 作用的情形,如图 11.26 所示,由类似的推导过程,可得其稳定方程为

$$\tan \alpha_1 l_1 \cdot \tan \alpha_2 l_2 = \frac{\alpha_1}{\alpha_2} \cdot \frac{F_{P1} + F_{P2}}{F_{P1}}$$

式中

$$\alpha_1 = \sqrt{\frac{F_{P1}}{EI_1}}$$

图 11.26　阶形柱的稳定(2)

$$\alpha_2 = \sqrt{\frac{F_{P1} + F_{P2}}{EI_2}}$$

上式也只有当给出比值 I_1/I_2、l_1/l_2 和 F_{P1}/F_{P2} 时才能求解。

本章小结

(1)结构的失稳有两种形式:分支点失稳和极值点失稳。分支点失稳讨论的主要对象,是"理想柱"(属理想体系),当荷载达到一定数值时,引起变形状态的质变而使结构失去稳定;极值点失稳讨论的主要对象是"工程柱"(属非理想体系),是指荷载达到一定数值时,变形持续增大而令结构失去稳定。

(2)本章主要讨论的是小挠度理论下线弹性结构理想体系的稳定分析。分析方法根据临界状态下的静力特征和能量特征建立,即静力法和能量法。

(3)临界状态的静力特征是平衡状态的二重性。静力法的基本方程是关于稳定自由度(即确定体系任意可能位形所需的独立坐标参数)的齐次方程,在有限自由度体系中为齐次代数方程,在无限自由度体系中为微分方程。根据齐次方程解答的二重性条件,可得到稳定的特征方程并据此解出特征荷载和临界荷载。

(4)临界状态的能量特征是,当荷载为特征荷载时,体系势能为驻值,且位移有非零解。根据势能驻值原理可解出特征荷载。能量法在计算时,可以通过设定体系的位形函数,从而把无限自由度体系简化为有限自由度体系计算,避免微分方程的求解。

思考题

11.1　第一类失稳与第二类失稳有何不同,有何联系?

11.2 试分别扼要地说明静力法和能量法求临界荷载的解题依据和主要计算步骤。

11.3 能量法本身是不是近似法？为什么按能量法计算无限自由度体系临界荷载所得出的结果一般都是近似解，而且总是大于精确解？怎样才能提高计算精度？

11.4 增大或减小杆端约束的刚度，对压杆的临界荷载值有何影响？

11.5 在什么条件下刚架可简化为单根具有弹性支座压杆的稳定计算？能否用能量法计算具有弹性支座压杆的临界荷载？

习　题

11.1 判断题

(1)要提高用能量法计算临界荷载的精确度，不在于提高假设的失稳曲线的近似程度，而在于改进计算工具。　　　　　　　　　　　　　　　　　　　　　　　　　　　　（　　）

(2)对称结构承受对称荷载时总是按对称变形形式失稳。　　　　　　　　　　　（　　）

(3)刚架的稳定问题总是可以简化为具有弹性支承的单根压杆进行计算。　　　（　　）

(4)结构稳定计算时，叠加原理已不再适用。　　　　　　　　　　　　　　　　（　　）

(5)当结构处于不稳定平衡状态时，可以在原始平衡位置维持平衡，也可以在新的平衡位置下维持平衡。　　　　　　　　　　　　　　　　　　　　　　　　　　　　　　　（　　）

11.2 填空题

(1)结构由稳定平衡到不稳定平衡，其临界状态的静力特征是平衡形式的＿＿＿＿＿＿＿。

(2)临界荷载与压杆的支承情况有关，支承的刚度越大，则临界荷载越＿＿＿＿＿＿＿。

(3)用能量法求无限自由度体系的临界荷载时，假设的位形曲线 $y(x)$ 必须满足＿＿＿＿＿条件。

(4)利用对称性，求得习题11.2(4)图所示结构的临界荷载 $F_{Pcr}=$＿＿＿＿＿＿＿。

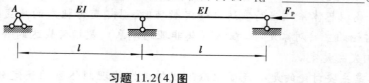

习题 11.2(4) 图

(5)习题11.2(5)图(a)所示结构可简化为习题11.2(5)图(b)所示单根压杆计算,则抗转动弹簧刚度 $k=$＿＿＿＿＿＿＿。

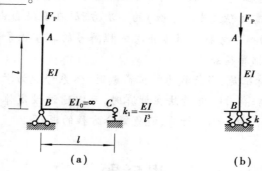

习题 11.2(5) 图

（6）习题 11.2（6）图（a）所示结构可简化为习题 11.2（6）图（b）计算,则抗移弹簧刚度$k_1 =$ _____,抗转动弹簧刚度 $k_2 =$ _____。

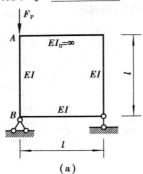

习题 11.2（6）图

11.3 用静力法计算习题 11.3 图所示体系的临界荷载。

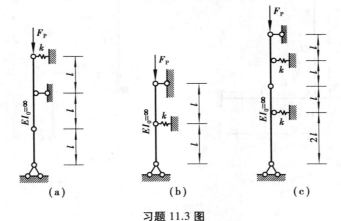

习题 11.3 图

11.4 用静力法计算习题 11.4 图所示体系的临界荷载。k 为弹性铰的抗转刚度（发生单位相对转角所需的力矩）。

11.5 用静力法计算习题 11.5 图所示体系的临界荷载。

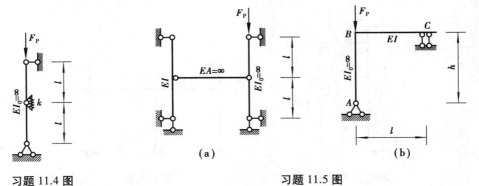

习题 11.4 图   习题 11.5 图

11.6 用能量法重做习题 11.3 图（c）。

11.7　用静力法求习题 11.7 图所示结构的稳定方程。

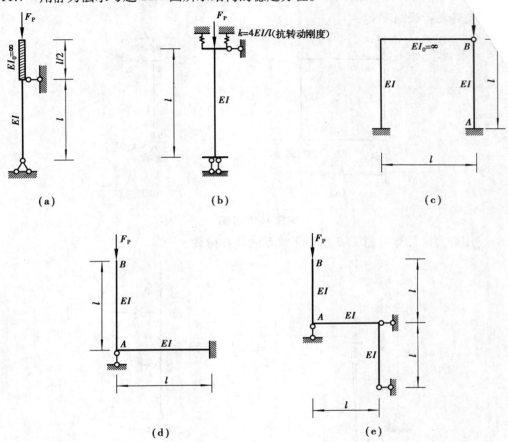

(a)

(b)

(c)

(d)

(e)

习题 11.7 图

11.8　用能量法计算习题 11.8 图所示结构的临界荷载,已知弹簧刚度 $k = \dfrac{3EI}{l^3}$,设失稳曲线

为 $y = \Delta\left(1 - \cos\dfrac{\pi x}{2l}\right)$ 。

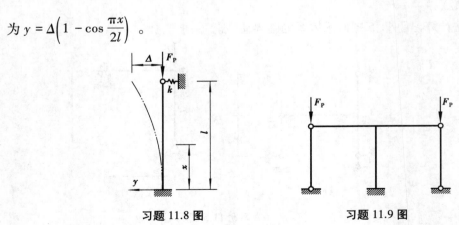

习题 11.8 图

习题 11.9 图

11.9　求习题 11.9 图所示结构的临界荷载。已知各杆长为 l,$EI = $ 常数。

11.10 试分别按对称失稳和反对称失稳求习题 11.10 图所示结构的稳定方程。

11.11 试写出习题 11.11 图所示桥墩的稳定方程,设失稳时基础绕 D 点转动,地基的抗转刚度为 k。

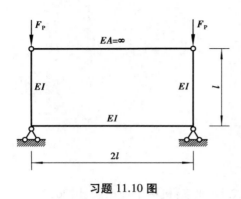

习题 11.10 图

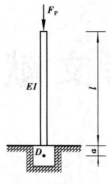

习题 11.11 图

参考文献

[1] 萧允徽,张来仪.结构力学(Ⅰ、Ⅱ)[M].2 版.北京:机械工业出版社,2012.

[2] 文国治.结构力学[M].重庆:重庆大学出版社,2009.

[3] 龙驭球,包世华.结构力学教程(Ⅰ、Ⅱ)[M].2 版.北京:高等教育出版社,2006.

[4] 赵更新.结构力学[M].北京:中国水利水电出版社,知识产权出版社,2004.

[5] 李廉锟.结构力学(上、下)[M].北京:高等教育出版社,2004.

[6] 朱慈勉.结构力学(上、下)[M].北京:高等教育出版社,2004.

[7] 包世华.结构力学(上、下)[M].武汉:武汉理工大学出版社,2007.

[8] 张来仪,景瑞.结构力学(上、下)[M].北京:中国建筑工业出版社,1997.

[9] 赵更新.结构力学辅导——概念·方法·题解[M].北京:中国水利水电出版社,2001.

[10] 雷钟和.结构力学学习指导[M].北京:高等教育出版社,2005.

[11] 周竟欧,朱伯钦,许哲明.结构力学(上、下)[M].上海:同济大学出版社,1992.

[12] 李家宝.结构力学(Ⅰ、Ⅱ)[M].北京:高等教育出版社,1998.

[13] 赵更新.土木工程结构分析程序设计[M].北京:中国水利水电出版社,2001.

[14] 文国治,李正良.结构分析中的有限元法[M].武汉:武汉理工大学出版社,2010.

[15] 杨弗康,李家宝.结构力学(上)[M].4 版.北京:高等教育出版社,1998.

[16] 吴德伦.结构力学(上)[M].重庆:重庆大学出版社,1994.